人工智能理论与实践

微课视频版

吕云翔 王渌汀◎主编

梁泽众 尹文志 韩雪婷 朱英豪 陈妙然◎副主编

清华大学出版社

北京

内 容 简 介

本书从人工智能的基本定义出发，由浅入深地阐述了人工智能的理论、策略、研究方法和应用领域，以梳理知识脉络和要点的方式，详细介绍知识表示、逻辑推理及方法、非确定性推理及方法、搜索策略、机器学习、深度学习、大数据等方面的内容。作为导论书籍，本书概念论述清楚，内容丰富，通俗易懂，在较为全面介绍人工智能的基础上对一些传统内容进行了取舍。为满足读者进一步学习的需要，除第1章外，每章都配有案例分析。本书的第9章整理了13个入门实验，便于读者在所学知识的基础上更懂得如何运用知识。

本书既适合作为高等院校人工智能课程的教材，也适合计算机爱好者阅读。

图书在版编目(CIP)数据

人工智能理论与实践：微课视频版/吕云翔，王渌汀主编. —北京：清华大学出版社，2022.7(2024.8重印)
(清华科技大讲堂丛书)
ISBN 978-7-302-60202-6

Ⅰ. ①人… Ⅱ. ①吕… ②王… Ⅲ. ①人工智能 Ⅳ. ①TP18

中国版本图书馆 CIP 数据核字(2022)第 030738 号

责任编辑：赵 凯
封面设计：刘 键
责任校对：焦丽丽
责任印制：刘 菲

出版发行：清华大学出版社
网 址：https://www.tup.com.cn，https://www.wqxuetang.com
地 址：北京清华大学学研大厦 A 座 **邮 编**：100084
社 总 机：010-83470000 **邮 购**：010-62786544
投稿与读者服务：010-62776969，c-service@tup.tsinghua.edu.cn
质量反馈：010-62772015，zhiliang@tup.tsinghua.edu.cn
课件下载：https://www.tup.com.cn,010-83470236
印 装 者：天津鑫丰华印务有限公司
经 销：全国新华书店
开 本：185mm×260mm **印 张**：19.5 **插 页**：1 **字 数**：473 千字
版 次：2022 年 7 月第 1 版 **印 次**：2024 年 8 月第 2 次印刷
印 数：1501～1800
定 价：59.80 元

产品编号：090596-01

前言

进入 21 世纪以来，我国信息技术飞速发展，完全改变了人们的学习、工作和生活方式。人工智能作为信息科学的一个核心研究领域，从其提出到现在的半个多世纪里，经历了大起大落。近年来，在算力大幅提升与大数据的助力下，人工智能发展之快、应用之广，实在令人惊叹！人工智能正处于一个蓬勃发展、更加深入的阶段。

尽管还存在着一定的局限性，但人工智能的未来是非常值得期待的，提前布局人工智能产业是我国科技发展的基本方向之一。在这一大背景下，各个行业的学习热情很高，人们希望得到指导，尤其希望了解人工智能发展的基本现状，掌握人工智能研究的大致热点和基本原理与方法。

国内外已出版了许多关于人工智能的书籍。诚然，很多书籍对人工智能各个细分领域的诸多问题有非常精辟的论述，但对初学者来说显得有些深奥。人工智能范围甚广，是一门典型的交叉学科，因此一两本书很难覆盖所有问题。本书的主要目的是使读者了解人工智能研究和发展的基本轮廓，对人工智能有一个基本的认识，知道目前人工智能研究中一些热点，掌握人工智能研究和应用中的一些基本的、普遍的、比较广泛的原理和方法。本书通过简洁清晰的架构和引人思索的案例带领读者"入门"人工智能。正所谓"师傅领进门，修行在个人"，之后的研究方向就应该由读者自己选择并钻研了。

由于智能本身就是一个极其复杂的存在，不同的人从不同角度和不同观点出发都可以获得对智能的认识，因此本书也从多个角度对人工智能进行剖析。

全书共分 9 章。其中第 1～5 章是传统人工智能教材的内容，第 6 章、第 7 章介绍近年来比较流行的机器学习与深度学习方法，第 8 章介绍大数据相关内容，第 9 章给出了一些实验。具体内容如下。

第 1 章是绪论，介绍一些关于人工智能起源、研究目标以及主要应用领域的内容。

第 2 章是知识表示，主要介绍状态空间和谓词逻辑等基本知识表示方法。

第 3 章是逻辑推理及方法，从谓词公式的基本语法到 3 种演绎推理方式，层层递进地介绍逻辑推理的基本方法。

第 4 章是非确定性推理及方法，介绍主观贝叶斯推理、模糊推理等如何运用知识(即推理)的问题。

第 5 章是搜索策略，介绍基于状态空间的盲目搜索、基于树的盲目搜索等不同的搜索策略。

第 6 章是机器学习，介绍近年来比较流行的决策树等经典的机器学习方法。

第 7 章是深度学习，介绍人工神经网络、卷积神经网络、循环神经网络、生成对抗网络、深度学习框架、深度学习基础设施等内容。

第 8 章是大数据，介绍数据的获取、分析、挖掘、可视化等概念，以及大数据技术的重要组件。

第 9 章是实验，从计算机视觉、自然语言处理、强化学习和可视化技术 4 个方面展示了人工智能研究和发展的一些应用热点。

配套资源

为了便于教学，本书配有微课视频、人物事件介绍、案例代码、13 个实验代码、考试试卷、教学课件、教学大纲、思维导图、习题答案、题库等。

(1) 获取教学视频：读者可以先扫描本书封底的文泉云盘防盗码，再扫描书中相应的视频二维码，即可观看教学视频。

(2) 其他资源可先扫描本书封底的文泉云盘防盗码，再扫描下方二维码，即可获取。

(3) 考试题库可以扫描本书封底的二维码下载。

在叙述方式上，每一章都讲述理论方法，各章内容相对独立、完整，同时力图用递进的形式来论述这些知识，使全书整体不失系统性。读者可以从头到尾通读，也可以选择个别章节细读。本书对每一章的讲述力求深入浅出，对于一些公式定理，给出必要的推导证明，提供简单的例子，使初学者易于掌握知识的基本内容，领会所学的本质，并准确地使用该知识方法。对相关的深层理论，则仅予以简述，不做过多的延伸。

本书的主编为吕云翔、王渌汀，梁泽众、尹文志、韩雪婷、朱英豪、陈妙然为副主编，曾洪立进行了部分内容的编写和素材整理及配套资源制作等。

在本书的编写过程中，我们尽量做到仔细、认真，但由于水平有限，还是可能会出现一些不妥之处，欢迎广大读者批评指正。同时，我们也希望广大读者将自己读书学习的心得体会反馈给我们。

编　者

2022 年 1 月于北京

目录

第1章

绪 论

讲解视频

人物介绍

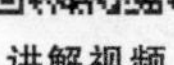

如今,人工智能(Artificial Intelligence)已经渗透在我们生活的方方面面,我们享受着技术革新带来的便利生活,也在技术发展的过程中不断遭遇挑战。本章将介绍人工智能的概念和发展历史。在阅读完本章后,你将会了解到:什么是人工智能;人工智能的发展简史;人工智能的研究目标;人工智能的研究方法;人工智能的应用领域;人工智能的发展趋势。

1.1 什么是人工智能

要了解什么是"人工智能",首先需要了解什么是"智能"。关于智能,有两种被广泛接受的解释:一种是说智能是人们处理事务、解决问题时表现出来的智慧和能力;另一种是说智能是知识和智力的总和,知识是一切智能行为的基础,智力是获取知识并应用知识求解问题的能力。"人工智能"指用计算机模拟或实现的智能。作为一门学科,人工智能研究的是如何使计算机具有智能,特别是智能如何在计算机上实现或再现。

在一般认知中,人工智能是计算机学科的分支。但实际上,人工智能的发展离不开神经生理学、心理学、逻辑学、认知科学等众多学科的支持。所以,人工智能是一门综合性的交叉学科。

"人工智能"是一个含义很广的词语,其定义实际上经历了漫长的历史演变。最早的定义来自 LISP 的发明者约翰·麦卡锡(John McCarthy)。在 1956 年的达特茅斯会议上,他提出:人工智能就是要让计算机的行为看起来像是人所表现出的智能行为一样。在其发展过程中,不同学科背景的人工智能学者对"人工智能"有着不同的理解。此处摘取部分学者对人工智能概念的描述。

人工智能是那些与人的思维相关的活动,诸如决策、问题求解和学习等的自动化。

——贝尔曼(Bellman)

人工智能是关于知识的科学,即怎样表示知识、怎样获取知识和怎样使用知识的科学。

——尼尔斯·尼尔森(N. J. Nilsson)

人工智能是一种使计算机能够思维、使计算机具有智力的激动人心的新尝试。

——豪格兰德(J. Haugeland)

人工智能就是研究如何使计算机去做过去只有人才能做的富有智能的工作。

——帕特里克·温斯顿(P. H. Winston)

人工智能是一个知识信息处理系统。

——爱德华·费根鲍姆(E. A. Feigenbaum)

综合各种不同的人工智能观点,我们可以从"能力"和"学科"两个方面对人工智能进行定义。从能力的角度,人工智能是相对人的自然智能而言的,人工智能是指用人工的方法在计算机上实现的智能;从学科的角度,人工智能是一门研究如何构造智能机器或智能系统,从而模拟、延伸和扩展人类智能的学科。

1.2 人工智能的发展简史

人工智能正式的起源可追溯至1950年"人工智能之父"艾伦·图灵(Alan. M. Turing)提出的"图灵测试"(Turing Test)。按照他的设想,如果一台计算机能够与人类开展对话而不被辨别出计算机身份,那么这台计算机就具有智能。同年,图灵大胆预言了真正具备智能的计算机的实现可行性。但目前为止,还没有任何一台计算机完全通过图灵测试。

人工智能的概念虽然只有短短几十年历史,但其理论基础与支撑技术的发展经历了漫长的岁月,现在人工智能领域的繁荣是各学科共同发展、科学界数代积累的结果。

1. 萌芽期(1956年以前)

人工智能最早的理论基础可追溯至公元前4世纪,著名的古希腊哲学家、科学家亚里士多德(Aristotle)提出了形式逻辑的理论。他提出的三段论至今仍是演绎推理不可或缺的重要基础。17世纪,德国数学家莱布尼茨提出了万能符号和推理计算的思想,其为数理逻辑的产生与发展奠定了基础。19世纪,英国数学家乔治·布尔(George Boole)提出了布尔代数,布尔代数是当今计算机的基本运算方式,其为计算机的建造提供了可能。英国发明家查尔斯·巴贝奇(Charles Babbage)在同一时期设计了差分机,这是第一台能计算二次多项式的计算机,只要提供手摇动力就能实现计算。虽然功能有限,但是这台计算机第一次在真正意义上减轻了人类大脑的计算压力。机械从此开始具有计算智能。

1946年,"莫尔小组"的约翰·莫克利(John Mauchly)和约翰·埃克特(John Eckert)制造了ENIAC,这是世界上第一台通用电子计算机。虽然ENIAC是里程碑式的成就,但它仍然有许多致命的缺点:体积庞大、耗电量过大、需要人工参与命令的输入和调整。1947年,计算机之父约翰·冯·诺依曼(John von Neumann)对此设备进行改造和升级,设计制造了真正意义上的现代电子计算机设备MANIAC。

1946年,美国生理学家沃伦·麦卡洛克(W. McCulloch)建立了第一个神经网络模型。他对微观人工智能的研究工作,为之后神经网络的发展奠定了重要基础。1949年,唐纳德·赫布(D. O. Hebb)提出了一个神经心理学学习范式——Hebbian学习理论,它描述了突触可塑性的基本原理,即突触前神经元向突触后神经元的持续性刺激可以导致突触传递效能的增加。该原理为神经网络模型的建立提供了理论基础。

1948 年,“信息论之父”克劳德·香农(C. E. Shannon)提出了“信息熵”的概念,他借鉴了热力学的概念,将信息中排除了冗余后的平均信息量定义为“信息熵”。这一概念产生了非常深远的影响,在非确定性推理、机器学习等领域起到了极为重要的作用。

2. 第一次发展(1956—1974 年)

1956 年,在历时两个月的达特茅斯会议上,人工智能作为一门新兴的学科由麦卡锡正式提出,这是人工智能正式诞生的标志。此次会议后,美国形成了多个人工智能研究组织,如艾伦·纽厄尔(Allen Newell)和赫伯特·亚历山大·西蒙(Herbert Alexander Simon)的 Carnegie RAND 协作组,马文·李·明斯基(Marvin Lee Minsky)和麦卡锡的麻省理工学院(MIT)研究组,塞缪尔(Arthur Samuel)的 IBM 工程研究组等。

在之后的近 20 年间,人工智能在各方面快速发展,研究者以极大的热情研究人工智能技术,并不断扩张其应用领域。

1) 机器学习

1956 年,IBM 公司的塞缪尔写出了著名的西洋棋程序,该程序可以通过棋盘状态学习一个隐式的模型来指导下一步走棋。塞缪尔和程序对战多局后,认为该程序经过一定时间的学习后可以达到很高的水平。通过使用这个程序,塞缪尔驳倒了前人提出的“计算机无法超越人类,像人类一样写代码和学习”的论断。自此,他定义并解释了一个新词——机器学习。

2) 模式识别

1957 年,周绍康提出用统计决策理论方法求解模式识别问题,为模式识别研究工作的发展奠定了坚实基础。同年,弗兰克·罗森布拉特(Frank Rosenblatt)提出了一种基于模拟人脑的思想进行识别的数学模型——感知器(perceptron),初步实现了通过给定类别的各个样本对识别系统进行训练,使系统在给定样本上学习完毕后具有对其他未知类别的模式进行正确分类的能力。

3) 模式匹配

1966 年,麻省理工学院的人工智能学院编写了第一个聊天程序 ELIZA。它能够根据设定的规则和用户的提问进行模式匹配,从预先编写好的答案库中选择合适的回答。ELIZA 曾模拟心理治疗医生和患者交谈,许多人没能识别出它的真实身份。

“对话就是模式匹配”,这是计算机自然语言对话技术的开端。

此外,在人工智能第一次发展期中,麦卡锡开发了 LISP,该语言成为以后几十年人工智能领域最主要的编程语言。明斯基对神经网络有了更深入的研究,发现了简单神经网络的不足。为了解决神经网络的局限性,多层神经网络、反向传播算法(Back Propagation,BP)开始出现。专家系统也开始起步,第一台工业机器人走上了通用汽车的生产线,也出现了第一个能够自主动作的移动机器人。

相关领域的发展也极大促进了人工智能的进步,20 世纪 50 年代创立的仿生学激发了学者的研究热情,模拟退火算法即因此产生,它是一种启发式算法,是蚁群算法等搜索算法的研究基础。

3. 第一次寒冬(1974—1980 年)

然而,人们高估了科学技术的发展速度。人们对人工智能的热情没有维持太长时间,太过乐观的承诺无法按时兑现,引发了全世界对人工智能技术的怀疑。

1957 年引起学术界轰动的感知器在 1969 年遭遇了重大打击。当时,明斯基提出了著名的 XOR 问题,论证了感知器在类似 XOR 问题的线性不可分数据下的无力。对学术界来说,XOR 问题成为人工智能几乎不可逾越的鸿沟。

1973 年,人工智能遭遇科学界的拷问,很多科学家认为人工智能那些看上去宏伟的目标根本无法实现,研究已经完全失败。越来越多的怀疑使人工智能遭受了严厉的批评和对其实际价值的质疑。随后,各国政府和机构也减少或停止了资金投入,人工智能在 20 世纪 70 年代陷入了第一次寒冬。

人工智能此次遇到的挫折并非偶然。受当时计算能力的限制,许多难题虽然理论上有解,但根本无法在实际中解决。例如,对机器视觉的研究在 20 世纪 60 年代就已经开始,美国科学家劳伦斯·罗伯茨提出的边缘检测、轮廓线构成等方法十分经典,一直到现在还在被广泛使用。然而,有理论基础不代表有实际产出。当时有科学家计算得出,要用计算机模拟人类视网膜视觉至少需要每秒执行 10 亿次指令,而 1976 年世界上运算速度最快的计算机 Cray-1 造价数百万美元,但速度还不到每秒一亿次,普通计算机的计算速度还不到每秒一百万次。硬件条件限制了人工智能的发展。此外,人工智能发展的另一大基础是庞大的数据,而当时计算机和互联网尚未普及,根本无法取得大规模数据。

在此阶段内,人工智能的发展速度放缓,尽管反向传播的思想在 20 世纪 70 年代就被塞波·林纳因马(Seppo Linnainmaa)以“自动微分的翻转模式”提出来,但直到 1981 年才被保罗·韦伯斯(Paul Werbos)应用到多层感知器中。多层感知器和 BP 算法的出现,促成了第二次神经网络大发展。1986 年,大卫·鲁梅尔哈特(D. E. Rumelhart)等成功地实现了用于训练多层感知器的有效 BP 算法,在人工智能领域产生了深远影响。

4. 第二次发展(1980—1987 年)

1980 年,卡耐基·梅隆大学研发的 XCON 正式投入使用。XCON 是个完善的专家系统,包含了设定好的超过 2500 条规则,在后续几年处理了超过 80000 条订单,准确度超过 95%。这成为一个新时期的里程碑,专家系统开始在特定领域发挥威力,也带动整个人工智能技术进入了一个繁荣阶段。

专家系统往往聚焦于单个专业领域,模拟人类专家回答问题或提供知识,帮助工作人员做出决策。它把自己限定在一个小的范围内,从而避免了通用人工智能的各种难题,同时充分利用现有专家的知识经验,解决特定工作领域的任务。

因为 XCON 取得的巨大商业成功,所以在 20 世纪 80 年代,60% 的世界 500 强公司开始开发和部署各自领域的专家系统。据统计,1980—1985 年,有超过 10 亿美元投入人工智能领域,大部分用于企业内的人工智能部门,很多人工智能软硬件公司在当时涌现。

1986 年,慕尼黑联邦国防军大学在一辆奔驰面包车上安装了计算机和各种传感器,实现了自动控制方向盘、油门和刹车。它被称为 VaMoRs,是真正意义上的第一辆自动驾驶汽车。

在人工智能领域,当时主要使用 LISP。为了提高各种程序的运行效率,很多机构开始研发专门用来运行 LISP 程序的计算机芯片和存储设备。虽然 LISP 机器取得了一些进展，但同时 PC 也开始崛起，IBM 公司和苹果公司的个人计算机快速占领整个计算机市场，它们的 CPU 频率和速度稳步提升，功能甚至比昂贵的 LISP 机器更强大。

5. 第二次寒冬(1987—1993 年)

1987 年，专用 LISP 机器硬件销售市场严重崩溃，人工智能领域再一次进入寒冬。

硬件市场的崩溃加上各国政府和机构的撤资导致了该领域数年的低谷，但学界在此阶段也取得了一些重要的成就。

1988 年，概率统计方法被引入人工智能的推理过程，这对后来人工智能的发展产生了重大影响。

在第二次寒冬到来后的近 20 年里，人工智能技术逐渐与计算机和软件技术深入融合。但人工智能算法理论进展缓慢，很多研究者只是基于以前的理论，依赖于更强大更快速的计算机硬件就可以取得突破性的成果。

6. 稳健发展期(1993—2011 年)

1995 年，基于 ELIZA 的启发，理查德·华莱士(Richard S. Wallace)开发了新的聊天机器人程序 Alice，它能够利用互联网不断增大自身的数据集，优化内容。

1996 年，IBM 公司的计算机“深蓝”与人类世界的国际象棋冠军卡斯帕罗夫对战，但并没有取胜。卡斯帕罗夫认为计算机下棋永远不会战胜人类。

之后，IBM 公司对“深蓝”进行了升级。改造后的“深蓝”拥有 480 块专用的 CPU，运算速度翻倍，每秒可以运算 2 亿次，可以预测未来 8 步或更多步的棋局，顺利战胜了卡斯帕罗夫。

但此次具有里程碑意义的对战，其实只是计算机依靠运算速度和枚举，在规则明确的游戏中取得的胜利，并不是真正意义上的人工智能。

7. 繁荣期(2011 年至今)

2011 年，同样是来自 IBM 公司的沃森系统参与了综艺竞答类节目“危险边缘”，与真人一起抢答竞猜，沃森系统凭借其出众的自然语言处理能力及其强大的知识库战胜了两位人类冠军。计算机此时已经可以理解人类语言，这是人工智能领域的重大进步。

21 世纪，随着移动互联网技术、云计算技术的爆发，以及 PC 的广泛使用，各机构得以积累历史上超乎想象的数据量，为人工智能的后续发展提供了足够的素材和动力。

语义网(Semantic Web)于 2011 年被提出，它的概念来源于万维网，本质上是一个以 Web 数据为核心，以机器理解和处理的方式进行链接而形成的海量分布式数据库。语义网的出现极大地推进了知识表示领域技术的发展。2012 年，谷歌公司推出基于知识图谱的搜索服务，首次提出了知识图谱的概念。

2016 年和 2017 年，谷歌公司发起了两场轰动世界的围棋人机之战，其人工智能程序 AlphaGo 连续战胜两位围棋世界冠军：韩国的李世石和中国的柯洁。

在今日，人工智能渗透到人类生活的方方面面。以苹果公司 Siri 为代表的语音助手使用了自然语言处理(Natural Language Processing，NLP)技术。在 NLP 技术支撑下，计算机可以处理人类自然语言，并以越来越自然的方式将其与期望指令和响应进行匹配。在浏览购物网站时，用户常会收到推荐算法(recommendation algorithm)产生的商品推荐。推荐算法通过分析用户此前的购物历史数据，以及用户的各种偏好表达，就可以预测用户可能会购买的商品。

1.3 人工智能的研究目标

如今，随着人工智能的技术越来越成熟，其应用范围迅速扩大，吸引了更多的科学家投入人工智能领域的研究中。总体来说，人工智能有近期和远期两个研究目标。

1. 近期研究目标

人工智能的近期研究目标是研究大脑的宏观功能（判断、理解和推理、形成概念、适当的反应和适应环境的总体能力），并用现在的计算机尽可能地模拟它。

2. 远期研究目标

人工智能的远期研究目标是研究大脑的微观结构和宏观功能，以期制造出和人脑结构一致的智能机，并能完成人脑的宏观功能。

1.4 人工智能的研究方法

对于人工智能的研究方法，学术界主要有 3 种不同的观点：符号主义（symbolicism）、连接主义（connectionism）、行为主义（actionism）。

1.4.1 符号主义研究方法

符号主义又称逻辑学派（logicism）。持该观点的科学家认为人工智能源于数理逻辑，主张用计算机科学的方法研究人工智能，通过研究逻辑演绎人工智能在计算机上的实现方法。他们认为人工智能的基本单元是符号，认知过程就是符号表示下的符号计算。其原理主要是物理符号系统假设和有限合理性原理。

数理逻辑从 19 世纪末起得以迅速发展，到 20 世纪 30 年代开始用于描述智能行为。计算机出现后，又在计算机上实现了逻辑演绎系统。其代表性成果为启发式程序逻辑理论家（LT），它证明了 38 条数学定理，表明了可以应用计算机研究人的思维过程，模拟人类智能活动。正是这些符号主义者，在 1956 年首先采用“人工智能”这个术语。他们后来又发展了启发式算法、专家系统和知识工程理论与技术，这些理论在 20 世纪 80 年代取得了很大进步。符号主义曾长期一枝独秀，为人工智能的发展做出了重要贡献，尤其是专家系统的成功开发与应用，对人工智能走向工程应用和实现理论联系实际具有特别重要的意义。在人工智能的其他学派出现之后，符号主义仍然是人工智能的主流派别。这个学派的代表人物有纽厄尔、西蒙和尼尔森等。

1.4.2 连接主义研究方法

连接主义又称仿生学派（bionicism）。持该观点的科学家认为人工智能源于仿生学，主张用生物学方法研究人工智能。此学派非常注重对人脑模型的研究。他们认为人类智能的基本单位是神经元,认知过程是由神经元构成的网络的信息传递。其原理主要是神经网络以及神经网络间的连接机制和学习算法。

1943年,生理学家麦卡洛克(W. McCulloch)和数理逻辑学家沃尔特·皮茨(W. Pitts)创立的脑模型奠定了该学派的理论基础,开创了用电子装置模仿人脑结构和功能的新途径。从神经元开始进而研究神经网络模型和脑模型,开辟了人工智能的又一发展道路。20世纪六七十年代,连接主义,尤其是对以感知器为代表的脑模型的研究盛行。由于受到当时的理论模型、生物原型和技术条件的限制,脑模型研究在20世纪70年代后期至80年代初期陷入低潮。直到约翰·霍普菲尔德(John Hopfield)在1982年和1984年发表两篇重要论文,提出用硬件模拟神经网络以后,连接主义才重新抬头。1986年,鲁梅尔哈特等人提出多层网络中的BP算法。此后,连接主义势头大振,从模型到算法,从理论分析到工程实现,为神经网络计算机走向市场打下基础。现在,人们对人工神经网络的研究热情仍然较高,但研究成果没有预想的那样好。

1.4.3　行为主义研究方法

行为主义又称控制论学派(cyberneticsism)。持该观点的科学家认为人工智能源于控制论,认为智能取决于感知和行动。该理论的核心是使用控制替代知识表示。控制论思想早在20世纪四五十年代就成为时代思潮的重要部分。

诺伯特·维纳(Nobert Wiener)和麦卡洛克等提出的控制论和自组织系统,以及钱学森等提出的工程控制论和生物控制论,影响了许多领域。控制论把神经系统的工作原理与信息理论、控制理论、逻辑以及计算机联系起来。早期的研究工作重点是模拟人在控制过程中的智能行为和作用,如对自寻优、自适应、自镇定、自组织和自学习等控制论系统的研究,并进行"控制论动物"的研制。到20世纪六七十年代,上述控制论系统的研究取得了一定进展,播下了智能控制和智能机器人的种子,并在20世纪80年代诞生了智能控制和智能机器人系统。行为主义是20世纪末才以人工智能新学派的面孔出现的,引起了许多人的兴趣。这一学派的代表人物首推罗德尼·布鲁克斯(Rodney Brooks)的六足行走机器人被看作新一代的"控制论动物",它是一个基于感知-动作模式模拟昆虫行为的控制系统。

1.5　人工智能的基本研究内容

从人工智能的研究目标不难看出,人工智能的研究范围非常广泛。近年来受到广泛关注的无人驾驶技术,即依靠车内的以计算机系统为主的智能驾驶仪实现。无人驾驶汽车能够自动控制驾驶以及辨别前方障碍物等。大致来说,人工智能的基本研究内容应包括以下几个方面:智能感知、智能推理、智能学习、智能行动、计算智能、分布智能、人工心理与人工情感。下面选取其中4个主要方面进行详细阐述。

1.5.1　智能感知

智能感知就是使计算机具有类似人的感知能力,其中以视觉和听觉为主。机器视觉是让计算机能够识别并理解文字、图像等，机器听觉是让计算机理解语言、声响等。智能感知是计算机获取外部信息的基本途径，是使计算机具有智能的必不可少的研究方向。为此，人工智能领域已经形成了几个成熟的领域：模式识别(pattern recognition)、计算机视觉(computer vision)和自然语言处理。

1.5.2 智能推理

智能推理指计算机通过感知对获得的信息进行有目的的加工处理。如同人类的智能来源于大脑的思维活动一样，计算机的智能来自智能推理。因此，智能推理是人工智能研究中最为重要和关键的部分。

相比于智能学习来说，智能推理的行为方式与人类更相似。智能推理与大数据调查密切相关，因此它比智能学习更灵活。然而，智能推理需要启发式和策略，这通常需要由知识渊博的领域专家完成。因为企业难以雇佣大量的专家，所以对于企业来说，智能推理的实现是基本不可能的。

智能推理最适用于确定性场景，即确定某件事是否真实，或者是否会发生。

1.5.3 智能学习

人类具有获取新知识、总结经验并不断自我改进的能力，智能学习即让计算机同样具有此能力，使其能自动获取知识(即直接通过书本学习，通过对环境的观察学习等)，并在实践中实现自我完善。智能学习是研究计算机程序如何更有效地随着经验积累自动提高系统性能并自我改进的过程。

具体来说，对于某类任务 T 和性能度量 P，如果一个计算机程序对于某类任务 T，则用 P 衡量其性能，然后根据经验 E 来自我完善，那么我们称这个计算机程序在从 E 中学习。举例来说，在一个国际象棋对弈比赛中，可以将“玩家自己进行下棋练习”定义为 E，将“参与双人比赛”定义为 T，将“胜率”定义为 P。即玩家可以通过不断进行自我练习，在双人对弈比赛中得到更高的胜率。

智能学习最适用于结果是概率性的情况，如确定风险级别。

1.5.4 智能行动

智能行动既是智能机器作用于外界环境的主要途径，也是机器智能的重要组成部分。智能行动主要指机器人行为规划，它是智能机器人的核心技术。因为解决问题需要依靠规划功能拟定行动步骤和动作序列，所以规划功能的强弱反映了机器人的智能水平。智能行动主要研究如下两个方面。

智能控制：指无须或只需要尽可能少的人工干预，就能独立地驱动智能机器，实现其目标的控制过程。它是一种把人工智能技术与传统自动控制技术相结合，研究智能控制系统的方法和技术。

智能制造：指以计算机为核心，集成有关技术，以取代、延伸与强化有关专门人才在制造中的相关智能活动所形成、发展乃至创新了的制造。智能制造中所采用的技术称为智能制造技术，它是指在制造系统和制造过程的各个环节中，通过计算机模拟人类专家的智能制造活动，并与制造环境中人的智能进行柔性集成与交互的各种制造技术的总称。智能制造技术主要包括机器智能的实现技术、人工智能与机器智能的融合技术，以及多智能的集成技术。

1.6 人工智能的应用领域

人工智能技术经过数十年的发展，越来越趋于成熟。人工智能的应用也早已成为我们生活中必不可缺的一部分。本节将主要介绍计算机视觉、自然语言处理、智能体。

1.6.1 计算机视觉

计算机视觉是使用计算机及相关设备对生物视觉的一种模拟。它的主要任务就是通过对采集的图像或视频进行处理以获得相应场景的三维信息。计算机视觉的目标是对环境的表达和理解，核心问题是研究如何对输入的图像信息进行组织，对物体和场景进行识别，进而对图像内容给予解释。

从人工智能诞生开始，视觉相关的应用就一直颇受青睐。1957 年诞生的感知器最早的应用就是通过使用传感器进行字母识别。计算机视觉的起源，要追溯至 1963 年美国科学家拉里·罗伯茨(Larry Roberts)在 MIT 的博士毕业论文 *Machine Perception of Three-Dimensional Solids*。在这篇论文中，罗伯茨提出计算机的模式识别和生物的识别类似，边缘是用来描述物体形状的最关键信息。这是与计算机视觉相关的最早的研究。

从有了计算机视觉的相关研究开始，一直到 20 世纪 70 年代，人们关心的热点都偏向图像内容的建模，如三维建模、立体视觉等。比较有代表性的弹簧模型(pictorial structure)和广义圆柱体模型(generalized cylinder)就是在这个时期被提出的。可以看到，在这个时期，无论是弹簧模型还是广义圆柱体模型，其实都还沿着罗伯茨的搭积木的思路。

20 世纪 70 年代末，英国科学家戴维·马尔(David Marr)的研究极大推进了计算机视觉的研究进程。马尔是一名神经生理学家和心理学家，在 20 世纪 70 年代以前他并没有专门研究过视觉。但从 1972 年开始，他转向研究视觉处理，并于 1973 年受到明斯基的邀请进入了 MIT 人工智能实验室工作。1979 年，马尔完成了自己的视觉计算理论框架的梳理，并初步整理成一本书。

1982 年，MIT 出版社出版发行了他在 1979 年完成的《视觉计算理论》一书。在此书中，马尔提出了关于计算机视觉的非常重要的观点：人类视觉的主要功能是通过大脑进行一系列处理和变换，从而复原真实世界中三维场景，并且这种神经系统里的信息处理过程是可以用计算的方式重现的。马尔认为这种重现分为 3 个层次：理论、算法和硬件实现，并且算法也分为基本元素(点、线、边缘等)→2.5 维→三维 3 个步骤。在视觉计算理论提出后，计算机视觉在 20 世纪 80 年代进入了蓬勃发展的时期。同时，这个学科开始慢慢脱离神经科学，更偏重计算和数学的方法，相关的应用也变得更加丰富。著名的图像金字塔和 Canny 边缘检测算法在这个时期被提出，图像分割和立体视觉的研究在这个时期也蓬勃发展。

20世纪90年代，随着各种机器学习算法的全面高速发展，机器学习开始成为计算机视觉，尤其是识别、检测和分类等应用中一个不可分割的重要工具。人脸识别在这个时期迎来了一个研究的小高潮。各种用来描述图像特征的算子也不停地被发明出来。另外，伴随着计算机视觉在交通和医疗等工业领域的应用越来越多，其他一些基础视觉研究方向，如跟踪算法、图像分割等，在这个时期也有了一定的发展。

进入21世纪之后，计算机视觉已经俨然成为计算机领域的重要学科之一。国际计算机视觉与模式识别会议（Computer Vision and Pattern Recognition，CVPR）等已经是人工智能领域，甚至是整个计算机领域内的大型盛会。

总的来说，计算机视觉领域的研究重点是尽可能多地识别图像信息。只有清晰全面地认识图像，才能有效地进行后续的工作。计算机视觉模型处理图像的思路是“由低至高，迭代传播”，即最初提取到的原始信息（例如像素）经过层层迭代抽象，逐步组合、抽象，最终反映为对应的识别结果。

1.6.2 自然语言处理

自然语言处理是计算机科学领域与人工智能领域中的一个重要方向。它研究人与计算机之间用自然语言进行有效通信的各种理论和方法。

自然语言处理可追溯至1950年图灵测试的诞生。20世纪50—70年代，研究人员大多认为自然语言的处理过程和人类学习认知一门语言的过程是类似的。在此阶段，自然语言处理主要采用基于规则的方法。但是，基于规则的方法具有不可避免的缺点：首先规则不可能覆盖所有语句；其次这种方法对开发者的要求极高，开发者不仅要精通计算机还需要精通语言学。因此，这一阶段虽然解决了一些简单的问题，但是无法从根本上将自然语言理解实用化。

20世纪70年代以后，随着互联网的高速发展，丰富的语料库成为现实，硬件不断更新完善，基于统计的方法逐渐代替了基于规则的方法。IBM公司的华生实验室是推动这一转变的关键，他们采用基于统计的方法，将当时的语音识别率从70%提升到90%。在这一阶段，自然语言处理基于数学模型和统计的方法取得了实质性的突破，从实验室逐渐走向实际应用。

从2008年至今，在图像识别和语音识别领域的成果激励下，人们也逐渐开始引入深度学习来研究自然语言处理。由最初的词向量到2013年的word2vec，深度学习与自然语言处理的结合迎来了高潮，并在机器翻译、问答系统、阅读理解等领域取得了一定成功。

自然语言处理一般分为5个步骤：语音分析、词法分析、句法分析、语义分析和语用分析。为了实现人与计算机之间的有效通信，自然语言处理需要尽可能地理解自然语言。在自然语言中，以文字来表达句子主要分为3个层次：词素、词、词组或句子。以声音表达句子，主要分为4个层次：音素、音节、音词、音句。自然语言处理即根据上述元素对自然语言进行处理和理解。

1.6.3 智能体

智能体(agent)可以被看作一个程序或一个实体,它嵌入环境中,通过传感器感知环境,通过执行器自治地作用于环境并满足要求。智能体与环境的关系如图 1-1 所示。

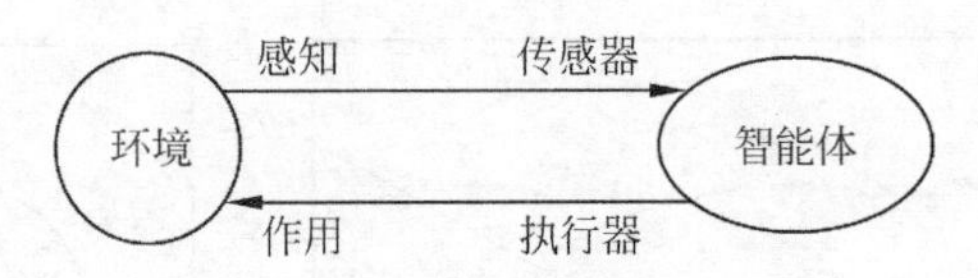

图 1-1 智能体与环境的交互作用

智能体有以下 4 个主要特性。

(1) 自治性:智能体能根据外界环境的变化,自动地对自己的行为和状态进行调整,而不是仅被动地接受外界的刺激,具有自我管理自我调节的能力。

(2) 反应性:智能体能对外界的刺激做出反应。对于外界环境的改变,智能体能主动采取行动。

(3) 社会性:智能体具有与其他智能体或人进行合作的能力。不同的智能体可根据各自的意图与其他智能体进行交互,以达到解决问题的目的。

(4) 进化性:智能体能积累或学习经验和知识,并修改自己的行为以适应新环境。

在当下,智能体的应用渗入到人们生活的方方面面。在电信领域,人们利用智能体的特性解决复杂系统和网络管理方面的问题,包括负载均衡、故障预测、问题分析和信息综合等;在兴趣匹配和推荐算法领域,智能体应用于商业网站向用户提供建议;在信息检索领域,智能体可以利用相关知识检索一些特定信息;在决策支持系统中,智能体能够监控系统的一些关键信息,在系统可能出现问题时警告相应的操作员,并在数据挖掘技术和决策支持模型的协助下,为复杂的决策提供有效的支持。

1.7 人工智能的发展趋势

人工智能(AI)的发展趋势如下:

(1) 更易用的开发框架。各种 AI 开发框架都在朝易用、全能的方向演进,不断降低 AI 的开发门槛。

(2) 性能更优的算法模型。在计算机视觉领域,GAN 已可生成人眼不可分辨真伪的高质量图像,GAN 相关的算法开始在其他视觉相关的任务上应用,如语义分割、人脸识别、视频合成、无监督聚类等。在自然语言处理领域,基于 TransFormer 架构的预训练模型取得重大突破,相关模型如 BERT、GPT、XLNet 开始广泛应用于工业场景。在强化学习领域,DeepMind 团队的 AlphaStar 在《星际争霸Ⅱ》游戏中打败了人类顶尖选手。

(3) 体积更小的深度模型。性能更优的模型往往有着更大的参数量,大的模型在工业应用时会存在运行效率的问题。越来越多的模型压缩技术被提出,在保证模型性能的同时,进一步压缩模型体积,减少模型参数,加快推理速度,适应工业应用的需求。

(4) 端、边、云全面发展的算力。应用于云端、边缘设备、移动终端的 AI 芯片规模不断增大，进一步解决了AI的算力问题。

(5) 更完善的AI基础数据服务。AI基础数据服务产业日渐成熟，相关数据标注平台和工具也在不断推出。

(6) 更安全的数据共享。联邦学习在保证数据隐私安全的前提下，利用不同数据源合作训练模型，进一步突破数据的瓶颈，如图1-2所示。

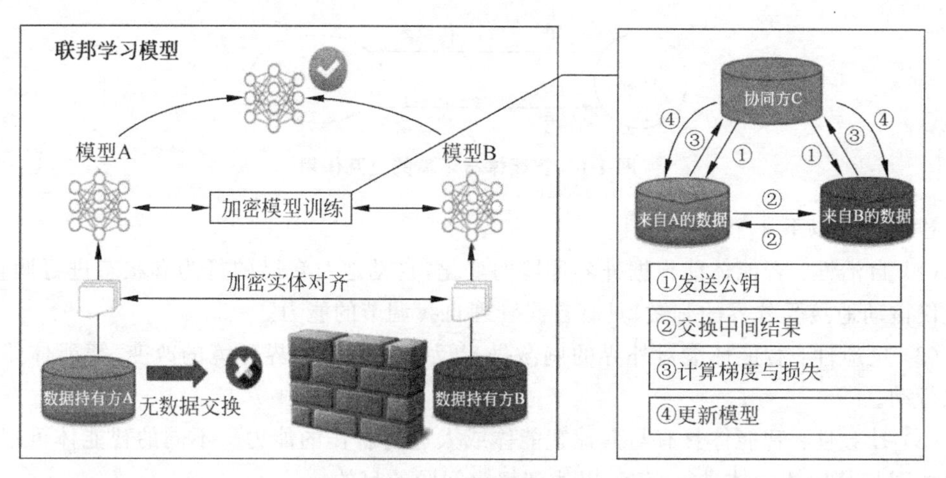

图1-2 联邦学习

华为全球产业展望GIV 2020提出了未来智能技术的十大发展趋势。

(1) 智能机器人普及。华为公司预计，2025年全球将有14%的家庭拥有智能机器人，家居智能机器人将在人类起居生活中发挥重要作用。

(2) AR/VR普及。采用AR/VR技术的企业将增长到10%。虚拟现实等技术的应用，将给商业展示、影音娱乐等行业带来蓬勃生机。

(3) AI广泛应用。97%的企业将采用AI技术，主要表现在语音智能、图像识别、人像识别、人机互动等领域。

(4) 大数据应用普及。企业的数据利用率将达86%。大数据分析和处理将给企业节省时间，提高工作效率。

(5) 搜索引擎弱化。全球90%的人口将拥有个人智能终端助理。这就意味着用户从某一个搜索入口进行搜索的机会将大大减少。

(6) 车联网普及。蜂窝车联网技术(Cellular Vehide-to-Everything，C-V2X)将嵌入全球15%的车辆中。智能汽车和互联网汽车将大大普及，使驾驶更加安全可靠。

(7) 工业机器人普及。每万名制造业员工将与103个机器人共同工作。高危、高精度、高强度工作将由工业机器人协助或独立完成。

(8) 云技术及应用普及。基于云技术的应用使用率将达到85%。海量应用和程序协作将在云端完成。

(9) 5G大量普及。全球58%的人口将享有5G服务。未来通信将出现颠覆性飞跃，通信技术和速率将大大提升。

(10) 数字经济及大数据普及。全球年存储数据量将高达180ZB。数字经济和区块链技术将被广泛应用在互联网之中。

习题

一、单选题

1. 计算机的智能来自(　　)。

A. 智能感知　B. 智能推理　C. 智能学习　D. 智能行动

2. 人工智能研究的近期目标为(　　)。

A. 研究大脑的宏观功能　B. 研究大脑的微观结构和宏观功能

C. 研究大脑的微观结构　D. 制造出和人脑结构一致的智能机

3. 符号主义研究方法认为人工智能源于(　　)。

A. 概率统计　B. 数理逻辑　C. 控制论　D. 仿生学

4. 下列(　　)不是人工智能发展过程中第二次寒冬的原因或状况。

A. 硬件市场崩溃　B. 各国政府和机构的撤资

C. 人工智能算法理论进展缓慢　D. XOR 问题

5. 下列(　　)功能没有使用真正意义上的人工智能。

A. 苹果公司 Siri　B. 推荐算法产生的商品推荐

C. 战胜卡斯帕罗夫的深蓝　D. 无人驾驶汽车

6. (　　)主要研究智能控制与智能制造。

A. 智能感知　B. 智能推理　C. 智能学习　D. 智能行动

7. 以下(　　)不是智能体的特性。

A. 自治性　B. 反应性　C. 独立性　D. 进化性

8. (　　)是如今研究自然语言的方法。

A. 基于规则　B. 基于统计

C. 基于数学模型　D. 深度学习

9. (　　)是计算机视觉的起源。

A. 1957 年诞生的感知器的最早应用,通过使用传感器进行字母识别

B. 1963 年美国科学家拉里·罗伯茨(Larry Roberts)在 MIT 的毕业论文 *Machine Perception of Three-Dimensional Solids*

C. 20 世纪 70 年代,弹性模型(pictorial structure)与广义圆柱体模型的提出

D. 1979 年英国科学家戴维·马尔(David Marr)完成的《视觉计算理论》

10. 以下(　　)不是 AI 发展趋势。

A. 性能更优的算法模型　B. 体积更大的深度模型

C. 端、边、云全面发展的算力　D. 更完善的 AI 基础数据服务

二、判断题

1. 智能推理与大数据调查密切相关,因此它比智能学习更加灵活。　(　　)
2. 智能推理适用于概率性场景,智能学习适用于确定性场景。　(　　)
3. 计算机视觉模型处理图像的思路是“由高至低,迭代传播”。　(　　)
4. 智能体可以被看作一个程序或一个实体,它的工作不受环境影响。　(　　)
5. 随着未来智能技术的发展,搜索引擎将被弱化。　(　　)

6. 人工智能领域发展至今,一共经历了三次寒冬。 ( )

7. 1956年,在历时两个月的达特茅斯会议上,人工智能作为一门新兴的学科由麦卡洛克正式提出,这是人工智能诞生的标志。 ( )

8. 对于人工智能的研究方法,学术界主要有3种不同观点:符号主义(逻辑学派)、连接主义(控制论学派)、行为主义(仿生学派)。 ( )

9. AI发展趋势为更易用的开发框架、性能更优的算法模型、体积更小的深度模型。 ( )

10. 自然语言处理一般分为5个步骤:语音分析、词法分析、句法分析、语义分析和语用分析。 ( )

三、问答题

1. 在阅读完本章后,说说你理解的人工智能。
2. 人工智能的两个研究目标是什么?
3. 人工智能的发展主要分为哪几个阶段?
4. 人工智能的3种研究方法是什么?其主要主张分别是什么?
5. 讲述你生活中的3个人工智能应用。

第2章

知识表示

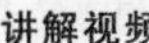

讲解视频

人物介绍

人类使用自然语言作为知识表示的工具。自然语言是人类进行思维活动的主要信息载体,可以理解为知识表示的载体。为使计算机能够像人类一样进行合理的思考推理,就需要一种方法在计算机内部表示并存储知识,这样计算机才能使用知识来进行思考推理、解决问题。接下来首先介绍知识的概念、知识表示的要求,然后讨论几种知识表示的方法。

2.1 有关知识的概述

传统人工智能主要运用知识进行问题求解。从实用观点看,人工智能是一门知识工程学:以知识为对象,研究知识的表示方法、知识的运用和知识获取。知识表示、知识推理、知识应用是人工智能课程三大内容,知识表示是学习人工智能其他内容的基础。

人工智能发展至今,产生了多种知识表示方法,不同的知识表示方法有不同的特点和不同的问题解决方法。例如,根据人们对复杂问题采用探索方法的启发,形成了状态空间表示法,这种方法通过把问题的状态描述出来,并采用合理的搜索步骤,逐步获得目标状态;在一阶谓词逻辑的基础上建立谓词逻辑表示法,并利用逻辑运算方法研究推理的规律,进而进行推理;由人类联想记忆得到启发提出的一种心理学模型应用在人工智能领域中,即语义网络表示法;同时,为了适应互联网时代的大量数据,形成了知识图谱。

接下来介绍这些不同的知识表示方法以及它们各自的特点。

2.1.1 什么是知识

1. 知识的概念

当人们想要解决某一个问题的时候,需要首先了解这个问题所包含的信息,并且搜集解决这些问题所需要的其他信息,然后根据这些信息做出下一步的决策来解决问题。通常我们称解决问题过程中需要的，经过整理、加工、解释的信息为知识。人类的智能活动过程主要是一个获得并运用知识的过程，知识是人类进行一切智能活动的基础。尽管人类在不同的应用背景下对知识有不同的理解，对知识没有形成一致的、严格的定义，但是，可以认为知识是人们在长期的实践中积累的、能够反映客观世界中事物之间关系的认知和经验。

2. 数据、事实、信息、知识之间的关系

数据可以是没有附加任何意义或单位的数字或符号；事实是具有单位的数字；信息则将客观事实转化为意义；最终，知识是高阶的信息表示和处理，方便人们做出复杂的决策和理解。例如，"2"是一个数据，"2m"是一个事实，"他身高 2m"是一个信息，"他身高 2m，打篮球比较有优势"则是知识。

3. 知识的分类

从不同的角度和背景来看，知识有不同的划分。

按作用范围，可以将知识分为常识性知识和领域性知识。常识性知识是指通用的知识，即人们普遍知道的、适用于所有领域的知识；领域性知识是指面向某个具体领域的专业性知识，这些知识只有该领域的专业人员才能掌握和运用它。

按作用效果，可以将知识划分为叙述性知识、过程性知识和控制性知识。叙述性知识是关于世界的事实性知识，它描述的是"是什么""为什么"的问题；过程性知识是描述在问题求解过程中所需要的操作、算法或行为规律性的知识，它主要描述"怎么做"的问题；控制性知识是关于如何使用前两种知识去学习和解决问题的知识。

按结构及表现形式，可以将知识划分为逻辑性知识和形象性知识。逻辑性知识是指反映人类逻辑思维过程的知识，一般都具有因果关系及难以精确描述的特点；形象性知识是指通过形象思维获得的知识。例如，树是什么样子的？如果仅用文字描述，可能很难让没见过树的人获得关于树的概念，但是通过照片或真实的树，就可以让人获得形象性知识。

按确定性，可以将知识划分为确定性知识和非确定性（模糊性）知识。确定性知识是确定地给出它的真值为"真"或"假"的知识，这些知识是可以精确表示的知识；非确定性知识是指具有"非确定性"特性的知识，这种非确定性包括不完备性、不精确性和模糊性。其中不完备性是指在解决问题时，不具备解决该问题所需要的全部知识；不精确性是指知识所具有的既不能完全确定为真也不能完全确定为假的特性；模糊性是指知识的"边界"不明确的特性。

2.1.2 什么是知识表示

人们应用知识来解决问题，在解决问题的过程中，知识是以人为主体的。一种典型的需求是将自然语言所承载的知识输入计算机，然后计算机才能根据已有的知识进行问题求解。

使用计算机求解问题的完整过程如下：首先对实际问题进行建模，然后基于此模型实现面向机器的符号表示（一种数据结构），计算机使用知识对符号流进行处理，完成问题的推理、求解，再经过模型还原，最后得到基于自然语言表示的问题的解决方案。其中面向机器的符号表示就是把自然语言这种知识表示转化为机器能够识别的知识表示（一种数据结构)，这种数据结构就是我们研究的知识表示问题。

知识表示就是指将知识符号化并输入计算机的过程和方法。它包含两层含义：用给定的知识结构，按一定的原则、组织表示知识；解释知识表示所表示知识的含义。

知识表示的要求可以从以下4个方面考虑。

1. 表示能力

知识的表示能力指能否正确、有效地将问题求解所需要的各种知识表示出来。它包括3个方面：知识表示范围的广泛性，领域知识表示的高效性，对非确定性知识表示的支持程度。

2. 可利用性

知识的可利用性指通过使用知识进行推理，可求得问题的解。它包括对推理的适应性和对高效算法的支持性。推理是根据问题的已知事实，通过使用存储在计算机中的知识推出新的事实、结论或执行某个操作的步骤；对高效算法的支持性指知识表示要能够获得较高的处理效率。

3. 可组织性与可维护性

知识的可组织性指把有关知识按照某种组织方式组成一种知识结构；知识的可维护性指在保证知识的一致性与完整性的前提下，对知识所进行的增加、删除、修改等操作。

4. 可理解性和可实现性

知识的可理解性指所表示的知识应易读、易懂、易获取、易维护；知识的可实现性指知识表示要便于在计算机上实现，便于直接由计算机进行处理。

不同的知识表示方法有不同的特点，人工智能活动中应当根据以下要求选择合适的知识表示方法。

合适性：所采用的知识表示方法应该恰好适合问题的处理和求解，即表示方法不能过于简单，从而导致不能胜任问题的求解；也不宜过于复杂，从而导致处理过程做了大量无用功。

高效性：求解算法对所用的知识表示方法应该是高效的，对知识的检索也应该能保证是高效的。

可理解性：在既定的知识表示方法下，知识应该易于用户理解，或者易于转换为自然语言。

无二义性：知识所表示的结果应该是唯一的，对用户来说是无二义性的。

2.2　状态空间表示法

问题求解是人工智能中研究得较早而且比较成熟的一个领域。人工智能早期的研究目的是想通过计算机技术来求解这样一些问题：它们不存在已知的求解方法或求解方法比较复杂，而人使用其自身的智能都能较好地求解，人们在分析和研究运用智能求解的方法之后，发现许多问题的求解方法都是采用试探性的搜索方法。为模拟这些试探性的问题求解过程而发展的一种技术就称为搜索。在现实世界中，许多实际问题的求解都是采用试探搜索方法来实现的。

利用搜索来求解问题是在某个可能的解空间内寻找一个解，这就首先要有一种恰当的解空间的表示方法。一般把这种可能的解或解的一个步骤表示为一个状态，这些状态的全体形成一个状态空间，然后在这个状态空间中以相应的搜索算法为基础来表示和求解问题。这种基于状态空间的问题表示和求解方法就是状态空间表示法，它是以状态和算符为基础来表示和求解问题的。使用状态空间表示法，许多涉及智能的问题求解可看成是在状态空间中的搜索。

使用状态空间表示法求解问题包含两个方面。一是问题的建模与表示，即对问题进行有效建模，并采用一种或多种适当的知识表示方法。如果表示方法不对，会为问题求解带来很大的困难。二是求解的方法，应当采用适当而有效的搜索推理方法来求解。

状态空间表示法有 3 个要素：状态、算符和状态空间方法。状态表示问题解法中每一步问题状况的数据结构；算符是把问题从一种状态变换为另一种状态的手段；状态空间方法就是基于解答空间的问题表示和求解方法，它是以状态与算符为基础来表示和求解问题的。

状态空间表示法就是使用状态空间方法对问题进行求解的一种知识表示方法。

2.2.1 问题状态描述

在状态空间表示法中，状态是为描述某些不同事物之间的差别而引入的一组最少变量 $q_0, q_1, q_2, \cdots, q_n$ 的有序集合，其形式为

$$Q=\{q_0, q_1, q_2, \cdots, q_n\}$$

其中，每个元素 q_n 称为状态变量。给定每个状态变量一个值，就得到具体的状态。

使问题从一种状态变化为另一种状态的手段称为操作符或算子。操作符可能是某种动作、过程、规则、数学算子、运算符号或逻辑运算符等。

问题的状态空间是一个表示该问题全部可能状态及其关系的集合。它包含所有可能的问题初始状态集合 S、操作符集合 F，以及目标状态集合 G。因此，可把状态空间记为三元组 (S, F, G)，其中 $S \subset Q, G \subset Q$。把初始状态可达到的各种状态所组成的空间想象为一幅由各种状态对应的节点组成的图，称此图为状态图。

下面用八数码(puzzle problem)难题来说明状态空间表示法。有 8 个编号为 1～8 的棋子，放置在 3×3 方格的棋盘上，棋子可以在棋盘上自由走动。棋盘上有一个方格是空的，以便让空格周围的棋子可以移动到空格上。八数码难题的目的如图 2.1 所示，即通过移动棋子，把所有的棋子按照编号从小到大的顺序排序。图 2-1 给出了两种棋局，即初始棋局和目标棋局，它们对应于八数码难题的初始状态和目标状态。

初始棋局

6	7	5
8	3	2
1		4

目标棋局

1	2	3
4	5	6
7	8	

图 2-1 八数码难题的初始棋局和目标棋局

为了把初始棋局变换为目标棋局，需要找到使合适的棋子移动的步骤序列。八数码难题最直接的求解方法是尝试各种不同的走步，直到偶然得到该目标棋局为止。从初始棋局开始，试探每一个可以移动的棋子以得到新的棋局状态，然后再在这一状态的基础上试探移动下一个棋子，直到达到目标棋局为止。这里将由初始棋局移

动棋子可以达到的各种棋局状态组成的空间设想为由一幅各种状态对应的节点组成的图，该图就称为此问题的状态图。图 2-2 表示八数码难题状态图的一部分。图中每个节点都有它所代表的棋局。首先把初始状态下能够适用的棋子移动步骤(即算符)作用于初始状态，产生一个新的状态后再把新的状态下的适用算符作用于这些新的状态。这样继续下去直到产生目标状态为止。图 2-2 中第一个状态下可以适用的步骤有 3 个：把“1”向右移动一格，把“4”向左移动一格，把“3”向下移动一格。

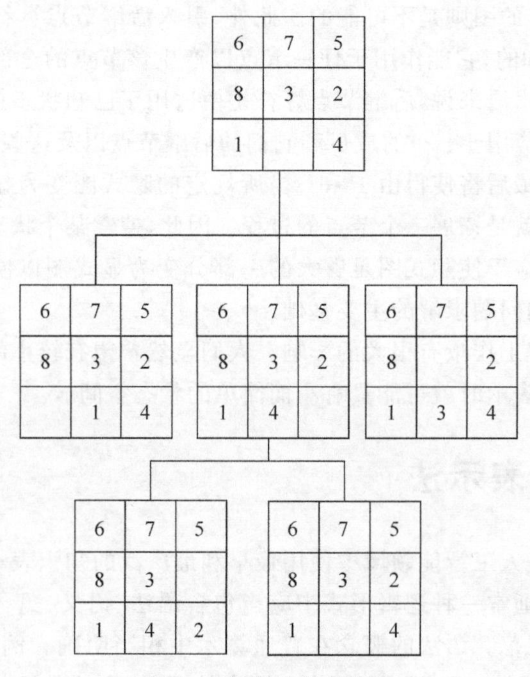

图 2-2 棋局的状态转换

2.2.2 状态图示法

状态图示法分为显式表示和隐式表示。为了描述这两种表示方法，需要首先了解图论中关于图的一些概念，这里仅介绍这些概念的基本内容。

节点：图形上的汇合点，用来表示状态、事件和时间关系的汇合，也可用来指示通路的汇合。

弧线：节点间的连接线。

有向图：一对节点用弧线连接起来，从一个节点指向另一个节点。

后继节点与父辈节点：如果某条弧线从节点 n_i 指向 n_j，那么节点 n_j 就叫作节点 n_i 的后继节点或后裔，而节点 n_i 叫作节点 n_j 的父辈节点或祖先。

路径：对于某个节点序列($n_{i1}, n_{i2}, \cdots, n_{ik}$)，当 $j=1,2,3,\cdots,k$ 时，如果对每一个 $n_{i,j-1}$ 都有一个后继节点 n_{ij} 存在，那么就把这个节点序列叫作从节点 n_{i1} 至节点 n_{ik} 的长度为 k 的路径。

代价：用 $c(n_i, n_j)$表示从节点 n_i 指向节点 n_j 的那段弧线的代价。两节点间路径的代价等于连接该路径上各节点所有弧线代价之和。

显式表示：各个节点及其具有代价的弧线由一张表明确给出。此表可能列出该图中的每一个节点、它的后继节点，以及连接弧线的代价。

隐式表示：节点的无限集合$\{s_i\}$作为起始节点是已知的。后继节点算符 Γ 也是已知的，它能作用于任意节点以产生该节点的全部后继节点和各连接弧线的代价。

一个图可以显式表示也可以隐式表示。显然，显式表示对于大型的图是不切实际的，而对于具有无限节点集合的图则是不可能的。此外，引入后继节点算符的概念是方便的。后继节点算符 Γ 也是已知的，它能作用于任一节点以产生该节点的全部后继节点和各连接弧线的代价(用状态空间术语来说，后继节点算符是由适用于已知状态描述的算符集合所确定的)。把后继节点算符应用于$\{s_i\}$的成员和它们的后继节点以及这些后继节点的后继节点，如此无限地进行下去，最后将使得由 Γ 和$\{s_i\}$所规定的隐式图变为显式图。把后继节点算符应用于节点的过程，就是拓展一个节点的过程。因此，搜索某个状态空间以求得算符序列的一个解答的过程，对应于使隐式图足够大的一部分变为显式图以便包含目标的过程。这样的搜索图是状态空间问题求解的主要基础。

问题的表示对求解工作量有很大的影响。人们显然希望有较小的状态空间表示。许多似乎很难的问题，适当表示时就可能具有小而简单的状态空间。

2.3 谓词逻辑表示法

谓词逻辑表示法是人工智能领域中使用最早和最广泛的知识表示方法之一。

逻辑有多种形式，通常一种逻辑形式中应当包含语法、语义、蕴含 3 个要素。语法是为所有合法语句给出的规范。语法的概念在普通算术中相当明确。例如，“$x+y=4$”是合法语句，而“$xy=+4$”则不是。逻辑还必须定义语言的语义，也就是语句的含义。语义定义了每个语句在每个模型(可能发生的真实环境的抽象)中的真值。例如，算术的语义规定了语句“$x+y=4$”在“x 等于 2、y 也等于 2”的情况中为真，而在“x 等于 1、y 等于 1”的情况中为假。标准逻辑中，每个语句在每个可能环境中非真即假，不存在中间状态。如果语句 α 在模型 m 中为真，则称 m 满足 α，有时也称 m 是 α 的一个模型。使用 M(α)来表示所有模型。在真值的基础上引申出语句间的逻辑蕴含(entailment)关系，即某个语句逻辑上跟随另一个语句。用数学符号表示为

$$\alpha \models \beta$$

表示语句 α 蕴含语句 β。蕴含的形式化定义是：$\alpha \models \beta$ 当且仅当在使 α 为真的每个模型中，β 也为真。利用刚刚引入的表示，可以记为

$$\alpha \models \beta \text{ 当且仅当 } M(\alpha) \subseteq M(\beta)$$

这里要注意⊆的方向：如果 $\alpha \models \beta$，那么 α 是比 β 更强的断言，它排除了更多的可能情况。蕴含关系与算术关系类似：语句 $x=0$ 蕴含了 $xy=0$。显然在任何 $x=0$ 的模型中，xy 的值都是 0。

人工智能中用到的逻辑可以概括地分为两大类：一类是经典逻辑和一阶谓词逻辑，其特点是任何一个命题的真值或者为“真”，或者为“假”，二者必居其一；另一类是泛指除经典逻辑外的那些逻辑，主要包括三值逻辑、多值逻辑、模糊逻辑、模态逻辑及时态逻辑等。

命题逻辑与谓词逻辑是最先应用于人工智能的两种逻辑，对于知识的形式化表示，特别是定理的证明发挥了重要作用。谓词逻辑是在命题逻辑的基础上发展起来的，命题逻辑可看作是谓词逻辑的一种特殊形式。

2.3.1 谓词逻辑表示法的逻辑基础

使用谓词逻辑表示法表示知识需要熟悉一些逻辑基础，主要包括命题、谓词、连接词、量词、谓词公式等。

1. 命题和谓词

命题是具有真假意义的语句。命题代表人们进行思维时的一种判断，若命题的意义为真，称它的真值为真，记作 T；若命题的意义为假，称它的真值为假，记作 F。

一个命题不能同时既为真又为假，但可以在一定条件下为真，在另一种条件下为假。没有真假意义的语句(如感叹句、疑问句等)不是命题。例如，“1+1=10”在二进制的情况下是真值为 T 的命题，但在十进制情况下却是真值为 F 的命题。“今天天气真好啊！”不是命题。通常用大写的英文字母表示一个命题。

命题逻辑有较大的局限性，它无法把描述的客观事物的结构及逻辑特征反映出来，也不能把不同事物间的共同特征表示出来。例如，“张三是学生”“李四也是学生”这两个命题，用命题逻辑表示时，无法把二者的共同特征形式地表示出来。于是在命题逻辑的基础上发展出谓词逻辑。

在谓词逻辑中，命题是用谓词来表示的，一个谓词可分为谓词名与个体两个部分。个体表示某个独立存在的事物或者某个抽象的概念；谓词名用于刻画个体的性质、状态或个体间的关系。例如，“张三是学生”这个命题，用谓词可表示为“STUDENT(zhang)”。其中，“STUDENT”是谓词名，“zhang”是个体，“STUDENT”刻画了“zhang”的职业是学生这个特征。通常，谓词名用大写英文字母表示，个体用小写英文字母表示。

个体变元的取值范围称为个体域。个体域可以是有限的，也可以是无限的。例如，用 $I(x)$表示“x 是整数”，则个体域是所有整数。在谓词中个体可以是常量，也可以是变元，还可以是一个函数。例如，“$x>10$”可以表示为“MORE(x,10)”，其中“x”是变元。又如“小张的父亲是老师”，可以表示为“TEACHER(FATHER(zhang))”，其中“FATHER(zhang)”是一个函数。

谓词和函数虽然形式上很相似，但它们是完全不同的两种概念。谓词的真值是真或假，而函数无真值可言，函数的值是个体域中的某个个体。谓词实现的是个体域中的个体到 T 或 F 的映射，而函数实现的是同一个体域中从一个个体到另一个个体的映射。在谓词逻辑中，函数是以个体的作用出现的。

谓词的定义如下。

定义 2.1 设 D 是个体域，$P:D^n \rightarrow \{T,F\}$是一个映射，其中 $D^n=\{(x_1,x_2,\cdots,x_n)|x_1,x_2,\cdots,x_n \in D\}$，则称 P 是一个 n 元谓词($n=1,2,\cdots$)，记为 $P(x_1,x_2,\cdots,x_n)$，其中 $x_1,x_2,\cdots,x_n$ 是个体变元。

函数的定义如下。

定义 2.2 设D是个体域,$P:D^n \to D$是一个映射,则称f是D上的一个n元函数,记为

$$f(x_1, x_2, \cdots, x_n)$$

其中,$x_1, x_2, \cdots, x_n$是个体变元。

在谓词$P(x_1, x_2, \cdots, x_n)$中,如果$x_i(i=1,2,\cdots,n)$都是个体常量、变元或函数,则称它为一阶谓词。如果某个x_i本身又是一个一阶谓词,则称它为二阶谓词。

2. 连接词、量词和谓词公式

通过连接词可以把一些简单命题连接起来构成一个复合命题,以表示一个复杂含义。连接词包括以下5种。

¬:称为"非"或"否定"。它表示对后面的问题的否定,使该命题的真值与原来相反。当命题P为真时,¬P为假;当命题P为假时,¬P为真。

∨:称为"析取"。表示被它连接的两个命题具有"或"的关系。

∧:称为"合取"。表示被它连接的两个命题具有"与"关系。

→:称为"条件"或"蕴含"。"P→Q"表示"P蕴含Q",即"如果P,则Q",其中P称为条件的前件,Q称为条件的后件。

↔:称为"双条件",也称为"等价"。对命题"P"和"Q","P↔Q"表示"P当且仅当Q"。

在谓词公式中,连接词具有优先级别,顺序是"¬""∨""∧""→""↔"。命题公式是谓词公式的一种特殊情况,也可以用连接词把单个命题连接起来构成命题公式。

量词是由量词符号和被其量化的变元组成的表达式。为刻画谓词与个体间的关系,在谓词逻辑中引入了两个量词符号:一个是全称量词符号"∀",它表示"对个体域中的所有(或任一个)个体x";另一个是存在量词符号"∃",它表示在个体域中"至少存在一个"。

谓词逻辑的表达式称为谓词公式(也称合式公式)。谓词公式是由原子公式、连接词和量词组成的。原子公式是最基本的谓词公式,它由谓词、括号和括号中的个体组成,其中的个体可以是常数、变元和函数。通过连接词把原子公式组成较为复杂的谓词公式。在谓词公式中通过量词对变量加以说明,这种说明称为量化。谓词公式中经过量化的变量称为约束变量,否则称为自由变量。

2.3.2 谓词逻辑表示法的步骤

使用谓词逻辑表示法表示知识一般有如下步骤:

(1) 定义谓词及个体,确定每个谓词及个体的确切含义;

(2) 根据要表达的事物或概念,为谓词中的变元赋以特定的值;

(3) 用适当的连接词连接各个谓词,形成谓词公式。

例如,用谓词逻辑表示如下知识:

李华是计算机系的一名学生

李华喜欢编程

计算机系的学生都喜欢编程

首先定义谓词及个体:

CS(x)表示 x 是计算机系的学生
L(x,z)表示 x 喜欢 z
programing 表示编程这种行为

这样可以用如下谓词公式表示上述知识：

CS(李华)
L(李华,programing)
($\forall x$)(CS(x)→L(x,programing))

2.3.3　谓词逻辑表示法的特点

谓词逻辑表示法建立在一阶谓词逻辑的基础上,并利用逻辑运算方法研究推理的规律,即条件和结论之间的蕴含关系。

1. 谓词逻辑表示法的优点

(1) 自然性。

一阶谓词逻辑是一种接近于自然语言的形式语言系统,谓词逻辑表示法接近于人们对问题的直观理解,易于被人们接受。

(2) 规范性。

谓词逻辑表示法对如何由简单陈述句构造复杂陈述句的方法有明确规定,如连接词、量词的用法和含义等。对于用谓词逻辑表示法表示的知识,都可以按照一种规范来解释它,因此用这种方法表示的知识很明确。

(3) 严密性。

谓词逻辑是一种二值逻辑,其谓词公式的真值只有“真”和“假”,因此可以用来表示精确知识。其演绎推理严格,可以保证推理过程的严密,保证所得结论是精确的。

(4) 模块化。

在逻辑表示中,各条知识都是相对独立的,它们之间不直接发生联系,因此添加、删除、修改知识的工作比较容易进行。

2. 谓词逻辑表示法的缺点

(1) 知识表示能力差。

谓词逻辑表示法只能表示确定性知识,不能表示非确定性知识。但是人类的大部分知识都不同程度地具有某种非确定性,这就使得谓词逻辑表示法表示知识的范围和能力受到了限制。

(2) 知识表示范围小。

谓词逻辑表示法所表示的知识属于表层知识,不易于表示过程性知识和启发性知识。

(3) 组合爆炸。

谓词逻辑表示法把推理演算和知识的含义截然分开,抛弃了表达内容中所含有的语义信息,往往使推理难以深入。特别是当问题比较复杂、系统知识量大的时候,容易产生组合爆炸。

(4) 系统效率低。

谓词逻辑表示法的推理过程是根据形式逻辑进行的,往往使推理过程冗长,降低了系统效率。

2.4 语义网络表示法

语义网络是奎林(J. R. Quillian)1968 年在研究人类联想记忆时提出的一种心理学模型。他认为记忆是由概念间的联系实现的。随后在他设计的可教式语言理解器(teachable language comprehendent)中又把语义网络用作知识表示方法。1972 年,西蒙(Simon)在他的自然语言理解系统中也采用了语义网络表示法。1975 年,亨德里克(G. G. Hendrix)又对全称量词的表示提出了语义网络分区技术。目前,语义网络已经成为人工智能中应用较多的一种知识表示方法,尤其是在自然语言处理方面的应用。

2.4.1 语义基元

从结构上来看,语义网络一般由一些最基本的语义单元组成。这些最基本的语义单元称为语义基元,可以用如下三元组来表示:(节点 A,弧,节点 B)。可以用图 2-3(a)所示的有向图来表示,其中 A 和 B 分别代表节点,而 R 则表示 A 和 B 之间的某种语义联系;当把多个语义基元用相应的语义联系关联在一起的时候,就形成了一个语义网络,如图 2-3(b)所示。

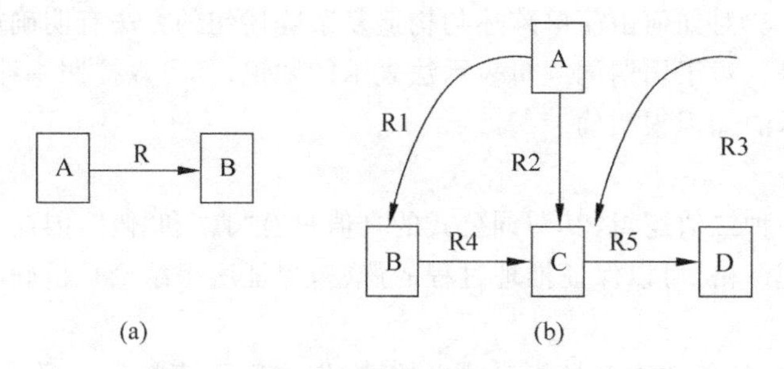

图 2-3 语义网络示例

一个大的语义网络可以由多个语义基元组成,每个节点都可以是一个语义子网络,所以语义网络实质上是一种多层次的嵌套结构。

2.4.2 语义网络中常用的语义联系

语义网络除了可以描述事物本身之外,还可以描述事物之间错综复杂的关系。基本语义联系是构成复杂语义联系的基本单元,也是语义网络表示知识的基础,因此由一些基本的语义联系组合成任意复杂的语义联系是可以实现的。

由于语义联系的丰富性,不同应用系统所需的语义联系的种类及其解释也不尽相同。比较典型的语义联系如下。

1. 以个体为中心组织知识的语义联系

1) 实例联系 ISA

ISA 表示“是一个”,用于表示类节点与所属实例节点之间的联系,表示事物间抽象概念上的类属联系，体现了一种具体与抽象的层次分类。具体层处于下方，抽象层处于上方，具体层上的节点可以继承抽象层节点的属性。一个实例节点可以通过 ISA 与多个类节点相连接，多个实例节点也可以通过 ISA 与一个类节点相连接。如“李华是一名学生”的实例联系如图 2-4 所示。

图 2-4　实例联系的语义网络示例

对概念进行有效分类有利于语义网络的组织和理解。将同一类实例节点中的共性成分在它们的类节点中加以描述，可以减少网络的复杂程度，增强知识的共享性；而不同的实例节点通过与类节点的联系，可以扩大实例节点之间的相关性，从而将分立的知识片段组织成语义丰富的知识网络结构。

2）泛化联系 AKO

“是一种”的类节点（如鸟）与更抽象的类节点（如动物）之间的联系，通常用 AKO 来表示。通过 AKO 可以将问题领域中的所有类节点组织成一个 AKO 层次网络。图 2-5 给出了动物分类系统中的部分概念类型之间的 AKO 联系描述。

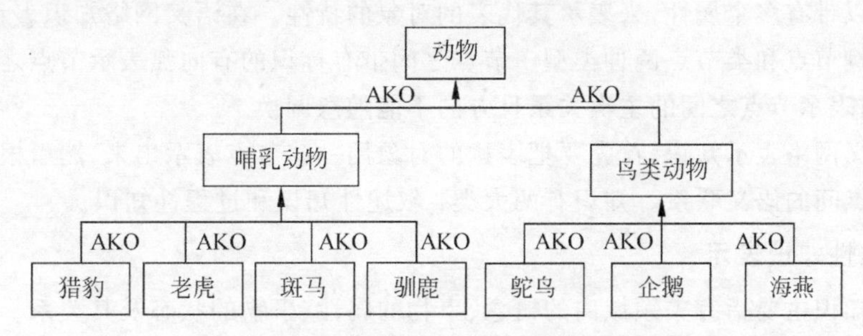

图 2-5　泛化联系的语义网络示例

泛化联系允许底层类型继承高层类型的属性，这样可以将公用属性抽象到较高层次。由于这些共享属性不在每个节点上重复，因此减少了对存储空间的要求。

3）聚集联系 Part-of

聚集联系用于表示某一个体与其组成部分之间的联系，通常用 Part-of 表示。用 Part-of 连接的对象之间没有继承关系。比如“轮子是汽车的一部分”可表示成图 2-6 所示。

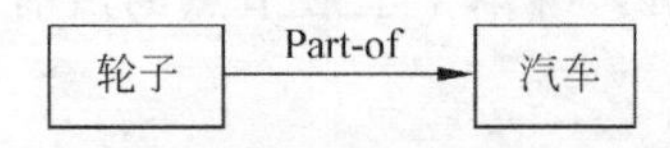

图 2-6　聚集联系的语义网络示例

4）属性联系 IS

IS 用来表示对象的属性。通常用有向弧表示属性，用这些弧指向的节点表示各自的值。如图 2-7 所示，李丽是一名学生，性别为女，年龄为 16 岁。

2. 以谓词或联系为中心组织知识的语义联系

设有 n 元谓词或联系 $R(\text{arg}_1, \text{arg}_2, \cdots, \text{arg}_n)$，$\text{arg}_1$ 取值为 a_1，arg_n 取值为 a_n，把 R 化为等价的一组二元联系如下：

$$\arg_1(R,a_1),\arg_2(R,a_2),\cdots,\arg_n(R,a_n)$$

因此，只要把联系 R 也作为语义节点，其对应的语义网络便可以表示为图 2-8 所示的形式。

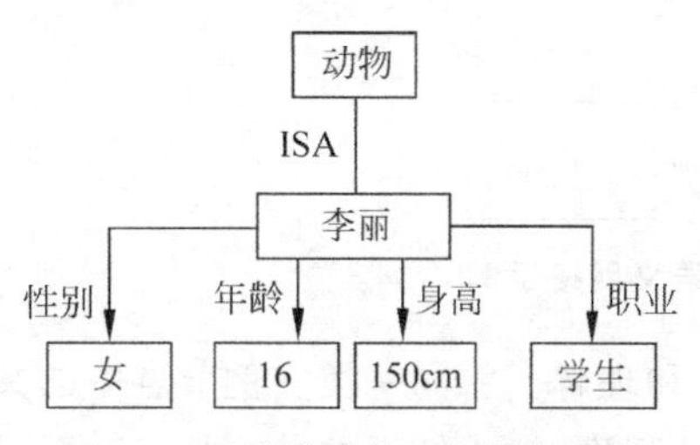

图 2-7　属性联系的语义网络示例

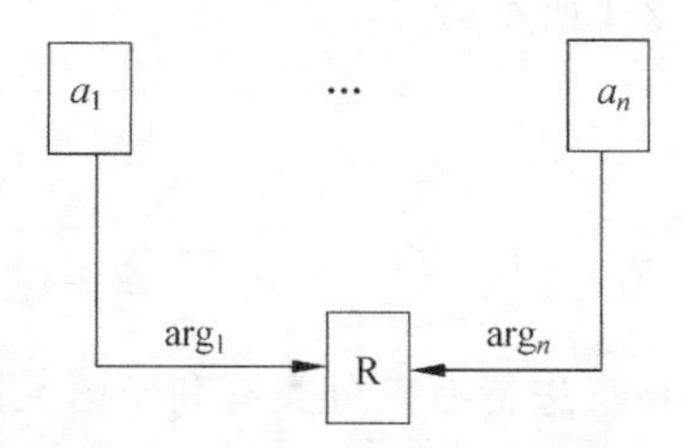

图 2-8　“或”关系的语义网络示例

2.4.3　语义网络的知识表示方法

语义网络是一种采用网络形式表示人类知识的方法。一个语义网络是一个带标识的有向图。其中带有标识的节点表示问题领域中的物体、概念、属性、状态、事件、动作或者态势。每个节点可以带有多个属性，来表示其代表的对象的特性。在语义网络知识表示中，节点一般划分为实例节点和类节点两种类型。节点之间带有标识的有向弧表示节点之间的语义联系，弧的方向表示节点之间的主次关系且方向不能随意调换。

要用语义网络表示知识，首先要把表达的对象用一些节点表示出来，然后根据具体的环境来定义节点间的语义联系。知识有两大类：叙述性知识和过程性知识。

1. 叙述性知识表示

叙述性知识主要指有关领域内的概念、事物的属性、事物的状态及其关系。例如，“智能手机是一种通信工具”可以用语义网络表示为图 2-9 的形式。

如前所述，每个节点还可拓展为新的语义基元。上面的语义网络还可以拓展为更为广泛复杂的形式。

在图 2-9 中，连接弧上的标识“AKO”代表语义联系“是一种”。把语义网络转化成层次形式，表示这些节点在实质上的层次关系，并且连接弧的箭头指向说明箭头所指的节点是上层节点，而出发的节点是下层节点。上层节点表示的对象更普通、范围更大，下层节点包含在上层节点的范围之内，继承了上层节点的所有性质，但是具有一些自身专有的特性。

2. 过程性知识表示

过程性知识表示一般用规则表示，例如“如果 A，那么 B”就是一条表示 A、B 之间因果关系的规则性知识，如果用 R_{AB} 来表示“如果……，那么……”的语义联系，则上述知识可表示成图 2-10 所示的形式。

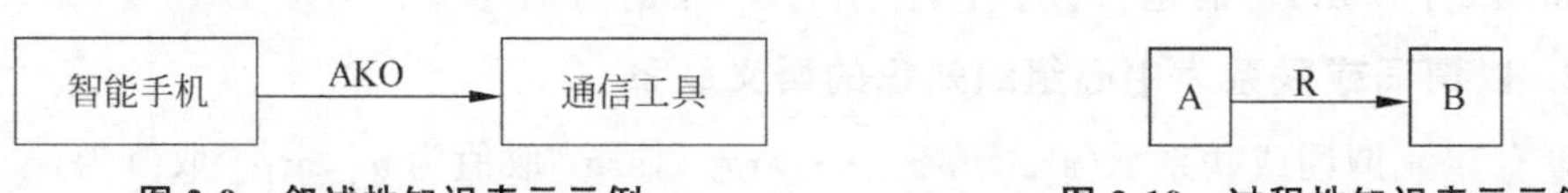

图 2-9　叙述性知识表示示例　　**图 2-10　过程性知识表示示例**

3. 连接词在语义网络中的表示方法

任何具有表达谓词公式能力的语义网络，除具备表达基本命题的能力之外，还必须具备表达命题之间的与、或、非，以及“蕴含”关系的能力。

(1) 合取：在语义网络中，合取命题通过引入“与”节点来表示。事实上这种合取联系网络就是由“与”节点引出的弧构成的多元关系网络。例如

give(Li Hua, Wang Qi, "War and Peace") $\wedge$ read(Li Hua, "War and Peace")

可以表示为图 2-11 所示的带“与”节点的语义网络。

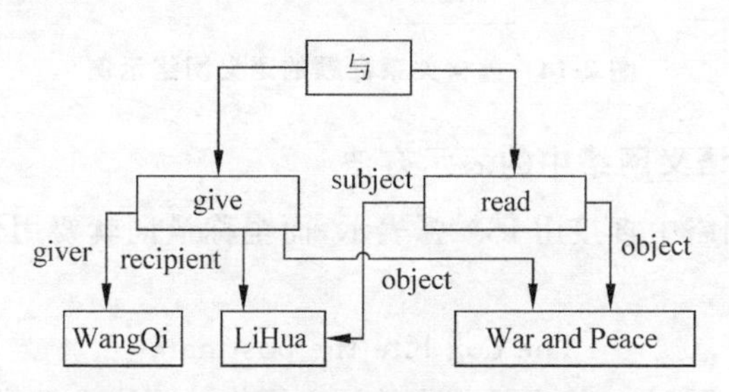

图 2-11 合取关系命题的语义网络示例

(2) 析取：析取命题通过引入“或”节点来表示。例如命题

Wang Qi is a student or Li Hua is a teacher.

可以表示为如图 2-12 所示的带“或”节点的语义网络。

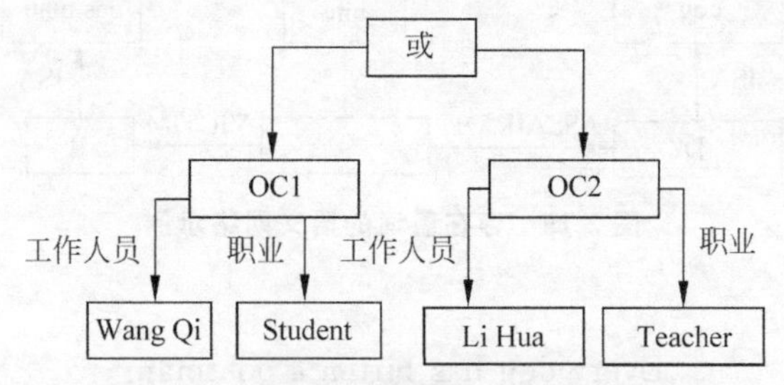

图 2-12 析取关系命题的语义网络示例

(3) 否定：在语义网络中，对于基本联系的否定，可以直接采用带 ¬ ISA、¬ AKO 及 ¬ Part-of 的有向弧来标注。对于一般情况，则需要通过引入“非”节点来表示，如图 2-13 所示。

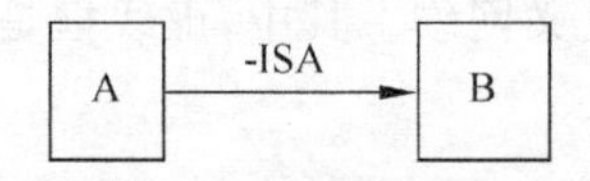

图 2-13 否定关系命题的语义网络示例

(4) 蕴含：在语义网络中，通过引入蕴含关系来表示规则中前提条件与结果之间的因果联系。从蕴含关系节点出发，一条弧指向命题的前提条件，记为 ANTE，另一条弧指向该命题的结论，记为 CONSE。例如

如果明天天气晴朗，就去骑行

可以表示为如图 2-14 所示的语义网络。

在图 2-14 中，event1 表示特指的天气晴朗事件，包含主体(object)属性、事件状态

(state)属性、时间(time)属性。骑行也是一个事件，包含主体属性。

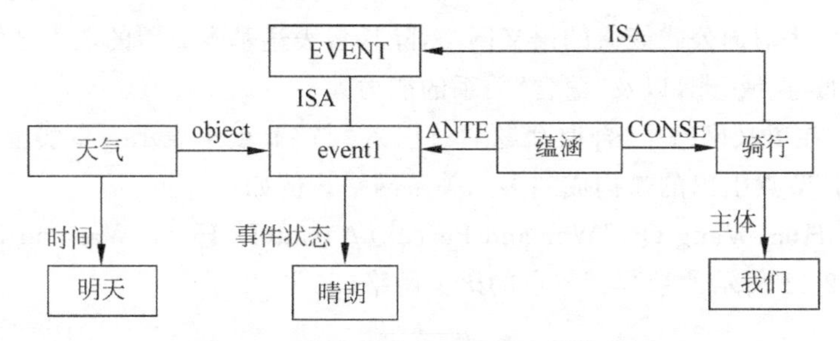

图 2-14　蕴含关系命题的语义网络示例

4. 变元和量词在语义网络中的表示方法

存在量词在语义网络中直接用 ISA 弧表示，而全称量词就要用分块方法来表示。例如命题

The dog bite the postman.

命题中包含存在量词。图 2-15 给出了相应的语义网络。网络中 D 节点表示一条特定的狗，P 节点表示一个特定的邮递员，B 节点表示一个特定的咬人事件。咬人事件 B 包括两部分，一部分是攻击者(ASSAILANT)，另一部分是受害者(VICTIM)。节点 D、B 和 P 都用 ISA 弧与概念节点 dog、bite、postman 相连，这里 ISA 表示的是存在量词。

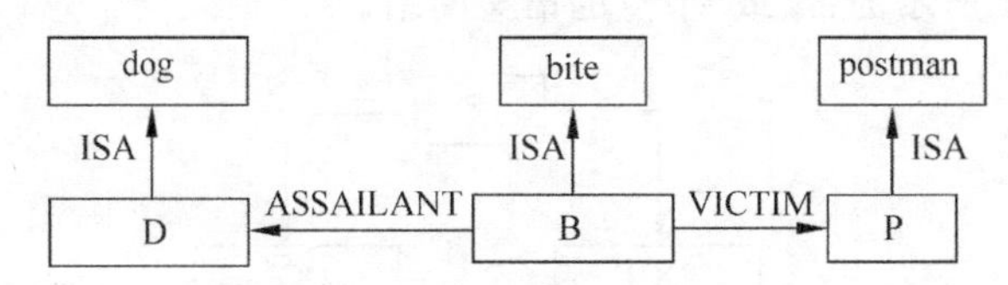

图 2-15　存在量词的语义网络示例

如果进一步表示

Every dog has bitten a postman.

这个命题，那么用谓词逻辑可表示为

$$(\forall x)\mathrm{DOG}(x)\rightarrow(\exists y)[\mathrm{POSTMAN}(y)\wedge\mathrm{BITE}(x,y)]$$

上述谓词公式中包含全称量词。用语义网络来表示知识的主要困难之一是如何处理全称量词。一种方法是把语义网络分割成空间分层集合。每一个空间对应于一个或几个变量的范围。图 2-16 是上述命题的语义网络。其中，虚线框是一个特定的分割，表示一个断言 The dog has bitten the postman。

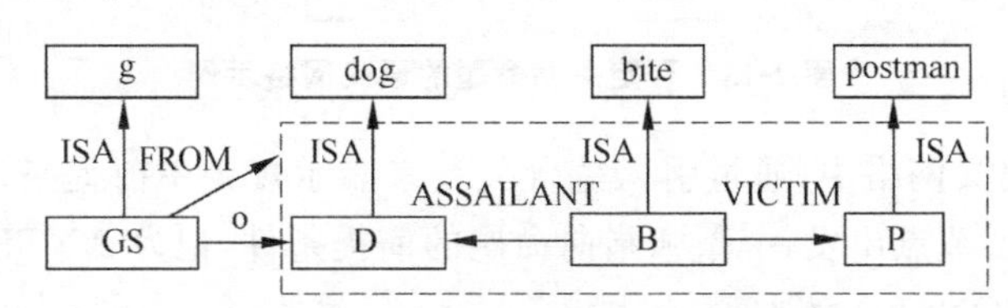

图 2-16　全称量词的语义网络示例

因为这里的狗应是指每一条狗，所以把这个特定的断言认作是断言 G。断言有两个部分：第一部分是断言本身，说明所断定的关系，称为格式(FORM)；第二部分代表全称量词

的特殊弧∀，一个∀弧可表示一个全称量化的变量。GS节点是一个概念节点，表示具有全称量化的一般事件，G是GS的一个实例。在这个实例中，只有一个全称量化的变量D，这个变量可代表DOGS这类物体的每一个成员，而其他两个变量B和P仍理解为存在量化的变量。换句话说，这样的语义网络表示对每一条狗都存在一个咬人事件B和一个邮递员P，使得D是B中的攻击者，而P是受害者。

同时，命题

Every dog has bitten every postman.

可以用如图2-17所示的形式表示。

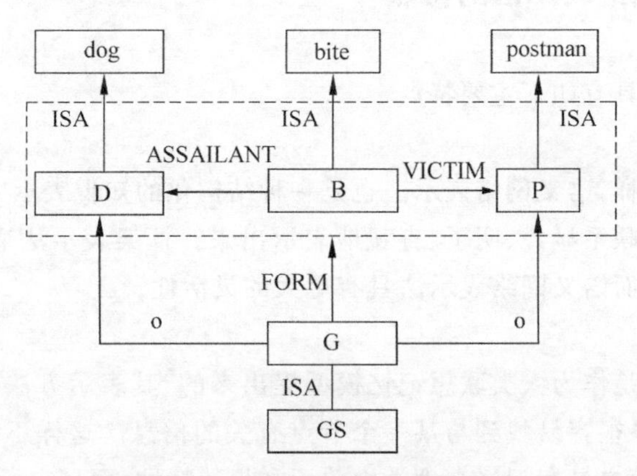

图 2-17 全称量词的语义网络示例

2.4.4 语义网络的推理过程

语义网络系统中的推理过程主要有两步：继承和匹配。

1. 继承推理

继承推理是指在语义网络中，有些层次的节点具有继承性，那么上层节点具有的性质下层节点也都具有。利用这些性质，可以由上层普通节点的性质推出下层特殊节点的性质。继承又分为值继承和过程继承两种。

(1) 值继承。

在由ISA、AKO联系的两层节点之间，下层节点直接继承上层节点的属性，所以也称为“属性继承”。比如“轿车是一种汽车”“汽车有方向盘、轮子等”，则“轿车也有方向盘、轮子等”。

(2) 过程继承。

过程继承又称为方法继承，此时下层节点的某些属性是上层节点没有的，但上层节点中指出了求解这种属性的方法，则下层节点可以继承这种方法，求出这种特殊的属性。如圆柱体的属性有底面半径R和高H，求解体积的方法为$W=\pi R^2 H$。谷仓是一个圆柱体，圆柱形的砝码是一个圆柱体，它们的体积都不能从圆柱体的体积直接继承而来，但是可利用求解圆柱体体积的方法计算出来。

2. 匹配推理

匹配推理是根据要求解的问题构造出一个局部网络，称为求解网络，对其中某些节点或弧用变量进行标注，这些变量就是要求解的问题。

系统本身已具有一个知识库，知识库中存放的都是一些已知的语义网络。用求解网络搜索知识库和知识库中的某些语义网络进行匹配，以便求得问题的解答。这种匹配不一定是完全的匹配，也可能是某种近似的匹配，这就需要考虑匹配程度问题。

如求解网络和知识库中的语义网络相匹配，那么匹配的结果会把求解网络中的变量实例化，这种实例化的结果就是所求的解。

2.4.5 语义网络表示法的特点

语义网络表示法具有如下主要特点。

(1) 结构性。

与框架表示法一样，语义网络表示法也是一种结构化的知识表示方法，它能把事物的属性以及事物间的各种联系显式、明了、直观地表示出来。框架表示法适合比较固定的、典型的概念、事件和行为，而语义网络表示法具有更大的灵活性。

(2) 联想性。

语义网络最初就是作为人类联想记忆模型提出来的，其表示方法着重强调事物间的语义联系，通过这些联系很容易找到与某一个节点有关的信息。这样不仅便于以联想的方式实现对系统的检索，使之具有记忆心理学中关于联想的特性，而且它所具有的这种自索引能力使之可以有效地避免搜索时可能遇到的组合爆炸问题。

(3) 直观性。

用语义网络表示知识更直观、更易于理解，适合知识工程师与领域专家的沟通，从自然语言转换为语义网络也比较容易。

(4) 非严格性。

与谓词逻辑相比，语义网络没有公认的形式表示体系。语义网络结构的语义解释依赖于该结构的推理过程，没有固定的结构约定。所以，语义网络表示法的推理结果不能保证像谓词逻辑那样绝对正确。

(5) 处理复杂性。

语义网络中多个节点间的联系可能构成线状、树状、网状，甚至是递归状结构，这样就使得相应的知识存储和检索过程比较复杂。

2.5 框架表示法

框架表示法的理论是由美国人工智能学者明斯基在 1975 年首先提出来的。该理论认为人们对现实世界中各种事物的认识都是以一种类似于框架的结构存储在记忆中的，当面临一个新事物时，人们并不是重新认识它，而是从记忆中找出一个合适的结构，并根据实际情况对其细节加以修改、补充，从而形成对当前事物的认识。也就是说框架表示法表示的是一种经验性的、结构化的知识。框架表示法是一种结构化的知识表示方法。

这种知识结构在计算机内以数据结构的形式来表现就称为框架。

2.5.1　框架的基本结构

框架(frame)是一种描述所论述对象(一个事物、事件或概念)属性的数据结构。

框架的顶层是框架名,用于指定某个概念、事物或事件,其下层由若干个称为“槽”的结构组成。每个槽描述框架所描述的对象的一个方面的特性。槽由槽名和槽值组成,对于比较复杂的框架,槽还可以分为若干个侧面,每个侧面由侧面名和若干个侧面值组成。无论是槽值还是侧面值,一般都事先规定了赋值的约束条件,只有满足条件的值才能填进去。

框架的一种表现形式如图 2-18 所示。

```
<框架名>
  槽名1:   侧面名1   值1, 值2, …
           侧面名2   值1, 值2, …
  槽名2:   侧面名1   值1, 值2, …
           侧面名2   值1, 值2, …
    ⋮        ⋮        ⋮     ⋮
  槽名n:   侧面名1   值1, 值2, …
           侧面名2   值1, 值2, …
```

图 2-18　框架的一种表现形式

一个描述具体事物的框架的各个槽除了可以填充确定值外,还可以填充默认值。各槽的值可以是数字、符号串,也可以是其他子框架,从而实现框架间的调用。通常一个框架产生时,它的槽已被默认值填充好了。因此,一个框架可以包含大量情况未指明的细节,这对于描述一般性信息及最有可能发生的情况是非常有用的。默认值是被“松弛地”赋予槽的,它们很容易被符合当前情况的新值所取代。从某种意义上说,默认值起着变量的作用,因而在框架表示法中不必使用量词。

实例框架：对于一个框架,当人们把观察或认识到的具体细节填入槽后,就得到了该框架的一个具体实例,框架的这种具体实例就称为实例框架。

框架系统：在框架表示法中,框架是知识的基本单元,把一组有关的框架连接起来便可形成一个框架系统。在框架系统中,为了指明哪一个框架是当前框架的上层框架,需要在该层框架中设立一个专门的槽,该槽的槽名是事先约定的,其值是上层框架的名字。

2.5.2　基于框架的推理过程

在框架表示法中,主要完成两个推理过程：一是匹配,即根据已知事实寻找合适的框架；二是填槽,即填写框架中的未知槽值。

1. 匹配

当利用由框架构成的知识库进行推理、形成概念和作出决策时,其过程往往是根据已知的信息,通过知识库中预先存储的框架进行匹配,即逐槽比较,从中找出一个或者几个与该信息所提供情况最合适的预选框架,形成初步假设；然后对所有预选框架进行评估,以决定最合适的预选框架。

框架的匹配与产生式的匹配不同,产生式的匹配一般是完全匹配,而框架的匹配只能做到不完全匹配。这是因为框架是对一类事物的一般描述,是这一类事物的代表,当应用于某个具体事物时,往往存在偏离该事物的某些特殊性。这种不完全匹配主要表现如下：

(1) 框架中规定的属性不存在。

(2) 框架中规定的属性值与当前具体事物的属性值不一致。

(3) 当前具体事物具有框架中没有说明的新属性。

当框架与当前具体事物之间出现不完全匹配时，有必要规定一些准则，用来确定事物与预选框架的匹配度。这些准则通常很简单。如以某个或某些重要属性是否存在、某属性值是否属于误差允许的范围等为条件；对框架的所有属性加权，计算符合属性的权值和不符合属性的权值，并以权值与所定义的阈值比较的结果来判定匹配是否成立。较复杂的评估准则可以是一组产生式规则或过程，用来推导匹配是否成立。在实际构造框架系统时，可以根据特定应用领域的要求来定义合适的判定原则。

在匹配过程中，为了提高匹配成功的可能性，往往将差异较小的框架用差位指针相互连接起来，这一组框架称为相似框架。差位指针不仅反映了框架之间的相似联系，而且指出了它们的差别所在。当框架的匹配不能完全一致时，可以沿着从该框架引出的差位指针，快速地查找其他候选框架。

如果选不到合适的可匹配框架，则应该重新建立一个框架来描述当前事物，包括定义框架名、槽、侧面及其取值。如果当前事物与现有框架之间的差异还没有达到必须采用新框架的地步，则可以对老框架进行现场修改，以符合新的要求。这就使得我们有可能在认识和理解过程中发展相似框架网络，从而更客观地描述各种事物的特性及其联系。

2. 槽值的计算

在匹配的过程中，有的属性值可能目前还不知道，在这种情况下，匹配引起槽值的计算。计算槽值可以通过继承(属性或属性值)来实现，也可以用一个附加过程来得到。在框架中，if needed、if added 等槽的槽值是附加过程，在推理的过程中起重要作用。

若将一个子框架视作一个知识单元，如一条产生式规则，就可将一个问题的求解转化为通过匹配分散到各有关的子框架进行协调的过程。这个过程可描述为

$$\text{推理机制} \underset{\text{根据返回值评价决定下一步的附加过程}}{\overset{\text{向特定的框架系统发送消息并启动特定的附加过程}}{\rightleftharpoons}} \text{框架系统知识库}$$

附加过程在推理中的作用可通过例子来说明。例如，确定一个人的年龄，在已知知识库中要匹配的框架如下：

框架名：
年龄　　NIL
if needed ASK
if added CHECK

这时便自动启动 if needed 槽的附加过程 ASK。而 ASK 是一个程序，表示的是向用户询问，并等待输入。例如，当用户输入“25”后，便将年龄槽设定为 25，进而启动 if added 槽执行附加过程 CHECK 程序，用来检查该年龄值是否合适。如果这个框架有默认槽 default20，那么当用户没有输入年龄时，就默认年龄为 20。

2.5.3 框架表示法的特点

明斯基提出框架表示法后，这种表示法以其表达能力强、层次结构丰富、提供了有效的组织知识的手段、容易处理默认值并较好地把叙述性知识表示与过程性知识表示协调起来等特点引起了人们的重视。

框架表示法的优点：利用框架的嵌套式结构，可以由浅入深地对事物的细节做进一步的知识表达；利用空框，可以自由填写、补充、修改其内容和说明，便于实时地修改和增删；便于表达推测和猜想；具有自然性，体现了人在观察事物时的思维活动。

框架表示法的缺点：由于框架表示法将叙述性知识和过程性知识放在一个基本框架中，加之在框架网络中各基本框架的数据结构有差异，使得这种表示方法清晰程度不高；另外，许多实际情况与原型不符，对新的情况不适应。

框架表示法与语义网络表示法的侧重点有所不同，前者重点突出了状态，后者重点突出了关系。因此，框架表示法对描述比较复杂的状态是很有效的。

2.6　案例：知识图谱

尽管有许多类型丰富的知识表示方法，但是随着时代和技术的发展，在不同的应用领域逐渐发展出一些具有新特点的知识表示方法。近年来，网络技术的发展给人类社会带来了巨大的变化。网络数据内容呈现出爆炸式增长的态势。网络数据内容有很多不同于以往数据内容的特点，比如规模大、组织结构松散、存在大量的文本数据。人们只能依赖于网络搜索引擎来获取需要的内容，而网络搜索引擎并不能有效获取网络数据内容，还需要人为筛选、组织。造成这一现象的主要原因在于计算机无法获取网络文本的语义信息，不能像人类一样通过语义信息来推断获取潜在的、有用的数据内容。虽然现在人工智能技术不断发展，尤其是深度学习技术在很多领域中获得应用，在某些任务上甚至能够超过人类的能力，但是在智力水平上，计算机和人类还有很大的差距。计算机和人类对文本数据的敏感度根本不能比较，计算机也没有人类这么丰富的背景知识来理解文本背后的含义。

为了让计算机获得丰富的先验知识，需要对可描述的事物(实体)进行建模，记录实体的各种属性，描述实体之间的相互联系，这就是知识图谱。

2012 年 5 月 17 日谷歌公司推出知识图谱，以提高搜索引擎的能力、改善用户的搜索质量、提升用户的应用体验。现在知识图谱已经成为智能搜索、智能问答、个性化推荐等众多领域的关键技术。

知识图谱是知识工程的一个分支，它以众多知识表示方法为基础，在新的形势下发展而来。它以知识工程中的语义网络为理论基础，并且结合了机器学习、自然语言处理和知识表示与推理的最新成果。知识图谱旨在描述现实世界中存在的实体以及实体之间的关系。图 2-19 为知识图谱的结构示例。

知识图谱以语义网络为基础，又有区别于语义网络的特点。知识图谱和语义网络相比具有更大的规模，这是在新形势下的应用所要求的。现代网络文本数据的内容巨大，导致知识图谱有很大的数据规模。传统的知识表示方法都是一些应用在较小数据量中的知识表示方法，而在互联网时代，网络产生了大量数据，知识图谱需要有能力表达更大规模的数据。同时，大量的数据也带来一些要求，比如要求能够自动化构建，或者采用合作构建的方式来构建大规模、高质量的知识图谱。相比于传统的知识库采用人工构建的方式，知识图谱有很大的优势，比如自动化构建、成本低、规模大。人工构建的知识库虽然质量较高，但是规模有限。有限的规模导致传统的知识表示不能在互联网时代大规模应用。大规模是知识图谱的重要特征，所以知识图谱能够很好地应用在智能搜索领域。

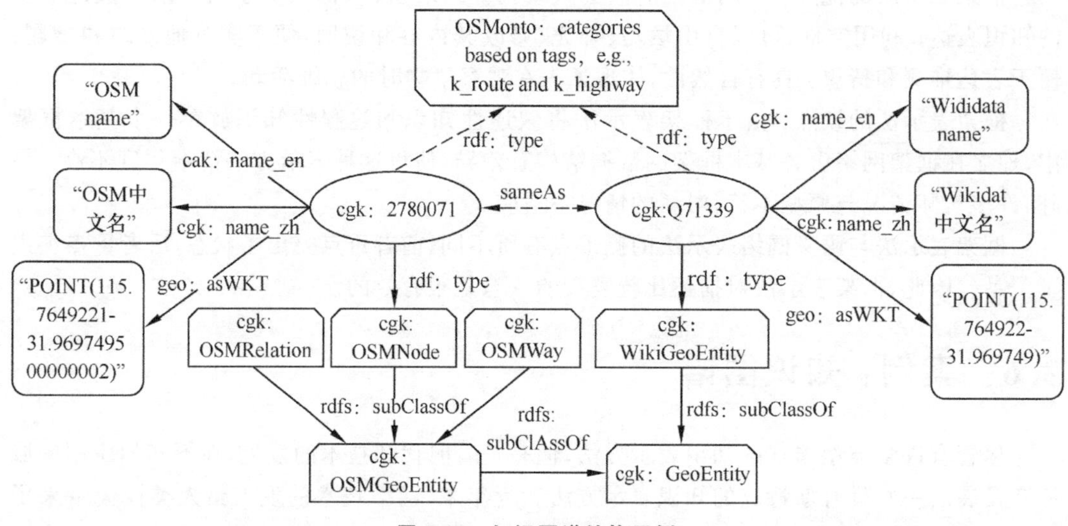

图 2-19　知识图谱结构示例

读者可以通过网络搜索一些关键词的可视化知识图谱，可得到类似图 2-20 的由互联网信息构建的关于冯·诺依曼的可视化知识图谱的结果。

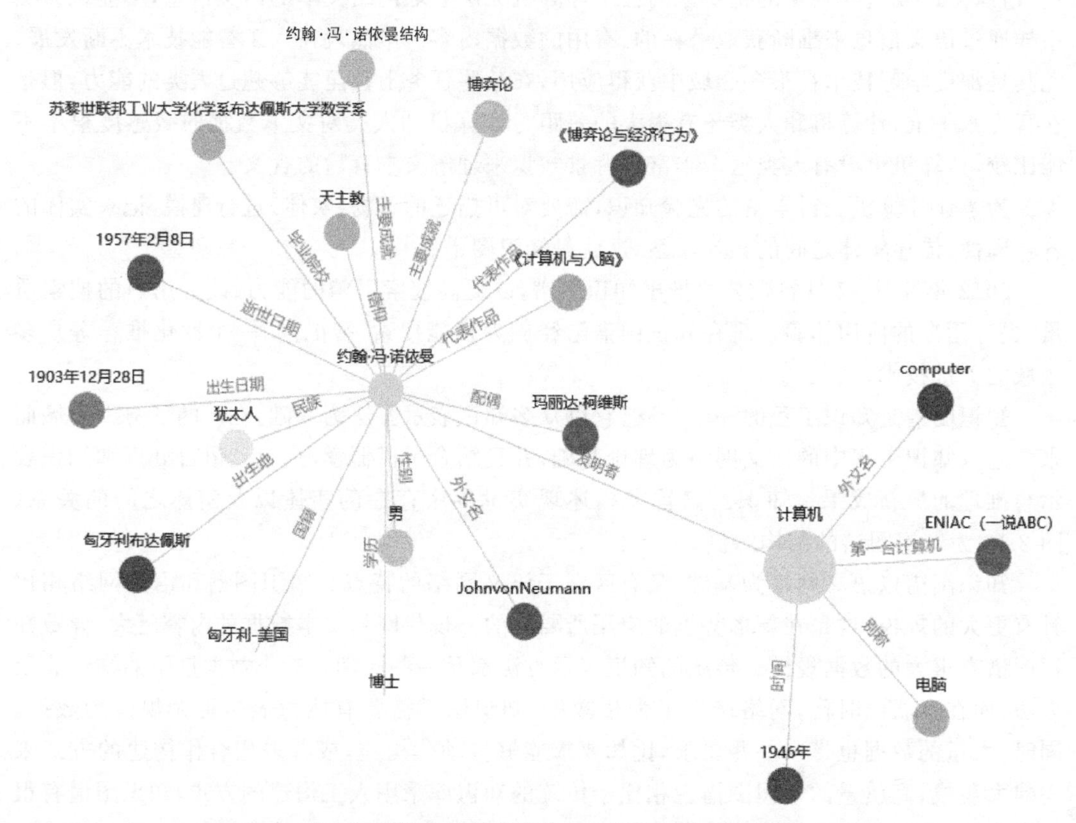

图 2-20　由互联网信息构建的关于冯·诺依曼的可视化知识图谱

知识图谱的构建和表示工具有很多，其中使用图数据库来表示知识图谱的方法较为常用。在本例中将会使用一款主流的图数据库 Neo4j 来学习构建一个知识图谱，如图 2-21 所示。

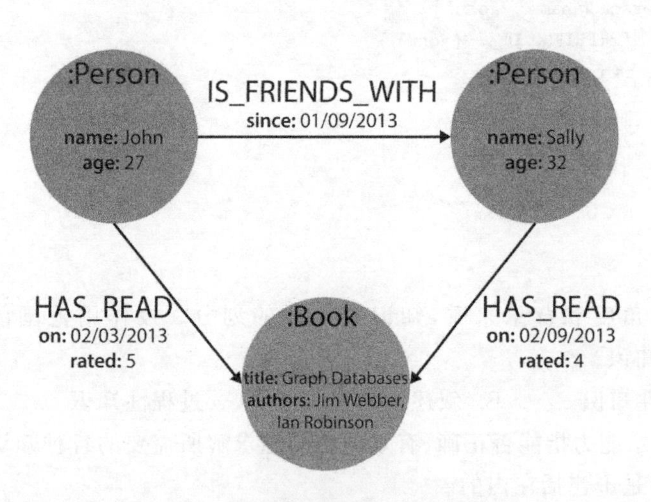

图 2-21 图数据库中各节点的存储关系

不同于 SQL 语言，在 Neo4j 中用于操作数据库的语言是 Cypher。Cypher 是特地为操作图数据库所设计的，能较高效地操作各节点。代码清单 2-1 创建了三个节点，Person 类型的 Sally 节点和 John 节点，以及 Book 类型的 gdb 节点，同时还指定了它们之间的关系。

代码清单 2-1 创建节点

```
// 创建 Sally 这个 Person 类型的节点，该节点的 name 属性为 Sally，age 属性为 32
CREATE (sally:Person { name: 'Sally', age: 32 })

// 创建 John 节点
CREATE (john:Person { name: 'John', age: 27 })

// 创建 Graph Databases 一书所对应的节点
CREATE (gdb:Book { title: 'Graph Databases',
                   authors: ['Ian Robinson', 'Jim Webber'] })

// 在 Sally 和 John 之间建立朋友关系，这里的 since 值应该是 timestamp.
CREATE (sally) - [:FRIEND_OF { since: 1357718400 }] - >(john)

// 在 Sally 和 Graph Databases 一书之间建立已读关系
CREATE (sally) - [:HAS_READ { rated: 4, on: 1360396800 }] - >(gdb)

// 在 John 和 Graph Databases 一书之间建立已读关系
CREATE (john) - [:HAS_READ { rated: 5, on: 1359878400 }] - >(gdb)
```

有了数据后，即可对数据进行操作，实现查询等功能。代码清单 2-2 可用来在图数据库中查询 Sally 和 John 是什么时候成为朋友的。

代码清单 2-2　查询数据

```
MATCH (sally:Person { name: 'Sally' })
MATCH (john:Person { name: 'John' })
MATCH (sally)-[r:FRIEND_OF]-(john)
RETURN r.since as friends_since
```

习题

一、单选题

1. 从不同的角度和背景来看，知识有不同的划分。按作用范围，可以将知识分为(　　)和领域性知识。

A. 常识性知识　　B. 叙述性知识　　C. 过程性知识　　D. 形象性知识

2. 知识的表示能力指能否正确、有效地将问题求解所需要的各种知识表示出来。以下四个方面，(　　)是不包括在内的。

A. 知识表示范围的广泛性

B. 领域知识表示的高效性

C. 对非确定性知识表示的支持程度

D. 知识应易读、易懂、易获取、易维护

3. 人工智能中用到的逻辑可以概括地分为两大类：一类是经典逻辑和(　　)，另一类是泛指除经典逻辑外的那些逻辑。

A. 一阶谓词逻辑　　B. 模态逻辑

C. 时态逻辑　　D. 二阶谓词逻辑

4. 以下(　　)不是谓词逻辑表示法的优点。

A. 自然性　　B. 规范性　　C. 高效性　　D. 严密性

5. 以下(　　)不是状态空间表示法的要素。

A. 状态　　B. 算符　　C. 状态空间方法　　D. 联系

6. 谓词逻辑表示法有(　　)缺点。

A. 知识表示能力差　　B. 不够严密

C. 知识表示范围小　　D. 组合爆炸

7. 由于语义联系的丰富性，不同应用系统所需的语义联系的种类及其解释也不尽相同。比较典型的语义联系包括(　　)和以谓词或联系为中心组织知识的语义联系。

A. 以个体为中心组织知识的语义联系　　B. 泛化联系

C. 聚集联系　　D. 属性联系 IS

8. 语义网络表示法具有(　　)特点。

A. 结构性　　B. 联想性　　C. 直观性　　D. 严密性

9. (　　)是一种描述所论述对象属性的数据结构。

A. 框架　　B. 谓词　　C. 命题　　D. 元素

10. (　　)是知识工程的一个分支，它以众多知识表示方法为基础，在新的形势下发展而来。

A. 知识图谱　　B. 计算机　　C. 人工智能　　D. 互联网

二、判断题

1. 根据人们对复杂问题往往采用探索方法的启发,形成了状态空间表示法。（　）

2. 知识的可组织性指知识应易读、易懂、易获取、易维护。（　）

3. 后继节点与父辈节点：如果某条弧线从节点他指向那么节点勺就叫作节点他的后继节点或后裔,而节点耳叫作节点勺的父辈节点或祖先。（　）

4. 命题逻辑是在谓词逻辑的基础上发展起来的,谓词逻辑可看作是命题逻辑的一种特殊形式。（　）

5. 利用搜索来求解问题是在某个可能的解空间内寻找一个解,这就首先要有一种恰当的解空间的表示方法。（　）

6. 由一些基本的语义联系组合成任意复杂的语义联系是可以实现的。（　）

7. 叙述性知识仅指有关领域内的概念。（　）

8. 存在仅具备表达基本命题的能力的具有表达谓词公式能力的语义网络。（　）

9. 继承推理是指在语义网络中,有些层次的节点具有继承性,那么上层节点具有的性质下层节点也都具有。（　）

10. 框架表示法与语义网络表示法的侧重点有所不同,前者重点突出了关系,后者重点突出了状态。（　）

三、问答题

1. 知识的含义是什么？有哪些分类？

2. 什么是知识表示？有哪些知识表示方法？

3. 描述一个好的知识表示需要有哪些特征？

4. 为以下命题开发一个语义网络：

李华和王明是同学,他们在北京实验中学上学。

5. 框架表示法和面向对象编程有什么共同点？

6. 假如要使用一种知识表示方法表示篮球赛,应该使用哪一种知识表示方法？（可以查阅最新发展的一些方法）

第3章

逻辑推理及方法

讲解视频

人物介绍

逻辑推理是对人类思维过程的一种模拟，也是人工智能中的一个重要领域。逻辑推理有多种分类方式，根据逻辑基础的不同可分为演绎推理和归纳推理；按演绎方法的差异又可分为归结演绎推理和非归结演绎推理。归结演绎推理和非归结演绎推理是本章重点讨论的逻辑推理方法。归结演绎推理的理论基础——鲁滨逊归结原理是机器定理证明的基石，它的基本思想是检查子句集 S 中是否包含矛盾：若子句集 S 中包含矛盾，或者能从 S 中推导出矛盾来，就说明子句集 S 是不可满足的。非归结演绎推理可运用的推理规则比较丰富，因篇幅所限，我们仅讨论其中的自然演绎推理和与或形演绎推理的部分方法。

3.1 逻辑推理概述

逻辑推理是证明一个公式可以由一些其他确定的公式按逻辑推理出来的过程。由于这些推理所用的知识与证据都是确定的，因此推出的结论也是确定的，故我们也可将逻辑推理称为确定性推理。本节首先阐述逻辑推理的定义和方法，然后再对推理的控制策略与方向进行介绍。

3.1.1 逻辑推理的定义

人类在对各种问题进行分析与决策时，往往是从已知的事实出发，再通过应用已掌握的知识来找出其中蕴含的事实或归纳出新的结论。逻辑推理所用的事实可分为两种：一种是与求解问题有关的初始证据；另一种是推理过程中所得到的中间结论。本章涉及的逻辑推理是关于从一个永真的前提“必然地”推出一些结论的科学。比如在医疗诊断专家系统中，所有与诊断有关的医疗常识和专家经验都被保存在知识库中。当系统开始工作时，首先需要把病人的症状和检查结果放到事实库中，然后从事实库中的这些初始证据出发，按照某种策略在知识库中寻找可以匹配的知识。如果得到的是一些中间结论，还需要把它们作为新的事实放入事实库中，并继续寻找可以匹配的知识。如此反复进行，直到找出最终结论为止。至此，我们可以总结出逻辑推理的定义：逻辑推理是以原始证据为出发点，依照某种策略不断地应用知识库中的已有知识，通过逐步推导得出陈述或结论的过程。

在人工智能领域，逻辑推理是非常重要的一个分支，下面我们将从逻辑推理的分类与逻辑推理的控制策略这两个方面来进行阐述。

3.1.2 逻辑推理的分类

逻辑推理方法主要解决在逻辑推理过程中存在的前提与结论之间的逻辑关系。逻辑推理可以有多种不同的分类方法。例如，可以按照推理的逻辑基础、所用知识的确定性、推理过程的单调性，以及推理的方向来分类。

1. 按推理的逻辑基础分类

按照推理的逻辑基础，常用的逻辑推理方法可分为演绎推理和归纳推理。

1) 演绎推理

演绎推理是从已知的一般性知识出发，去推出蕴含在这些已知知识中的适合于某种个别情况下的结论的一种逻辑推理方法。演绎推理按照演绎方法的差异又可分为归结演绎推理和非归结演绎推理，它们是本章重点讨论的逻辑推理方法。演绎推理的核心是三段论，常用的三段论由一个大前提、一个小前提和一个结论组成。其中，大前提是已知的一般性知识或推理过程得到的判断；小前提是关于某种具体情况或某个具体实例的判断；结论是由大前提推出的，并且满足小前提的判断。

例如，有如下判断：

(1) 软件工程专业的学生都会编程。

(2) 小航是软件工程学院的一名学生。

(3) 小航会编程。

这是一个三段论推理。其中，(1)是大前提，(2)是小前提，(3)是经演绎推出来的结论。从这个例子可以看出，"小航会编程"这一结论是蕴含在"软件工程专业的学生都会编程"这个大前提中的。因此，演绎推理就是从已知的大前提中推导出满足小前提的判断的结论，即从已知的一般性知识中抽取其所包含的特殊性知识。由此可见，只要大前提和小前提是正确的，则由它们推出的结论也必然是正确的。

2) 归纳推理

归纳推理是从一类事物的大量特殊事例出发，去推出该类事物的一般性结论。它是一种由个别到一般的逻辑推理方法。归纳推理的基本思想是：先从已知事实归纳出一个结论，然后对这个结论的正确性加以证明确认。数学归纳法就是归纳推理的一个典型例子。对于归纳推理，如果按照所选事例的广泛性分类，可分为完全归纳推理和不完全归纳推理；如果按照推理所使用的方法分类，可分为枚举归纳推理和类比归纳推理等。

完全归纳推理是指在进行归纳时需要考察相应事物的全部对象，并根据这些对象是否都具有某种属性，来推出该类事物是否具有此属性。例如，某工厂生产一批洗衣机，如果对每台洗衣机都进行了质量检验，并且都合格，则可得出结论：这批洗衣机的质量是合格的。

不完全归纳推理是指在进行归纳时只考察了相应事物的部分对象，就得出了关于该事物的结论。例如，某工厂生产一批电视机，如果只随机地抽查了其中部分电视机的质量，可根据这些被抽查电视机的质量来推出整批电视机的质量。

枚举归纳推理是指在进行归纳时，如果已知某类事物的有限可数个具体事物都具有某种属性，则可推出该类事物都具有此种属性。设 $a_1, a_2, a_3, \cdots, a_i$ 是某类事物 A 中的具体事物，若已知 $a_1, a_2, a_3, \cdots, a_i$ 都具有属性 B，并没有发现反例，那么当 i 足够大时，就可得出“A 中的所有事物都具有属性 B”这一结论。

例如，设有如下事例：

小航是软件学院的学生，他会编程；小北是软件学院的学生，她也会编程；小软也是软件学院的学生，他同样会编程……

当这些具体事例足够多时，就可归纳出一个一般性的知识：

凡是软件学院的学生，就一定会编程。

类比归纳推理是指在两个或两类事物有许多属性都相同或相似的基础上，推出它们在其他属性上也相同或相似的一种归纳推理。

设 A、B 分别是两类事物的集合

$$A = (a_1, a_2, a_3, \cdots, a_i)$$

$$B = (b_1, b_2, b_3, \cdots, a_i)$$

并设 a_i 与 b_i 总是成对出现，且当 a_i 有属性 P 时，b_i 就有属性 Q 与之对应，即

$$\mathrm{P}(a_i) \rightarrow \mathrm{Q}(b_i), \quad i = 1, 2, 3, \cdots$$

则当 A 与 B 中有新的元素对出现时，若已知 a' 有属性 P，b' 有属性 Q，即

$$\mathrm{P}(a') \rightarrow \mathrm{Q}(b')$$

类比归纳推理的基础是相似原理，其可靠程度取决于两个或两类事物的相似程度，以及这两个或两类事物的相同属性与推出的那个属性之间的相关程度。

3）演绎推理与归纳推理的区别

演绎推理与归纳推理是两种完全不同的推理方法。演绎推理是在已知领域内的一般性知识的前提下，通过演绎求解一个具体问题或者证明一个给定的结论。这个结论实际上早已蕴含在一般性知识的前提中，演绎推理只不过是将其揭示出来，因此它不能增加新知识。

在归纳推理中，所推出的结论是没有包含在前提内容中的。这种由个别事物或现象推出一般性知识的过程，是增加新知识的过程。例如，一名计算机维修工人，当他刚开始从事这项工作时是一名只有书本知识而无实际经验的维修新手。但当他经过一段时间的工作实践后，就会通过大量实例积累起来一些经验而成为维修技术高超的熟练工人，这些使他成为熟练工人的一般性知识就是采用归纳推理的方式从一个个维修实例中归纳总结出来的。而当他有了这些一般性知识后，就可以运用这些已具备的知识去完成计算机的维修工作，此时这种针对某一台具体的计算机运用一般性知识进行维修的过程就是演绎推理，因为熟练工人仅仅是用经验去解决老问题，并未增加新知识。

2. 按所用知识的确定性分类

按所用知识的确定性，逻辑推理可分为确定性推理和非确定性推理。所谓确定性推理，是指推理所使用的知识和推出的结论都是可以精确表示的，其真值要么为真，要么为假，不会有第三种情况出现。

所谓非确定性推理，是指推理时所用的知识不都是确定的，推出的结论也不完全是确定的，其真值会位于真与假之间。由于现实世界中的大多数事物都具有一定程度的不确定性，并且这些事物是很难用精确的数学模型来进行表示与处理的，因此非确定性推理也就成了人工智能的一个重要研究课题。非确定性推理问题将在第4章讨论。

3. 按推理过程的单调性分类

按照推理过程的单调性，或者说按照推理过程所得到的结论是否越来越接近目标，逻辑推理可分为单调推理与非单调推理。所谓单调推理是指在推理过程中，每当使用新的知识后，所得到的结论会越接近目标，而不会出现反复情况，即不会由于新知识的加入而否定了前面推出的结论，从而使推理过程又退回先前的某一步。

所谓非单调推理是指在推理过程中，当某些新知识加入后，会否定原来推出的结论，使推理过程退回先前的某一步。非单调推理往往是在知识不完全的情况下发生的。在这种情况下，为使推理能够进行下去，就需要先进行某些假设，并在这些假设的基础上进行推理。但是，当后来由于新的知识加入，发现原来的假设不正确时，就需要撤销原来的假设及由这些假设为基础推出的一切结论，再运用新知识重新进行推理。在我们的日常生活中，经常会遇到非单调推理的情形。例如，当看到名称牌子上露出的一个字“猫”时，我们一般会在脑海中浮现出柔软可爱的小动物的形象，它可以被人当宠物饲养；但之后随着遮挡物的移除，我们看到了牌子的完整内容是“天猫购物”——众所周知，天猫是阿里巴巴集团旗下的购物平台，并不是一只猫，于是我们就取消了之前加入的“猫很可爱，可以当宠物养”的结论，而重新加入“天猫是一个网上购物平台”这一个新的结论。

4. 按推理的方向分类

1）正向推理

正向推理是一种从已知事实出发、正向使用推理规则的推理方法，也称为数据驱动推理或前向链推理。其基本思想是：用户需要事先提供一组初始事实，并将其放入综合数据库DB中；推理开始后，推理机根据综合数据库DB中的已有事实，到知识库KB中寻找当前可用知识，形成一个当前可用知识库KS；然后按照冲突消解策略，从该知识库KS中选择一条知识进行推理，并将新推出的事实加入综合数据库DB，作为后面继续推理时可用的已知事实。如此重复这一过程，直到求出所需要的解或者知识库KB中再无可用知识为止。

正向推理过程可用如下算法描述，如图3-1所示。

(1) 把用户提供的初始事实放入综合数据库DB中。

(2) 检查综合数据库DB中是否包含了问题的解，若已包含，则求解结束，并成功退出；否则，执行下一步。

(3) 检查知识库KB中是否有可用知识，若有，执行步骤(4)；否则，执行步骤(6)。

(4) 将知识库KB中的所有适用知识都选择出来构成当前可用知识库KS。

(5) 如果可用知识库KS为空，则执行步骤(6)；如果可用知识库KS不是空集合，就按照某种冲突消解策略选取可用知识库KS中的一条知识进行推理，判断推出的事实是否为新事实，若是新事实，则将其加入综合数据库DB中并执行步骤(2)；否则，将再次执行步骤(5)。

(6) 询问用户是否可以进一步补充新的事实，若可补充，则将补充的新事实加入综合数

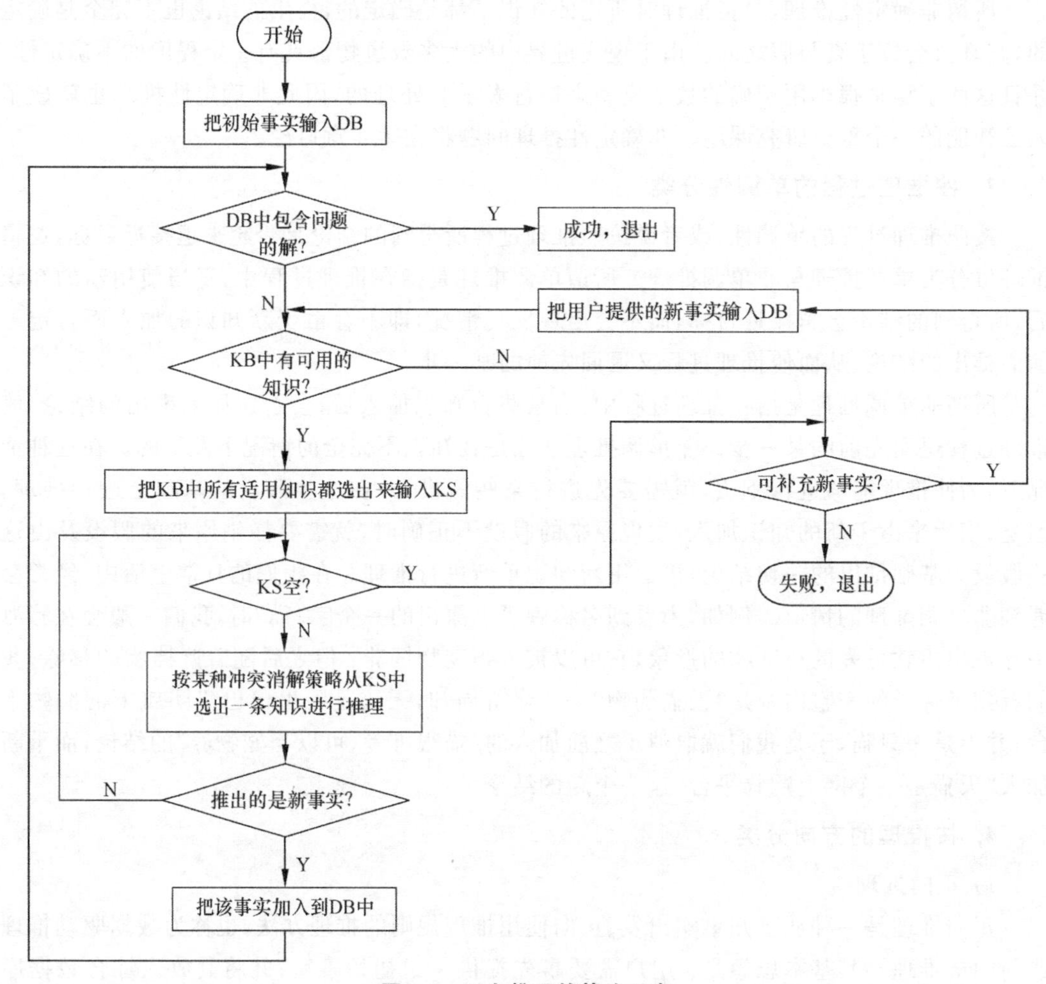

图 3-1　正向推理的算法示意

据库 DB，然后执行步骤(3)；否则表示无解，失败退出。

仅从正向推理的算法来看好像正向推理比较简单，但实际上，推理的每步都还有许多工作要做。例如，如何根据综合数据库 DB 中的事实在知识库 KB 中选取可用知识；当知识库 KB 中有多条知识可用时，应该先使用哪条知识等。这些问题涉及知识的匹配方法和冲突消解策略，如何解决，后文将进行讨论。正向推理的优点是比较直观，它允许用户主动提供有用的事实信息，适用于诊断、设计、预测、监控等领域的问题求解。其主要缺点是推理无明确的目标，求解问题时可能会执行许多与解无关的操作，导致推理效率较低。

2）反向推理

反向推理也称逆向推理，它是一种以某个假设目标作为出发点的推理方法，也称为目标驱动推理或逆向链推理。其基本思想是：首先根据问题求解的要求提出假设，将要求证的目标(称为假设)构成一个假设集；然后从假设集中取出一个假设对其进行验证，检查该假设是否在综合数据库 DB 中，是否为用户认可的事实；当该假设在数据库中时，该假设成立，此时若假设集为空，则成功退出；若假设不在综合数据库 DB 中，但可被用户证实为初始事实时，将该假设放入综合数据库 DB 中，此时若假设集为空，则成功退出；若假设可由知识库 KB 中的一条或多条知识导出,则将知识库 KB 中所有可以导出该假设的知识构成一个可用知识库 KS,并根据冲突消解策略,从可用知识库 KS 中取出一条知识,将其前提中的所有子条件都作为新的假设放入假设集。重复上述过程,直到假设集为空时成功退出,或假设集非空但可用知识集为空时失败退出为止。

反向推理过程可用如下算法描述,如图 3-2 所示。

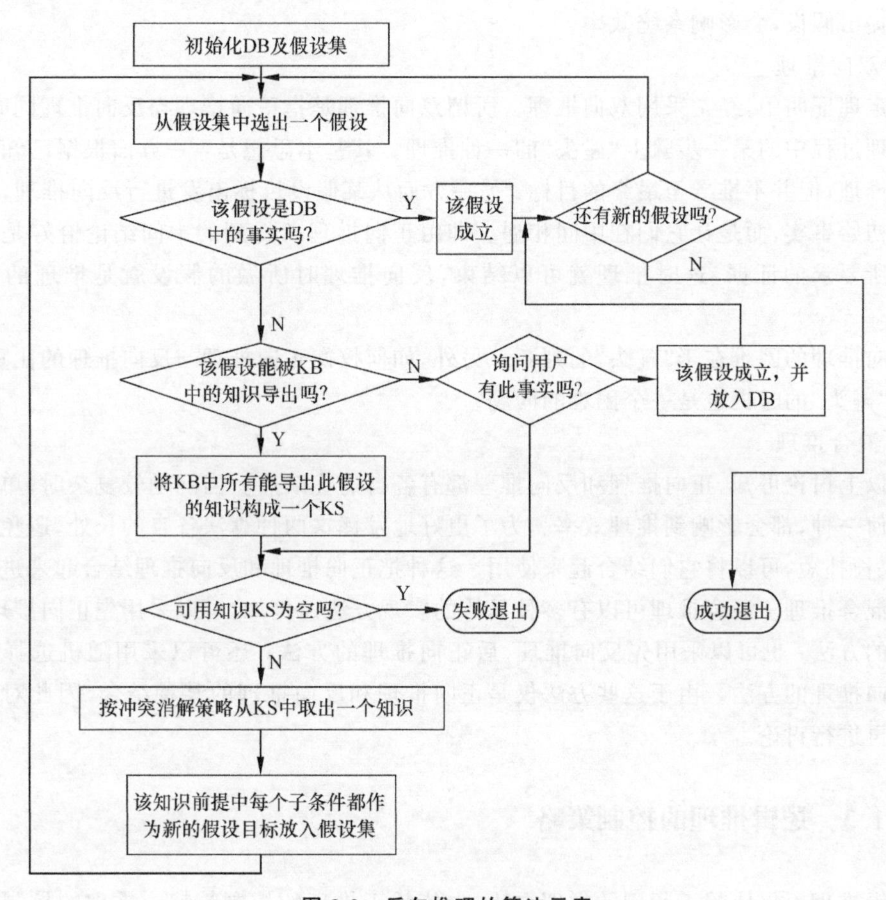

图 3-2 反向推理的算法示意

(1) 将问题的原始证据和欲求证的目标分别放入综合数据库 DB 和假设集。

(2) 从假设集中选出一个假设,检查该假设是否在综合数据库 DB 中。若在,则该假设成立。

此时,若假设集为空,则成功退出;否则,仍执行步骤(2)。若该假设不在数据库 DB 中,则执行下一步。

(3) 检查该假设是否可由知识库 KB 中的某条知识导出。若不能由某条知识导出,则询问用户该假设是否为可由用户证实的初始事实。若是,该假设成立,并将其放入综合数据库 DB 中,再重新寻找新的假设;若不是,则执行步骤(5)。若能由某条知识导出,则执行下一步。

(4) 将知识库 KB 中可以导出该假设的所有知识构成一个可用知识库 KS。

(5) 检查可用知识库 KS 是否为空,若空,失败退出;否则,执行下一步。

(6) 按冲突消解策略从可用知识库 KS 中取出一条知识,继续执行下一步。

(7) 将该知识的前提中的每个子条件都作为新的假设目标放入假设集,执行步骤(2)。

反向推理的主要优点是不必寻找和使用那些与假设目标无关的信息和知识,推理过程的目标明确,也有利于向用户提供解释,在诊断性专家系统中较为有效。其主要缺点是当用户对解的情况认识不清时,由系统自主选择假设目标的盲目性比较大,若选择不好,可能需要多次提出假设,会影响系统效率。

3) 双向推理

在定理证明中,经常采用双向推理。所谓双向推理是指正向推理与反向推理同时进行,且在推理过程中的某一步骤上"碰头"的一种推理。其基本思想是:一方面根据已知事实进行正向推理,但并不推导至最终的目标;另一方面从某假设目标出发进行反向推理,也无须推导至初始事实,而是让它们在中间相遇。即由正向推理所得到的中间结论恰好是反向推理此时所要求的证据,这时推理就可以结束,反向推理时所做的假设就是推理的最终的目标。

双向推理的困难在于"碰头"的判断。另外,如何权衡正向推理与反向推理的比重,即如何确定"碰头"的时机也是一个困难的问题。

4) 混合推理

由以上讨论可知,正向推理和反向推理都有各自的优缺点。当问题较复杂时,单独使用其中任何一种,都会影响到推理效率。为了更好地发挥这两种算法各自的长处,避免各自的短处,取长补短,可以将它们结合起来使用。这种把正向推理和反向推理结合起来进行的推理称为混合推理。混合推理可以有多种具体的实现方法。例如,可以采用先正向推理,后反向推理的方法;也可以采用先反向推理,后正向推理的方法;还可以采用随机选择正向推理和反向推理的方法。由于这些方法仅是正向推理和反向推理的某种结合,因此对这 3 种情况不再进行讨论。

3.1.3 逻辑推理的控制策略

逻辑推理不仅依赖于所用的推理方法,也依赖于推理的控制策略。推理的控制策略是指如何使用领域知识使推理过程尽快达到目标的策略。由于智能系统的推理过程一般表现为一种搜索过程,因此,推理的控制策略又可分为推理策略和搜索策略。其中,推理策略主要解决推理方向、冲突消解等问题,如推理方向控制策略、求解策略、限制策略、冲突消解策略等;搜索策略主要解决推理路线、推理效果、推理效率等问题。

控制策略用来确定推理的控制方式,即推理过程是从初始证据开始到目标,还是从目标开始到初始证据。按照对推理方向的控制,推理可分为正向推理、反向推理和混合推理等。无论哪一种推理方式,系统都需要有一个存放知识的知识库、一个存放初始事实及中间结果的综合数据库和一个用于推理的推理机。求解策略是指只求一个解,还是求所有解或最优解等。限制策略是指对推理的深度、宽度、时间、空间等进行的限制。冲突消解策略是指当推理过程中有多条知识可用时,如何从这多条可用知识中选出一条最佳知识用于推理的策略。常用的冲突消解策略有领域知识优先和新鲜知识优先等。所谓领域知识优先,是指把领域问题的特点作为选择知识的依据;而新鲜知识优先,是指把知识前提条件中事实的新鲜性作为选择知识的依据。例如，综合数据库中后生成的事实比先生成的事实具有更大的新鲜性。

对于推理的控制策略中所包含的推理策略和搜索策略，本章主要讨论推理策略，搜索策略将在第5章讨论。

3.2　逻辑推理的基础

在前文的论述中，已经大概了解了逻辑推理的分类以及知识表示，在2.3节中对谓词逻辑也进行了相关的阐述，谓词逻辑是一种形式语言，是人工智能中一种常用的知识表示方法。接下来我们将主要讨论逻辑推理所需要的谓词逻辑基础。

3.2.1　谓词公式

如果P是一个不能再分解的n元谓词变元，$x_1,x_2,x_3,\cdots,x_n$是个体变元，那么我们称$P(x_1,x_2,x_3,\cdots,x_n)$是原子公式或谓词公式。当$n$为0时，P表示命题变元或原子命题公式，故可以说谓词逻辑是更为广泛的一个定义，我们根据下述规则得到谓词公式：

(1) 单个谓词是谓词公式，我们通常称其为原子谓词公式。

(2) 如果A是谓词公式，那么$\neg A$也应该是谓词公式。

(3) 如果A、B是谓词公式，那么其连接词组合$A\vee B$、$A\wedge B$、$A\rightarrow B$、$A\leftrightarrow B$均为谓词公式。

(4) 如果A是谓词公式，那么其量词组合如$\forall xA$、$(\exists x)A$同样也为谓词公式。

(5) 当且仅当使用有限次规则(1)～(4)时，得到的公式才仍然是谓词公式。

谈及谓词公式，我们不可或缺地要了解量词的辖域与变元的约束。在一个公式中，如果有量词出现，那么位于量词后面的单个谓词或者是用括号括起的谓词公式就称为该量词的辖域。之所以要定义辖域的概念，是因为在量词的辖域内所有与量词同名的变元都有一个统一的名称——约束变元。同理，在量词的辖域内，与量词无关的变元就称为非约束变元或者自由变元，例如

$$\forall x(P(x)\rightarrow(\exists y)Q(x,y,z))$$

其中，$P(x)\rightarrow(\exists y)Q(x,y,z)$是$\forall x$的辖域，辖域内的变元$x$是受$\forall x$约束的变元。同样地，$Q(x,y,z)$是$\exists y$的辖域，则变元$y$是受$\exists y$约束的变元，而公式中的$z$则不受任何约束，即非约束变元。这里要注意，在谓词逻辑中，变元的具体名称是不受太多束缚的，我们可以任意地对谓词公式中的变元名进行自由替换，但在更名的过程中要注意：必须把量词辖域内所有同名的约束变元都改成相同的名称，同时更改的名称不能与辖域内的非约束变元的名称重复；当对辖域内的非约束变元改名时，也要注意不能将其名称与约束变元的名称重复。像$(\exists y)Q(x,y,z)$改名为$(\exists t)Q(m,t,n)$，其中将约束变元y更名为t，将非约束变元x与z更名为m和n，这是完全符合规则的。

在命题逻辑中，命题公式的一个解释就是指对该命题公式中各个命题变元的一次真值指派。有了命题公式的解释，只要命题确定了，就可以根据这个解释及其连接词的定义求出该命题公式的真值。但谓词逻辑就不一样了，由于谓词公式中可能包含个体常量、个体变元或函数，因此不能像命题公式那样直接通过真值指派给出解释，必须先考虑个体常量和函数

在个体域上的取值，然后才能根据常量与函数的具体取值为谓词分别指派真值。综上所述，存在许多种组合情况，所以一个谓词公式极有可能有许多种不同的解释，且根据每一个解释，谓词公式均可以求出一个真值 T 或者 F。下面介绍谓词公式的永真性、可满足性和不可满足性。

定义 3.1 如果谓词公式 P 对非空个体域 D 上的任一解释都取得真值 T，则称 P 在 D 上是永真的；如果 P 在任何非空个体域上均是永真的，则称 P 永真。

定义 3.2 如果谓词公式 P 对非空个体域 D 上的任一解释都取真值 F，则称 P 在 D 上是永假的；如果 P 在任何非空个体域上均是永假的，则称 P 永假。谓词公式的永假性又称不可满足性或不相容性。

由以上定义可以看出，要判定一个谓词公式为永真或者永假，必须对每个非空个体域上的每个解释逐一进行判断。当解释的个数有限时，尽管工作量大，公式的永真性和永假性费些力还是可以判断的；但当解释个数无限时，其永真性和永假性就很难判断了。

定义 3.3 对于谓词公式 P，如果至少存在 D 上的一个解释，使公式 P 在此解释下的真值为 T，则称公式 P 在 D 上是可满足的，反之称公式 P 是不可满足的。谓词公式的可满足性也称为相容性。

下面介绍谓词公式的等价性，谓词公式的等价性可以用相应的等价式来表示，由于这些等价式是演绎推理的主要依据，所以也称它们为推理规则。

谓词公式的等价式的定义如下。

定义 3.4 设 P 与 Q 是 D 上的两个谓词公式，若对 D 上的任意解释，P 与 Q 都有相同的真值，则称 P 与 Q 在 D 上是等价的。如果 D 是任意非空个体域，则称 P 与 Q 是等价的，记为 $P \Leftrightarrow Q$。

本书中常用的一些等价式如下。

(1) 对合律(双重否定律)：

$$\neg\neg P \Leftrightarrow P$$

(2) 交换律：

$$P \vee Q \Leftrightarrow Q \vee P$$

$$P \wedge Q \Leftrightarrow Q \wedge P$$

(3) 结合律：

$$(P \vee Q) \vee R \Leftrightarrow P \vee (Q \vee R)$$

$$(P \wedge Q) \wedge R \Leftrightarrow P \wedge (Q \wedge R)$$

(4) 分配律：

$$P \vee (Q \wedge R) \Leftrightarrow (P \vee Q) \wedge (P \vee R)$$

$$P \wedge (Q \vee R) \Leftrightarrow (P \wedge Q) \vee (P \wedge R)$$

(5) 德·摩根律：

$$\neg(P \vee Q) \Leftrightarrow \neg P \wedge \neg Q$$

$$\neg(P \wedge Q) \Leftrightarrow \neg P \vee \neg Q$$

(6) 吸收律：

$$P \vee (P \wedge Q) \Leftrightarrow P$$

$$P \wedge (P \vee Q) \Leftrightarrow P$$

(7) 否定律：

$$P \vee \neg P \Leftrightarrow T$$
$$P \wedge \neg P \Leftrightarrow F$$

(8) 逆否律：

$$P \rightarrow Q \Leftrightarrow \neg Q \rightarrow \neg P$$

(9) 连接词化规律：

$$P \rightarrow Q \Leftrightarrow \neg P \vee Q$$
$$P \leftrightarrow Q \Leftrightarrow (P \rightarrow Q) \wedge (Q \rightarrow P)$$
$$P \leftrightarrow Q \Leftrightarrow (P \wedge Q) \vee (\neg P \wedge \neg Q)$$

(10) 量词转化规律：

$$\neg(\exists x)P \Leftrightarrow (\forall x)(\neg P)$$
$$\neg(\forall x)P \Leftrightarrow (\exists x)(\neg P)$$

(11) 量词分配规律：

$$(\forall x)(P \wedge Q) \Leftrightarrow (\forall x)P \wedge (\forall x)Q$$
$$(\exists x)(P \vee Q) \Leftrightarrow (\exists x)P \vee (\exists x)Q$$

下面介绍谓词公式的永真蕴含性。谓词公式的永真蕴含性可以用相应的永真蕴含式来表示，由于这些永真蕴含式是演绎推理的主要依据，所以它们也是推理规则的一种。

谓词公式的永真蕴含式可定义如下。

定义 3.5 对谓词公式 P 和 Q，如果 $P \rightarrow Q$ 永真，则称 P 永真蕴含 Q，且称 Q 为 P 的逻辑结论，P 为 Q 的前提，记作 $P \Rightarrow Q$。

本书中常用的永真蕴含式如下。

(1) 附加律：

$$P \Rightarrow P \vee Q$$
$$Q \Rightarrow P \vee Q$$
$$Q \Rightarrow P \rightarrow Q$$

(2) 化简律：

$$P \wedge Q \Rightarrow P$$
$$P \wedge Q \Rightarrow Q$$

(3) 假言推理：

$$P, P \rightarrow Q \Rightarrow Q$$

即由 P 为真和 $P \rightarrow Q$ 为真，可以推出 Q 为真。

(4) 拒取式推理：

$$P \rightarrow Q, \neg Q \Rightarrow \neg P$$

即由 $P \rightarrow Q$ 为真和 Q 为假，可以推出 P 为假。

(5) 假言三段论：

$$P \rightarrow Q, Q \rightarrow R \Rightarrow P \rightarrow R$$

即由 $P \rightarrow Q$ 为真和 $Q \rightarrow R$ 为真，可以推出 $P \rightarrow R$ 为真。

(6) 析取三段论：

$$\neg P, P \vee Q \Rightarrow Q$$

（7）二难推理：

$$P \vee Q, P \rightarrow R, Q \rightarrow R \Rightarrow R$$

（8）存在固化：

$$(\exists x)P(x) \Rightarrow P(y)$$

注意：y 是个体域中的某一个可以使得 $P(y)$ 为真的个体，利用此永真蕴含式可消去谓词公式中的存在量词。

（9）全称固化：

$$(\forall x)P(x) \Rightarrow P(y)$$

注意：y 是个体域中的任意个体，利用此永真蕴含式可消去谓词公式中的全称量词。

上面给出的等价式和永真蕴含式是进行演绎推理的重要依据，因此这些公式也称为推理规则。除了这些公式以外，我们在3.3节的归结演绎推理中，还需要将反证法推广到谓词公式集。接下来再介绍3条在谓词逻辑中非常重要的推理规则。

P规则：只要是在推理的过程中，那么在任何步骤前后均可以引入前提假设。

T规则：在推理的过程中，若前面步骤中有一个或几个公式是永真蕴含式M的，那么我们就可以将公式M引入推理过程。

CP规则：若能从N（N为任意引入的命题）和前提集合中推出结论M来，那么就能够从前提集合中推出 $N \rightarrow M$。

3.2.2 谓词公式的范式

在实际操作过程中，谓词公式的形式千变万化，这就给谓词的演算带来了很大的困难。为了简化谓词演算，我们将谓词公式在不失其原始语义的情况下进行标准变形，使其成为某种标准形，而这种标准形就是范式。即范式是谓词公式的标准形式，谓词公式往往需要变换为同它等价的范式，以便对它们进行一般性处理，从而简化对谓词公式的研究。在谓词逻辑中，根据量词在谓词公式中出现的位置不同，在谓词演算中，我们可将谓词公式的范式分为两种。

1. 前束范式

定义3.6 设F为一个谓词公式，如果其中的所有量词均非否定地出现在公式的最前面，而它们的辖域为整个公式，则称F为前束范式。一般地，前束范式可写成

$$(Q_1x_1)(Q_2x_2)\cdots(Q_nx_n)M(x_1,x_2,x_3,\cdots,x_n)$$

式中，$Q_i(i=1,2,3,\cdots,n)$为前缀，它是一个由全称量词或存在量词组成的量词串；$M(x_1,x_2,x_3,\cdots,x_n)$为母式，它是一个不含任何量词的谓词公式。

例如，$(\forall x)(\forall y)(\exists z)(P(x) \wedge Q(y,z) \vee R(x,z))$是前束范式。

任意含有量词的谓词公式均可化为与其对应的前束范式，其化简方法将在后文子句集的化简中讨论。

2. 斯克林范式

定义3.7 如果前束范式中所有的存在量词都在全称量词之前，则称这种形式的谓词公式为斯克林（Skolem）范式。

例如，$(\exists x)(\exists z)(\forall y)(P(x)\vee Q(y,z)\wedge R(x,z))$是斯克林范式。

任意含有量词的谓词公式均可化为与其对应的斯克林范式，其化简方法也将在后文子句集的化简中讨论。

3.2.3　置换与合一

在不同的谓词公式中，往往会出现谓词名相同但其个体不同的情况，此时逻辑推理过程是不能直接进行匹配的，需要先进行置换。例如，可根据全称固化推理和假言推理由谓词公式

$$P(y)\text{和}(\forall x)(P(x)\rightarrow Q(x))$$

推出 $Q(y)$，这对谓词 $P(y)$而言可以看作是全称固化推理，即由$(\forall x)P(x)\Rightarrow P(y)$推出来的，其中 y 是任意个体常量。想要使用假言推理，需要先找到项 y 对变元 x 的置换，使 $P(y)$与 $P(x)$一致。类似这种寻找项对变元的置换从而将谓词统一化的过程，就称为合一。下面详细讨论置换与合一的有关概念及方法。

1. 置换

置换(substitution)可以简单地理解为是在一个谓词公式中用置换项去替换变元。其形式定义如下。

定义 3.8　置换是形如

$$\left\{\frac{m_1}{x_1},\frac{m_2}{x_2},\frac{m_3}{x_3},\cdots,\frac{m_n}{x_n}\right\}$$

的有限集合。其中，$m_1,m_2,m_3,\cdots,m_n$ 是项，$x_1,x_2,x_3,\cdots,x_n$ 是互不相同的变元。$\frac{m_i}{x_i}$表示用 m_i 置换 x_i，并且要求 m_i 与 x_i 不相同。

例如

$$\left\{\frac{a}{x},\frac{b}{y},\frac{f(c)}{z}\right\}$$

是一个置换。但是

$$\left\{\frac{g(y)}{x},\frac{f(x)}{y}\right\}$$

则不是一个置换，原因是在 x 与 y 之间出现了循环置换现象。置换的目的是将某些变元用另外的变元、常量或函数取代，使其不在公式中出现。但在$\left\{\frac{g(y)}{x},\frac{f(x)}{y}\right\}$中，用 $g(y)$置换 x，又用 $f(g(y))$置换 y，既没有消去 x，也没有消去 y。若改为

$$\left\{\frac{g(a)}{x},\frac{f(x)}{y}\right\}$$

就可以了，因为此时用 $f(g(a))$来置换变元 y，从而消去了 x 和 y。

通常，置换是用希腊字母 θ、δ、τ、α 来表示的。

定义 3.9　设$\theta=\left\{\frac{m_1}{x_1},\frac{m_2}{x_2},\frac{m_3}{x_3},\cdots,\frac{m_n}{x_n}\right\}$是一个置换，F 是一个谓词公式，把公式 F 中出

现的所有 x_i 换成$m_i(i=1,2,3,\cdots,n)$，得到一个新的公式 G，称 G 为 F 在置换 θ 下的例示，记作 $G=F\theta$。

显然，一个谓词公式中的任何例示都是该公式的逻辑结论。

下面介绍求两个置换合成的方法。

定义 3.10 设

$$\delta=\left\{\frac{p_1}{x_1},\frac{p_2}{x_2},\frac{p_3}{x_3},\cdots,\frac{p_n}{x_n}\right\}$$

$$\theta=\left\{\frac{q_1}{y_1},\frac{q_2}{y_2},\frac{q_3}{y_3},\cdots,\frac{q_m}{y_m}\right\}$$

是两个置换，且 δ 与 θ 的合成也是一个置换，记作 $\theta\circ\delta$，它是从集合

$$\left\{\frac{p_1\theta_1}{x_1},\frac{p_2\theta_2}{x_2},\frac{p_3\theta_3}{x_3},\cdots,\frac{p_n\theta_n}{x_n},\frac{q_1}{y_1},\frac{q_2}{y_2},\frac{q_3}{y_3},\cdots,\frac{q_m}{y_m}\right\}$$

中删去以下两类元素：

(1) 当 $p_i\theta_i=x_i$ 时，删去$\frac{p_i\theta_i}{x_i}(i=1,2,3,\cdots,n)$；

(2) 当 $y_j\in\{x_1,x_2,x_3,\cdots,x_n\}$时，删去$\frac{q_j}{y_j}(j=1,2,3,\cdots,m)$。

后剩下元素所构成的集合，其中 $p_i\theta$ 表示对 p_i 运用θ 置换，实际上 $\theta\circ\delta$ 就是对一个公式先运用θ 置换，再运用 δ 置换。接下来看一个求置换合成的例子。

例 3.1 设$\delta=\left\{\frac{f(y)}{x},\frac{z}{y}\right\}$，$\theta=\left\{\frac{a}{x},\frac{b}{y},\frac{y}{z}\right\}$，求 δ 与 θ 的合成。

解：先求出集合

$$\left\{\frac{f\left(\frac{b}{y}\right)}{x},\frac{\left(\frac{y}{z}\right)}{y},\frac{a}{x},\frac{b}{y},\frac{y}{z}\right\}=\left\{\frac{f(b)}{x},\frac{y}{y},\frac{a}{x},\frac{b}{y},\frac{y}{z}\right\}$$

式中，$\frac{f(b)}{x}$中的$f(b)$是置换 θ 作用于 $f(y)$的结果；$\frac{y}{y}$中的 y 是置换θ 作用于 z 的结果。

在该集合中，$\frac{y}{y}$满足定义 3.10 中的条件(1)，需要删除；$\frac{a}{x}$和$\frac{b}{y}$满足定义中的条件(2)，也需要删除。删除整理后得

$$\delta\circ\theta=\left\{\frac{f(b)}{x},\frac{y}{z}\right\}$$

即为所求。

2. 合一

什么是合一呢？其实很简单，合一(unifier)可以理解为寻找项对变量的置换，使两个谓词公式一致。通常来讲，一个公式集的合一往往不是唯一的。合一的形式定义如下。

定义 3.11 设有公式集 $F=\{F_1,F_2,F_3,\cdots,F_n\}$，若存在一个置换 θ，可使 $F_1\theta=F_2\theta=F_3\theta=\cdots=F_n\theta$，则称 θ 是 F 的一个合一，此时称 $F_1,F_2,F_3,\cdots,F_n$ 是可合一的。

例如，设有公式集 $F=\{P(x,y,f(y)),P(a,g(x),z)\}$，那么

$$\theta=\left\{\frac{a}{x},\frac{g(a)}{y},\frac{f(g(a))}{z}\right\}$$

满足上述定义，故 θ 是公式集 F 的一个合一。

定义 3.12　设 θ 是公式集 F 的一个合一。如果对 F 的任意一个合一 δ，都存在一个置换 λ，使得

$$\delta=\theta\circ\lambda$$

则称 θ 是 F 的最一般合一。

一个公式集的最一般合一是唯一的。若用最一般合一置换那些可合一的谓词公式，则可使它们变成完全一致的谓词公式，即一模一样的字符串。那么如何求取最一般合一呢？我们需要先引入差异集的概念。差异集是指两个公式中相同位置处有不同符号的集合。

例如，有两个谓词公式

$$F_1: P(x,y,z)$$

$$F_2: P(x,f(a),h(b))$$

分别从 F_1 和 F_2 的第一个符号开始，逐项向右比较，此时可发现 F_1 中的 y 与 F_2 中的 $f(a)$ 不同。再继续比较，又可知 F_1 中的 z 与 F_2 中的 $h(b)$ 不同。于是可得到两个差异集

$$D_1=\{y,f(a)\}$$

$$D_2=\{z,h(b)\}$$

求公式集 F 的最一般合一的算法如下：

(1) 令 $k=0$、$F_k=F$、$\sigma_k=\varepsilon$，ε 代表空置换。F 为欲求最一般合一的公式集。

(2) 若 F_k 只含一个表达式，则算法停止。σ_k 就是最一般合一；否则，执行步骤(3)。

(3) 找出 F_k 的差异集 D_k。

(4) 若 D_k 中存在元素 x_k 和 t_k，其中 x_k 是变元，t_k 是项，且 x_k 不在 t_k 中出现，则进行

$$\sigma_{k+1}=\sigma_k\circ\left\{\frac{t_k}{x_k}\right\}$$

$$F_{k+1}=F_k\left\{\frac{t_k}{x_k}\right\}$$

$$k=k+1$$

然后执行步骤(2)。若不存在这样的 x_k 和 t_k，则执行步骤(5)。

(5) 算法终止。F 的最一般合一不存在。下面来看一个求最一般合一的例子。

例 3.2　求出下面公式集的最一般合一：

$$F=\{P(a,x,f(g(y))),P(z,f(z),f(u))\}$$

解：

(1) 令 $F_0=F$，$\sigma_0=\varepsilon$。F_0 中有两个表达式，所以 σ_0 不是最一般合一。

(2) 得到差异集 $D_0=\{a,z\}$。

(3)

$$\sigma_1=\sigma_0\circ\left\{\frac{a}{z}\right\}=\left\{\frac{a}{z}\right\}$$

$$F_1=\{P(a,x,f(g(y))),P(a,f(a),f(u))\}$$

(4) 得到差异集 $D_1=\{x,f(a)\}$。

(5)

$$\sigma_2=\sigma_1\circ\left\{\frac{f(a)}{x}\right\}=\left\{\frac{a}{z},\frac{f(a)}{x}\right\}$$

$$F_2=F_1\left\{\frac{f(a)}{x}\right\}=\{P(a,f(a),f(g(y))),P(a,f(a),f(u))\}$$

(6) 得到差异集 $D_2=\{g(y),u\}$。

(7)

$$\sigma_3=\sigma_2\circ\left\{\frac{g(y)}{u}\right\}=\left\{\frac{a}{z},\frac{f(a)}{x},\frac{g(y)}{u}\right\}$$

$$F_3=F_2\left\{\frac{g(y)}{u}\right\}=\{P(a,f(a),f(g(y)))\}$$

(8) 因为 F_3 中只有一个表达式，所以 σ_3 就是最一般合一。

(9) 所求最一般合一为

$$\left\{\frac{a}{z},\frac{f(a)}{x},\frac{g(y)}{u}\right\}$$

3.3 归结演绎推理

归结演绎推理是一种基于鲁滨逊归结原理的机器推理方法，它在人工智能、逻辑编程、定理证明和数据库理论等诸多领域都有广泛的应用。归结原理也称为消解原理，是鲁滨逊于1965年在海伯伦(Herbrand)原理的基础上提出的一种基于逻辑"反证法"的机械化定理证明方法。在人工智能中，几乎所有的问题都可以转化为一个定理证明问题。而定理证明的实质，就是要对前提P和结论Q，证明P→Q永真。由3.2节可知，要证明P→Q永真，就是要证明P→Q在任何一个非空的个体域上都是永真的。这将是非常困难的，甚至是不可实现的。为此，人们进行了大量的探索，后来发现可以采用反证法的思想，把关于永真性的证明转化为关于不可满足性的证明。即要证明P→Q永真，只要能够证明P∧¬Q为不可满足即可，这正是归结演绎推理的基本出发点。

3.3.1 子句集

由于鲁滨逊归结原理是在子句集的基础上进行定理证明的，因此，在讨论这些方法之前，需要先介绍子句集的有关概念。

1. 子句和子句集

定义 3.13 原子谓词公式及其否定统称为文字。

例如，$P(x)$、$Q(x)$、$\neg P(x)$、$\neg Q(x)$等都是文字。

定义 3.14 任何文字的析取式称为子句。

例如，$P(x)\vee Q(x)$、$P(x,f(x))\vee Q(x,g(x))$都是子句。

定义 3.15 不包含任何文字的子句称为空子句。

由于空子句不含有任何文字，也就不能被任何解释所满足，因此空子句是永假的、不可满足的。空子句一般记为 NIL。

定义 3.16　由子句或空子句构成的集合称为子句集。

2. 子句集的化简

在谓词逻辑中,任何一个谓词公式都可以通过应用等价关系及推理规则化成相应的子句集。其化简步骤如下。

(1) 消去连接词"→"和"↔"。

反复使用如下等价公式:

$$P \rightarrow Q \Leftrightarrow \neg P \vee Q$$
$$P \leftrightarrow Q \Leftrightarrow (P \wedge Q) \vee (\neg P \wedge \neg Q)$$

就能消去谓词公式中的连接词"→"和"↔"。

如公式

$$(\forall x)((\forall y)P(x,y) \rightarrow \neg(\forall y)(Q(x,y) \rightarrow R(x,y)))$$

经等价变换后变为

$$(\forall x)(\neg(\forall y)P(x,y) \vee \neg(\forall y)(\neg Q(x,y) \vee R(x,y)))$$

(2) 减少否定符号的辖域。

反复使用双重否定律

$$\neg(\neg P) \Leftrightarrow P$$

德·摩根律

$$\neg(P \vee Q) \Leftrightarrow \neg P \wedge \neg Q$$
$$\neg(P \wedge Q) \Leftrightarrow \neg P \vee \neg Q$$

量词转化规律

$$\neg(\exists x)P \Leftrightarrow (\forall x)(\neg P)$$
$$\neg(\forall x)P \Leftrightarrow (\exists x)(\neg P)$$

将每个否定符号"¬"移动到仅靠谓词之后的位置,使得每个否定符号最多仅仅作用在一个谓词上。

例如,(1)中所得公式经过本变换后为

$$(\forall x)((\exists y)\neg P(x,y) \vee (\exists y)(Q(x,y) \wedge \neg R(x,y)))$$

(3) 对变元标准化。

在一个量词的辖域内,把谓词公式中受该量词约束的变元全部用没有出现过的变元代替,使不同量词约束的变元有不同的名字。

例如,上步所得公式经本变换后为

$$(\forall x)((\exists y)\neg P(x,y) \vee (\exists z)(Q(x,z) \wedge \neg R(x,z)))$$

(4) 化为前束范式。

化为前束范式的方法是把所有量词都移到公式的左边,并且在移动时不能改变其相对顺序。由于在(3)中已对变元进行了标准化,每个量词都有自己的变元,这就消除了任何由变元引起冲突的可能,因此这种移动是可行的。

例如,上步所得公式化为前束范式后为

$$(\forall x)(\exists y)(\exists z)(\neg P(x,y) \vee (Q(x,z) \wedge \neg R(x,z)))$$

(5) 消去存在量词。

消去存在量词时,需要区分以下两种情况。

若存在量词不出现在全称量词的辖域内(即它的左边没有全称量词),只要用一个新的个体常量替换受该存在量词约束的变元,就可消去该存在量词。

若该存在量词位于一个或多个全称量词的辖域内,例如

$$(\forall x_1)(\forall x_2)\cdots(\forall x_n)(\exists y)\mathrm{P}(x_1,x_2,x_3,\cdots,x_n,y)$$

则需要用斯克林函数 $f(x_1,x_2,x_3,\cdots,x_n)$替换受该存在量词约束的变元,然后再消去该存在量词。

例如,在上步所得公式中存在量词$\exists y$ 和$\exists z$ 都位于$\forall x$ 的辖域内,因此都需要用斯克林函数来替换。设替换 y 和 z 的斯克林函数分别是 $f(x)$和 $g(x)$,则替换后的公式为

$$(\forall x)(\neg \mathrm{P}(x,f(x))\vee(\mathrm{Q}(x,g(x))\wedge\neg \mathrm{R}(x,g(x)))$$

(6) 化为斯克林标准形。

斯克林标准形的一般形式为

$$(\forall x_1)(\forall x_2)(\forall x_3)\cdots(\forall x_n)M(x_1,x_2,x_3,\cdots,x_n)$$

式中,$\mathrm{M}(x_1,x_2,x_3,\cdots,x_n)$是斯克林标准形的母式,它由子句的合取所构成。

把谓词公式化为斯克林标准形需要使用以下等价关系:

$$\mathrm{P}\vee(\mathrm{Q}\wedge\mathrm{R})\Leftrightarrow(\mathrm{P}\vee\mathrm{Q})\wedge(\mathrm{P}\vee\mathrm{R})$$

例如,上步所得的公式化为斯克林标准形后为

$$(\forall x)(\neg \mathrm{P}(x,f(x))\vee \mathrm{Q}(x,g(x))\wedge(\neg \mathrm{P}(x,f(x))\vee\neg \mathrm{R}(x,g(x))))$$

(7) 消去全称量词。

由于母式中的全部变元均受全称量词的约束,并且全称量词的次序已无关紧要,因此可以消去全称量词。但剩下的母式,仍假设其变元是被全称量词量化的。

例如,上步所得公式消去全称量词后为

$$(\neg \mathrm{P}(x,f(x))\vee \mathrm{Q}(x,g(x)))\wedge(\neg \mathrm{P}(x,f(x))\vee\neg \mathrm{R}(x,g(x)))$$

(8) 消去合取词。

在母式中消去所有合取词,把母式用子句集的形式表示出来。其中,子句集中的每一个元素都是一个子句。

例如,上步所得公式的子句集中包含以下两个子句:

$$\neg \mathrm{P}(x,f(x))\vee \mathrm{Q}(x,g(x))$$

$$\neg \mathrm{P}(x,f(x))\vee\neg \mathrm{R}(x,g(x))$$

(9) 更换变元名称。

对子句集中的某些变元重新命名,使任意两个子句中不出现相同的变元名。由于每一个子句都对应母式中的一个合取元,并且所有变元都是由全称量词量化的,因此任意两个不同子句的变元之间实际上不存在任何关系。这样,更换变元名是不会影响公式的真值的。例如,对(8)中所得公式,可把第二个子句集中的变元名 x 更换为 y,得到如下子句集:

$$\neg \mathrm{P}(x,f(x))\vee \mathrm{Q}(x,g(x))$$

$$\neg \mathrm{P}(y,f(y))\vee\neg \mathrm{R}(y,g(y))$$

3. 子句集的应用

通过上述化简步骤，可以将谓词公式化简为一个标准子句集。由于在消去存在量词时所用的斯克林函数可以不同，因此化简后的标准子句集是不唯一的。这样，当原谓词公式为非永假时，它与其标准子句集并不等价。但是，当原谓词公式为永假(即不可满足)时，其标准子句集则一定是永假的，即斯克林标准化并不影响原谓词公式的永假性。这个结论很重要，是归结原理的主要依据，可用定理的形式来描述。

定理 3.1 设有谓词公式 F，其标准子句集为 S，则 F 为不可满足的充要条件是 S 为不可满足的。

在证明此定理之前，先进行如下说明。

为方便讨论问题，设给定的谓词公式 F 已为前束型

$$(Q_1 x_1)\cdots(Q_r x_r)\cdots(Q_n x_n)\mathrm{M}(x_1, x_2, x_3, \cdots, x_n)$$

式中，$\mathrm{M}(x_1, x_2, x_3, \cdots, x_n)$已化为合取范式。由于将 F 化为这种前束型是一种很容易实现的等值运算，因此这种假设是可以的。

又设 $Q_r x_r$ 是第一个出现的存在量词 $\exists x_r$，即 F 为

$$\mathrm{F} = (\forall x_1)(\forall x_2)\cdots(\forall x_{r-1})(\exists x_r)\cdots(Q_{r+1} x_{r+1})\cdots(Q_n x_n)$$
$$\mathrm{M}(x_1, \cdots, x_{r-1}, x_r, x_{r+1}, \cdots, x_n)$$

为把 F 化为斯克林标准形，需要先消去这个 $\exists x_r$，并引入斯克林函数，得到

$$\mathrm{F}_1 = (\forall x_1)(\forall x_2)\cdots(\forall x_{r-1})\cdots(Q_{r+1} x_{r+1})\cdots(Q_n x_n)$$
$$\mathrm{M}(x_1, \cdots, x_{r-1}, f(x_1, \cdots, x_{r-1}), x_{r+1}, \cdots, x_n)$$

若能证明

$$\mathrm{F} \text{ 不可满足} \Leftrightarrow \mathrm{F}_1 \text{ 不可满足}$$

则同理可证

$$\mathrm{F}_1 \text{ 不可满足} \Leftrightarrow \mathrm{F}_2 \text{ 不可满足}$$

重复这一过程，直到证明了

$$\mathrm{F}_1 \text{ 不可满足} \Leftrightarrow \mathrm{F}_m \text{ 不可满足}$$

为止。此时，F_m 已为 F 的斯克林标准形，而 S 只不过是 F_m 的一种集合表示形式。因此有

$$\mathrm{F} \text{ 不可满足} \Leftrightarrow S \text{ 不可满足}$$

下面开始用反证法证明

$$\mathrm{F} \text{ 不可满足} \Leftrightarrow \mathrm{F}_1 \text{ 不可满足}$$

(1) 先证明⇒。

证明：已知 F 不可满足，假设 F_1 是可满足的，则存在一个解释 I，使 F_1 在解释 I 下为真。即对任意 $x_1, \cdots, x_{r-1}$ 在 I 的设定下有

$$(Q_{r+1} x_{r+1})\cdots(Q_n x_n)\mathrm{M}(x_1, \cdots, x_{r-1}, f(x_1, \cdots, x_{r-1}), x_{r+1}, \cdots, x_n)$$

为真。亦即对任意的 $x_1, \cdots, x_{r-1}$ 都有一个 $f(x_1, \cdots, x_{r-1})$，使

$$(Q_{r+1} x_{r+1})\cdots(Q_n x_n)\mathrm{M}(x_1, \cdots, x_{r-1}, f(x_1, \cdots, x_{r-1}), x_{r+1}, \cdots, x_n)$$

为真。即在 I 下有

$$(\forall x_1)(\forall x_2)\cdots(\forall x_{r-1})(\exists x_r)\cdots(Q_{r+1} x_{r+1})\cdots(Q_n x_n)\mathrm{M}(x_1, \cdots, x_{r-1}, x_r, x_{r+1}, \cdots, x_n)$$

为真。即 F 在 I 下为真。

但这与前提 F 是不可满足的相矛盾，即假设 F_1 为可满足是错误的。从而可以得出“若 F 不可满足，则必有 F_1 不可满足”。

(2) 再证明⇐。

证明：已知 F_1 不可满足，假设 F 是可满足的。于是便有某个解释 I 使 F 在 I 下为真。即对任意的 $x_1,\cdots,x_{r-1}$，在 I 的设定下都可找到一个 x_r，使

$$(Q_{r+1}x_{r+1})\cdots(Q_nx_n)\mathrm{M}(x_1,\cdots,x_{r-1},x_r,x_{r+1},\cdots,x_n)$$

为真。若扩充 I，使它包含一个函数 $f(x_1,\cdots,x_{r-1})$，且有

$$x_r=f(x_1,\cdots,x_{r-1})$$

这样，就可以把所有的$(x_1,\cdots,x_{r-1})$映射到 x_r，从而得到一个新的解释 I'，并且在此解释下对任意的 $x_1,\cdots,x_{r-1}$ 都有

$$(Q_{r+1}x_{r+1})\cdots(Q_nx_n)\mathrm{M}(x_1,\cdots,x_{r-1},f(x_1,\cdots,x_{r-1}),x_{r+1},\cdots,x_n)$$

为真。即在 I'下有

$$(\forall x_1)(\forall x_2)\cdots(\forall x_{r-1})(Q_{r+1}x_{r+1})\cdots(Q_nx_n)\mathrm{M}(x_1,\cdots,x_{r-1},f(x_1,\cdots,x_{r-1}),x_{r+1},\cdots,x_n)$$

为真。它说明 F 在解释 I'下为真。但这与前提 F_1 是不可满足的相矛盾，即假设 F 为可满足是错误的。从而可以得出“若 F_1 不可满足，则必有 F 上不可满足”。

于是，定理得证。

由此定理可知。要证明一个谓词公式是不可满足的，只要证明其相应的标准子句集是不可满足的即可。而有关如何证明一个子句集的不可满足性的问题就无须我们关心了，它可由鲁滨逊归结原理来解决。

3.3.2 鲁滨逊归结原理

鲁滨逊归结原理是在对子句集中的子句依次进行归结的基础上证明子句集的不可满足性的一种基础定理。由谓词公式转化为子句集的方法可以知道，在子句集中，子句之间是合取关系。其中，只要有一个子句是不可满足的，则整个子句集就是不可满足的。另外，前面已经指出空子句是不可满足的。因此，一个子句集中如果包含空子句，则此子句集就一定是不可满足的。鲁滨逊归结原理就是基于上述认识提出来的，它的基本思想是：首先把欲证明问题的结论否定，并将其加入子句集，得到一个扩充的子句集 S'。然后设法检验子句集 S'是否含有空子句，若含有空子句，则表明 S'是不可满足的；若不含有空子句，则继续使用归结法，在子句集中选择合适的子句进行归结，直至导出空子句或不能继续归结为止。鲁滨逊归结原理可分为命题逻辑归结原理和谓词逻辑归结原理。

1. 命题逻辑归结原理

归结原理的核心是求两个子句的归结式，因此需要先讨论归结式的定义和性质，然后再讨论命题逻辑的归结过程。下面先讨论归结式的定义与性质。

定义 3.17 若 P 是原子谓词公式，则称 P 与 ¬P 为互补文字。

定义 3.18 设 C_1 和 C_2 是子句集中的任意两个子句，如果 C_1 中的文字 L_1 与 C_2 中的

文字 L_2 互补，那么可从 C_1 和 C_2 中分别消去 L_1 和 L_2，并将 C_1 和 C_2 中余下的部分按析取关系构成一个新的子句 C_{12}。称这一过程为归结，称 C_{12} 为 C_1 和 C_2 的归结式，称 C_1 和 C_2 为 C_{12} 的亲本子句。

例 3.3　设 $C_1 = \mathrm{P} \vee \mathrm{Q} \vee \mathrm{R}$，$C_2 = \neg \mathrm{P} \vee \mathrm{S}$，求 C_1 和 C_2 的归结式 C_{12}。

解：这里 $L_1 = \mathrm{P}$，$L_2 = \neg \mathrm{P}$，通过归结可以得到

$$C_{12} = \mathrm{Q} \vee \mathrm{R} \vee \mathrm{S}$$

例 3.4　设 $C_1 = \neg \mathrm{Q}$，$C_2 = \mathrm{Q}$，求 C_1 和 C_2 的归结式 C_{12}。

解：这里 $L_1 = \neg \mathrm{Q}$，$L_2 = \mathrm{Q}$，通过归结可以得到

$$C_{12} = \mathrm{NIL}$$

定理 3.2　归结式 C_{12} 是其亲本子句 C_1 和 C_2 的逻辑结论。

证明：设 $C_1 = L \vee C_1'$、$C_2 = \neg L \vee C_2'$ 关于解释 I 为真，则只需证明 $C_{12} = C_1' \vee C_2'$ 关于解释 I 也为真。对于解释 I 而言，L 和 $\neg L$ 中必有一个为假。

若 L 为假，则必有 C_1' 为真，否则就会使 C_1 为假，这将与前提假设 C_1 为真矛盾，因此只能有 C_1' 为真。

同理，若 $\neg L$ 为假，则必有 C_2' 为真。

因此，必有 $C_{12} = C_1' \vee C_2'$ 关于解释 I 也为真。即 C_{12} 是 C_1 和 C_2 的逻辑结论。

这个定理是归结原理中很重要的一个定理，由它可得到以下两个推论。

推论 1　设 C_1 和 C_2 是子句集 S 中的两个子句，C_{12} 是 C_1 和 C_2 的归结式，若用 C_{12} 代替 C_1 和 C_2 后得到新的子句集 S_1，则由 S 与 S_1 的不可满足性可以推出原子句集 S 的不可满足性。即

$$S_1 \text{ 的不可满足性} \Rightarrow S \text{ 的不可满足性}$$

推论 2　设 C_1 和 C_2 是子句集 S 中的两个子句，C_{12} 是 C_1 和 C_2 的归结式，若把 C_{12} 加入 S 中得到新的子句集 S_2，则 S 与 S_2 的不可满足性是等价的。即

$$S_2 \text{ 的不可满足性} \Leftrightarrow S \text{ 的不可满足性}$$

推论 1 和推论 2 的证明可利用不可满足性的定义和解释 I 的定义来完成，本书从略。这两个推论说明，为证明子句集 S 的不可满足性，只要对其中可进行归结的子句进行归结，并把归结式加入子句集 S，或者用归结式代替它的亲本子句，然后对新的子句集证明其不可满足性就可以了。如果经归结能得到空子句，根据空子句的不可满足性，即可得到原子句集 S 是不可满足的结论。

在命题逻辑中，对不可满足的子句集 S，其归结原理是完备的。这种不可满足性可用如下定理描述。

定理 3.3　子句集 S 是不可满足的，当且仅当存在一个从 S 到空子句的归结过程。

要证明此定理，需要用到海伯伦原理，正是从这种意义上说，鲁滨逊归结原理是建立在海伯伦原理的基础上的。

这里需要指出，鲁滨逊归结原理对可满足的子句集 S 是得不出任何结果的。

2. 谓词逻辑归结原理

在谓词逻辑中，由于子句中含有变元，所以不能像命题逻辑的归结原理那样直接消去互补文字，在归结之前必须要用最一般合一对变元进行置换，比如有如下两个子句

$$C_1 = P(x) \vee Q(x)$$

$$C_2 = \neg P(a) \vee R(y)$$

在这种情况下，由于 P(x)与 P(a)的不一致，因此亲本子句 C_1 和 C_2 就无法进行归结，此时就要用 C_1 与 C_2 的最一般合一 $\delta = \left\{\frac{a}{x}\right\}$ 来对它们进行置换

$$C_1\delta = P(a) \vee Q(a)$$

$$C_2\delta = \neg P(a) \vee R(y)$$

置换后消去 P(a)和 ¬P(a)即可对以上二式进行归结并得出最终结果

$$Q(a) \vee R(y)$$

在一般情形下，我们往往会遇到比较复杂的问题，所以要用一套合适的规则来描述，谓词逻辑中的归结可用如下定义来描述。

定义 3.19 设 C_1 和 C_2 是两个没有公共变元的子句，L_1 和 L_1 分别是 C_1 和 C_2 中的文字。

如果 L_1 和 $\neg L_2$ 存在最一般合一 δ，则称

$$C_{12} = (\{C_1\delta\} - \{L_1\delta\}) \cup (\{C_2\delta\} - \{L_2\delta\})$$

为 C_1 和 C_2 的二元归结式，而 L_1 和 L_2 为归结式中的文字。

这里使用集合符号和集合的运算，是为了说明问题的方便。即先将子句 $C_i\delta$ 和 $L_i\delta$ 写成集合的形式，并在集合表示下做减法和并集运算，然后再写成子句集的形式。

此外，定义中还要求 C_1 和 C_2 无公共变元，这也是合理的。例如 $C_1 = P(x)$，$C_2 = \neg P(f(x))$，而 $S = \{C_1, C_2\}$ 是不可满足的。但由于 C_1 和 C_2 的变元相同，就无法合一了。没有归结式，就不能用归结法证明 S 的不可满足性，这就限制了归结法的使用范围。但是，如果对 C_1 或 C_2 的变元进行换名，便可通过合一对 C_1 和 C_2 进行归结。如上例，若先对 C_2 进行换名，即 $C_2 = \neg P(f(y))$，则可对 C_1 和 C_2 进行归结，可得到一个空子句 NIL，至此即可证明 S 是不可满足的。

事实上，在由公式集化为子句集的过程中，其最后一步就是进行换名处理。因此，定义中假设 C_1 和 C_2 没有相同变元是可以的。下面看一些谓词逻辑归结的例子。

例 3.5 设 $C_1 = P(a) \vee R(x)$，$C_2 = \neg P(y) \vee Q(b)$，求 C_{12}。

解：取 $L_1 = P(a)$、$L_2 = \neg P(y)$，则 L_1 和 L_2 的最一般合一是 $\delta = \left\{\frac{a}{y}\right\}$，根据定义 3.19 可得

$$\begin{aligned} C_{12} &= (\{C_1\delta\} - \{L_1\delta\}) \cup (\{C_2\delta\} - \{L_2\delta\}) \\ &= (\{P(a), R(x)\} - \{P(a)\}) \cup (\{\neg P(a), Q(b)\} - \{\neg P(a)\}) \\ &= \{R(x)\} \cup \{Q(b)\} \\ &= \{R(x), Q(b)\} \\ &= R(x) \vee Q(b) \end{aligned}$$

例 3.6 设 $C_1 = P(x) \vee Q(a)$，$C_2 = \neg P(x) \vee R(x)$，求 C_{12}。

解：由于 C_1 和 C_2 有相同的变元 x，不符合定义 3.19 的要求。所以为了进行归结，需要修改 C_2 中变元的名字，令 $C_2 = \neg P(b) \vee R(y)$。此时 $L_1 = P(x)$，$L_2 = \neg P(b)$，L_1 和 $\neg L_2$

的最一般合一是 $\delta=\left\{\frac{b}{x}\right\}$，则有

$$
\begin{aligned}
C_{12} &= (\{C_1\delta\}-\{L_1\delta\})\cup(\{C_2\delta\}-\{L_2\delta\}) \\
&= (\{\mathrm{P}(b),\mathrm{Q}(a)\}-\{\mathrm{P}(b)\})\cup(\{\neg\mathrm{P}(b),\mathrm{R}(y)\}-\{\neg\mathrm{P}(b)\}) \\
&= \{\mathrm{Q}(a)\}\cup\{\mathrm{R}(y)\} \\
&= \{\mathrm{Q}(a),\mathrm{R}(y)\} \\
&= \{\mathrm{Q}(a),\vee\mathrm{R}(y)\}
\end{aligned}
$$

例 3.7　设 $C_1=\mathrm{P}(x)\vee\neg\mathrm{Q}(b)$，$C_2=\neg\mathrm{P}(a)\vee\mathrm{Q}(y)\vee\mathrm{R}(z)$，求 C_{12}。

解：对 C_1 和 C_2 利用最一般合一，可以得到两个互补对。但是需要注意，求归结式不能同时消去两个互补对，同时消去两个互补对的结果不是二元归结式，如在

$$\delta=\left\{\frac{a}{x},\frac{b}{y}\right\}$$

中，若同时消去两个互补对，所得的 $\mathrm{R}(z)$ 不是 C_1 和 C_2 的二元归结式。

例 3.8　设 $C_1=\mathrm{P}(x)\vee\mathrm{P}(f(a))\vee\mathrm{Q}(x)$，$C_2=\neg\mathrm{P}(y)\vee\mathrm{R}(b)$，求 C_{12}。

解：对参与归结的某个子句，若其内部有可合一的文字，则在进行归结之前应先对这些文字进行合一。本例的 C_1 中有可合一的文字 $\mathrm{P}(x)$ 与 $\mathrm{P}(f(a))$，若用它们的最一般合一 $\delta=\left\{\frac{f(a)}{y}\right\}$ 进行置换，可得到

$$C_1\delta=\{\mathrm{P}(f(a))\vee\mathrm{Q}(f(a))\}$$

此时可对 $C_1\delta$ 与 C_2 进行归结。选 $L_1=\mathrm{P}(f(a))$，$L_2=\neg\mathrm{P}(y)$，L_1 和 $\neg L_2$ 的最一般合一是 $\delta=\left\{\frac{f(a)}{y}\right\}$，则可得到 C_1 和 C_2 的二元归结式为

$$C_{12}=\mathrm{R}(b)\vee\mathrm{Q}(f(a))$$

在这个例子中，把 $C_1\delta$ 称为 C_1 的因子。一般来说，若子句 C 中有两个或两个以上的文字具有最一般合一 δ，则称 $C\delta$ 为子句 C 的因子。如果 $C\delta$ 是一个单文字，则称它为 C 的单元因子。应用因子概念，可对谓词逻辑中的归结原理给出如下定义。

定义 3.20　若 C_1 和 C_2 是无公共变元的子句，则存在以下二元归结式：

(1) C_1 和 C_2 的二元归结式。

(2) C_1 和 C_2 的因子 $C_2\delta_2$ 的二元归结式。

(3) C_1 的因子 $C_1\delta_1$ 和 C_2 的二元归结式。

(4) C_1 的因子 $C_1\delta_1$ 和 C_2 的因子 $C_2\delta_2$ 的二元归结式。

这 4 种二元归结式都是子句 C_1 和 C_2 的二元归结式，记为 C_{12}。

对于谓词逻辑的归结原理来说，归结式仍然为其亲本子句的逻辑结论。因此，用归结式 C_{12} 来取代它在子句集 S 中的亲本子句，所得到的新子句集仍然保持原子句集 S 的不可满足性。下面来看一个求二元归结式的例子。

例 3.9　设 $C_1=\mathrm{P}(y)\vee\mathrm{P}(f(x))\vee\mathrm{Q}(g(x))$，$C_2=\neg\mathrm{P}(f(g(a)))\vee\mathrm{Q}(b)$，求 C_{12}。

解：对 C_1 来说，取最一般合一 $\delta=\left\{\frac{f(x)}{y}\right\}$，得 C_1 的因子

$$C_1\delta_1=\mathrm{P}(f(x))\vee\mathrm{Q}(g(x))$$

将 C_1 的因子和 C_2 归结，可得到 C_1 和 C_2 的二元归结式

$$C_{12}=\mathrm{Q}(g(g(a)))\vee\mathrm{Q}(b)$$

3.3.3 归结反演

有了鲁滨逊归结原理，我们就可以据此进行定理的证明。应用归结原理证明定理的过程称为归结反演。归结原理给出了证明子句集不可满足性的方法，即归结演绎的推理方法，其包含命题逻辑的归结反演和谓词逻辑的归结反演两种。下面分别进行介绍。

1. 命题逻辑的归结反演

归结原理给出了证明子句集不可满足性的方法。若假设F为已知的前提条件，G为欲证明的结论，且F和G都是公式集的形式。根据前面提到的反证法：G为F的逻辑结论，当且仅当 $F \wedge \neg G$ 是不可满足的。可把已知F证明G为真的问题，转化为证明 $F \wedge \neg G$ 为不可满足的问题。再根据之前的定理，在不可满足的意义上，公式集 $F \wedge \neg G$ 与其子句集是等价的，又可把 $F \wedge \neg G$ 在公式集上的不可满足问题，转化为子句集上的不可满足问题。这样，就可用归结原理来进行定理的自动证明。

在命题逻辑中，已知F证明G为真的归结反演过程如下：

(1) 否定目标公式G，得 $\neg G$。

(2) 把 $\neg G$ 并入公式集F，得到 $\{F, \neg G\}$。

(3) 把 $\{F, \neg G\}$ 化为子句集 S。

(4) 应用归结原理对子句集 S 中的子句进行归结，并把每次得到的归结式并入 S。如此反复进行，若出现空子句，则停止归结，此时就证明了G为真。

例 3.10 设已知的公式集为 $\{P, (P \wedge Q) \rightarrow R, (S \vee T) \rightarrow Q, T\}$，求证结论R。

解：假设结论R为假，即 $\neg R$ 为真，将 $\neg R$ 加入公式集，并将其化为子句集，步骤如下：

$$S = \{P, \neg P \vee \neg Q \vee R, \neg S \vee Q, \neg T \vee Q, T, \neg R\}$$

由于文字R与 $\neg R$、P与 $\neg P$、Q与 $\neg Q$、T与 $\neg T$ 均为互补文字，根据归结原理，我们对子句集中的这些互补对分别进行归结处理，并且每一个互补对归结后均把归结式并入子句集中，迭代这一过程直到出现空子句NIL为止。此时，根据归结原理的完备性，可得子句集 S 是不可满足的，即开始时假设的 $\neg R$ 为真是错误的假设，故R为真已被证明。

2. 谓词逻辑的归结反演

谓词逻辑的归结反演与命题逻辑的归结反演的最大区别是两种方法中每个步骤的处理对象是不同的，但两种归结反演的主要思想都是统一的。谓词逻辑的归结反演是仅有一条推理规则的问题求解方法，在使用归结反演来证明 $P \rightarrow Q$ 成立时，我们实际上是证明其反面不成立，即 $\neg(P \rightarrow Q)$ 不可满足。在谓词逻辑中，由于子句集中的谓词一般都含有变元，因此不能像命题逻辑那样直接消去互补文字，而需要先用一个最一般合一对变元进行置换，然后才能进行归结。可见，谓词逻辑的归结反演要比命题逻辑的归结反演稍复杂些。下面来看一个谓词逻辑的归结反演的示例。

例 3.11 已知

$$F: (\forall x)((\exists y)A(x,y) \wedge B(y) \rightarrow (\exists y)(C(y) \wedge D(x,y)))$$

$$G: \neg(\exists x)C(x) \rightarrow (\forall x)(\forall y)(A(x,y) \rightarrow \neg B(y))$$

求证：G 是 F 的逻辑结论。

证明：先把 G 否定，并放入 F 中，得到的新子句集{F，¬G}为

$$\{(\forall x)((\exists y)A(x,y)\wedge B(y)\rightarrow(\exists y)(C(y)\wedge D(x,y)))$$
$$\neg(\neg(\exists x)C(x)\rightarrow(\forall x)(\forall y)(A(x,y)\rightarrow\neg B(y)))\}$$

再把{F，¬G}化成子句集，得到

(1) $\neg A(x,y)\vee\neg B(y)\vee C(f(x))$

(2) $\neg A(u,v)\vee\neg B(v)\vee D(u,f(u))$

(3) $\neg C(z)$

(4) $A(m,n)$

(5) $B(k)$

其中，(1)、(2)是由 F 化出的两个子句，(3)、(4)、(5)是由¬G 化出的 3 个子句。

最后应用谓词逻辑的归结原理，对上述子句集进行归结，其过程如下：

(6) $\neg A(x,y)\vee\neg B(y)$，由(1)和(3)归结，取 $\delta=\left\{\frac{f(x)}{z}\right\}$。

(7) $\neg B(n)$，由(4)和(6)归结，取 $\delta=\left\{\frac{m}{x},\frac{n}{y}\right\}$。

(8) NIL，由(5)和(7)归结，取 $\delta=\left\{\frac{k}{x}\right\}$。

至此，出现空子句 NIL，故 G 是 F 的逻辑结论得证。

3.3.4 归结策略

归结演绎推理实际上就是从子句集中不断寻找可进行归结的子句对，并通过对这些子句对的归结，最终得出一个空子句。由于我们实际并不知道哪些子句对可进行归结，更不知道通过对哪些子句对的归结能尽快得到空子句，因此就需要对子句集中的所有子句逐对进行比较，直到得出空子句为止。假设有子句集 $S=\{C_1,C_2,C_3,C_4\}$，则计算机中对此子句集的归结过程一般如下：

(1) 把 S 内任意子句两两进行归结，得到一组归结式，称为第一级归结式，记为 S_1。

(2) 把 S 与 S_1 内的任意子句两两进行归结，得到一组归结式，称为第二级归结式，记为 S_2。

(3) 把 S 和 S_1 内的子句与 S_2 内的任意子句两两进行归结，得到一组归结式，称为第三级归结式，记为 S_3。

(4) 如此反复，直到出现空子句或者不能再继续归结为止。只要子句集是不可满足的，则上述归结过程中一定会归结出空子句。

这种盲目地全面进行归结的方法，不仅会产生许多无用的归结式，更严重的是会产生组合爆炸问题。因此，需要研究有效的归结策略来解决这些问题。

目前，常用的归结策略可分为两大类：一类是删除策略；另一类是限制策略。删除策略是通过删除某些无用的子句来缩小归结范围；限制策略是通过对参与归结的子句进行某些限制，来减少归结的盲目性，以尽快得到空子句。下面介绍几种使用频率较高的归结策略。

1. 删除策略

删除策略有以下几种删除法。

1）纯文字删除法

如果某文字L在子句集中不存在可与之互补的文字¬L，则称该文字为纯文字。显然，在归结时纯文字不可能被消去。因而用包含纯文字的子句进行归结时不可能得到空子句，即这样的子句对归结是无意义的。所以可以把纯文字所在的子句从子句集中删去，这样并不影响子句集的不可满足性。例如，子句集$S=\{P\vee Q\vee R, \neg Q\vee R, Q, \neg R\}$，其中P是纯文字，因此可将子句$P\vee Q\vee R$从$S$中删去。

2）重言式删除法

如果一个子句中同时包含互补文字对，则称该子句为重言式。

例如，$P(x)\vee\neg P(x)$、$P(x)\vee Q(x)\vee\neg P(x)$都是重言式。重言式是真值为真的子句。对于一个子句集来说，不管是增加还是删去一个真值为真的子句都不会影响它的不可满足性。所以可从子句集中删去重言式。

3）包孕删除法

设有子句C_1和C_2，如果存在一个置换δ使得$C_1\delta\in C_2$，则称C_1包孕于C_2。

例如：

$P(x)$包孕于$P(y)\vee Q(z)$，$\delta=\left\{\frac{y}{x}\right\}$；

$P(x)$包孕于$P(a)\vee Q(z)$，$\delta=\left\{\frac{a}{x}\right\}$；

$P(x)\vee Q(a)$包孕于$P(f(a))\vee Q(a)\vee R(y)$，$\delta=\left\{\frac{f(a)}{x}\right\}$。

删去子句集中包孕的子句(即较长的子句)，不会影响子句集的不可满足性。所以可从子句集中删去包孕子句。

2. 限制策略

1）支持集策略

支持集策略是一种限制策略。其限制的方法是：每次归结时，参与归结的子句中至少应有一个是由目标公式的否定所得到的子句，或者是它们的后裔。支持集策略是完备的，即假如对一个不可满足的子句集运用支持集策略进行归结，那么最终会导出空子句。

例 3.12 用支持集策略归结子句集$S=\{\neg I(x)\vee R(x), I(a), \neg R(y)\vee\neg L(y), L(a)\}$，其中$\neg I(x)\vee R(x)$是目标公式否定后得到的子句。

解：用支持集策略进行归结的过程如下。

S：① $\neg I(x)\vee R(x)$

② $I(a)$

③ $\neg R(y)\vee\neg L(y)$

④ $L(a)$

S_1：①与②归结得⑤$R(a)$，其中运用了最一般合一$\left\{\frac{a}{x}\right\}$

①与③归结得⑥ ¬I(x)∨ ¬L(x)，其中运用了最一般合一$\left\{\frac{x}{y}\right\}$

①与④无法归结

S_2：①与⑤无法归结

①与⑥无法归结

②与⑤无法归结

②与⑥归结得⑦ ¬L(a)，其中运用了最一般合一$\left\{\frac{a}{x}\right\}$

③与⑤归结得⑧ ¬L(a)，其中运用了最一般合一$\left\{\frac{a}{y}\right\}$

③与⑥无法归结

④与⑤无法归结

④与⑥归结得⑨ ¬I(a)，其中运用了最一般合一$\left\{\frac{a}{x}\right\}$

S_3：①与⑦无法归结

①与⑧无法归结

①与⑨无法归结

②与⑦无法归结

②与⑧无法归结

②与⑨归结得 NIL(结束)

至此，归结结束。

上述支持集策略的归结过程可用归结树来表示，如图 3-3 所示。

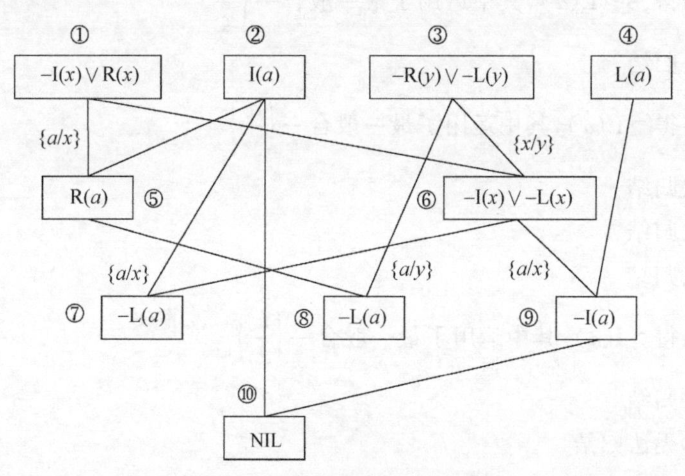

图 3-3　支持集策略的归结树

2）线性输入策略

线性输入策略的限制方法是：参与归结的两个子句中至少有一个是原始子句集中的子句(包括那些待证明公式的否定)。线性输入策略可限制生成归结式的数量，具有简单、高效的优点。但是线性输入策略是不完备的。例如，用线性输入策略对子句集 S={P∨Q，P∨¬Q，¬P∨Q，¬P∨¬Q}进行归结，就得不到空子句，但是该子句集是不可满足的。

例 3.13 用线性输入策略对例 3.12 中的子句集进行归结。

解：用线性输入策略进行归结的过程如下。

S：① $\neg I(x) \vee R(x)$

② $I(a)$

③ $\neg R(y) \vee \neg L(y)$

④ $L(a)$

S_1：①与②归结得⑤$R(a)$，其中运用了最一般合一$\left\{\frac{a}{x}\right\}$

①与③归结得⑥$\neg I(x) \vee \neg L(x)$，其中运用了最一般合一$\left\{\frac{x}{y}\right\}$

①与④无法归结

②与③无法归结

②与④无法归结

③与④归结得⑦$\neg R(a)$，其中运用了最一般合一$\left\{\frac{a}{y}\right\}$

S_2：①与⑤无法归结

①与⑥无法归结

①与⑦归结得⑧$\neg I(a)$，其中运用了最一般合一$\left\{\frac{a}{x}\right\}$

②与⑤无法归结

②与⑥归结得⑨$\neg L(a)$，其中运用了最一般合一$\left\{\frac{a}{x}\right\}$

②与⑦无法归结

③与⑤归结得$\neg L(a)$，其中运用了最一般合一$\left\{\frac{a}{y}\right\}$

③与⑥无法归结

③与⑦无法归结

④与⑤无法归结

④与⑥归结得$\neg I(a)$，其中运用了最一般合一$\left\{\frac{a}{x}\right\}$

④与⑦无法归结

S_3：①与⑧无法归结

①与⑨无法归结

①与⑩无法归结

①与⑪无法归结

②与⑧归结得 NIL（结束）

至此，归结结束。

上述线性输入策略的归结过程可用归结树来表示，如图 3-4 所示。

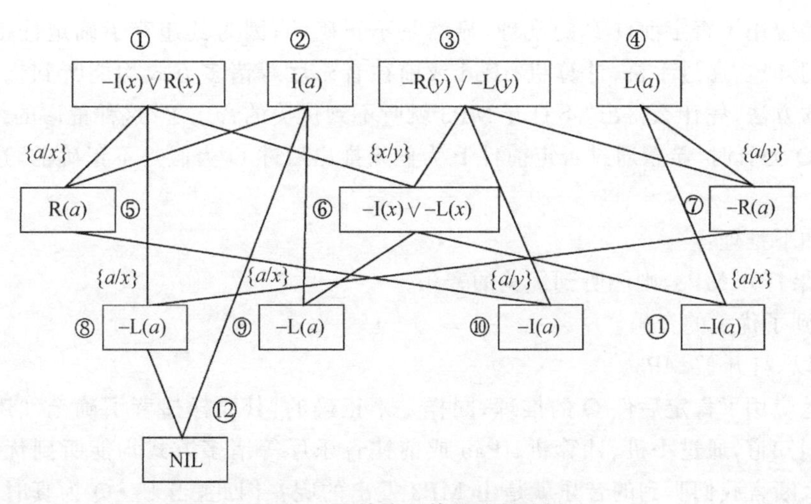

图 3-4　线性输入策略的归结树

3.4　非归结演绎推理

3.4.1　自然演绎推理

接下来我们讨论非归结演绎推理中的自然演绎推理。首先看它的定义：从一组已知为真的事实出发，直接运用经典逻辑的推理规则推出结论的过程称为自然演绎推理。自然演绎推理常被用在数理逻辑的证明中，其最主要的推理规则是由一大一小两个前提与一个结论组成的三段论法。其中，基本的推理是上一节提出的 P 规则、T 规则、假言推理和拒取式推理等。

假言推理的一般形式是

$$P, P\rightarrow Q \Rightarrow Q$$

表示：由 P→Q 为真及 P 为真，可推出 Q 为真。

例如，由“如果 x 是可燃物，那么 x 可以燃烧”和“塑料袋是可燃物”可以推出“塑料袋可以燃烧”的结论。

拒取式推理的一般形式是

$$P\rightarrow Q, \neg Q \Rightarrow \neg P$$

表示：由 P→Q 为真并且 Q 为假，则可推出 P 为假。

例如，由“如果 x 是可燃物，那么 x 可以燃烧”和“石头不可以燃烧”可以推出“石头不是可燃物”的结论。

说到这里，读者要特别注意避免否定前件 P 及肯定后件 Q 这两种类型的错误，例如如下推理：

① 如果打开 MP3，则能听到优美的音乐。

② 没有打开 MP3。

③ 所以，不能听到优美的音乐。

这就是应用了否定前件P的推理，显然是不正确的，因为其违背了确定性推理的逻辑规则。我们知道，通过手机、计算机、iPad或前往音乐厅等诸多方式均能听到优美的音乐。故如此多的方法，凭什么得出“不打开MP3就听不到优美的音乐了”这种荒谬的结论呢？因此，当P→Q为真时，希望通过否定前件P为假来推出后件Q为假是不正确的，这是第一类错误。

又如如下推理：

① 如果打开MP3，则能听到优美的音乐。

② 听到了优美的音乐。

③ 所以，打开了MP3。

这就是应用了肯定后件Q的推理，同样是不正确的，其同样违背了确定性逻辑的逻辑规则。我们知道，通过手机、计算机、iPad或前往音乐厅等诸多方式均能听到优美的音乐，那么凭什么断言我们听到的音乐就是由MP3发出的呢？因此，当P→Q为真时，希望通过肯定后件Q为真来推出前件P为真也是不正确的，这是第二类错误。

下面举例说明自然演绎推理方法。

例 3.14 假设已知如下事实：

① 只要是好玩的游戏小航都爱玩。

② “企鹅公司”出品的游戏都很有意思。

③《王者荣誉》是“企鹅公司”的一款游戏。

求证：小航爱玩游戏《王者荣誉》。

证明：

① 将谓词定义出来。

$\mathrm{F}(x)$：x 是一款好玩的游戏。

$\mathrm{L}(x,x)$：x 喜欢玩 y 游戏。

$T(x)$：x 是 T 公司的一款游戏。

② 将上述已知的事实与要证明的问题用谓词公式表示出来。

$\forall x(\mathrm{F}(x)\rightarrow\mathrm{L}(\mathrm{Hang},x))$：只要是好玩的游戏，小航都喜欢玩。

$\forall x(\mathrm{T}(x)\rightarrow\mathrm{F}(x))$：“企鹅公司”出品的游戏都很有意思。

$\mathrm{T}(w)$：《王者荣誉》是“企鹅公司”出品的一款游戏。

$\mathrm{L}(\mathrm{Hang},w)$：求证小航爱玩游戏《王者荣誉》。

③ 根据上述自然演绎推理的相应规则进行推理。

因为

$$(\forall x)(\mathrm{F}(x)\rightarrow\mathrm{L}(\mathrm{Hang},x))$$

经全称固化，由一般到特殊有

$$\mathrm{F}(m)\rightarrow\mathrm{L}(\mathrm{Hang},m)$$

又因为

$$(\forall x)(\mathrm{T}(x)\rightarrow\mathrm{F}(x))$$

经全称固化，由一般到特殊有

$$(\mathrm{T}(n)\rightarrow\mathrm{F}(n))$$

依据P规则引入前提，再由假言推理得

$$T(w), T(n) \to F(n) \Rightarrow F(w)$$

由 T 规则将永真蕴含公式$(\forall x)(T(x) \to F(x))$引入推理过程得

$$F(w), F(m) \to L(m) \Rightarrow F(Hang, w)$$

再次应用 P 规则及假言推理得

$$L(Hang, w)$$

综上所述,小航喜欢玩《王者荣誉》得证。

通常意义上讲,由已知事实推出的结论可能有两个甚至更多个,但只要欲解决的问题包含在这些结论之中,那么我们就可以认定推理成功,即欲证问题得以解决。

自然演绎推理是一种证明过程自然流畅、表达方法简明易懂的推理方法,它拥有非常清晰准确的推理规则,推理过程严密而不失灵活性,可以在推理规则中嵌入某领域的特定知识;但自然演绎推理也有其局限性,因其在推理过程中得到的中间结论过于繁多且增长速率高(呈指数级增长),所以容易产生组合爆炸,故不适用于复杂的问题。接下来我们讨论适用于复杂问题的推理方法。

3.4.2　与或型演绎推理

本节将讨论第二种经典的非归结演绎推理方法——与或型演绎推理。它与归结演绎推理最大的区别是:归结演绎推理要求把有关问题的知识及目标的否定都化成子句形式,然后通过归结进行演绎推理;而与或型演绎推理所遵循的推理规则只有一条,即归结规则。对于许多公式来说,子句集是一种不够高效的表达式。为提高公式推理和证明的效率,与或型演绎推理不再把有关知识转化为子句集,而是把领域知识和已知事实分别用蕴含式及与或型表示出来,然后通过蕴含式进行演绎推理,从而证明某个目标公式。

与或型演绎推理分为正向演绎、逆向演绎和双向演绎 3 种推理形式,下面对其分别进行讨论。

1. 与或型正向演绎推理

在与或型正向演绎推理中,以正向方式使用的规则称为 F 规则,其具有如下形式

$$L \to W$$

式中,L 为单文字,W 为与或型。

与或型正向演绎的推理方法是从已知事实出发,正向使用蕴含式(F 规则)进行演绎推理,直至得到某个目标公式的一个终止条件为止。在这种推理中,对已知事实、F 规则及目标公式的表示形式均有一定要求。如果不是所要求的形式,则需要进行变换。

1) 事实表达式的与或型变换及其树形表示

与或型正向演绎推理要求已知事实用不含蕴含符号"→"的与或型表示。把一个公式化为与或型的步骤与化为子句集的步骤类似,只是不必把公式化为子句的合取形式,也不能消去公式中的合取词。其具体过程如下:

① 利用 $P \to Q \Leftrightarrow \neg P \vee Q$ 消去公式中的蕴含连接词"→"。

② 利用德·摩根律及量词转化规律把否定词"¬"移到紧靠谓词的位置上。

③ 重新为变元命名,使不同量词约束的变元有不同的名字。

④ 引入斯克林函数消去存在量词。

⑤ 消去全称量词,且使各主要合取式中的变元不同名。

例如,对如下谓词公式

$$(\exists x)\forall y\{Q(y,x)\wedge\neg[R(y)\vee P(y)\wedge S(x,y)]\}$$

按上述步骤转化后得到

$$Q(z,a)\wedge\{[\neg R(y)\wedge\neg P(y)]\vee\neg S(a,y)\}$$

这个不包含蕴含连接词"→"的表达形式,称为与或型。

事实表达式的与或型可用一棵与或树表示,称为事实与或树。和其他树形结构相同,与或树最顶端的节点称作根节点,无分支的节点称为叶子节点。例如上式可用图 3-5 所示的与或树表示。

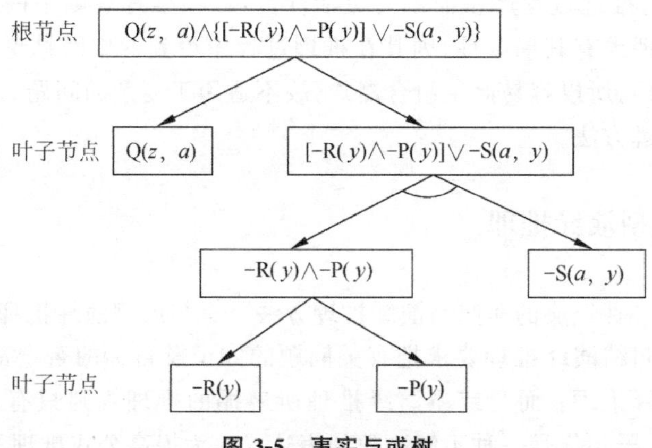

图 3-5 事实与或树

在图 3-5 中,根节点代表整个表达式,叶子节点表示不可再分解的原子公式,其他节点表示还可分解的子表达式。对于用析取符号"∨"连接而成的表达式,用一个 n 连接符,即图中的半圆弧把它们连接起来。对于用合取符号"∧"连接而成的表达式,无须使用连接符。由与或树也可以很方便地获得原表达式的子句集。

2) F 规则的表示形式

我们知道,在与或型正向演绎推理中 F 规则的形式为 L→W。式中我们之所以限制 F 规则的左部为单文字,是因为在进行演绎推理时,要用 F 规则作用于事实与或树。而该与或树的叶子节点都是单文字。这样就可用 F 规则的左部与叶子节点进行简单匹配(合一)了。

如果知识领域的表示形式不是所要求的形式,则需要通过变换将它变成规定的形式。变换步骤如下。

① 暂时消去蕴含词"→"。例如,对公式

$$(\forall x)\{[(\exists y)(\forall z)P(x,y,z)]\rightarrow(\forall u)Q(x,u)\}$$

运用等价关系可化为

$$(\forall x)\{\neg[(\exists y)(\forall z)P(x,y,z)]\vee(\forall u)Q(x,u)\}$$

② 把否定词"¬"移到紧靠谓词的位置上。运用德·摩根律及量词转化规律将否定词"¬"移到括号中。于是上式可化为

$$(\forall x)\{(\forall y)(\exists z)[\neg P(x,y,z)]\vee(\forall u)Q(x,u)\}$$

③ 引入斯克林函数消去存在量词。消去存在量词之后上式可化为

$$(\forall x)\{(\forall y)[\neg P(x,y,f(x,y))] \vee (\forall u)Q(x,u)\}$$

④ 消去全称量词。将上式消去全称量词后则化为

$$\neg P(x,y,f(x,y)) \vee Q(x,u)$$

此时公式中的变元都被视为受全称量词约束的变元。

⑤ 恢复为蕴含式。例如,用等价关系将上式变为

$$P(x,y,f(x,y)) \rightarrow Q(x,u)$$

3）目标公式的表示形式

在与或型正向演绎推理中,要求目标公式用子句表示。如果目标公式不是子句形式,就需要化成子句形式,转化方法如 3.4.1 节所述。

2. 与或型逆向演绎推理

与或型逆向演绎推理是从待证明的问题(目标)出发,通过逆向使用蕴含式(B 规则)进行演绎推理,直到得到包含已知事实的终止条件为止。

与或型逆向演绎推理对目标公式、B 规则及已知事实的表示形式也有一定的要求。若不符合要求,则需进行转换。

1）目标公式的与或型变换及与或树表示

在与或型逆向演绎推理中,要求目标公式用与或型表示。其变换过程和与或型逆向演绎推理中对已知事实的变换基本相似。但是要用存在量词约束的变元的斯克林函数替换由全称量词约束的相应变元,并且先消去全称量词,再消去存在量词。这是与或型逆向演绎推理与正向演绎推理进行变换的不同之处。例如,对如下目标公式

$$(\exists y)(\forall x)\{P(x) \rightarrow [Q(x,y)] \wedge \neg R(x) \wedge S(y)]\}$$

经过与或型逆向演绎方法转化后可得到

$$\neg P(f(z)) \vee \{Q(f(y),y) \wedge [\neg R(f(y)) \vee \neg S(y)]\}$$

在变换时应使各个主要的析取式具有不同的变元名。

目标公式的与或型也可用与或树表示,但其表示方式和与或型正向演绎中的事实与或树的表示略有不同。目标公式与或树中的 n 连接符用来把具有合取关系的子表达式连接起来,而在与或型正向演绎中的连接符则是把已知事实中具有析取关系的子表达式连接起来。上述目标公式的与或树如图 3-6 所示。

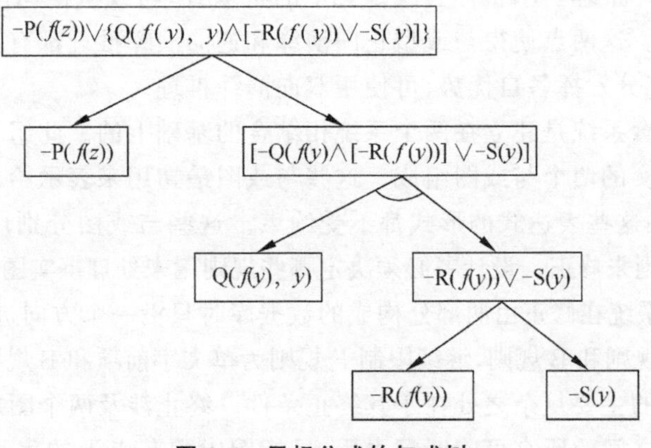

图 3-6　目标公式的与或树

2）B规则的表示形式

B规则的表示形式为

$$W \rightarrow L$$

其中，W为与或型，L为单文字。

之所以限制规则的右部为文字，是因为推理时要用它与目标与或树中的叶子节点进行匹配，而目标与或树中的叶子节点是文字。如果已知的B规则不是所要求的形式，则可用与转换F规则类似的方法将其转化成规定的形式。特别是对于

$$W \rightarrow (L_1 \land L_2)$$

这样的蕴含式均可化为两个B规则

$$W \rightarrow L_1, W \rightarrow L_2$$

3）已知事实的表示形式

在与或型逆向演绎推理中，要求已知事实是文字的合取式，即形如

$$F_1 \land F_2 \land \cdots \land F_n$$

在问题求解中，由于每个 $F_i(i=1,2,\cdots,n)$ 都可单独起作用，因此可把上式表示为事实的集合

$$\{F_1, F_2, \cdots, F_n\}$$

4）推理过程

应用B规则进行与或型逆向演绎推理的目的在于求解问题。当从目标公式的与或树出发，通过运用B规则最终得到了某个终止在事实节点上的一致解图时，推理就成功结束。一致解图是指在推理过程中所用到的置换应该是一致的。与或型逆向演绎推理的过程如下：

(1) 用与或树将目标公式表示出来。

(2) 将B规则的右部和与或树的叶子节点进行匹配，并将匹配成功的B规则加入与或树中。

(3) 重复步骤(2)，直到产生某个终止在事实节点上的一致解图为止。

上述推理过程如图3-7所示。

3. 与或型双向演绎推理

与或型正向演绎推理要求目标公式是文字的析取式，与或型逆向演绎推理要求事实公式为文字的合取式。这两点使得与或型正向演绎和逆向演绎推理都有一定的局限性。为了克服这种局限性，充分发挥各自优势，可使用双向演绎推理。

正向和逆向组合系统是建立在两个系统相结合的基础上的。此组合系统的总数据库由表示目标和表示事实的两个与或图组成。这些与或图最初用来表示给出的事实和目标的某些表达式集合，现在这些表达式的形式都不受约束。这些与或图分别用正向系统的F规则和逆向系统的B规则来修正。设计者必须决定哪些规则用来处理事实图以及哪些规则用来处理目标图。尽管新系统在修正由两部分构成的数据库时只沿一个方向进行，但我们仍然把这些规则分别称为F规则和B规则，继续限制F规则为单文字前项和B规则为单文字后项。

组合演绎系统的主要复杂之处在于其终止条件。终止涉及两个图之间的适当交接。

在完成两个图之间的所有可能匹配之后，目标图中根节点上的表达式是否已经根据事实图中根节点上的表达式和规则得到证明仍然需要判定。只有得到这样的证明时，推理才

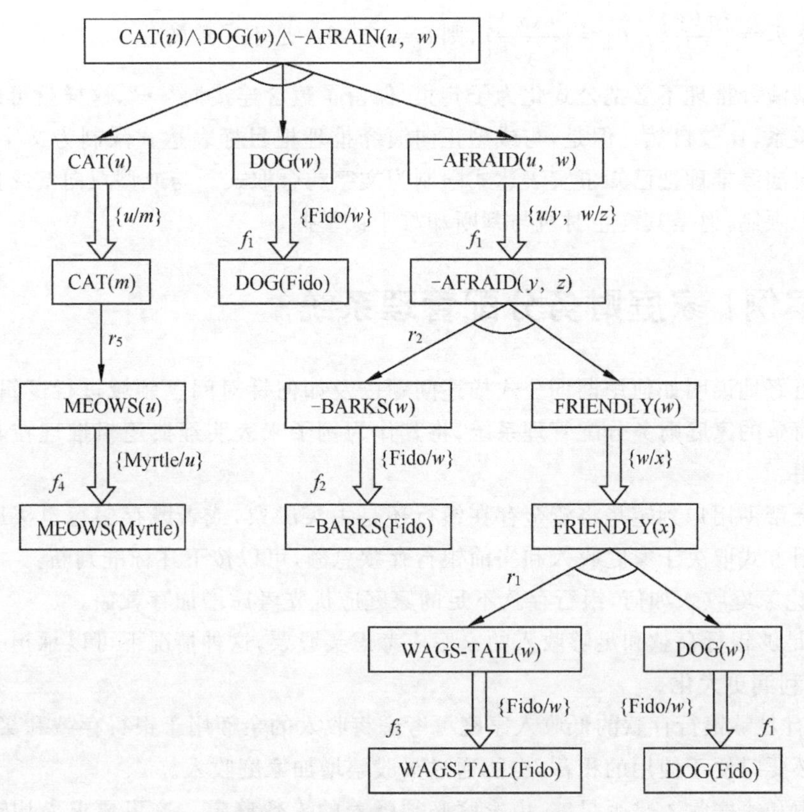

图 3-7　与或型逆向演绎的推理过程

算成功终止。当然,若能断定在给定方法限度内找不到证明时,推理则以失败告终。也就是说,分别从正、反两个方向进行推理,其与或树分别向着对方扩展。只有当它们对应的叶子节点都可以合一时,推理才能结束。在推理过程中用到的所有置换必须是一致的。

定义 3.21　设置换集合

$$\theta=\{\theta_1,\theta_2,\cdots,\theta_n\}$$

中的第 i 个置换 $\theta_i(i=1,2,\cdots,n)$ 为

$$\theta_i=\left\{\frac{t_{i1}}{x_{i1}},\frac{t_{i2}}{x_{i2}},\cdots,\frac{t_{im(i)}}{x_{im(i)}}\right\}$$

其中,$t_{ij}(j=1,2,\cdots,m(i))$为项,$x_{ij}(j=1,2,\cdots,m(i))$为变元,则置换集合是一致的充要条件是如下两个元组可合一:

$$T=\{(t_{11},t_{12},\cdots,t_{1m(1)},t_{21},t_{22},t_{2m(2)},\cdots,t_{nm(n)})\}$$

$$X=\{(x_{11},x_{12},\cdots,x_{1m(1)},x_{21},x_{22},x_{2m(2)},\cdots,x_{nm(n)})\}$$

例如:

(1) 设 $\theta_1=\left\{\frac{x}{y}\right\}$、$\theta_2=\left\{\frac{y}{z}\right\}$,则 $\theta=\{\theta_1,\theta_2\}$ 是一致的。

(2) 设 $\theta_1=\left\{\frac{f(g(x_1))}{x_3},\frac{f(x_2)}{x_4}\right\}$、$\theta_2=\left\{\frac{x_4}{x_3},\frac{g(x_1)}{x_2}\right\}$,则 $\theta=\{\theta_1,\theta_2\}$ 是一致的。

(3) 设 $\theta_1=\left\{\frac{a}{x}\right\}$、$\theta_2=\left\{\frac{b}{x}\right\}$,则 $\theta=\{\theta_1,\theta_2\}$ 是不一致的。

(4) 设 $\theta_1=\left\{\frac{g(y)}{x}\right\}$、$\theta_2=\left\{\frac{f(x)}{y}\right\}$,则 $\theta=\{\theta_1,\theta_2\}$ 是不一致的。

与或型演绎推理不必把公式化为子句集,保留了蕴含连接词"→",这样就可以直观地表达出因果关系,比较自然。但是,与或型正向演绎推理把目标表达式限制为文字的析取式,与或型逆向演绎推理把已知事实表达式限制为文字的合取式。与或型双向演绎推理虽然可以克服以上限制,但是其终止时机与判断却难于被掌握。

3.5 案例:家庭财务分配管理系统

为了更好地说明如何用谓词公式描述问题以及如何针对问题领域进行逻辑推理,本节设计一个简单的家庭财务分配管理系统,将其作为例子来表明经典逻辑推理在若干实际问题中的应用。

本系统帮助用户判定是将资金存在银行还是去买股票,或者既存银行也买股票。家庭资金的使用方式取决于家庭收入和当前银行存款总额,可以按下述标准判断:

① 不论家庭收入如何,银行存款不足的家庭应优先考虑增加存款额。

② 有足够银行存款和足够收入的家庭应考虑买股票,这种情况下可以承担买股票的风险,使投资利润更大化。

③ 已有足够银行存款的低收入家庭可考虑将收入的余额用于银行存款和买股票,这样既能增加必要时便于使用的积蓄,也能通过买股票增加家庭收入。

存款额和家庭收入是否足够,由家庭必须赡养的人数确定。这里要求人均银行存款至少为 5000 元。足够的收入必须是稳定收入,且每年至少应有 50000 元再加上各赡养人的年均消费 4000 元。

我们使用一元谓词符号 S 和 I 分别描述家庭银行存款和收入是否充足,它们的变元都为 yes 或 no。从而,S(yes)、S(no)、I(yes)和 I(no)分别描述有充足、不足的银行存款,以及有充足、不足的家庭收入。咨询系统的结论用一元谓词 INVESTMENT 描述,变元可为 stocks、savings 或 combination。故 INVESTMENT(stocks)、INVESTMENT(savings)和 INVESTMENT(combination)分别描述资金用于买股票、存入银行及既买股票也存银行。

使用这些谓词,可用蕴含式表示资金使用的不同策略。上面给出的标准可表示如下:

① S(no)→INVESTMENT(savings)

② S(yes)∧I(yes)→INVESTMENT(stocks)

③ S(yes)∧I(no)→INVESTMENT(combination)

其次,系统必须判定银行存款和收入怎样才算足够或不够。需定义一元函数 mS 来确定最小足够存款额,其变元为家庭赡养人数,且 $\mathrm{mS}(y)=5000\times y$。用该函数,存款是否足够可由下述句子确定:

④ $(\mathrm{SUM}(x)\land \mathrm{D}(y)\land \mathrm{GREATER}(x,\mathrm{mS}(y)))\to \mathrm{S}(\mathrm{yes})$

⑤ $(\mathrm{SUM}(x)\land \mathrm{D}(y)\land \neg \mathrm{GREATER}(x,\mathrm{mS}(y)))\to \mathrm{S}(\mathrm{no})$

其中,$\mathrm{SUM}(x)$和 $\mathrm{D}(y)$分别表示当前家庭银行存款总额为 x 及家庭赡养人数为 y,句子中出现的变量皆为全称量化变量。同样,定义函数 minI 为 $\mathrm{minI}(x)=50000+4000\times x$,该函数用于计算当家庭赡养人数为 x 时,家庭最小足够收入。下述句子判定家庭收入是否足够:

⑥ (E(x,steady)∧D(y)∧GREATER(x,minI(y)))→I(yes)

⑦ (E(x,steady)∧D(y)∧¬GREATER(x,minI(y)))→I(no)

⑧ E(x,unsteady)→I(no)

其中,二元谓词 E(x,y)表示家庭当前总收入为 x,y 表示 x 是否为稳定收入,y 只能取 steady 或 unsteady。句子中出现的变量皆为全称量化变量。

用户咨询该系统时需用谓词 SUM、E 和 D 描述他的家庭情况。

设用户家庭当前银行存款总额为 22000 元,有 25000 元的稳定收入,赡养人数为 3,可描述如下:

⑨ SUM(22000)

⑩ E(25000,steady)

⑪ D(3)

上述①～⑪构成的句子集合 S 描述了问题领域。使用一致化算法和假言推理可推断出该用户正确使用资金的策略,策略是 S 的逻辑推论。

首先考虑蕴含式⑦的前件中第一成分 E(x,steady)与⑩,它们是可一致的,其最一般合一为$\left\{\frac{25000}{x}\right\}$。⑦的前件中第二成分 D($y$)与⑪ 是可一致的,其最一般合一为$\left\{\frac{3}{y}\right\}$。

将这两个最一般合一合成为$\left\{\frac{25000}{x},\frac{3}{y}\right\}$作用到⑦上得出 I(no),即

(E25000,steady∧D(3)∧¬GREATER25000,minI(3))→I(no)

计算出函数 minI(3)后得出

(E(25000,steady)∧D(3)∧¬GREATER(25000,27000))→I(no)

前件中¬GREATER(25000,27000)为真,且 E(25000,steady)∧D(3)与⑩及⑪的合取相匹配,按假言推理可推断出 I(no),将其加入 S 可得出。

⑫ I(no)

同样,⑨及⑪的合取 SUM(22000)∧D(3)与④的前件中前两成分可一致化,将得到的两个最一般合一$\left\{\frac{22000}{x}\right\}$与$\left\{\frac{3}{y}\right\}$进行合成可得$\left\{\frac{22000}{x},\frac{3}{y}\right\}$。

(SUM(22000)∧D(3)∧GREATER(22000,mS(3)))→S(yes)

计算出 mS(3)的值后,前件中 GREATER(22000,50000)为真,其余部分与⑨和⑪的合取相匹配,按假言推理推断出 S(yes),将其加入 S 可得:

⑬ S(yes)

蕴含式③的前件与⑬和⑫的合取完全匹配,再由假言推理得出结论

⑭ INVESTMENT(combination)

这便是系统提供给用户的资金使用建议,将家庭资金进行储蓄和购买股票。

使用 Python 实现的家庭财务分配管理系统大致如代码清单 3-1 所示。

代码清单 3-1　家庭财务分配管理系统

```
def rule01():
    global S, I, INVESTMENT, deposit, people, income, status
    if S == 'no':
```

```
        INVESTMENT = 'savings'

def rule02():
    global S, I, INVESTMENT, deposit, people, income, status
    if S == 'yes' and I == 'yes':
        INVESTMENT = 'stocks'

def rule03():
    global S, I, INVESTMENT, deposit, people, income, status
    if S == 'yes' and I == 'no':
        INVESTMENT = 'combination'

def rule04():
    global S, I, INVESTMENT, deposit, people, income, status
    x = deposit
    y = people
    if x is None or y is None:
        return
    if SUM(x) and D(y) and GREATER(x, mS(y)):
        S = 'yes'

def rule05():
    global S, I, INVESTMENT, deposit, people, income, status
    x = deposit
    y = people
    if x is None or y is None:
        return
    if SUM(x) and D(y) and not GREATER(x, mS(y)):
        S = 'no'

def rule06():
    global S, I, INVESTMENT, deposit, people, income, status
    x = income
    y = people
    if x is None or y is None:
        return
    if status == 'steady' and D(y) and GREATER(x, minI(y)):
        I = 'yes'

def rule07():
    global S, I, INVESTMENT, deposit, people, income, status
    x = income
    y = people
    if x is None or y is None:
        return
    if status == 'steady' and D(y) and not GREATER(x, minI(y)):
        I = 'no'

def rule08():
    global S, I, INVESTMENT, deposit, people, income, status
    if status == 'unsteady':
        I = 'no'
```

习题

一、选择题

1. 设 $C_1=P\vee Q\vee R$，$C_2=\neg P\vee S$，则 C_1 与 C_2 的归结式 C_{12} 为(　　)。

   A. $Q\vee R\vee S$　　B. $Q\wedge R\wedge S$

   C. $Q\vee R\wedge S$　　D. $Q\wedge R\vee S$

2. 如果命题P为真、命题Q为假，则下述复合命题(　　)为真命题。

   A. P且Q　　B. 如果Q则P

   C. 非P　　D. 如果P则Q

3. 下面逻辑等价关系不成立的是(　　)。

   A. $\forall x\neg P(x)\equiv\neg\exists xP(x)$　　B. $\exists xP(x)\equiv\neg\forall xP(x)$

   C. $\forall xP(x)\equiv\neg\exists x\neg P(x)$　　D. $\neg\forall xP(x)\equiv\exists x\neg P(x)$

4. 下面(　　)对命题逻辑中的归结(resolution)规则的描述是不正确的。

   A. 对命题Q及其反命题应用归结法，所得到的命题为假命题

   B. 对命题Q及其反命题应用归结法，所得到的命题为空命题

   C. 在两个析取复合命题中，如果命题Q及其反命题分别出现在这两个析取复合命题中，则通过归结法可得到一个新的析取复合命题，只是在析取复合命题中要去除命题Q及其反命题。

   D. 如果命题Q出现在一个析取复合命题中，命题Q的反命题单独存在，则通过归结法可得到一个新的析取复合命题，只是在析取复合命题中要去除命题Q及其反命题

5. 下面(　　)命题范式的描述是不正确的。

   A. 一个合取范式是成立的，当且仅当它的每个简单析取式都是成立的

   B. 有限个简单析取式构成的合取式称为合取范式

   C. 一个析取范式是不成立的，当且仅当它包含一个不成立的简单合取式

   D. 有限个简单合取式构成的析取式称为析取范式

6. 设 $P(x)$：x 是鸟，$Q(x)$：x 会飞，命题"有的鸟不会飞"可符号化为(　　)。

   A. $\neg(\forall x)(P(x)\to Q(x))$　　B. $\neg(\forall x)(P(x)\wedge Q(x))$

   C. $\neg(\exists x)(P(x)\to Q(x))$　　D. $\neg(\exists x)(P(x)\wedge Q(x))$

7. $\neg(P\wedge Q)\Leftrightarrow\neg P\vee\neg Q$ 是(　　)。

   A. 德·摩根律　　B. 吸收律

   C. 补余律　　D. 结合律

8. $A\vee(B\wedge C)\Leftrightarrow(A\vee B)\wedge(A\vee C)$ 是(　　)。

   A. 结合律　　B. 连接词化规律

   C. 分配律　　D. 德·摩根律

9. 下列命题公式不是永真式的是(　　)。

   A. $(P\to Q)\to P$　　B. $P\to(Q\to P)$

   C. $\neg P\vee(Q\to P)$　　D. $(P\to Q)\vee P$

10. 下列谓词公式中是前束范式的是(   )。

A. $\forall x F(x) \wedge \neg(\exists x) G(y)$ B. $\forall x P(x) \wedge \forall y G(y)$

C. $\forall x(P(x) \rightarrow \exists y Q(x, y))$ D. $\forall x \exists y(P(x) \rightarrow Q(x, y))$

二、判断题

1. 演绎推理的核心是三段论,常用三段论由一个大前提、一个小前提和一个结论 3 部分组成。 (   )

2. 归纳推理是从一类事物的大量特殊事例出发,去推出该类事务的一般性结论。 (   )

3. 演绎推理是在已知领域内的一般性知识前提下,通过演绎求解一个具体问题或证明一个给定的结论。 (   )

4. 在归纳推理中,所推理出的结论包含在前提内容中。 (   )

5. 混沌推理是将正向推理与反向推理结合起来的一种推理。 (   )

6. 应用归结原理证明定理的过程称为归结反演。 (   )

7. 谓词逻辑的归结反演与命题逻辑的归结反演最大区别是两种方法中每个步骤的处理对象是不同的,所以两种归结反演的主要思想也是不同的。 (   )

8. 归结演绎推理世界上就是从字句集中不断寻找可进行归结的子句对,并通过对这些子句对的归结,最终得到一个空子句。 (   )

9. 自然演绎推理是指从一组已知为真的事实出发,直接运用经典逻辑的推理规则推出结论的过程称为自然演绎推理。 (   )

10. 与或型正向演绎推理要求目标公式是文字的合取式,与或型逆向演绎推理要求事实公式是文字的析取式。 (   )

三、问答题

1. 什么是推理?请从多种角度阐述推理的分类。

2. 什么是逆向推理?它的基本过程是什么?

3. 什么是置换?什么是合一?

4. 请阐述鲁滨逊归结原理的基本思想。

5. 将下列谓词公式化成对应的子句集:

(1) $(\forall x)(\forall y) P(x, y) \wedge Q(x, y)$

(2) $(\forall x)(\forall y) P(x, y) \rightarrow Q(x, y)$

(3) $(\forall x)(\exists y) \neg P(x, y) \vee R(y) \rightarrow Q(x, y)$

6. 设已知:

(1) 如果 x 是 y 的父亲,y 是 z 的父亲,则 x 是 z 的祖父;

(2) 每个人都有一个父亲。

使用归结演绎推理证明:对于某人 u,一定存在一个人 v,v 是 u 的祖父。

7. 设已知:

(1) 能阅读的人是识字的;

(2) 小狗不识字;

(3) 有些小狗是很聪明的。

请用归结演绎推理证明:有些很聪明的人并不识字。

第4章

非确定性推理及方法

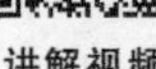

讲解视频

人物介绍

学习人工智能，除了讨论建立在经典逻辑基础上的确定性推理外，还必须讨论处理非确定性知识的非确定性推理。目前已经有多种表示和处理非确定性知识的方法。接下来首先讨论非确定性推理中的基本问题，然后着重介绍基于概率论的有关理论发展起来的非确定性推理方法，包括基本的概率推理、主观贝叶斯推理、基于可信度的推理、证据理论等，最后介绍目前在专家系统、信息处理、自动控制等领域广泛应用的依据模糊理论发展起来的模糊推理方法。

4.1 什么是非确定性推理

前面我们讨论了建立在经典逻辑基础上的确定性推理，这是一种运用确定性知识从确定的事实或证据进行精确推理得到确定性结论的推理方法。但是现实世界中的事物非常复杂，客观上具有随机性、模糊性，以及某些事物或现象暴露的不充分性，导致人们对它们的认识往往是不精确、不完全的，具有一定程度的非确定性。这种认识上的非确定性反映到知识以及由观察所得到的证据上来，就分别形成了非确定性的知识及非确定性的证据。此外，还有一些如多种原因导致同一结论、解决方案不唯一的多可能性场景。在这种情况下，人们往往是在信息不完全、不精确的情况下，运用非确定性知识进行思考、求解问题的，推出的结论也是不确定的，因而还必须对非确定性的知识的表示推理进行研究。

非确定性推理是从非确定性的初始证据出发，通过运用非确定性的知识，最终推出具有一定程度的非确定性但是合理或者近乎合理的结论的思维过程。

在非确定性推理中，知识和证据都具有某种程度的非确定性。除了需要解决在确定性推理中所提到的推理方向、推理方法、控制策略等基本问题外，一般还需要解决非确定性的表示、非确定性的匹配、非确定性证据的组合算法、非确定性的传递算法和非确定性结论的合成算法等问题。

1. 非确定性的表示

非确定性的表示包括知识的非确定性表示和证据的非确定性表示。一般情况下,知识是我们经验的总结,并且我们把已知的信息称为证据。

1) 知识的非确定性表示

知识的表示与推理是密切相关的两个方面,不同的推理方法要求有相应的知识表示方法。在选择知识的非确定性表示方法时,有两个因素需要考虑:一是要能够比较准确地描述问题本身的非确定性,二是要便于推理过程中非确定性的计算。对这两方面的因素,一般是将它们结合起来综合考虑的,只有均能满足时才会得到较好的表示效果。

目前,在专家系统中知识的非确定性一般是由领域专家给出的,通常是一个数值,它表示相应知识的非确定性程度,称为知识的静态强度。静态强度有多种含义,可以是该知识在应用中成功的概率,也可以是该知识的可信度等。如果用概率表示静态强度,则其取值范围为[0,1],该值越接近于1,说明该知识越接近"真";该值越接近于0,说明该知识越接近"假"。如果用可信度表示静态强度,则其取值范围可以设置为[-1,1]。当该值大于0时,值越大说明知识越接近"真";当该值小于0时,值越小说明该知识越接近"假"。同时,由于这个表示知识非确定性的数值是由领域专家给出的,因此这个数值也有一定程度的非确定性。

2) 证据的非确定性表示

证据的来源主要有两种:一种是用户在求解问题时获得的初始证据,例如机器的运行状态、输出功率的数值等;另一种是在推理中得出的中间结论,即把当前推理中得到的中间结论放入综合数据库,并作为以后推理的证据使用。前者由于证据往往来源于观察或者测量,通常是不精确的、有随机性误差的;后者由于使用的知识和证据都具有非确定性,因而得出的结论也具有非确定性,当把具有非确定性的结论用作后面的推理时,也会带来非确定性。在实际过程中,证据的非确定性表示方法应与知识的非确定性表示方法保持一致,以便于推理过程中对非确定性进行统一处理。在一些系统中,为便于用户的使用,对初始证据的非确定性与知识的非确定性采用了不同的表示方法,但在系统内部也会做出相应的转换。

证据的非确定性通常也是用一个数值来表示,它代表相应证据的非确定性程度,称为动态强度。对于初始证据,其值由用户给出;对于前面推理所得到的结论作为当前推理的证据,其值由推理中非确定性的传递算法计算得到。

3) 非确定性的度量

对于不同的知识及不同的证据,它们的非确定性的程度一般是不同的,需要用不同的数值表示其非确定性的程度,同时还需要事先规定它的取值范围,只有这样每个数值才会有确定的意义。例如,用可信度表示知识及证据的非确定性时,其取值范围为[-1,1]。可信度取大于0时,其值越大表示相应的知识或证据越接近于"真";当可信度的取值小于0时,其值越小表示相应的知识或证据越接近于"假"。

在确定一种度量方法及其范围时,应注意以下内容:

(1) 度量要能充分表达相应知识及证据非确定性的程度。

(2) 度量范围的指定应便于领域专家及用户对非确定性的估计。

(3) 度量要便于对非确定性的传递进行计算,而且对结论算出的非确定性度量不能超出度量规定的范围。

(4) 度量的确定应当是直观的,同时应有相应的理论依据。

2. 非确定性的匹配

推理过程实际上是一个不断寻找和运用可用知识的过程。可用知识是指其前提条件可与综合数据库中的已知事实相匹配的知识。只有匹配成功的知识才可以被使用。在非确定性推理中,我们需要首先解决这样一个问题:由于知识和证据都是不确定的,而且知识所要求的非确定性程度与证据实际具有的非确定性程度不一定相同,那么怎样才算是匹配成功呢?目前常用的解决方法是:设计一个用来计算匹配双方相似程度的算法,并给出一个相似的限度,如果匹配双方的相似程度在规定的限度内,则称匹配双方是可以匹配的;否则,称匹配双方是不能匹配的。这个限度即我们设定的匹配阈值。

3. 非确定性证据的组合算法

在非确定性的系统中,知识的前提条件可能是简单的单个条件,也可能是复杂的复合条件。当进行匹配时,一个简单条件只对应一个单一的证据,一个复合条件将对应一组证据。又因为结论的非确定性是通过对证据和知识的非确定性进行某种计算得到的,因此,当知识的前提条件为复合条件时,需要有合适的算法来计算复合条件的非确定性。目前,用来计算复合条件非确定性的主要方法有最大/最小法、概率方法和有界方法。

4. 非确定性的传递算法

非确定性推理的根本目的是根据用户提供的初始证据,通过运用非确定性知识,最终推出非确定性的结论,并推算出结论的非确定性程度。那么就存在两个问题:一是在每一步推理过程中,如何利用知识和证据的非确定性去更新结论;二是在整个推理过程中,如何把初始证据的非确定性传递给最终结论。

对于第一个问题,一般做法是按照某种算法由知识和证据的非确定性计算出结论的非确定性。对于不同的非确定性推理方法,其算法各不相同,这些算法将在后续内容中介绍。对于第二个问题,不同的非确定性推理方法的处理方式基本相同,都是把当前推出的结论及其非确定性作为新的证据放入综合数据库,供以后推理使用。由于推理第一步得出的结论是由初始证据推出的,该结论的非确定性当然会受到初始证据的非确定性的影响,而把它放入综合数据库作为新的证据进行后续的推理时,该非确定性又会传递到后面的结论,如此进行下去,就会把初始证据的非确定性逐步传递到最终结论。

5. 非确定性结论的合成算法

推理中有时会出现这样一种情况:用不同的知识进行推理得到了相同的结论,但非确定性的程度却不相同。此时,需要用合适的算法对它们进行合成。在不同的非确定性推理方法中所采用的合成方法各不相同。

以上简要地列出了非确定性推理中一般应该考虑的一些基本问题,一个具体问题可能并不会包含上述所有方面或者又可能包含其他方面。

长期以来,概率论的有关理论和方法都被用作度量非确定性的重要手段,因为它不仅有完善的理论,而且还为非确定性的合成与传递提供了现成的公式。因而它被最早用于非确定性知识的表示与处理,像这样纯粹用概率模型来表示和处理非确定性的方法称为纯概率方法或概率方法。纯概率方法虽然有严密的理论依据,但它通常要求给出时间的先验概率和条件概率,而这些数据又不易获得,因此其应用受到了限制。为了解决这个问题,人们在概率论的基础上发展出了一些新的方法和理论，主要有贝叶斯方法、可信度方法、证据理论等。

基于概率的方法虽然可以表示和处理现实世界中存在的某些非确定性，在人工智能的非确定性推理方面占有重要的地位，但它们都没有把事物自身所具有的模糊性反映出来，也不能对其客观存在的模糊性进行有效处理。扎德等人提出的模糊理论及在此基础上发展起来的模糊逻辑弥补了这一缺陷，对由模糊性引起的非确定性的表示及处理开辟了一条新途径，得到了广泛应用。接下来我们将详细介绍几种主要的非确定性推理方法。

4.2 基本的概率推理

在讲解概率推理之前先来简单论述一下概率的概念。

在概率论中，所有可能事件的集合称为样本空间，这些可能事件是互斥的、完备的。例如，如果投掷一个骰子，那么可能的样本空间包括6个数值，每个数值是互斥的，而且只能出现样本空间中的一种。这6个数值是互斥的，不可能同时出现数值1和数值6；这6个数值也是完备的，不可能出现6个数值之外的情况。另外，一个完全说明的概率模型应为每一个可能事件附一个数值概率。概率论的基本公理规定，每个可能事件都具有一个介于0～1的概率，且样本空间中的可能事件的总概率是1。基本的概率推理是以概率论为基础的。

4.2.1 经典概率方法

设有如下产生式规则：

$$\text{IF}\quad E\quad \text{THEN}\quad H_i\quad (i=1,2,\cdots,n)$$

其中，E 为前提条件，H_i 为结论，具有随机性。

根据概率论中条件概率的含义，我们可以用条件概率 $P(H_i|E)$ 表示上述产生式规则的非确定性程度，即表示为在证据 E 出现的条件下，结论 H_i 成立的确定性程度。

对于复合条件

$$E=E_1\quad \text{AND}\quad E_2\quad \text{AND}\quad \cdots\quad \text{AND}\quad E_m$$

可以用条件概率 $P(H_i|E_1,E_2,\cdots,E_m)$ 作为在证据 $E_1,E_2,\cdots,E_m$ 出现时结论 H_i 的确定性程度。

显然这是一种很简单的方法，只能用于简单的非确定性推理。另外，由于它只考虑证据为“真”或“假”这两种极端情况，因而使其应用受到了限制。

4.2.2 逆概率方法

1. 逆概率的基本理论

经典概率方法要求给出在证据 E 出现的情况下结论 H_i 的条件概率 $P(H_i|E)$。这在实际应用中是相当困难的。逆概率方法是根据贝叶斯定理用逆概率 $P(E|H_i)$ 来求原概率 $P(H_i|E)$ 的。确定逆概率 $P(E|H_i)$ 比确定原概率 $P(H_i|E)$ 要容易。例如，若以 E 代表车辆出现故障（车辆无法正常行驶），以 H_i 代表产品有质量缺陷，如欲得到条件概率

$P(H_i|E)$，即一个车辆故障是质量缺陷导致的可能性，就需要统计发生故障的车辆中有多少是由于质量缺陷造成的。不是所有的质量缺陷都会导致车辆故障，有时候质量缺陷并不影响车辆行驶，有时候车辆故障是由其他原因导致的。车辆故障的基数是很大的，统计工作较困难，而要得到逆概率 $P(E|H_i)$ 则相对容易些，因为这时仅仅需要在有质量缺陷的情况中统计有多少车辆是出现了车辆故障的。比如有质量缺陷的汽车一般是一个工厂的同一批次产品，只需统计这同一批次产品中有多少车辆出现了故障。

在进行接下来的讨论之前，先简单说明一下贝叶斯公式的内容。这里仅简单给出贝叶斯公式，具体内容请查阅相关文献。

贝叶斯公式定义如下。

定义 4.1 设 Ω 为实验 M 的样本空间，B 为 M 的事件，$A_1, A_2, \cdots, A_i$ 为 Ω 的一个划分，且 $P(B)>0$、$P(A_i)>0(i=1,2,\cdots,n)$，则

$$P(A_i \mid B)=\frac{P(B \mid A_i)P(A_i)}{\sum_{j=1}^{n} P(B \mid A_j)P(A_j)} \quad (i,j=1,2,\cdots,n)$$

2. 单个证据的情况

如果用产生式规则

IF E THEN H_i $(i,j=1,2,\cdots,n)$

中的前提条件 E 代替贝叶斯公式中的 B，用 H_i 代替公式中的 A_i，就可得到

$$P(H_i \mid E)=\frac{P(E \mid H_i)P(H_i)}{\sum_{j=1}^{n} P(E \mid H_j)P(H_j)} \quad (i,j=1,2,\cdots,n)$$

这就是说，当已知结论 H_i 的先验概率 $P(H_i)$，并且已知结论 $H_i(i=1,2,\cdots,n)$ 成立时前提条件 E 所对应的概率出现的条件概率 $P(E|H_i)$，就可以用上式求出相应证据出现时结论 H_i 的条件概率 $P(H_i|E)$，也称后验概率。

3. 多个证据的情况

如果有多个证据 $E_1, E_2, \cdots, E_m$ 和多个结论 $H_1, H_2, \cdots, H_n$，并且每个证据都以一定程度支持结论，那么上面的式子可以改写为

$$P(H_i \mid E_1,E_2,\cdots,E_m)=\frac{P(E_1 \mid H_i)P(E_2 \mid H_i)\cdots P(E_m \mid H_i)P(H_i)}{\sum_{j=1}^{n} P(E_1 \mid H_j)P(E_2 \mid H_j)\cdots P(E_m \mid H_j)P(H_j)}$$

$$(i,j=1,2,\cdots,n)$$

此时只要已知 H_i 的先验概率 $P(H_i)$，以及 H_i 成立时的证据 $E_1, E_2, \cdots, E_m$ 出现的条件概率 $P(E_1|H_i), P(E_2|H_i), \cdots, P(E_m|H_i)$，就可以利用上式计算出在 $E_1, E_2, \cdots, E_m$ 出现的情况下 H_i 的条件概率 $P(H_i|E_1, E_2, \cdots, E_m)$。

例 4.1 设某工厂有甲、乙、丙 3 个车间生产同一种产品，生产一次产量各占全厂总产量的 45%、35%、20%，且各车间的次品率分别为 4%、2%和 5%。现在从一批产品中检查出 1 个次品，问该次品是由哪个车间生产的可能性最大？

解：设 A_1、A_2、A_3 表示来自甲、乙、丙 3 个车间的产品，B 表示产品为"次品"的概率。

可知，A_1、A_2、A_3 是样本空间 Ω 的一个划分，且有 $P(A_1)=0.45$、$P(A_2)=0.35$、$P(A_3)=0.2$、$P(B|A_1)=0.04$、$P(B|A_2)=0.02$、$P(B|A_3)=0.05$。

由全概率公式可得

$$\begin{aligned}P(B)&=P(A_1)P(B \mid A_1)+P(A_2)P(B \mid A_2)+P(A_3)P(B \mid A_3)\\&=0.45\times0.04+0.35\times0.02+0.2\times0.05=0.035\end{aligned}$$

由贝叶斯公式可得

$$P(A_1 \mid B)=\frac{P(A_1)P(B \mid A_1)}{P(B)}=0.45\times\frac{0.04}{0.035}=0.514$$

$$P(A_2 \mid B)=\frac{P(A_2)P(B \mid A_2)}{P(B)}=0.35\times\frac{0.02}{0.035}=0.2$$

$$P(A_3 \mid B)=\frac{P(A_3)P(B \mid A_2)}{P(B)}=0.2\times\frac{0.05}{0.035}=0.286$$

由此可见，该次品由甲车间生产的可能性最大。

4. 逆概率方法的优缺点

逆概率方法的优点是它有较强的理论背景和良好的数学特征，当证据及结论都彼此独立时，计算的复杂度比较低。其缺点是要求给出结论 H_i 的先验概率 $P(H_i)$ 及证据 E_m 的条件概率 $P(E_m|H_i)$，尽管 $P(E_m|H_i)$ 比 $P(H_i|E_m)$ 相对容易计算，但是要想得到这些数据仍然是相当困难的。另外，贝叶斯公式的应用条件是很严格的，它要求各证据互相独立。如果各个证据间存在依赖关系，就不能直接使用这个方法。

4.3 主观贝叶斯推理

由于直接使用贝叶斯公式的逆概率方法有上述限制，所以又发展了主观贝叶斯推理。主观贝叶斯推理是应用贝叶斯公式的另一种推理方法。该方法是理查德·杜达(R. O. Duda)、皮特·哈特(P. E. Hart)等人于 1976 年在贝叶斯公式的基础上经适当改进提出的，它是最早用于非确定性推理的方法之一。主观贝叶斯推理与其他统计学推理方法有很大的不同。主观贝叶斯推理是建立在主观判断基础上的，具体来说，它可以不需要客观证据，而是先估计主观的值，然后根据实际结果不断修正，最终达到理想状态。正是因为它的主观性太强，曾经遭到许多统计学家的诟病。主观贝叶斯推理需要大量的计算，因此在历史上很长一段时间内无法得到广泛应用。计算机诞生以后，它才获得真正的重视。人们发现，许多统计量是无法事先进行客观判断的，而互联网时代出现的大型数据集，再加上高速运算能力，为验证这些统计量提供了方便，也为应用主观贝叶斯推理创造了条件，它的威力正在日益显现。

4.3.1 非确定性表示

1. 知识非确定性的表示

在主观贝叶斯推理中，为度量知识的非确定性引入了几个概念。

由贝叶斯公式可知

$$P(H \mid E)=\frac{P(E \mid H)P(H)}{P(E)}$$

$$P(\neg H \mid E)=\frac{P(E \mid \neg H)P(\neg H)}{P(E)}$$

两式相除，得

$$\frac{P(H \mid E)}{P(\neg H \mid E)}=\frac{P(E \mid H)}{P(E \mid \neg H)}\times\frac{P(H)}{P(\neg H)}$$

概率函数的定义为

$$O(x)=\frac{P(x)}{1-P(x)} \quad 或 \quad O(x)=\frac{P(x)}{P(\neg x)}$$

概率函数表示 x 的出现概率与不出现概率之比。从公式可以看出，随着 $P(x)$ 的增大，$O(x)$ 也增大。当 $P(x)=0$ 时，有 $O(x)=0$；当 $P(x)=1$ 时，有 $O(x)=\infty$。即通过该函数的定义，使得取值范围为 $[0,1]$ 的 $P(x)$ 被映射为取值范围为 $[0,\infty)$ 的 $O(x)$。

充分性度量的定义为

$$LS=\frac{P(E \mid H)}{P(E \mid \neg H)}$$

它表示 E 对 H 的支持程度，取值范围为 $[0,\infty)$，在应用时是由领域专家给出的。

必要性度量的定义为

$$LN=\frac{P(\neg E \mid H)}{P(\neg E \mid \neg H)}=\frac{1-P(E \mid H)}{1-P(E \mid \neg H)}$$

它表示 $\neg E$ 对 H 的支持程度，即 E 对 H 为真的必要性程度，取值范围为 $[0,\infty)$，也是由领域专家给出的。

在主观贝叶斯推理中，知识是用产生式规则表示的，具体形式如下所示：

$$\text{IF}\quad E\quad \text{THEN}\quad (LS,LN)\quad H$$

其中，(LS,LN) 表示该知识的知识强度。由 $O(x)$ 的定义可得

$$O(H \mid E)=\frac{P(E \mid H)}{P(E \mid \neg H)}\times O(H)$$

由 LS 的定义可得

$$O(H \mid E)=LS\times O(H)$$

同理，可得关于 LN 的公式

$$O(H \mid \neg E)=LH\times O(H)$$

从上面两式可知，当 E 为真时，可以利用 LS 将 H 的先验概率 $O(H)$ 更新为其后验概率 $O(H|E)$；当 E 为假时，可以利用 LH 将 H 的先验概率 $O(H)$ 更新为其后验概率 $O(H|\neg E)$。

1) LS 的性质

(1) 当 $LS>1$ 时，可得 $O(H|E)>O(H)$，由于 $P(x)$ 与 $O(x)$ 具有相同的单调性，可知，$P(H|E)>P(H)$。这表明，当 $LS>1$ 时，由于证据 E 的存在，将增大结论 H 为真的概率，而且 LS 越大，$P(H|E)$ 越大。当 $LS\to\infty$ 时，$O(H|E)\to\infty$，即 $P(H|E)\to1$，表明由于证据 E 的存在，将导致 H 为真。由此可见，E 的存在对 H 为真是充分的，故称 LS 为充分

性度量。

(2) 当 $LS=1$ 时，可得 $O(H|E)=O(H)$，这说明证据 E 与 H 无关。

(3) 当 $LS<1$ 时，可得 $O(H|E)<O(H)$，这说明证据 E 的存在将会使 H 为真的概率降低。

(4) 当 $LS=0$ 时，可得 $O(H|E)=0$，说明当证据 E 存在时，H 将为假。

当领域专家为 LS 赋值时，将会考虑上述一些 LS 的性质。当证据 E 越是支持 H 为真时，应使相应 LS 的值越大。

2) LN 的性质

(1) 当 $LN>1$ 时，可得 $O(H|\neg E)>O(H)$，由于 $P(x)$ 与 $O(x)$ 具有相同的单调性，可知，$P(H|\neg E)>P(H)$。这表明，当 $LN>1$ 时，由于证据 E 不存在，将增大结论 H 为真的概率，而且 LN 越大，$P(H|\neg E)$ 越大。当 $LN\to\infty$ 时，$O(H|\neg E)\to\infty$，即 $P(H|\neg E)\to 1$，表明由于证据 E 不存在，将导致 H 为真。

(2) 当 $LN=1$ 时，可得 $O(H|\neg E)=O(H)$，这说明 $\neg E$ 与 H 无关。

(3) 当 $LN<1$ 时，可得 $O(H|\neg E)<O(H)$，这说明证据 E 不存在将会使 H 为真的概率降低。由此可见，E 的存在对 H 为真是必要的，故称 LN 为必要性度量。

(4) 当 $LN=0$ 时，可得 $O(H|\neg E)=0$，说明当证据 E 不存在时，H 将为假。由此也可见，E 的存在对 H 为真是必要的，故称 LN 为必要性度量。

当领域专家为 LN 赋值时，将会考虑上述 LN 的性质。当证据 E 对 H 为真越是必要的，应使相应 LN 的值越小。

3) LS 和 LN 的关系

由于一个证据不可能同时支持 H 或者反对 H，所以在一条知识中的 LS 和 LN 不应该出现如下情况：

(1) $LS>1, LN>1$；

(2) $LS<1, LN<1$。

2. 证据非确定性的表示

主观贝叶斯推理中的证据包括基本证据和组合证据两种类型。基本证据就是单一证据，而组合证据是由多个单一证据逻辑组合而成的。

1) 基本证据的表示

主观贝叶斯推理中使用概率机率来表示证据 E 的非确定性，即

$$O(E)=\frac{P(E)}{P(\neg E)}=\begin{cases}0, & E\text{ 为假时}\\ \infty, & E\text{ 为真时}\\ (0,+\infty), & E\text{ 非真也非假时}\end{cases}$$

上式给出了证据 E 的先验概率和先验机率之间的关系。除此之外，在一些情况下还要考虑在当前观察 S 下证据 E 的先验概率和先验机率之间的关系。以概率情况为例，对初始证据 E，用户可以根据当前观察 S 将其先验概率 $P(E)$ 更改为后验概率 $P(E|S)$，即相当于给出证据 E 的动态强度。但由于后验概率 $P(E|S)$ 不直观，因而在具体的应用系统中往往采用符合经验的比较直观的方法，如在让用户在 $-5\sim5$ 的 11 个整数中根据实际情况按照经验选择一个数作为证据的可信程度 $C(E|S)$，然后再从可信程度 $C(E|S)$ 中计算出概率 $P(E|S)$。计算公式如下所示：

$$P(E \mid S)=\begin{cases}\dfrac{C(E \mid S)+P(E)\times(5-C(E \mid S))}{5} & (0 \leqslant C(E \mid S) \leqslant 5)\\[2ex] \dfrac{P(E)\times(5+C(E \mid S))}{5} & (-5 \leqslant C(E \mid S) < 0)\end{cases}$$

当 $C(E|S)=-5$ 时,表示在观察 S 下证据 E 肯定不存在,即 $P(E|S)=0$。

当 $C(E|S)=0$ 时,表示观察 S 与证据 E 无关,此时其概率和先验概率相同,即 $P(E|S)=P(E)$。

当 $C(E|S)=5$ 时,表示在观察 S 下证据 E 肯定存在,即 $P(E|S)=1$。

当 $C(E|S)$为其他数值时,其与 $P(E|S)$的对应关系,可以通过上述 3 点进行分段线性插值获得,故计算公式为分段函数,如上所示。

2) 组合证据的表示

复杂的组合证据是由单一证据组合而成的,其基本组合形式只有合取和析取两种。

当组合证据是多个单一证据的合取时,即

$$E=E_1 \quad \text{AND} \quad E_2 \quad \text{AND}\cdots\text{AND} \quad E_m$$

如果已知在当前观察 S 下,每个单一证据 E_i 都有概率 $P(E_i|S)$,则组合证据的概率取各个单一证据的概率的最小值,即

$$P(E|S)=\min\{P(E_1|S),P(E_2|S),\cdots,P(E_i|S)\}$$

当组合证据是多个单一证据的析取时,即

$$E=E_1 \quad \text{OR} \quad E_2 \quad \text{OR}\cdots\text{OR} \quad E_m$$

如果已知在当前观察 S 下,每个单一证据 E_i 都有概率 $P(E_i|S)$,则组合证据的概率取各个单一证据的概率的最大值,即

$$P(E|S)=\max\{P(E_1|S),P(E_2|S),\cdots,P(E_i|S)\}$$

4.3.2 非确定性传递

在主观贝叶斯方法中,先验概率 $P(H)$是领域专家依据经验给出的,主观贝叶斯推理的任务是根据证据 E 的概率 $P(E)$及 LS 和 LN 的值,把 H 的先验概率 $P(H)$或 $O(H)$更新为当前观察 S 下的后验概率 $P(H|S)$或 $O(H|S)$。由于一条知识对应的证据可能为真,也可能为假,还可能既非为真又非为假,因此把 H 的先验概率 $P(H)$或 $O(H)$更新为后验概率 $P(H|S)$或 $O(H|S)$时,需要根据证据的不同情况去计算后验概率 $P(H|S)$或 $O(H|S)$。下面分别讨论这些情况。

1. 证据在当前观察下肯定为真的情况

当证据肯定存在时,$P(E)=P(E|S)=1$。

由贝叶斯公式可得,在证据 E 成立的情况下,结论 H 成立的概率为

$$P(H \mid E)=\frac{P(E \mid H)P(H)}{P(E)}$$

同理,在证据 E 成立的情况下,结论 H 不成立的概率为

$$P(\neg H \mid E)=\frac{P(E \mid \neg H)P(\neg H)}{P(E)}$$

二者相除,得

$$\frac{P(H \mid E)}{P(\neg H \mid E)}=\frac{P(E \mid H)}{P(E \mid \neg H)} \times \frac{P(H)}{P(\neg H)}$$

由概率函数的定义及 LS 的定义可知

$$O(E)=LS \times O(H)$$

由概率和机率的相互关系代入上式,可得

$$P(H \mid E)=\frac{LS \times P(H)}{(LS-1) \times P(H)+1}$$

这就是把先验概率 $P(H)$ 更新为后验概率 $P(H|E)$ 的计算方法。

2. 证据在当前观察下肯定为假的情况

当证据肯定存在时,$P(E)=P(E|S)=0$,$P(\neg E)=1$,将 H 的先验概率更新为后验概率的公式为 $O(H|\neg E)=LH \times O(H)$。由概率和机率的相互关系代入上式,可得

$$P(H \mid \neg E)=\frac{LS \times P(H)}{(LS-1) \times P(H)+1}$$

这就是把先验概率 $P(H)$ 更新为后验概率 $P(H|\neg E)$ 的计算方法。

3. 证据在当前观察下既非为真又非为假的情况

除了证据肯定存在和肯定不存在的情况,现实世界中更多的情况是介于二者之间的。因为客观事物或者现象是不精确的,所以用户能够提供的证据也是不确定的。而且,一条知识的证据往往来源于另一条知识的推论,也是具有一定程度的不确定性。比如用户只有60%的把握说明证据 E 是真的,那么初始证据为真的概率为0.6,即 $P(E|S)=0.6$,S 表示对证据 E 的有关观察。这时就需要在 $0<P(E|S)<1$ 的情况下,更新 H 的后验概率。

这时应使用如下公式:

$$P(H \mid S)=P(H \mid E) \times P(E \mid S)+P(\neg H \mid E) \times P(\neg E \mid S)$$

该公式的证明这里省略。

当 $P(E|S)=1$ 时,此公式即为证据肯定存在的情况。

当 $P(E|S)=0$ 时,此公式即为证据肯定不存在的情况。

当 $P(E|S)=P(E)$ 时,表示 E 与 S 无关。由全概率公式可得

$$\begin{aligned} P(H \mid S) &=P(H \mid E) \times P(E \mid S)+P(\neg H \mid E) \times P(\neg E \mid S) \\ &=P(H \mid E) \times P(E)+P(H \mid \neg E) \times P(\neg E) \\ &=P(H) \end{aligned}$$

这样就得到了 $P(E|S)$ 上的3个特殊点的值:0、$P(E)$ 及1,和它们对应的 $P(H|S)$ 的值 $P(H|\neg E)$、$P(H)$、$P(H|E)$。这构成了3个特殊的点。当 $P(E|S)$ 为其他未知值时,$P(E|S)$ 的值可通过上述3个特殊点的分段线性插值函数求得。该分段线性插值函数的 $P(H|S)$ 函数的解析表达式为

$$P(H \mid S)=\begin{cases} P(H \mid \neg E)+\dfrac{P(H)-P(H \mid \neg E)}{P(E)} \times P(E \mid S) & (0 \leqslant P(E \mid S)<P(E)) \\ P(H)+\dfrac{P(H \mid E)-P(H)}{1-P(E)} \times [P(E \mid S)-P(E)] & (P(E) \leqslant P(E \mid S) \leqslant 1) \end{cases}$$

4.3.3　结论非确定性的组合

假设有 n 条知识都支持同一结论 H，并且这些知识的前提条件分别是相互独立的证据 $E_1,E_2,\cdots,E_m$，而每个证据所对应的观察又分别是 $S_1,S_2,\cdots,S_m$。在这些观察下，求 H 的后验概率的方法是：首先对每条知识分别求出后验概率 $O(H|S_i)$，然后利用这些后验概率并使用下述公式求出所有观察下 H 的后验概率

$$O(H \mid S_1,S_2,\cdots,S_m)=\frac{O(H \mid S_1)}{O(H)}\times\frac{O(H \mid S_2)}{O(H)}\times\cdots\times\frac{O(H \mid S_n)}{O(H)}\times O(H)$$

主观贝叶斯推理的主要优点是基于概率发展而来，理论模型精确、灵敏度高，不仅能考虑证据间的关系，还考虑了证据存在与否对假设的影响。缺点主要是需要的主观概率太多，领域专家不易给出。

4.4　基于可信度的推理

可信度方法是为处理关于证据和规则的非确定性而采用的一种非确定性推理方法。它是以确定性理论为基础，结合概率论而进行非确定性推理的一种方法。这种方法直观，非确定性的计算也比较简便，因而在许多专家系统中得到了有效的应用。

可信度是人们根据自身经验对观察到的某个事物或者现象可以相信其为真的程度做出的一个判断。例如，某个学生以生病为由请假。就这个理由而言，有以下两种可能性：一种是该学生真的生病，即理由为真；另一种是该学生根本没有生病，只是想找一个借口，即理由为假。对于这个理由，老师可能相信，也可能不信，老师对这个理由的相信程度与该学生过去的表现有关。这里的相信程度就是我们所说的可信度的概念。由此看来，可信度具有比较大的主观性，是很难准确把握的。但是就某一个具体领域而言，由于领域专家具有丰富的专业知识和实践经验，有很大的可能性给出较为准确的该领域知识的可信度。因此可信度方法也是一种实用的非确定性推理方法。

4.4.1　可信度理论的非确定性表示

1. 知识非确定性的表示

可信度推理模型也称为CF(Certainty Factor)模型。在CF模型中，知识是用产生式规则表示的，其形式为

$$\text{IF}\quad E\quad \text{THEN}\quad H\quad (CF(H,E))$$

其中，E 是知识的前提证据，前提证据 E 可以是一个简单的条件，也可以是由合取和析取构成的复合条件。H 是知识的结论，结论 H 可以是一个单一的结论，也可以是多个结论。$CF(H,E)$是知识的可信度。可信度因子 CF 通常简称为可信度，或称为规则强度。它的取值范围为[−1,1]，表示当证据 E 为真时，该证据对结论 H 为真的支持程度。$CF(H,E)$

的值越大，说明证据 E 对结论 H 为真的支持程度越大，反映的是前提证据和结论之间的强度联系，即相应知识的知识强度。例如

IF　发烧　AND　流鼻涕　THEN　感冒(0.8)

表示当默认确实有发烧及流鼻涕症状时，则有80%的概率是患了感冒。

2. 可信度的定义及性质

$CF(H,E)$的定义为

$$CF(H,E)=MB(H,E)-MD(H,E)$$

式中，MB(Measure Belief)称为信任增长度，表示因为证据 E 的出现，使结论 H 为真的信任增长度。$MB(H,E)$定义为

$$MB(H,E)=\begin{cases}1 & (P(H)=1)\\ \dfrac{\max\{P(H\mid E),P(H)\}-P(H)}{1-P(H)} & (\text{其他})\end{cases}$$

MD(Measure Disbelief)称为不信任增长度，表示因证据 E 的出现，对结论 H 为真的不信任增长度，或者说是对结论 H 为假的信任增长度。$MD(H,E)$定义为

$$MD(H,E)=\begin{cases}1 & (P(H)=0)\\ \dfrac{\max\{P(H\mid E),P(H)\}-P(H)}{-P(H)} & (\text{其他})\end{cases}$$

上述式子中，$P(H)$表示 H 的先验概率，$P(H|E)$表示在证据 E 下结论 H 的条件概率。由 MB 与 MD 的定义可以得出如下结论：

(1) 当 $P(H|E)>P(H)$时，说明证据 E 的出现增加了 H 的信任程度，此时 $MB(H,E)>0$。

(2) 当 $P(H|E)<P(H)$时，说明证据 E 的出现降低了 H 的信任程度，此时 $MB(H,E)<0$。

由 $CF(H,E)$、$MB(H,E)$、$MD(H,E)$的定义可得

$$CF(H,E)=\begin{cases}MB(H,E)-1=\dfrac{P(H\mid E)-P(H)}{1-P(H)} & (P(H\mid E)>P(H))\\ 0 & (P(H\mid E)=P(H))\\ 0-MD(H,E) & (P(H\mid E)<P(H))\end{cases}$$

由上述公式可以得出如下结论：

(1) 若 $CF(H,E)>0$，则 $P(H|E)>P(H)$。说明由于证据 E 的出现增加了 H 为真的概率，即增加了 H 的可信度，$CF(H,E)$的值越大，H 为真的可信度就越大。

(2) 若 $CF(H,E)=0$，则 $P(H|E)=P(H)$。说明证据 E 与 H 无关，H 的先验概率等于它的后验概率。

(3) 若 $CF(H,E)<0$，则 $P(H|E)>P(H)$。说明由于证据 E 的出现降低了 H 为真的概率，即增加了 H 的可信度，$CF(H,E)$的值越小，H 为假的可信度就越大。

在实际的应用过程中，$P(H|E)$和 $P(H)$的值是很难获得的，因此 $CF(H,E)$的值应由领域专家给出，其原则是：若相应证据的出现会增加 H 为真的可信度，则 $CF(H,E)>0$，证据的出现对 H 为真的支持程度越高，则 $CF(H,E)$的值越大；反之，若证据的出现会降低 H 为真的可信度，则 $CF(H,E)<0$，证据的出现对 H 为假的支持程度越高，就使

$CF(H,E)$的值越小；若证据的出现与 H 无关，则 $CF(H,E)=0$。

3. 证据非确定性的表示

CF 模型中的非确定性证据也是用可信度来表示的，其取值范围同样是[−1,1]，证据的可信度可能有以下来源：如果是初始证据，可信度是由提供证据的用户给出的；如果是先前推出的中间结论又作为当前推理的证据，则其可信度是原来在推出该结论时由非确定性的更新算法计算得到的。

对证据 E，其可信度 $CF(E)$的值含义如下：

(1) $CF(E)=1$，证据 E 肯定为真。

(2) $CF(E)=-1$，证据 E 肯定为假。

(3) $CF(E)=0$，证据 E 的情况无法判断。

(4) $0<CF(E)<1$，证据 E 以 $CF(E)$的程度为真。

(5) $-1<CF(E)<0$，证据 E 以 $CF(E)$的程度为假。

4.4.2 非确定性计算

1. 否定证据的非确定性计算

设证据为 E，则该证据的否定记为 $\neg E$。若已知 E 的可信度为 $CF(E)$，则

$$CF(\neg E)=-CF(E)$$

2. 组合证据的非确定性计算

组合证据的基本组合方法有两种：合取和析取。

当组合证据是多个单一证据的合取时，即

$$E=E_1 \quad \text{AND} \quad E_2 \quad \text{AND} \quad \cdots \quad \text{AND} \quad E_n$$

若已知 $CF(E_1),CF(E_2),\cdots,CF(E_n)$，则

$$CF(E)=\min\{CF(E_1),CF(E_2),\cdots,CF(E_n)\}$$

当组合证据是多个单一证据的析取时，即

$$E=E_1 \quad \text{OR} \quad E_2 \quad \text{OR} \cdots \quad \text{OR} \quad E_n$$

若已知 $CF(E_1),CF(E_2),\cdots,CF(E_n)$，则

$$CF(E)=\max\{CF(E_1),CF(E_2),\cdots,CF(E_n)\}$$

4.4.3 非确定性更新

基于 CF 模型的非确定性推理的初始证据是不确定的，通过相关的非确定性推理，最终可得到结论的可信度值。计算结论 H 的可信度的方法为

$$CF(H)=CF(H,E)\times\max\{0,CF(E)\}$$

从上式可以看到，CF 模型没有考虑证据为假时对结论 H 所产生的影响。因为当证据为假时，$CF(E)<0$，则 $CF(H)=0$。当证据 $CF(E)=1$ 时，可以得到 $CF(H)=CF(H,E)$，这表明知识中的规则强度 $CF(H,E)$的本质就是在前提条件对应的证据为真时结论 H 的可信度。也就是说，当知识的前提条件所对应的证据存在而且为真时，结论 H 的可信度大小为

$CF(H,E)$。

4.4.4 结论非确定性的组合

当同一条结论可以由多条不同的知识推出，但每条知识推出的结论可信度不同时，需要综合考虑多条知识的情况，给出这个结论的可信度，这个过程称为结论非确定性的组合。多条知识的综合考虑可以由两两知识的综合考虑推广得到，以下讲述两两知识的结论非确定性的组合。

设有如下知识：

$$\text{IF}\quad E\quad \text{THEN}\quad H(CF(H,E_1))$$
$$\text{IF}\quad E\quad \text{THEN}\quad H(CF(H,E_2))$$

则结论 H 的综合可信度可分两个步骤计算。

(1) 分别对每一条知识求出 $CF(H)$

$$CF_1(H)=CF(H,E)\times\max\{0,CF(E_1)\}$$
$$CF_2(H)=CF(H,E)\times\max\{0,CF(E_2)\}$$

(2) 由 E_1、E_2 对 H 的综合影响得到可信度 $CF_{1,2}(H,E_2)$

$$CF_{1,2}(H)=\begin{cases}CF_1(H)+CF_2(H)-CF_1(H)CF_2(H) & (CF_1(H)\geqslant 0,CF_2(H)\geqslant 0)\\ CF_1(H)+CF_2(H)+CF_1(H)CF_2(H) & (CF_1(H)<0,CF_2(H)<0)\\ \dfrac{CF_1(H)+CF_2(H)}{1-\min\{|CF_1(H)|,|CF_2(H)|\}} & (CF_1(H)CF_2(H)<0)\end{cases}$$

4.5 证据理论

主观贝叶斯推理的主要缺点是需要的主观概率过多，主观概率需要经验丰富的领域专家才能给出，或者很难由领域专家给出。而证据理论可以处理由“不知道”引起的非确定性，并且不必事先给出知识的先验概率，与主观贝叶斯推理相比，具有较大的灵活性。证据理论是由登普斯特(A. P. Dempster)首先提出，并由谢弗(G. Shafer)进一步发展起来的用于处理非确定性推理的一种理论。证据理论也称为DS(Dempster/Shafer)理论，它将概率中的单点赋值扩展为集合赋值，弱化了相应的公理系统，需要满足的要求比概率推理弱。目前证据理论已经发展出多种非确定性的推理模型。

4.5.1 DS理论

证据理论使用集合表示命题，基本思想是：首先定义一个概率分配函数，把命题的非确定性转换为集合的非确定性；再利用该概率分配函数建立相应的信任函数、似然函数及类概率函数，分别用于描述知识的精确信任度、不可驳斥信任度和估计信任度；最后利用这些非确定性度量，按照证据理论的推理模型完成推理。

1. 概率分配函数

假设有包含 x 的样本空间 D，那么 D 是变量 x 所有可能取值的集合，且 D 中的元素是互斥的,在任意时刻 x 都取且只能取 D 中的某一个元素值。若取 D 的任意若干个 x 组成一个子集 A,那么在证据理论中,子集 A 对应一个关于 x 的命题,称该命题为"x 的值在 A 中"。我们把 D 的所有子集构成的集合称为幂集,记为 2^D。例如,x 代表颜色,$D=\{$红,黄,白$\}$,则 $A=\{$红$\}$表示"x 是红色"。幂集 2^D 包含的子集有

$$A_0=\varnothing,A_1=\{红\},A_2=\{黄\},A_3=\{白\},A_4=\{红,黄\},$$
$$A_5=\{红,白\},A_6=\{黄,白\},A_7=\{红,黄,白\}$$

设 D 为样本空间,领域内的命题都用 D 的子集来表示,则概率分配函数(Probability Assignment Function)定义如下。

定义 4.2　设函数 $M: 2^D \to [0,1]$,即对任何一个属于 D 的子集 A,令它对应一个数 $M\in[0,1]$,且满足

$$M(\varnothing)=0$$
$$\sum_{A\subseteq D} M(A)=1$$

则称 M 是 2^D 上的概率分配函数,$M(A)$称为 A 的基本概率函数。

概率分配函数的说明如下。

1) 概率分配函数的作用

概率分配函数是把 D 上的任意一个子集都映射为$[0,1]$上的一个数 $M(A)$。

概率分配函数实际上是对 D 的各个子集进行信任分配,$M(A)$表示分配给 A 的那一部分。例如,设

$$A=\{红\},\quad M(A)=0.3$$

表示对命题"x 是红色"的正确性的信任度是 0.3。

当 A 由多个元素组成时,$M(A)$不包括对 A 的子集的信任度,而且也不知道该对它如何进行分配。例如,在

$$M(\{红,黄\})=0.2$$

中不包括对 $A=\{$红$\}$的信任度 0.3,而且也不知道该把这个 0.2 分配给$\{$红$\}$还是分配给$\{$黄$\}$。

当 $A=D$ 时,$M(A)$是对 D 的各个子集进行信任分配后剩下的部分,它表示不知道该对这部分如何进行分配。例如,当

$$M(D)=\{红,黄,白\}=0.1$$

时,它表示不知道该对这个 0.1 如何分配。但是它不属于$\{$红$\}$就一定属于$\{$黄$\}$或者$\{$白$\}$,只是由于一些未知信息,不知道应该如何分配。

2) 概率分配函数和概率不同

例如,当

$$D=\{红,黄,白\}$$

且有

$$M(\{红\})=0.3,\quad M(\{黄\})=0,\quad M(\{白\})=0.1,\quad M(\{红,黄\})=0.2,$$
$$M(\{红,白\})=0.2,\quad M(\{黄,白\})=0.1,\quad M(\{红,黄,白\})=0.1,\quad M(\varnothing)=0.2$$

时,显然 M 符合概率分配函数的定义,但是若按照概率的定义,有

$$M(\{红\})+M(\{黄\})+M(\{白\})=1$$

3）一个特殊的概率分配函数

设 $D=\{s_1,s_2,s_3,\cdots,s_n\}$，$m$ 为定义在 2^D 上的概率分配函数，且 m 满足以下条件：

(1) $m(\{s_i\})\geqslant 0.2$，对任何 $s_i\in D$。

(2) $\sum\limits_{i=1}^{n}m(\{s_i\})\leqslant 1$。

(3) $m(D)=1-\sum\limits_{i=1}^{n}m(\{s_i\})$。

(4) 当 $A\subset D$ 且 $|A|>1$ 或 $|A|=0$ 时，$m(A)=0$，其中 $|A|$ 表示命题 A 对应的集合中元素的个数。

上述定义说明，对于这个特殊的概率分配函数，只有当子集的元素个数为 1 时，其概率分配函数才有可能大于 0；当子集中有多个或 0 个元素，且不等于全集时，其概率分配函数均为 0；全集的概率分配函数按 $m(D)=1-\sum\limits_{i=1}^{n}m(\{s_i\})$ 计算。

4）概率分配函数的合成

在实际问题中，由于证据的来源不同，对同一个集合，可能得到不同的概率分配函数。这时需要对它们进行合成。概率分配函数的合成方法是求两个概率分配函数的正交和。对前面定义的特殊概率分配函数，它们的正交和定义如下。

定义 4.3 设 m_1 和 m_2 是 2^D 上的概率分配函数，它们的正交和 $m=m_1\oplus m_2$ 定义为

$$m(\{s_i\})=\frac{m_1(s_i)m_2(s_i)+m_1(s_i)m_2(D)+m_1(D)m_2(s_i)}{m_1(D)m_2(D)+\sum\limits_{i=1}^{n}(m_1(s_i)m_2(s_i)+m_1(s_i)m_2(D)+m_1(D)m_2(s_i))}$$

2. 信任函数和似然函数

根据上述特殊概率分配函数，我们可以定义相应的信任函数和似然函数。

定义 4.4 对任何命题 $A\subseteq D$，其信任函数为

$$\begin{cases}Bel(A)=\sum\limits_{s_i\in A}m(\{s_i\})\\[2ex] Bel(D)=\sum\limits_{B\in D}m(B)=\sum\limits_{i=1}^{n}m(\{s_i\})+m(D)=1\end{cases}$$

信任函数也称为下限函数，$Bel(A)$ 表示对 A 的总体信任度。

定义 4.5 对任何命题 $A\subseteq D$，其似然函数为

$$\begin{aligned}Pl(A)&=1-Bel(\neg A)=1-\sum_{s_i\in\neg A}m(\{s_i\})=1-\left(\sum_{i=1}^{n}m(\{s_i\})-\sum_{s_i\in A}m(\{s_i\})\right)\\&=1-(1-m(D)-Bel(A))\\&=m(D)+Bel(A)\\Pl(D)&=1-Bel(\neg A)=1-Bel(\varnothing)=1\end{aligned}$$

似然函数也称为不可驳斥函数或上限函数，$Pl(A)$ 表示对 A 为非假的信任度。由于 $Bel(A)$ 表示对 A 为真的信任程度，所以 $Bel(\neg A)$ 表示的是 $\neg A$ 为真的信任程度，即 A 为假的信任程度。由此可以得 $Pl(A)$ 表示对 A 为非假的信任程度。

从上面的定义可以看出，对任何命题 $A\subseteq D$ 和 $B\subseteq D$ 有

$$Pl(A)-Bel(A)=Pl(B)-Bel(B)=m(D)$$

它表示对 A(或 B)不知道的程度。

下面通过一个例子来理解如何根据公式求 $Pl(A)$。同样使用上述给出的 $D=\{$红,黄,白$\}$作为基本概率函数的数据。

那么根据似然函数的定义有

$$\begin{aligned}Pl(\{红\})&=1-Bel(\neg\{红\})=1-Bel(\{黄,白\})\\&=1-(M(\{黄\})+M(\{白\})+M(\{黄,白\}))\\&=1-(0+0.1+0.1)=0.8\end{aligned}$$

同时,$Pl(\{红\})$表示红为非假的信任度,即表示与$\{红\}$相交不为空的那些子集,根据概率分配函数的定义有

$$\begin{aligned}\sum_{\{红\}\cap B\neq\varnothing}M(B)&=M(\{红\})+M(\{红,黄\})+M(\{红,白\})+M(\{红,黄,白\})\\&=0.3+0.2+0.2+0.1=0.8\end{aligned}$$

可见 $Pl(\{A\})$有两种方式可以求解,分别为

$$Pl(\{A\})=1-Bel(\neg A)$$

$$Pl(\{A\})=\sum_{\{红\}\cap B\neq\varnothing}M(B)$$

第二种求解方式的证明如下。

证明: $$\begin{aligned}Pl(\{A\})-\sum_{A\cap B\neq\varnothing}M(B)&=1-Bel(\neg A)-\sum_{A\cap B\neq\varnothing}M(B)\\&=1-\Big(Bel(\neg A)+\sum_{A\cap B\neq\varnothing}M(B)\Big)\\&=1-\Big(\sum_{C\subseteq\neg A}M(C)+\sum_{A\cap B\neq\varnothing}M(B)\Big)\\&=1-\sum_{E\subseteq D}M(E)=0\end{aligned}$$

所以有

$$Pl(A)=\sum_{A\cap B\neq\varnothing}M(B)$$

信任函数与似然函数都表示对 A 的信任度,只是 $Pl(A)$表示对 A 为非假的信任度,$Bel(A)$表示对 A 为真的信任度。又因为

$$Bel(\neg A)+Bel(A)=\sum_{B\subseteq A}M(B)+\sum_{C\subseteq\neg A}M(C)\leqslant\sum_{E\subseteq D}M(E)=1$$

所以有

$$Pl(A)-Bel(A)=1-Bel(\neg A)-Bel(A)=1-(Bel(\neg A)+Bel(A))\geqslant 0$$

所以 $Pl(A)\geqslant Bel(A)$。

由于 $Pl(A)$表示对 A 为非假的信任度,$Bel(A)$表示对 A 为真的信任度,因此可分别称 $Bel(A)$和 $Pl(A)$为对 A 信任度的下限与上限,记为

$$A(Bel(A),Pl(A))$$

3. 类概率函数

利用信任函数 $Bel(A)$和似然函数 $Pl(A)$,可以定义 A 的类概率函数,并把它作为 A 的非精确性度量。

定义 4.6 假设 D 为有限域，对任何命题 $A\subseteq D$，命题 A 的类概率函数为

$$f(A)=Bel(A)+\frac{|A|}{|D|}\times(Pl(A)-Bel(A))$$

类概率函数 $f(A)$ 具有以下性质。

(1) $\sum_{i=1}^{n} f(\{s_i\})=1$。

证明：因为

$$\begin{aligned}f(\{s_i\})&=Bel(\{s_i\})+\frac{|\{s_i\}|}{|D|}\times(Pl(s_i)-Bel(\{s_i\}))\\&=m(\{s_i\})+\frac{1}{n}\times m(D)\quad(i=1,2,3,\cdots,n)\end{aligned}$$

所以

$$\sum_{i=1}^{n} f(\{s_i\})=\sum_{i=1}^{n}(m(\{s_i\})+\frac{1}{n}\times m(D))=\sum_{i=1}^{n} m(\{s_i\})+m(D)=1$$

(2) 对任何 $A\subseteq D$，有 $Bel(A)\leqslant f(A)\leqslant Pl(A)$。

证明：根据 $f(A)$ 的定义

因为

$$Pl(A)-Bel(A)=m(D)\geqslant 0,\quad \frac{|A|}{|D|}\geqslant 0$$

故

$$Bel(A)\leqslant f(A)$$

又 $\frac{|A|}{|D|}\leqslant 1$，由 $f(A)$ 定义有

$$f(A)\leqslant Bel(A)+Pl(A)-Bel(A)$$

所以

$$f(A)\leqslant Pl(A)$$

(3) 对任何 $A\subseteq D$，有 $f(\neg A)=1-f(A)$。

证明：因为

$$f(\neg A)=Bel(\neg A)+\frac{|\neg A|}{|D|}\times(Pl(\neg A)-Bel(\neg A))$$

$$Bel(\neg A)=\sum_{s_i\in\neg A} m(\{s_i\})-m(D)=1-Bel(A)-m(D)$$

$$|\neg A|=|D|-|A|$$

$$Pl(\neg A)-Bel(\neg A)=m(D)$$

所以

$$\begin{aligned}f(\neg A)&=1-Bel(A)-m(D)+\frac{|D|-|A|}{|D|}\times m(D)\\&=1-Bel(A)-m(D)+m(D)-\frac{|A|}{|D|}\times m(D)\\&=1-(Bel(A)+\frac{|A|}{|D|}\times m(D))=1-f(A)\end{aligned}$$

根据以上性质,可得到以下推论:

(1) $f(\varnothing)=0$。

(2) $f(D)=1$。

(3) 对任何 $A\subseteq D$,有 $0\leqslant f(A)\leqslant 1$。

有了概率分配函数、信任函数、似然函数和类概率函数,就可以应用证据理论的推理模型。

4.5.2 非确定性表示

在DS理论中,非确定性知识的表示形式为

$$\text{IF}\quad E\quad \text{THEN}\quad H=\{h_1,h_2,h_3,\cdots,h_n\}\quad CF=\{c_1,c_2,c_3,\cdots,c_n\}$$

其中,E 为前提条件,既可以是简单条件,也可以是用合取或析取词连接起来的复合条件;H 是结论,用样本空间中的子集表示,$h_1,h_2,h_3,\cdots,h_n$ 是该子集中的元素;CF 是可信度因子,用集合形式表示,其中的元素 $c_1,c_2,c_3,\cdots,c_n$ 用来表示 $h_1,h_2,h_3,\cdots,h_n$ 的可信度,c_i 与 h_i 一一对应,并且 c_i 满足如下条件:

$$\begin{cases}c_i\geqslant 0\\ \sum_{i=1}^{n}c_i\leqslant 1\end{cases}$$

DS理论中将所有输入的已知数据、规则前提条件及结论部分的命题都称为证据。证据的非确定性用该证据形成的条件命题的确定性表示。

定义4.7 设 A 是规则条件部分的命题,E' 是外部输入的证据和已证实的命题,在证据 E' 的条件下,命题 A 与证据 E' 的匹配程度为

$$MD(A\mid E')=\begin{cases}1 & (\text{如果 } A \text{ 的所有元素都出现在 } E' \text{ 中})\\ 0 & (\text{其他})\end{cases}$$

定义4.8 条件部分命题 A 的确定性为

$$CER(A)=MD(A\mid E')\times f(A)$$

其中,$f(A)$为类概率函数。因为 $f(A)\in[0,1]$,因此 $CER(A)\in[0,1]$。在实际应用中,如果是初始证据,其确定性是由用户给出的;如果是推理过程中的中间结论,则其确定性由推理得到。

4.5.3 非确定性计算

规则前提条件可以说是用合取或析取连接起来的组合证据。当组合证据是多个证据的合取时,即

$$E=E_1\quad \text{AND}\quad E_2\quad \text{AND}\quad \cdots\quad \text{AND}\quad E_n$$

则

$$CER(E)=\min\{CER(E_1),CER(E_2),\cdots,CER(E_n)\}$$

当组合证据是多个证据的析取时,即

$$E=E_1\quad \text{OR}\quad E_2\quad \text{OR}\quad \cdots\quad \text{OR}\quad E_n$$

则

$$CER(E)=\max\{CER(E_1),CER(E_2),\cdots,CER(E_n)\}$$

4.5.4 非确定性更新

设有知识

$$\text{IF}\quad E\quad \text{THEN}\quad H=\{h_1,h_2,h_3,\cdots,h_n\}\quad CF=\{c_1,c_2,c_3,\cdots,c_n\}$$

则求结论 H 的确定性 $CER(H)$ 的方法如下。

1）求 H 的概率分配函数

$$m(\{h_1,h_2,\cdots,h_n\})=(CER(E)\times c_1,CER(E)\times c_2,\cdots,CER(E)\times c_n)$$

$$m(D)=1-\sum_{i=1}^{n}m(\{h_1\})$$

如果有两条知识支持同一结论 H，即

$$\text{IF}\quad E_1\quad \text{THEN}\quad H=\{h_1,h_2,h_3,\cdots,h_n\}\quad CF_1=\{c_{11},c_{12},c_{13},\cdots,c_{1n}\}$$

$$\text{IF}\quad E_2\quad \text{THEN}\quad H=\{h_1,h_2,h_3,\cdots,h_n\}\quad CF_2=\{c_1,c_2,c_3,\cdots,c_{2n}\}$$

则按照正交和求 $CER(H)$，即先求出每一条知识的概率分配函数

$$m_1(\{h_1\},\{h_2\},\cdots,\{h_n\})$$

$$m_2(\{h_1\},\{h_2\},\cdots,\{h_n\})$$

再用公式 $m=m_1\oplus m_2$ 对 m_1、m_2 求正交和，从而得到 H 的概率分配函数 m。

2）求 $Bel(H)$、$Pl(H)$ 及 $f(H)$

$$Bel(H)=\sum_{i=1}^{n}m(\{h_i\})$$

$$Pl(H)=1-Bel(\neg H)$$

$$f(H)=Bel(H)+\frac{|H|}{|D|}\times(Pl(H)-Bel(H))=Bel(H)+\frac{|H|}{|D|}m(D)$$

3）求 $CER(H)$，按照公式

$$CER(H)=MD(A\mid H')\times f(H)$$

计算结论 H 的确定性。

证据理论的主要优点是能满足比概率推理更弱的公理系统，能处理由“不知道”引起的非确定性，并且由于辨别框的子集可以是多个元素的集合，因而知识的结论部分不必限制在单个元素表示的最明显的层次上，而可以是一个更一般的、不明确的假设，这样更利于领域专家在不同细节、不同层次上进行知识表示。

证据理论的主要缺点是要求 D 中的元素满足互斥条件，这在实际系统中不易实现，并且需要给出的概率分配函数太多，计算比较复杂。

4.6 模糊推理

模糊推理是一种基于模糊逻辑的非确定性推理方法。1965 年，美国加利福尼亚大学的罗德费·扎德教授(L. A. Zadeh)发表了题为 *Fuzzy Set* 的论文，首次提出了模糊理论。“模糊”是人类感知环境、获取知识、逻辑推理、决策实施的重要特征。“模糊”比“确定”有更多的信息，更丰富的内涵，更加符合真实世界的特点。通过模糊理论可以用数学方法来描述和处理自然界出现的不精确、不完整的信息。

4.6.1 模糊理论

1. 模糊集合的定义

模糊集合是经典集合的延伸。本节介绍集合论中的一些概念。

论域：问题所限定范围内的全体对象称为论域。一般常用 U、E 等大写字母表示论域。

元素：论域中的每个对象。一般常用 a、b、c 等小写字母表示集合中的元素。

集合：论域中具有某种相同属性的、确定的、可以彼此区别的元素的全体，常用 A、B 等表示。如 $A=\{x \mid f(x)>0\}$ 表示所有使 $f(x)>0$ 的 x 所组成的集合。

在经典集合中，元素 a 和集合 A 的关系只有两种：a 属于 A，a 不属于 A，即只有两个值："真"和"假"。

经典集合只能描述确定性的概念，而不能描述现实世界中模糊的概念，例如"这杯水凉了，不能喝了"的概念。模糊逻辑模仿人类的方法，引入隶属度的概念，描述介于"真"与"假"的中间概念。在模糊理论中和经典集合相对应的是模糊集合，模糊集合继承于经典集合，但是对它进行了补充，经典集合是模糊集合的特例。模糊集合包含两方面的含义：一是继承于经典集合的，即其中都有哪些元素；二是这些元素对应一个描述它属于一个集合的强度，这个强度是一个介于 0～1 的实数，称为元素属于一个模糊集合的隶属度。

模糊集合中所有元素的隶属度全体构成集合的隶属函数。

与经典集合表示不同的是，模糊集合中不仅要列出属于这个集合的元素，而且要注明这个元素属于这个集合的隶属度。当论域中的元素数目有限时，模糊集合 F 的数学描述为

$$F=\{(x,u_F(x)),x \in X\}$$

其中，$u_F(x)$ 为元素 x 属于模糊集合 A 的隶属度，X 是元素 x 的论域。

2. 模糊集合的表示方法

模糊集合的表示方法与论域性质有关，对离散且有限论域

$$U=\{u_1,u_2,\cdots,u_n\}$$

而言，其模糊集合可表示为 $F=\{u_F(u_1),u_F(u_2),\cdots,u_{F(u_n)}\}$。为了表示论域中元素与其隶属度之间的对应关系，引入一种模糊集合的表示方法，为论域中的每个元素都标上其隶属度，再用"+"把它们都连接起来，即

$$F=\left\{\frac{u_F(u_1)}{u_1}+\frac{u_F(u_2)}{u_2}+\cdots+\frac{u_F(u_n)}{u_n}\right\}$$

也可写成 $F=\sum_{i=1}^{n}\frac{u_F(u_i)}{u_i}$。式中，$u_F(u_i)$ 为 u_i 对 F 的隶属度，$\frac{u_F(u_i)}{u_i}$ 不是相除，而是表示隶属关系。"+"表示连接，是一个连接符号，而不是加号。在这种表示方法中，当某个 u_i 对 F 的隶属度 $u_F(u_i)$ 为 0 时，可省略不写。

模糊集合也可以写成如下形式：

$$F=\left\{\frac{u_F(u_1)}{u_1},\frac{u_F(u_2)}{u_2},\cdots,\frac{u_F(u_n)}{u_n}\right\}$$

或者可写成 $F=\{(u_F(u_1),u_1),(u_F(u_2),u_2),\cdots,(u_F(u_n),u_n)\}$。前一种形式称为单点

形式，后一种称为序偶形式。

如果论域是连续的，则其模糊集合可以用一个实函数来表示。例如，扎德以年龄为论域，取$U=[0,100]$，给出了"年轻"和"年老"这两个模糊概念的隶属函数

$$\mu_{\text{Young}}=\begin{cases}1, & (0\leqslant u\leqslant 25)\\ \left[1+\left(\dfrac{u-25}{5}\right)^2\right]^{-1} & (25<u\leqslant 100)\end{cases}$$

$$\mu_{\text{Old}}=\begin{cases}0, & (0\leqslant u\leqslant 50)\\ \left[1+\left(\dfrac{5}{u-50}\right)^2\right]^{-1} & (50<u\leqslant 100)\end{cases}$$

类比于微积分中的积分形式，不管论域U是有限的还是无限的，扎德给出了一种类似于积分的一般表示形式

$$F=\int_{u\in U}\frac{u_F(u)}{u}$$

式中，"$\int$"不是数学中的积分符号，也不是求和，只是表示论域中元素与其隶属度的对应关系的总括。

3. 模糊集合的运算

模糊集合是经典集合的推广，经典集合的运算可以推广到模糊集合。

1）模糊集合的包含关系

设A、B是论域U中的两个模糊集合，若对任意$u\in U$，都有$u_A(x)\geqslant u_B(x)$，则称A包含B，记作$A\supseteq B$。

2）模糊集合的相等关系

设A、B是论域U中的两个模糊集合，若对任意$u\in U$，都有$u_A(x)=u_B(x)$，则称A与B相等，记作$A=B$。

3）模糊集合的交并补运算

设A、B是论域U中的两个模糊集合。

① 交运算(Intersection)$A\cap B$

$$u_{A\cap B}(x)=\min\{u_A(x),u_B(x)\}=u_A(x)\wedge u_B(x)$$

② 并运算(Union)$A\cup B$

$$u_{A\cup B}(x)=\max\{u_A(x),u_B(x)\}=u_A(x)\vee u_B(x)$$

③ 补运算(Complement)$\overline{A}$

$$u_{\overline{A}}(x)=1-u_A(x)$$

4. 模糊关系与模糊关系的合成

1）模糊关系

模糊关系是普通关系的推广。普通关系描述两个集合中的元素之间是否有关联，模糊关系则描述两个模糊集合中的元素之间的关联程度。当论域为有限时，可以采用模糊矩阵来表示模糊关系。

模糊关系的定义如下。

定义 4.9 设A、B是两个模糊集合，在模糊数学中，模糊关系可用笛卡儿积(Cartesian

Product)(又称叉积)表示

$$R: A \times B \rightarrow [0,1]$$

每一数对(a,b)都对应0～1的一个实数,它描述了数对相互之间关系的强弱。在模糊逻辑中,这种叉积常用最小算子运算,即

$$u_{A\times B}(a,b)=\min\{u_A(a),u_B(b)\}$$

若A、B为离散模糊集合,则其隶属函数分别为

$$\mu_A=[u_A(a_1)u_A(a_2)\cdots u_A(a_n)]$$

$$\mu_B=[u_B(b_1)u_B(b_2)\cdots u_B(b_n)]$$

则其叉积运算为

$$u_{A\times B}(a,b)=\mu_A^{\mathrm{T}}\circ u_B$$

其中,"$\circ$"为模糊向量的乘积运算符。上述定义的模糊关系是二元模糊关系。通常所谓的模糊关系R,一般是指二元模糊关系。下面举例说明模糊关系的具体求取方法。

例 4.2　已知输入的模糊集合A和模糊集合B分别为

$$A=\frac{1.0}{a_1}+\frac{0.5}{a_2}+\frac{0.5}{a_3}+\frac{0.2}{a_4}+\frac{0}{a_5}$$

$$B=\frac{0.3}{b_1}+\frac{0.6}{b_2}+\frac{0.6}{b_3}+\frac{0}{b_4}$$

求A到B的模糊关系R。

解:

$$R=A\times B=\mu_A^{\mathrm{T}}\circ u_B=\begin{bmatrix}1.0\\0.5\\0.5\\0.2\\0\end{bmatrix}\circ[0.3\quad 0.6\quad 0.6\quad 0]$$

$$=\begin{bmatrix}1.0\wedge 0.3 & 1.0\wedge 0.6 & 1.0\wedge 0.6 & 1.0\wedge 0\\0.5\wedge 0.3 & 0.5\wedge 0.6 & 0.5\wedge 0.6 & 0.5\wedge 0\\0.5\wedge 0.3 & 0.5\wedge 0.6 & 0.5\wedge 0.6 & 0.5\wedge 0\\0.2\wedge 0.3 & 0.2\wedge 0.6 & 0.2\wedge 0.6 & 0.2\wedge 0\\0\wedge 0.3 & 0\wedge 0.6 & 0\wedge 0.6 & 0\wedge 0\end{bmatrix}=\begin{bmatrix}0.3 & 0.6 & 0.6 & 0\\0.3 & 0.5 & 0.5 & 0\\0.5 & 0.5 & 0.5 & 0\\0.2 & 0.2 & 0.2 & 0\\0 & 0 & 0 & 0\end{bmatrix}$$

可以看出,两个模糊向量的叉积,类似于两个向量的乘积,只是其中的乘积运算用取小运算代替。上述式子的含义表示模糊关系中元素(a_1,b_1)隶属于模糊关系R的程度是0.3。

二元模糊关系可以推广到多元模糊关系。

定义 4.10　设F_i是$U_i(i=1,2,\cdots,n)$上的模糊集合,则称

$$F_1\times F_2\times\cdots\times F_n=\int_{U_1\times U_2\times\cdots\times U_n} u_{F_1}(u_1)\wedge u_{F_2}(u_2)\wedge\cdots\wedge\frac{u_{F_n}(u_n)}{(u_1,u_2,\cdots,u_n)}$$

为$F_1,F_2,\cdots,F_n$的笛卡儿乘积,它是$U_1\times U_2\times\cdots\times U_n$上的一个模糊集合。

定义 4.11　在$U_1\times U_2\times\cdots\times U_n$上的一个$n$元模糊集合$R$是指以$U_1\times U_2\times\cdots\times U_n$为论域的一个模糊集合,记为

$$R=\int_{U_1\times U_2\times\cdots\times U_n}\frac{u_R(u_1,u_2,\cdots,u_n)}{(u_1,u_2,\cdots,u_n)}$$

2）模糊关系的合成

定义 4.12 设 R_1 与 R_2 分别是 $U\times V$ 和 $V\times W$ 上的两个模糊关系，则 R_1 与 R_2 的合成是从 U 到 W 的一个模糊关系，记作 $R_1\circ R_2$，其隶属函数为

$$\mu_{R_1\circ R_2}(u,w)=\vee\{\mu_{R_1}(u,v)\wedge\mu_{R_2}(v,w)\}$$

式中，$\vee$ 和 $\wedge$ 分别表示取最大和取最小。

定义 4.13 设 $F=\{u_F(u_1),u_F(u_2),\cdots,u_F(u_n)\}$ 是论域 U 上的模糊集合，R 是 $U\times V$ 上的模糊关系，则 $F\circ R=G$ 称为模糊变换。

G 是 V 上的模糊集合，其一般形式是

$$G=\int_{v\in V}\vee\frac{u_F(u)\wedge R}{v}$$

5. 模糊知识的表示

通常人们做思维判断的基本形式是

如果（条件）→ 则（结论）

其中的条件和结论通常是模糊的，而这种判断形式也是模糊的，基于这种形式产生的判断规则也是模糊的，而且这种模糊规则的条件和结论往往是多重的。我们可以把条件看成一个论域，把结论看成一个论域，那么这个模糊规则就是一个从条件论域到结论论域的模糊关系矩阵。通过条件模糊向量与模糊关系 R 的合成进行模糊推理，得到结论的模糊向量，然后将模糊结论转换为精确量。

在扎德的推理模型中，产生式规则的表示形式是

IF x is F THEN y is G

其中，x 和 y 是变量，表示对象；F 和 G 分别是论域 U 及 V 上的模糊集合，表示概念。并且条件部分可以是多个 x_i is F_i 的组合。此时各个隶属函数之间的运算按模糊集合的运算进行。

4.6.2 模糊匹配

模糊概念的匹配是指比较和判断两个模糊概念的相似程度。两个模糊概念的相似程度又称为匹配度。接下来介绍两种匹配度的计算方法，即语义距离和贴近度。

1. 语义距离

语义距离刻画的是两个模糊概念之间的差异，有多种方法可以计算语义距离，这里介绍一下汉明距离。

设 $U=\{u_1,u_2,\cdots,u_n\}$ 是一个离散有限论域，F 和 G 分别为论域 U 上的两个模糊概念的模糊集合，则 F 与 G 的汉明距离定义为

$$d(F,G)=\frac{1}{n}\sum_{i=q}^{n}|u_F(u_i)-u_G(u_i)|$$

如果论域 U 是实数域上的某个区间 $[a,b]$，则汉明距离为

$$d(F,G)=\frac{1}{b-a}\int_a^b|u_F(u_i)-u_G(u_i)|\,\mathrm{d}u$$

当求出汉明距离时，可以使用算式 $1-d(F,G)$ 得到匹配度。当匹配度大于某个给定的阈值时，认为两个模糊概念是相匹配的。当然，也可以直接用语义距离来判断两个模糊概念

是否匹配。

2. 贴近度

贴近度是指两个概念的接近程度，可直接用来作为匹配度。设 F 和 G 分别为论域 $U=\{u_1,u_2,\cdots,u_n\}$ 上的两个模糊概念的模糊集合，则 F 与 G 的贴近度定义为

$$(F,G)=\frac{1}{2}(F\cdot G+(1-F\odot G))$$

其中，

$$F\cdot G=\underset{U}{\vee}(u_F(u_i)\wedge u_G(u_i))$$

$$F\odot G=\underset{U}{\wedge}(u_F(u_i)\vee u_G(u_i))$$

称 $F\cdot G$ 为 F 与 G 的内积，$F\odot G$ 为 F 与 G 的外积。

当用贴近度作为匹配度时，其值越大越好。当贴近度大于某个事先给定的阈值时，认为两个模糊概念是相匹配的。

4.6.3　两种模糊假言推理

1. 模糊假言推理

设 F 和 G 分别为论域 U 和 V 上的两个模糊概念的模糊集合，且有知识

IF　x is F　THEN　y is G

若有 U 上的一个模糊集合 F'，且 F 可以和 F' 匹配，则可以推出"y is G'"，且 G' 是 V 上的一个模糊集合。在这种推理模式下，模糊知识"IF　x is F　THEN　y is G"表示在 F 与 G 之间存在着确定的模糊关系，设此模糊关系为 R。那么当已知的模糊集合 F' 可以和 F 匹配时，则可以通过 F' 与 R 的合成得到"y is G'"，即

$$G'=F'\circ R$$

2. 模糊假言三段论推理

设 F、G、H 分别为论域 U、V 和 W 上的 3 个模糊概念的模糊集合，且有知识

IF　x is F　THEN　y is G

IF　y is G　THEN　z is H

可推出

IF　x is F　THEN　z is H

这种模式的推理称为模糊假言三段论推理。在这种推理模式下，模糊知识"IF　x is F　THEN　y is G"表示在 F 与 G 之间存在着确定的模糊关系，设此模糊关系为 R_1。"IF　y is G　THEN　z is H"表示在 G 与 Z 之间存在着确定的模糊关系，设此模糊关系为 R_2。若模糊假言三段论成立，则"IF　x is F　THEN z　is H"的模糊关系 R_3 可由 R_1 与 R_2 的合成得到，即 $R_3=R_1\circ R_2$。

经过模糊推理得到的结论或者操作是一个模糊向量。将模糊推理得到的模糊向量转化为确定值之后就可以在实际中应用。这种转化方法有很多种，如"最大隶属法""加权平均法"等，这里不再讲述。

4.7 案例:基于朴素贝叶斯方法的垃圾邮件过滤

朴素贝叶斯方法是建立在独立性假设的条件之上的,即假设证据间不存在依赖关系,这时就可以应用前面讲述的逆概率方法来对一封邮件进行分类,判断它是否为垃圾邮件。

一封邮件有很多个属性,比如发送人、接收人、发送时间、发送内容中的每一个词语等。这些属性都可以作为我们判断一封邮件是否是垃圾邮件的证据,但并不是所有的证据都对判断有用。一般情况下,发送时间与是否为垃圾邮件是没有很大关联的,这个情况可以通过统计表明。在本节案例中,我们将每一封邮件的词条内容统计作为判断是否是垃圾邮件的证据。

根据逆概率方法的公式可知,首先需要求得先验概率和结论成立时每个证据的条件概率。先验概率在本案例中表示为平均一个用户收到的邮件中有一封邮件是垃圾邮件的概率,这个概率可以通过统计获得,且此概率因人而异,因为每个人的社交范围和活动内容不同,这个概率也不同。如果我们所建立的垃圾邮件过滤功能是给很多人应用,那么这个统计的范围也要覆盖大多数用户,否则会造成偏差。条件概率是指在所有垃圾邮件中,一个词条出现的概率。有了这两个内容,我们就可以通过逆概率方法判断一个新的邮件是垃圾邮件的概率。

对邮件词条内容进行分析需要通过分词、统计等去除高频词汇和无效词汇。假设统计结果中显示,所有邮件中垃圾邮件的比例为23%。表4-1是所有邮件的词条统计示意。

表4-1 邮件的词条统计示意

垃圾邮件序号	标签	理财	金融	优惠	打折	返利	限时	发票	兼职
邮件1	1								
邮件2	1								
邮件3	0								
⋮	⋮	⋮	⋮	⋮	⋮	⋮	⋮	⋮	⋮
邮件195	1								
邮件196	0								
邮件197	0								
邮件198	1								
邮件199	0								
邮件200	0								

表中显示了统计的200封邮件,其中标签为1则表示该邮件是垃圾邮件。各个词条对应的值为1则表示该邮件中出现此词条。

设垃圾邮件的数目$n=46$,所有邮件的数目$m=200$,H_1表示结论为垃圾邮件,H_0表示结论为正常邮件,e_{i1}为所有垃圾邮件中出现E_i词条的邮件数目,e_{i0}为所有正常邮件中出现E_i词条的邮件数目。那么,$P(H_1)$为所有垃圾邮件的数目n除以所有邮件的数目m

$$P(H_1)=\frac{n}{m}$$

$P(E_i|H_1)$为每个词条E_i的条件概率。为了防止某个词条出现的次数为0使得计算

结果为 0,使用拉普拉斯变换修正

$$P(E_i \mid H_1)=\frac{e_{i1}+1}{n+2}$$

$$P(E_i \mid H_0)=\frac{e_{i0}+1}{n+2}$$

根据逆概率方法的讨论,由多个证据计算一个结论的方式如下:

$$\begin{aligned}P(H_1 \mid E_1,E_2,\cdots,E_i)&=\frac{P(H_1)P(E_1,E_2,\cdots,E_i \mid H_1)}{P(E_1,E_2,\cdots,E_i)}\\&=\frac{P(H_1)}{P(E_1,E_2,\cdots,E_i)}\prod_{i=1}^{d}P(E_i \mid H_1)\end{aligned}$$

因为当给定一个证据 $E_1,E_2,\cdots,E_i$ 时,$P(E_1,E_2,\cdots,E_i)$与类标记无关,所以对于所有的类别来说,$P(E_1,E_2,\cdots,E_i)$相同。因此上式中有关的变量为 $P(H_1)\prod_{i=1}^{d}P(E_i \mid H_1)$。

所以只需要比较 $P(H_1)\prod_{i=1}^{d}P(E_i \mid H_1)$ 和 $P(H_0)\prod_{i=1}^{d}P(E_i|H_0)$的大小,概率大者,即为预测值。实践中通常以对数的方式将“连乘”转化为“连加”,以避免数值下溢(因为对数函数单调性不变)。

借助斯克林机器学习工具包可以很方便地实现数据集拆分、朴素贝叶斯预测分类。如代码清单 4-1 所示,朴素贝叶斯方法最终的预测准确率约 90%。

代码清单 4-1 基于朴素贝叶斯方法的垃圾邮件过滤

```
doc_list, class_list, x = [], [], []
_, _, spam_filenames = next(walk('email_dataset/spam'))
_, _, ham_filenames = next(walk('email_dataset/ham'))

for filename in spam_filenames:
# 遍历垃圾邮件
    with open('email_dataset/spam/{}'.format(filename), encoding = 'ISO - 8859 - 1') as f:
        content = f.read()
    word_list = text_parse(content)
    doc_list.append(word_list)
    class_list.append(1)
for filename in ham_filenames:
# 遍历非垃圾邮件
    with open('email_dataset/ham/{}'.format(filename), encoding = 'ISO - 8859 - 1') as f:
        content = f.read()
    word_list = text_parse(content)
    doc_list.append(word_list)
    class_list.append(0)

# 将数据向量化
vocab_list = create_vocab_list(doc_list)

for word_list in doc_list:
    x.append(words_to_vec(vocab_list, word_list))
```

```
# 分割数据为训练集和测试集
x_train, x_test, y_train, y_test = train_test_split(
    x, class_list, test_size = 0.25)
x_train, x_test, y_train, y_test = np.array(x_train), np.array(x_test),\
    np.array(y_train), np.array(y_test)

print("x_train:", x_train)
print("y_train:", y_train)

# 训练模型
nb_model = MultinomialNB()
nb_model.fit(x_train, y_train)

# 测试模型效果
y_pred = nb_model.predict(x_test)

# 输出预测情况
print("正确值 {}".format(y_test))
print("预测值 {}".format(y_pred))
print("准确率 %f%%" % (accuracy_score(y_test, y_pred) * 100))
```

习题

一、选择题

1. 以下(　　)是不确定性推理方法。

A. 自然演绎推理　　B. 归结反演

C. 主观贝叶斯方法　　D. 拒取式推理

2. 以下(　　)不是现实世界的事物所具有的导致人们对其认识不精确的性质。

A. 具象性　　B. 随机性　　C. 模糊性　　D. 不充分性

3. 以下(　　)不是非确定性推理的基本问题。

A. 推理方向　　B. 推理方法　　C. 非确定性的表示　　D. 控制策略

4. 以下(　　)可信度最接近“假”。

A. －0.1　　B. 0.0001　　C. 0　　D. 1

5. 以下说法错误的是(　　)。

A. 度量要能充分表达相应知识及证据非确定性的程度

B. 度量范围的指定应便于领域专家及用户对非确定性的估计

C. 度量要便于对非确定性的传递进行计算，而且对结论算出的非确定性度量不能超出度量规定的范围

D. 度量的确定应当是直观的，且不需要相应的理论依据

6. 以下(　　)不是用来计算复合证据非确定性的方法。

A. 最大/最小法　　B. 最小二乘法　　C. 概率方法　　D. 有界方法

7. 以下(　　)不是为了解决纯概率方法应用限制而发展的方法。

A. 可信度方法　　B. 证据理论　　C. 蒙特卡罗方法　　D. 贝叶斯方法

8. 以下关于概率分配函数的说法错误的是(　　)。

A. 概率分配函数用于描述知识的估计信任度

B. 概率分配函数的作用是把 D 上的任意一个子集都映射到[0,1]上的一个数 M(A)

C. 概率分配函数与概率不同

D. 在实际问题中,对同一个集合,可能得到不同的概率分配函数

9. 以下对于证据 E 的可信度 $CF(E)$ 的值的含义描述正确的是(　　)。

A. $CF(E)=1$,证据 E 为真　　B. $CF(E)=0$,证据 E 为假

C. $CF(E)=-1$,证据 E 无法判断　　D. $0<CF(E)<1$,证据 E 不确定

10. 以下(　　)概念是模糊概念。

A. 这杯水太烫,不能喝

B. 体测 1000m 用时 4 分 30 秒,满足了及格条件

C. 他说话每分钟说 250 个词,语速很快

D. 今年冬天平均气温−21℃,太冷了

二、判断题

1. 非确定性的表示包括知识的非确定性表示和证据的非确定性表示。一般情况下,知识是我们的经验总结,并且把已知的信息称为证据。(　　)

2. 在选择知识的非确定性表示方法时,只需要考虑能够准确地描述问题本身的非确定性,就能得到较好的表示效果。(　　)

3. 对于不同的知识及证据,其非确定性程度一般不同,需要不同数据表示其非确定性的程度。(　　)

4. 纯粹用概率模型来表示和处理非确定性的方法是处理非确定性的重要手段,但没有严密的理论依据,因此应用受到了限制。(　　)

5. 每个可能事件具有一个 0 到 1 的概率,且样本空间中的可能事件总概率是 1。(　　)

6. 逆概率方法有较强的理论背景和良好的数学特征,当证据及结论都彼此独立时计算复杂度较低。(　　)

7. 主观贝叶斯推理虽然不需要大量计算,但因主观性太强而遭到诟病,因此历史上很长一段时间无法得到广泛应用。(　　)

8. 经典集合既可以描述确定性的概念,也可以描述现实世界中模糊的概念。(　　)

9. 模糊集合是经典集合的推广,所以运算与经典集合相同。(　　)

10. 当用贴进度作为匹配度时,其值越大越好。(　　)

三、问答题

1. 什么是贝叶斯学派?它和频率学派有什么区别?

2. 主观贝叶斯推理相对于基本的概率推理有哪些优点?

3. 可信度推理有哪些特点,适用于哪些情况?举一个适用情况的例子。

4. 证据理论相对于贝叶斯推理有哪些优点?

5. 模糊推理中两种匹配度的计算方法,语义距离和贴近度有哪些不同和特点?

第5章

搜索策略

讲解视频

人物介绍

第 4 章给出了求解问题的方法。但是在求解过程中,具体的每一步往往有多种选择。例如,有多条知识可以用,或者有多种操作可以用。哪一个是最佳选择呢?不同的选择方案首先会影响求解问题的效率,其次可能会影响是否可得到解(或者最优解)。搜索策略决定从起点到终点的每一步如何走,特别是面对"岔路"时如何选择。在具体求解问题(推理)时,运用合适的搜索策略至关重要。本章主要介绍几种常用的搜索策略。

5.1 搜索的基本概念

根据问题的实际情况寻找可用知识,并以此构造出一条代价较小的推理路线,使得问题获得圆满解决的过程叫作搜索。简单地说,搜索就是利用已知条件(知识)寻求解决问题的办法的过程。人工智能所研究的大多是结构不良或非结构化的问题。对于这些问题,一般很难获得其全部信息,更没有现成的算法可供求解使用。因此,只能依靠经验,利用已有知识逐步摸索求解。搜索是人工智能中的一个基本问题。理论上有解的问题,在现实世界中由于各种约束(主要是时空资源的约束)而未必能得到解(或者最优解)。搜索策略最关心的问题就是能否尽可能快地得到(有效或者最优)解。搜索策略合适与否直接关系到智能系统的性能和运行效率,尼尔逊把它列为人工智能研究中的 4 个核心问题之一。通常把常规算法无法解决的问题分为两类:一类是结构不良或非结构化问题;另一类是结构比较好,理论上也有算法可依,但问题本身的复杂性超过了计算机在时间、空间上的局限。对于这两类问题,我们往往无法用某些巧妙的算法来获取它们的精确解,而只能利用已有的知识一步步摸索着前进。在这个过程中就存在着如何寻找可用知识,确定出开销尽可能少的一条推理路线的问题。

对那些结构比较好,理论上有算法可依的问题,如果问题或算法的复杂性较高(如按指数形式增长),由于受计算机在时间和空间上的限制,也无法付诸实用。这就是人们常说的组合爆炸问题。例如,64 阶汉诺塔问题有 3^{64} 种状态,一共需要移动约 1800 亿亿步

(18446744073709551615),才能最终完成整个过程。这是一个天文数字,没有人能够在有生之年通过手动的方式来完成它。因此仅从空间上来看,如此巨大的状态数量是一个当今任何一台普通计算机都无法存储的问题。可见,理论上有算法可依的问题实际上不一定可解。像这类问题,也需要采用搜索的方法来进行求解。

对于搜索的类型,可根据搜索过程是否使用启发式信息分为盲目搜索和启发式搜索,也可根据问题的表示方式分为状态空间搜索和基于树的搜索。

盲目搜索是按预定的控制策略进行搜索,在搜索过程中获得的中间信息并不改变控制策略。由于搜索总是按预先规定的路线进行,没有考虑到问题本身的特性,因此这种搜索具有盲目性,效率不高,不便于复杂问题的求解。启发式搜索是在搜索中加入了与问题有关的启发式信息,用于指导搜索朝着最有希望的方向前进,加速问题的求解过程,并找到最优解。

状态空间搜索是指用状态空间法来求解问题所进行的搜索。基于树的搜索通常指的是与或树搜索和博弈树搜索,它们是用问题归约法来求解问题时所进行的搜索。状态空间法与问题归约法是人工智能领域最基本的两种问题求解方法,因此,接下来将从盲目搜索和启发式搜索两个方面介绍基于状态空间的搜索,然后再以相同的角度介绍使用问题归约法的基于树的搜索。

5.2 基于状态空间的盲目搜索

虽然总体上看盲目搜索不如启发式搜索那么高效,但由于启发式搜索需要抽取与问题本身有关的一些特别难以提取的特征信息,因此有时盲目搜索也是一种直截了当的搜索策略。前文已说过,在人工智能中是通过搜索来生成状态空间对问题进行求解的。其基本思想是:首先把问题的初始状态(即初始节点)作为当前状态,选择适合的算符对其进行操作并生成一组子状态(或称后继状态、后继节点、子节点),然后检查目标状态是否在其中出现。若出现,则搜索成功,找到了问题的解;若不出现,则按某种搜索策略从已生成的状态中再选一个状态作为当前状态。重复上述过程,直到目标状态出现或者不再有可供操作的状态及算符为止。下面我们首先看一下状态空间的搜索过程。

5.2.1 状态空间的搜索过程

下面列出状态空间的一般搜索过程。在此之前先对搜索过程中要用到的两个数据结构(OPEN 表与 CLOSED 表)做些简单说明。

状态节点在 OPEN 表中的排列顺序是不同的。OPEN 表用于存放刚生成的节点,其形式见表 5-1。对于不同的搜索策略,其节点的排列顺序也不同。例如,对广度优先搜索而言,节点按生成的顺序排列,先生成的节点排在前面,后生成的节点排在后面。

表 5-1　OPEN 表

状态节点	父节点

CLOSED表用于存放将要扩展或者已扩展的节点,其形式见表5-2。所谓对一个节点进行“扩展”,是指用合适的算符对该节点进行操作,生成一组子节点。

表5-2 CLOSED表

编号	状态节点	父节点

搜索的一般过程如下:

(1) 把初始节点 S_0 放入OPEN表,并建立目前只包含 S_0 的图,记为 G。

(2) 检查OPEN表是否为空,若为空则问题无解,退出。

(3) 把OPEN表的第一个节点取出放入CLOSED表,并记该节点为节点 n。

(4) 判断节点 n 是否为目标节点。若是,则求得了问题的解,退出。

(5) 考察节点 n,生成一组子节点。把其中不是节点 n 父节点的那些子节点记作集合 M,并把这些子节点作为节点 n 的子节点加入 G。

(6) 针对 M 中子节点的不同情况,分别进行如下处理:

① 对那些未曾在 G 中出现过的 M 的成员设置一个指向父节点(即节点 n)的指针,并将它们放入OPEN表。

② 对那些先前已在 G 中出现过的 M 的成员,确定是否需要修改它的指向父节点的指针。

③ 对那些先前已在 G 中出现并且已经扩展了的 M 的成员,确定是否需要修改其后继节点指向父节点的指针。

(7) 按某种搜索策略对OPEN表中的节点进行排序。

(8) 执行步骤(2)。

下面对上述过程作一些说明。

上述过程是状态空间的一般搜索过程,具有通用性。在此之后讨论的各种搜索策略都可看作是它的一个特例。各种搜索策略的主要区别是对OPEN表中节点排序的准则不同。例如,广度优先搜索把先生成的子节点排在前面,而深度优先搜索则把后生成的子节点排在前面。

一个节点经一个算符操作后一般只生成一个子节点。但适用于一个节点的算符可能有多个,此时就会生成一组子节点。在这些子节点中可能有些是当前扩展节点(即节点 n)的父节点、祖父节点等,此时不能把这些先辈节点作为当前扩展节点的子节点。余下的子节点记作集合 M,并加入图 G 中。这就是步骤(5)的操作。

一个新生成的节点,可能是第一次被生成的节点,也可能是先前已作为其他节点的后继节点被生成过,当前又被作为另外一个节点的后继节点再次生成。此时,它究竟应作为哪个节点的后继节点呢?一般由原始节点到该节点路径上所付出的代价来决定。哪条路径付出的代价小,相应路径上的上一个节点就作为它的父节点。

通过搜索所得到的图称为搜索图。由搜索图中的所有节点及反向指针(在步骤(6)形成的指向父节点的指针)所构成的集合是一棵树,称为搜索树。

在搜索过程中,一旦某个被考察的节点是目标节点(步骤(4)),就得到了一个解。该解由从初始节点到该目标节点所形成的路径的算符构成,而路径则由步骤(6)形成的反向指针指定。

如果在搜索中一直找不到目标节点,而且 OPEN 表中不再有可供扩展的节点,则搜索失败,执行步骤(2)退出。

由于盲目搜索一般适用于其状态空间是树状结构的问题,因此对盲目搜索而言,通常不会出现一般搜索过程步骤(6)中后两点的问题。每个节点经过扩展后生成的子节点都是第一次出现的节点,不必检查并修改指针方向。

由上述搜索过程可以看出,问题的求解过程实际上就是搜索过程。问题求解的状态空间图是通过搜索逐步形成的,边搜索边形成;搜索每前进一步,就要检查是否到达了目标状态,这样可尽量少生成与问题求解无关的状态,既节省了存储空间,又提高了效率。

5.2.2 状态空间的广度优先搜索

广度优先搜索又称为宽度优先搜索。如图 5-1 所示(标号代表搜索次序),这种搜索是逐层进行的,在对下一层的任意节点进行考察之前,必须完成本层所有节点的搜索。

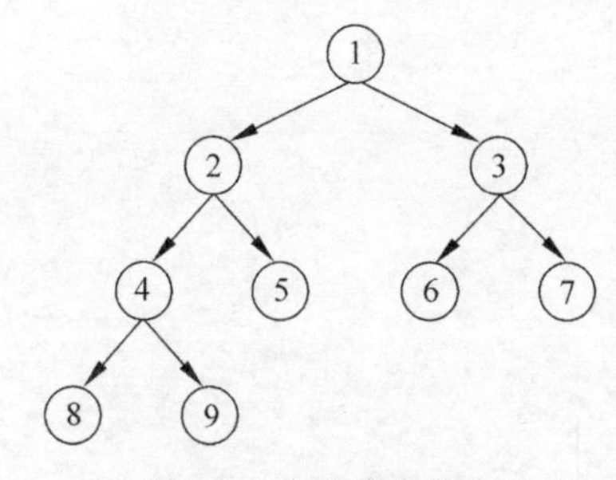

图 5-1 广度优先搜索

广度优先搜索的基本思想是:从初始节点 S_0 开始,逐层地对节点进行扩展并考察它是否为目标节点,在第 n 层的节点没有全部扩展并考察之前,不对第 $n+1$ 层的节点进行扩展。OPEN 表中的节点总是按进入的先后顺序排列,先进入的节点排在前面,后进入的节点排在后面。其搜索过程如下:

(1) 把初始节点 S_0 放入 OPEN 表。

(2) 如果 OPEN 表为空,则问题无解,退出。

(3) 把 OPEN 表的第一个节点(记为节点 n)取出并放入 CLOSED 表。

(4) 考察节点 n 是否为目标节点。若是,则求得了问题的解,退出。

(5) 若节点 n 不可扩展,则执行步骤(2)。

(6) 扩展节点 n,将其子节点放入 OPEN 表的尾部,并为每一个子节点都配置指向父节点的指针,然后执行步骤(2)。广度优先搜索流程如图 5-2 所示。

例 5.1 重排九宫格问题。在 3×3 的方格棋盘上放置分别标有数字 1、2、3、4、5、6、7、8 的 8 张牌,初始状态为 S_0,目标状态为 S_g,如图 5-3 所示。其中,图 5-3(a)是初始状态,图 5-3(b)是目标状态。

可使用的算符有空格左移、空格上移、空格右移和空格下移,即它们只允许把位于空格左、上、右、下边的牌移入空格。要求寻找从初始状态到目标状态的路径。

解:应用广度优先搜索,可得到如图 5-4 所示的搜索树。由图 5-4 可以看出,解路径是 $1(S_0)\rightarrow 3\rightarrow 8\rightarrow 16\rightarrow 26(S_g)$。

广度优先搜索的盲目性较大。当目标节点距离初始节点较远时将会产生许多无用节点,搜索效率低,这是它的缺点。但是,只要问题有解,用广度优先搜索总可以得到解,而且得到的是路径最短的解,这是它的优点。

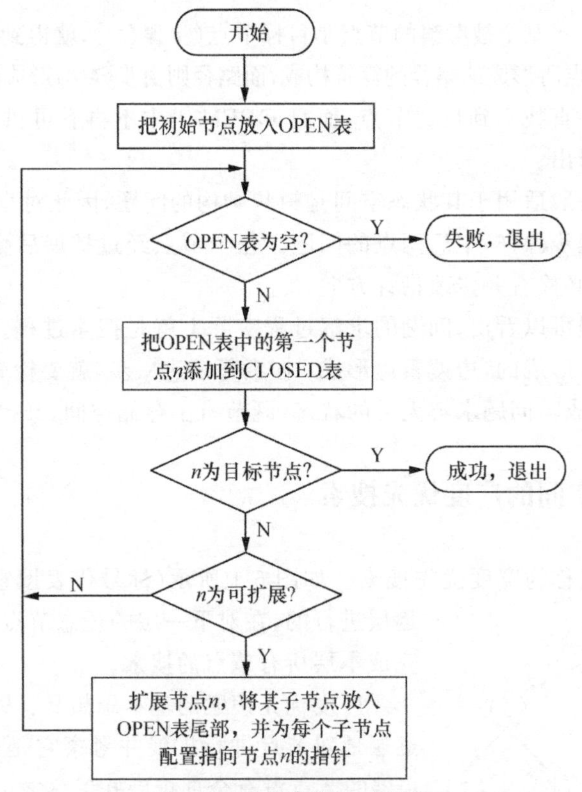

图 5-2　广度优先搜索流程

S_0

2	8	3
1		4
7	6	5

(a)

S_g

1	2	3
8		4
7	6	5

(b)

图 5-3　重排九宫格问题的初始状态与目标状态

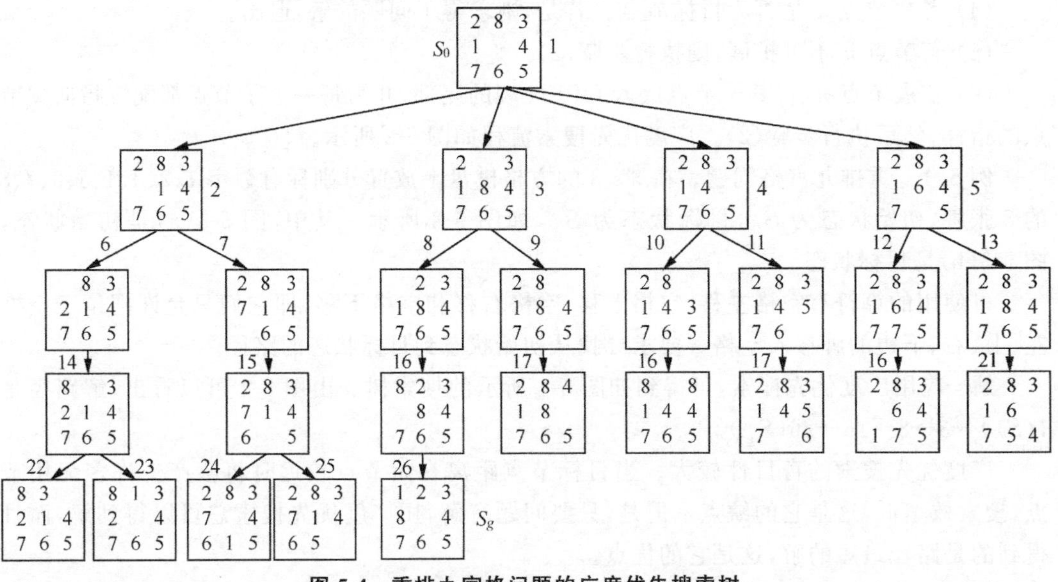

图 5-4　重排九宫格问题的广度优先搜索树

5.2.3 状态空间的深度优先搜索

深度优先搜索是一种后生成的节点先扩展的搜索策略。这种搜索策略的搜索过程是：从初始节点 S_0 开始，在其余节点中选择一个最新生成的节点进行考察，如果该子节点不是目标节点且可以扩展，则扩展该子节点，然后再在此子节点的子节点中选择一个最新生成的节点进行考察，依次向下搜索，直到某个子节点既不是目标节点又不能继续扩展时，才选择其兄弟节点进行考察。OPEN 表是一种栈式存储结构，最先进入的节点排在最后面，最后进入的节点排在最前面。

深度优先搜索算法过程如下：

(1) 把初始节点 S_0 放入 OPEN 表中。

(2) 如果 OPEN 表为空，则问题无解，失败退出。

(3) 把 OPEN 表的第一个节点取出，放入 CLOSED 表，并记该节点为 n。

(4) 考察节点 n 是否为目标节点。若是，则得到问题的解，成功退出。

(5) 若节点 n 不可扩展，则执行步骤(2)。

(6) 扩展节点 n，将其子节点放入 OPEN 表的首部，并为每一个子节点设置指向父节点的指针，然后执行步骤(2)。

深度优先搜索与广度优先搜索的唯一区别是：广度优先搜索是将节点 n 的子节点放入 OPEN 表的尾部；而深度优先搜索是把节点 n 的子节点放入 OPEN 表的首部。仅此一点不同，却使得搜索的路线完全不一样。

我们仍以重排九宫格问题为例，使用深度优先搜索的方式求解。如图 5-5 所示，是用深

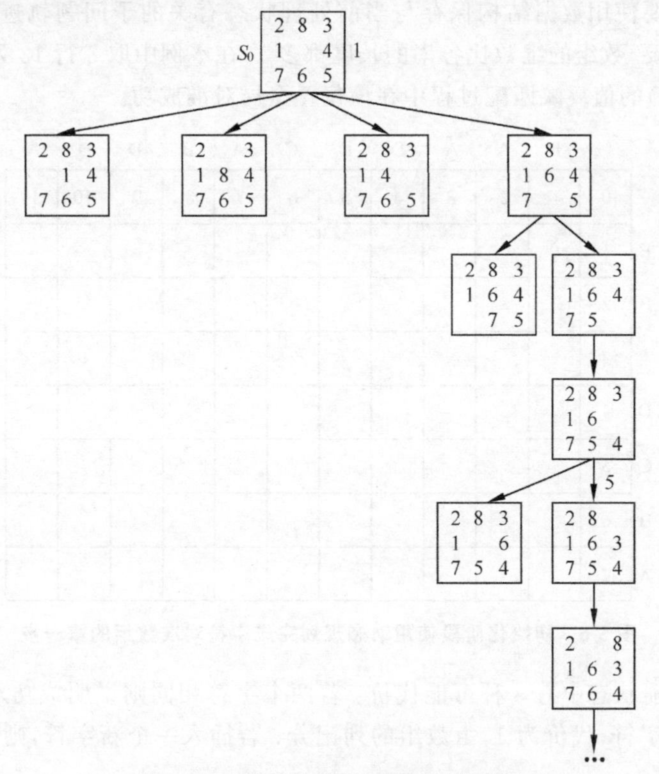

图 5-5 重排九宫格的深度优先搜索树

度优先搜索得到的搜索树的一部分(还可继续往下搜索,因版面原因暂未画出)。可以明显地看出在深度优先搜索中,搜索一旦进入某个分支,就将沿着该分支一直向下搜索。如果目标节点恰好在此分支上,则可较快地得到解。但是,如果目标节点不在该分支上,而该分支又是一个无穷分支,就不可能得到解了。可见,深度优先搜索是不完备的,即使问题有解,通过它也不一定能求得解。

5.3 基于状态空间的启发式搜索

基于状态空间的启发式搜索是一种能够利用搜索过程中得到的问题本身的某些特征信息来引导搜索过程,以使得搜索可以尽快达到目标的一种搜索方式。由于启发式搜索具有针对性,故它可以非常有效地缩小搜索范围,提高搜索的效率。

5.3.1 动态规划

由理查德·贝尔曼(Richard Bellman)创建的动态规划有时称为“正反向”算法,当使用概率时称为维特比算法。动态规划致力于解决由若干交互和交联子问题构成的问题中的受限存储搜索问题。动态规划保存且重用问题求解中已搜索、已求解的子问题轨迹。为了重用子问题轨迹,存储子问题技术有时称为存储部分子目标的解。动态规则是一种常用于串匹配、拼写检查,以及自然语言处理相关领域的重要算法。下面我们用一个简单的例子来说明它。

动态规划需要使用数据结构保存与当前处理状态有关的子问题轨迹,这里使用数组。因为初始化的需要,数组的维数比各串的长度都多1,在本例中取8行12列,如图5-6所示,数组各元素(x,y)的值反映匹配过程中在该位置全局对准成功。

		B	A	A	D	D	C	A	B	D	D	A
	0	1	2	3	4	5	6	7	8	9	10	11
B	1	0										
B	2											
A	3											
D	4											
C	5											
B	6											
A	7											

图5-6 初始化阶段使用动态规划完成字符对准数组的第一步

在建立的当前状态中有3种可能代价:若两个字符相同则说明成功对准,则向前移动较短串中的一个字符,代价为1,由数组的列记分;若插入一个新字符,则代价为1,反映在数组的行得分中。若要对准的字符是不同的,则代价为 2(移动和插入);若它们是相同的,则代价为 0,反映在数组的“对角线”中。如图 5-7 所示,表示初始状态,第 1 行和第 1 列渐增 1 表示不断移动或插入字符到空位或空串上。在动态规划算法的正向阶段中,考虑到求解的当前位置部分匹配成功,因此从左上角填充数组。即 x 行和 y 列的交叉点(x,y)的值是 $x-1$ 行 y 列、$x-1$ 行 $y-1$ 列或 x 行 $y-1$ 列中 3 个值之一的函数(相对最小对准问题是最小代价)。这 3 个数组位置具有直到求解完毕的当前位置的对准信息。若在位置(x,y)上有一匹配的字符,则把 0 加到位置$(x-1,y-1)$上;若无字符匹配,则加 2(移动和插入)。移动较短字符串或插入一个字符则加 1,前者增加 y 列前元素的值,后者增加 x 行之上元素的值。持续该过程,直到产生如图 5-8 所示的已填充数组。可以看出,最小代价匹配常接近数组左上到右下“对角线”的位置。

		B	A	A	D	D	C	A	B	D	D	A
	0	1	2	3	4	5	6	7	8	9	10	11
B	1	0	1	2	3	4	5	6	7	8	9	10
B	2	1	2	3	4	5	6	7	6	7	8	9
A	3	2	1	2	3	4	5	6	7	8	9	8
D	4	3	2	3	2	3	4	5	6	7	8	9
C	5	4	3	4	3	4	3	4	5	6	7	8
B	6	5	6	5	4	5	4	5	4	5	6	7
A	7	6	5	4	5	6	5	4	5	6	7	6

图 5-7 反映两个串最大对准信息的完全数组

		B	A	A	D	D	C	A	B	D	D	A
	0											
B		0										
B			2									
A				2	3							
D						3						
C							3	4				
B									4	5	6	
A												6

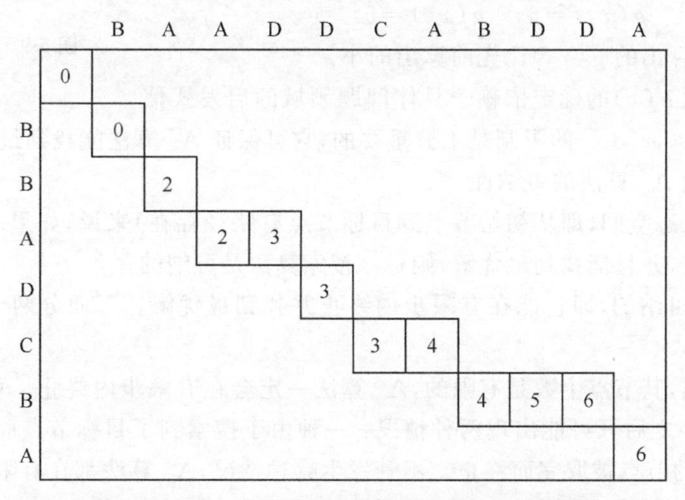

图 5-8 产生一种串对准的动态规划完成的反向部分

一旦数组被填充,便开始算法的反向阶段以产生具体解。即由尽可能好的对准开始,穿过数组追溯,选出一个具体的解对准。我们在最大行列的值上开始该过程,在本例中是 8 行

12列中的6。由6穿过数组反向移动,每移动一步选出一个产生当前状态的直接状态前驱(由正向阶段),该前驱或为产生该状态的对角线、行或列之一。每当出现横向渐减差时,如接近追溯开端的6和5,我们便选择上一对角线作为匹配的来源;否则使用前一行或列的值。图5-8的追溯是几种可能性之一,它产生前面给出的最优串对准。

5.3.2 A*算法

满足以下条件的搜索过程称为A*算法。

(1) 把OPEN表中的节点按估价函数

$$f(x)=g(x)+h(x)$$

的值从小到大进行排序(搜索的一般过程的步骤⑦)。

(2) $g(x)$是对$g^*(x)$的估计,且$g(x)>0$。

(3) $h(x)$是$h^*(x)$的下界,即对所有的节点x均有

$$h(x)\leqslant h^*(x)$$

其中,$g^*(x)$是从初始节点S_0到节点x的最小代价;$h^*(x)$是从节点x到目标节点的最小代价。若有多个目标节点,则为其中最小的一个。

在A*算法中,$g(x)$比较容易得到,它实际上就是从初始节点S_0到节点x的路径代价,恒有$g(x)\geqslant g^*(x)$。而且在算法执行过程中随着更多搜索信息的获得,$g(x)$的值呈下降趋势。例如,在图5-9中,从节点S_0开始,经扩展得到x_1与x_2,且

$$g(x_1)=3,\quad g(x_2)=7$$

对x_1进行扩展后得到x_2与x_3,此时

$$g(x_2)=6,\quad g(x_3)=5$$

显然,后来算出的$g(x_2)$比先前算出的小。

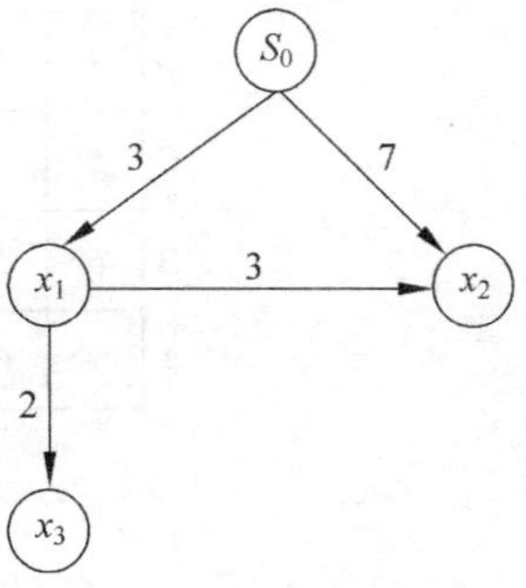

图5-9 $g(x)$的计算

启发式函数$h(x)$的确定依赖于具体问题领域的启发式信息。其中,$h(x)\leqslant h^*(x)$的限制是十分重要的,它可保证A*算法能找到最优解。

下面来讨论A*算法的可纳性。

对于可解状态空间(即从初始节点到目标节点有路径存在)来说,如果一个搜索算法能在有限步内终止,并且能找到最优解,则称该搜索算法是可纳的。

A*算法是可纳的,即它能在有限步内终止并找到最优解。下面分两个方面来证明这一结论。

对于有限图,其节点个数是有限的,A*算法一定会在有限步内终止。可见,A*算法在经过若干次循环之后只可能出现两种情况:一种由于搜索到了目标节点而终止,另一种由于OPEN表中的节点被取完而终止。不管发生哪种情况,A*算法都在有限步内终止。

对于无限图,只要从初始节点到目标节点有路径存在,则A*算法也必然会终止。该证明分两步进行。第1步先证明在A*算法结束之前,OPEN表中总存在节点x'。该节点是最优路径上的一个节点,且满足

$$f(x')\leqslant f^*(S_0)$$

设最优路径是 $S_0, x_1, x_2, \cdots, x_m, S_g^*$。由于 A^* 算法中的 $h(x)$ 满足 $h(x) \leqslant h^*(x)$，所以 $f(S_0), f(x_1), f(x_2), \cdots, f(x_m)$ 均不大于 $f(S_g^*)$，且 $f(S_g^*) = f^*(S_0)$。

又因为 A^* 算法是全局择优的，所以在它结束之前，OPEN 表中一定含有 $S_0, x_1, x_2, \cdots, x_m, S_g^*$ 中的一些节点。设 x' 是最前面的一个，则它必然满足

$$f(x') \leqslant f^*(S_0)$$

至此，第 1 步证明结束。

现在来进行第 2 步的证明。这一步用反证法，即假设 A^* 算法不终止，则会得出与第 1 步矛盾的结论，从而说明 A^* 算法一定会终止。

假设 A^* 算法不终止，并设 e 是图中各条边的最小代价，$d^*(x_n)$ 是从节点 S_0 到节点 x_n 的最短路径长度，则显然有

$$g^*(x_n) \geqslant d^*(x_n) \times e$$

又因为

$$g(x_n) \geqslant g^*(x_n)$$

所以有

$$g(x_n) \geqslant d^*(x_n) \times e$$

因为

$$h(x_n) \geqslant 0, \quad f(x_n) \geqslant g(x_n)$$

故得到

$$f(x_n) \geqslant d^*(x_n) \times e$$

由于 A^* 算法不终止，随着搜索的进行，$d^*(x_n)$ 会无限增长，从而使 $f(x_n)$ 也无限增长，这就与第 1 步证明得出的结论矛盾。因为对可解状态空间来说，$f^*(S_0)$ 一定是有限值。所以，只要从初始节点到目标节点有路径存在，即使对于无限图，A^* 算法也一定会终止。

5.3.3 爬山法

实现启发式搜索的最简单方法是"爬山法"。爬山法扩展搜索的当前状态，产生该状态的各子节点，并且估价这些子节点。然后选出"最好的"子节点进一步扩展，不保留它的同辈节点和父节点。爬山法类似性急、鲁莽的爬山者使用的策略：沿尽可能陡峭的山路向上爬，直到不能再爬高。因为不保存历史信息，所以算法不可能由失败中恢复。爬山法的典型例子是井字棋博弈中使用的"选择有最多可能获胜途径的状态"。

爬山法的一个主要问题是容易陷在"局部极大值"上。若达到某一状态，该状态有相比它的任何子节点都好的估价，则算法终止。若该状态不是目标，只是局部极大值，则算法不能求出最优解。即在受限的情况下爬山法性能会很好，但由于不能把握全部空间的情况，所以它不能达到全局最好状态。局部极大值问题也表现在重排九宫格问题中。其中，为把一张牌移到目标位置，需把已在目标位置上的其他牌移开。在求解重排九宫格问题中这是必要的，但只是暂时使牌的布局状态变坏。因为从宏观角度看，"较好的"不一定是"最好的"，没有回溯或其他恢复机制的搜索方法不能辨别局部与全局极大值。

图 5-10 是局部极大值问题的示意。假定探测该搜索空间，到达状态 X。X 的各子节点、子子节点等的估价说明爬山法即使向前看多层也会出错。有方法可避免该问题，如使用随机估价函数，但该函数通常无法保证爬山法的最优性能。塞缪尔的西洋跳棋程序给出了爬山法的一种有趣变种。该程序在当时是杰出的，特别是在 20 世纪 50 年代计算机性能受到限制的情况下。该程序不仅把启发式搜索用于西洋跳棋，而且还实现了最优使用受限存储器的算法，以及实现了一种简单形式的机器学习。的确，塞缪尔的许多先进思想现在仍用于博弈和机器学习。

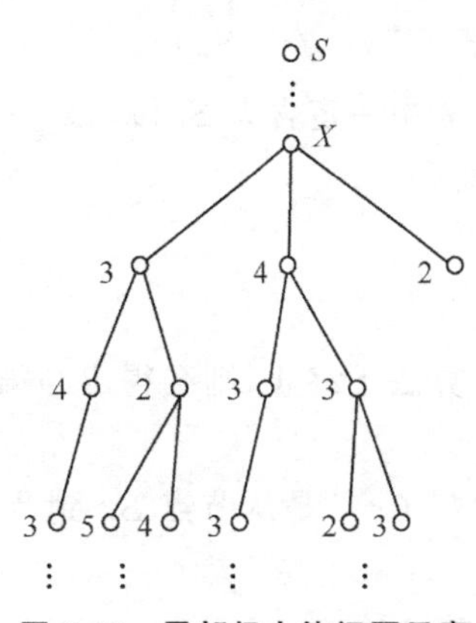

图 5-10　局部极大值问题示意

塞缪尔的程序用几种不同启发式测度的加权求和来估价棋盘状态。和式中的 x_1 表示棋盘的特征，如棋子的优势、棋子的位置、棋盘中心的控制、牺牲棋子获得优势的机会等，甚至可以表示某弈手的诸棋子关于棋盘某轴线的惯性矩。x_1 的系数 c 是可调整的加权，试图模拟该特征在棋盘总估价中的重要性。因此，若棋子的优势比中心的控制更重要，则将反映在棋子的优势系数上。该程序在搜索空间中采用向前看 k 步策略（k 的选择受计算机时、空资源的限制），并且按上述加权公式估价第 k 层上的所有状态。

若加权公式导致一系列着法失败，则程序要调整它的系数 c 以改进性能。大系数的项要为失败负更多责任，并且减小它们的系数，增大较小的系数，使它们对估价有更大影响。若程序获胜，则做相反工作。程序在与人或它自己的另一版本的对弈中得到训练。塞缪尔的程序采用爬山法进行学习，试图通过局部改进加权公式来改善性能。

塞缪尔的西洋跳棋程序能不断改善性能，直到自身达到极高水平。塞缪尔通过检查各加权启发测度的效果并替换不太有效的测度，减少爬山法的某些限制。但该程序仍有某些令人感兴趣的限制。例如，因于受限全局策略，使用加权公式易误入陷阱，此时程序将不足以解决对手前后矛盾的着法。若对手使用广泛变化的策略，或者甚至采用愚笨的着法，则加权公式中的权值会取“杂乱”值，致使程序性能全面下降。

5.3.4　模拟退火算法

模拟退火算法也是基于状态空间的一种启发式搜索算法，它由固体退火原理发展而来。把固体加温到充分高的温度，然后让它慢慢冷却，等再次加温时，固体内部的粒子随温度的升高变成无序状，固体的内能得以增加，慢慢冷却时粒子也渐渐变为有序，此时每个粒子的温度都达到了平衡状态，最后在常温时达到基态，即内能减为最小的状态。由 Metropolis 接受准则可以得知：在温度为 T 时，粒子将达到平衡的概率是 $e^{-\Delta E/(kT)}$。其中 E 是温度为 T 时的内能，ΔE 是它的改变量，k 叫作玻耳兹曼常数。为了进一步说明模拟退火算法，我们可以看如图 5-11 所示的模拟退火算法的流程示意，用固体退火模拟组合优化问题，把内能 E 模拟成目标函数 f，将温度 T 改为控制参数 t，这样我们就能得到解组合优化问题的模拟退火算法。即从初始解 i 和控制参数 t 开始，将当前解进行如下循环：获得新解→计算目标函数的差值→接受或舍弃。与此同时逐步衰减 t 的值，算法收敛后的解即为所求的最优近似解。以上是在蒙特卡罗迭代求解法的基础上衍生出的一种启发式随机搜索算法。冷却进度表控制着退火过程,该表包括控制参数的初始值 t、每个 t 值所对应的迭代次数 L、终止条件 S 和每次的衰减因子 Δt 这 4 项。

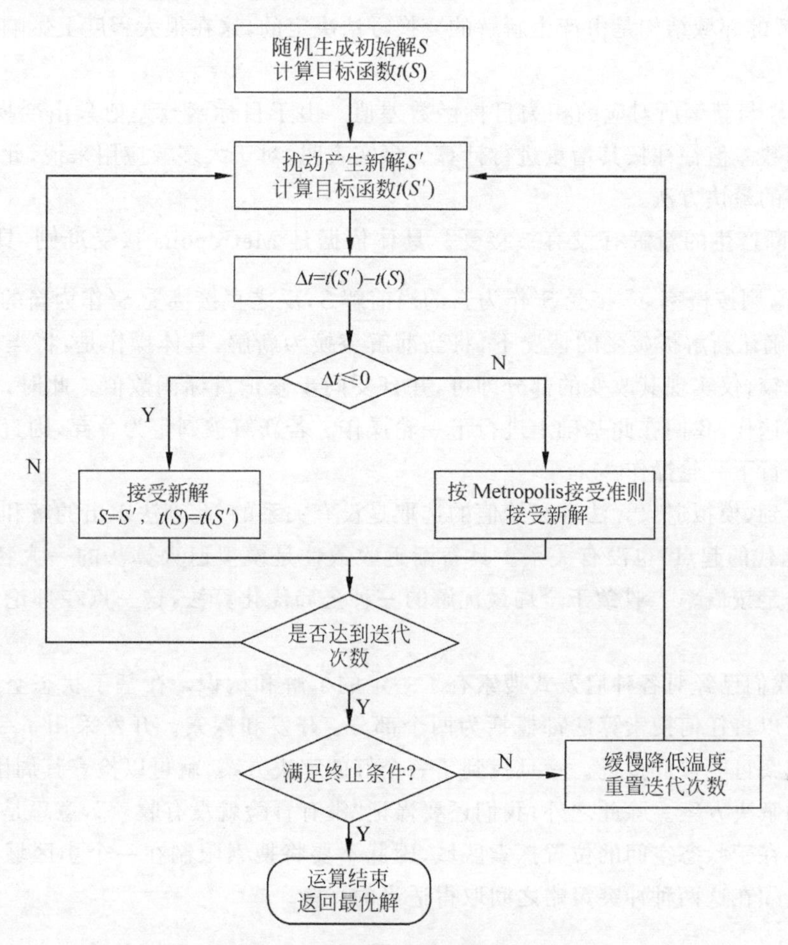

图 5-11　模拟退火算法流程示意

初始解、目标函数和解空间构成了模拟退火算法,下面阐述它的基本思想。

(1) 初始化:将初始温度 T 设为充分大,将初始解状态 S 设置为循环的起点,将每个 T 值所对应的循环次数设为 L。

(2) 对 $k=1,2,\cdots,L$ 重复步骤(3)～(6)。

(3) 得到新解 S'。

(4) 按式 $\Delta t'=C(S')-C(S)$ 计算得到增量,其中评价函数记作 $C(S)$。

(5) 如果 $\Delta t'>0$,那么以概率 $\mathrm{e}^{-\Delta t'/T}$ 接受 S' 当作当前新的解;反之,接受 S' 当作当前新的解。

(6) 结束条件通常是连续若干个新解都没有被接受。一旦满足终止条件,那么输出当前解作为找到的最优解,然后结束程序。

(7) 慢慢减小温度 T,直到 $T\to0$,之后执行步骤(2)。

下面从 4 个阶段来阐述模拟退火算法新解的接受与产生。

(1) 新解的产生。具体过程依托于一个产生函数，并由当前解产生一个存在于解空间内的新解。为了便于后续的计算和接受，减少算法耗时，一般选择将当前产生的解只经简单变换而产生新解的简捷方法，例如对构成新解的全部或部分元素进行置换、互换等操作。显然，当前新解的邻域结构是由产生新解的变换方法决定的，这在很大程度上影响了冷却进度表的选取。

(2) 计算与新解所对应的相关目标函数差值。由于目标函数差值只由变换部分产生，因此目标函数差值往往按其增量进行计算。事实表明，对于大多数应用来说，此方法是求目标函数差值的最快方法。

(3) 判断产生的新解有没有被接受。具体依据是 Metropolis 接受准则，具体表述是：如果 $\Delta t'>0$，则按概率 $e^{\frac{\Delta t'}{T}}$ 接受 S' 作为新的当前解 S，反之直接接受 S' 作为新的当前解 S。

(4) 当确认新解被接受的情况下，将当前解替换为新解，具体操作是，将当前解与产生的新解相比较，仅实现其改变的部分即可，并且要同步修正目标函数值。此时，当前解进行了一次循环迭代，我们在此基础上进行下一轮操作。若新解被判定为舍弃，则直接在当前解的基础上进行下一轮操作。

可以看到，模拟退火算法和初始值的选取是没有关系的，此算法求出的解和初始解状态 S(是算法迭代的起点)也没有关系。具备渐近收敛性是模拟退火算法的一大特点，因此模拟退火算法是按概率 l 收敛于全局最优解的一种全局优化算法，这一点在理论上已经得到论证。

至此，我们已经对各种启发式搜索有了一定的了解和认识。在基于状态空间的搜索问题中我们可以将任何搜索算法都概括为两个部分：开发和探索。开发采用了一个准则，即好的解决方案可能彼此接近。一旦找到了一个好的解决方案，就可以检查其周围，确定是否存在更好的解决方案。除此之外，我们还要谨记“没有冒险就没有收获”，意思是更好的解决方案可能存在于状态空间的位置探索区域，因此不要将搜索限制在一个小区域内。理想的搜索算法必须在这两种冲突策略之间取得适当的平衡。

5.4 基于树的盲目搜索

基于树的搜索策略也分为盲目搜索和启发式搜索两大类。本节仅讨论盲目搜索策略，启发式搜索策略将在 5.5 节讨论。基于树的盲目搜索主要是指与或树形式的 3 种搜索，它主要用于复杂问题的简化，其求解过程与状态空间法类似，也是通过搜索来实现对问题求解。下面分别介绍这 3 种搜索。

5.4.1 与或树的一般性搜索

与或树表示法是分而治之思想的最好诠释，通常用于复杂问题的简化。接下来介绍与或树的基本概念。

1) 本原问题

不能再分解或变换，而且直接可求解的子问题叫作本原问题。

2）与节点和或节点

若节点P的子节点全部可解时，P才可解，则称P为与节点；若节点P的子节点只要有一个可解，P就可解，则称P为或节点。

3）端节点与终止节点

在与或树中，没有子节点的节点称为端节点；本原问题所对应的节点称为终止节点。显然，终止节点一定是端节点，但端节点不一定是终止节点。

4）可解节点

在与或树中，满足下列条件之一者，称为可解节点：

(1) 它是一个终止节点。

(2) 它是一个或节点，且其子节点中至少有一个是可解节点。

(3) 它是一个与节点，且其子节点全部是可解节点。

5）不可解节点

关于可解节点的三个条件均不满足的节点是不可解节点。

使用与或树解决问题时，首先要定义问题的描述方法及分解或变换问题的算符。然后就可用它们通过搜索树生成与或树，从而求得原始问题的解。

由此可以看出，一个节点是否为可解节点是由它的子节点确定的。对于一个“与”节点，只有当其子节点全部为可解节点时，它才为可解节点；只要子节点中有一个为不可解节点，它就是不可解节点。对于一个“或”节点，只要子节点中有一个是可解节点，它就是可解节点；只有全部子节点都是不可解节点时，它才是不可解节点。像这样由可解子节点来确定父节点、祖父节点等为可解节点的过程称为可解标示过程；由不可解子节点来确定父节点、祖父节点等为不可解节点的过程称为不可解标示过程。在与或树的搜索中将反复使用这两个过程，直到初始节点(即原始问题)被标示为可解或不可解节点为止。

下面给出与或树的一般搜索过程。

(1) 把原始问题作为初始节点 S_0，并把它作为当前节点。

(2) 应用分解或等价变换算符对当前节点进行扩展。实际上就是把原始问题变换为等价问题或者分解成几个子问题。

(3) 为每个子节点设置指向父节点的指针。

(4) 选择合适的子节点作为当前节点，反复执行步骤(2)和步骤(3)。在此期间要多次调用可解标示和不可解标示过程，直到初始节点被标示为可解节点或不可解节点为止。

由这个搜索过程所形成的节点和指针结构称为搜索树。

与或树搜索的目标是寻找解树，从而求得原始问题的解。如果在搜索的某一时刻，通过可解标示过程可确定初始节点是可解的，则由此初始节点及其下属的可解节点就构成了解树。如果在某一时刻被选为扩展的节点不可扩展，并且它不是终止节点，则此节点就是不可解节点。此时可应用不可解标示过程确定初始节点是否为不可解节点，如果可以肯定初始节点是不可解的，则搜索失败，否则继续扩展节点。

可解与不可解标示过程都是自下而上进行的，即由子节点的可解性确定父节点的可解性。由于与或树搜索的目标是寻找解树，因此，如果已确定某个节点为可解节点，则其不可解的后继节点就不再有用，可从搜索树中删去。同样，如果已确定某个节点是不可解节点，则其全部后继节点都不再有用，可从搜索树中删去。但当前这个不可解节点还不能删去，因为在判断其先辈节点的可解性时还要用到它。这是与或树搜索的两个特有性质,可用来提高搜索效率。

5.4.2 与或树的广度优先搜索

与或树的广度优先搜索同状态空间搜索中的广度优先搜索非常相似,搜索过程同样是按照“先扩展早产生的节点”进行的,唯一的区别在于其搜索过程中要多次调用可解标示过程和不可解标示过程。下面看一下广度优先搜索的具体步骤。

(1) 将初始节点 S_0 放入 OPEN 表中。

(2) 将 OPEN 表中的首节点(记作节点 n)取出并放进 CLOSED 表中。

(3) 若节点 n 可以扩展,那么需接着执行以下步骤:

① 将节点 n 进行扩展,把它的子节点放进 OPEN 表的尾部,同时为每个子节点匹配一个可能在标示过程中使用的指向父节点的指针。

② 判断这些子节点中是否有终止节点。如果有,就标示这些终止节点,将它们记作可解节点,并使用可解标示过程对其先辈节点(父节点、祖父节点等)中的可解节点进行标示。若初始节点 S_0 也被标示为可解节点,那么就说明解树已获得,说明搜索成功,即可退出搜索过程;反之,若不能确定可解节点是 S_0 的话,那么则需执行把 OPEN 表中具有可解先辈的节点删除的操作。

③ 执行步骤(3)第②步继续判断。

(4) 若确定节点 n 是不可扩展的,那么需要执行以下步骤:

① 标示节点 n 为不可扩展节点。

② 对节点 n 的先辈节点中的所有不可解节点使用不可解标示过程进行标示。若 S_0(初始节点)也被标示为不可解节点,那么说明搜索失败,即原始问题没有解,此时退出搜索即可;反之,若不能确定 S_0 是不可解节点,则需对 OPEN 表中的节点(即那些具有不可解先辈的节点)进行删除操作。

③ 执行步骤(4)第②步继续判断。

下面看一个与或树广度优先搜索的示例。

例 5.2 现有与或树如图 5-12 所示,树的各节点按图中标注的顺序从左至右扩展。(注:终止节点为标有 t_1、t_2、t_3、t_4 的节点。不可解的端节点为标有 A 和 B 节点。)

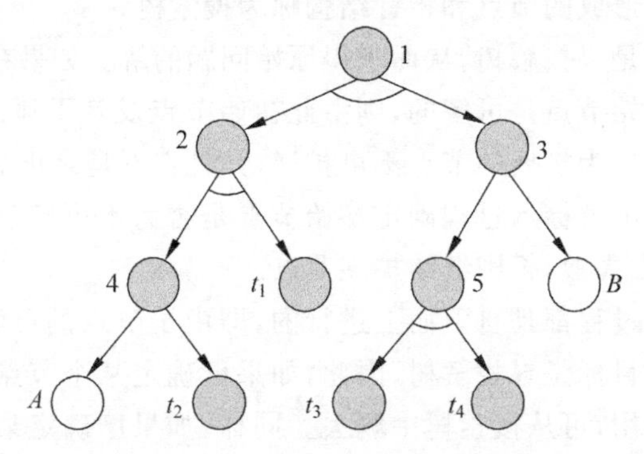

图 5-12 与或树的广度优先搜索示意

解：首先扩展1号节点，从而2号节点与3号节点也可相继得出。因为2、3号节点都不是终止节点，故我们继续扩展2号节点。可以看到直至现在，OPEN表中仅剩3号节点。

当把2号节点进行扩展后，我们可以获得t_1节点与4号节点，这时OPEN表中的节点有3号、4号与t_1。由上述过程可知，我们可标示终止节点t_1为可解节点，同时也要对它的先辈节点中的可解节点使用可解标示过程进行标示。本例中，t_1的父节点是一个"与"节点，所以只由t_1可解还无法确定2号节点是不是可解节点，还需进一步搜索。接下来对3号节点进行扩展。

当把3号节点进行扩展后，可以得到5号节点和B节点，由于它们都不是终止节点，所以我们继续对4号节点进行扩展。

当把4号节点进行扩展后，可以得到A节点和t_2节点。此时可以看到t_2是终止节点，因此标示其为可解节点，同时标示4号节点和2号节点均为可解节点(使用可解标示过程)。直至现在，我们仍不能确定1号节点是不是可解节点。目前，由于OPEN表中的第一个待考察的节点是5号节点，所以我们将对5号节点进行扩展。

当把5号节点进行扩展后，可以得到t_3和t_4节点。此时可以看到t_3和t_4两节点都是终止节点，因此标示这两个节点为可解节点，再使用可解标示过程就能得到1、3和5号节点都是可解节点的结论。

此时完成搜索过程，成功获得了由1、2、3、4、5号节点和t_1、t_2、t_3、t_4、t_5节点构成的解树。

5.4.3　与或树的深度优先搜索

与或树的深度优先搜索过程和与或树的广度优先搜索过程基本相同。只是要把步骤(3)的第①步改为"扩展节点n，将其子节点放入OPEN表的首部，并为每个子节点配置指向父节点的指针，以备标示过程使用"，这样就可使后产生的节点先被扩展。

也可以像状态空间的有界深度优先搜索那样为与或树的深度优先搜索规定一个深度界限，使搜索在规定的范围内进行。它的搜索过程如下：

(1) 将初始节点S_0放进OPEN表中。

(2) 将OPEN表中的节点n(首节点)取出并放进CLOSED表中。

(3) 若深度界限小于节点n的深度，那么跳转执行步骤(5)第①步。

(4) 若节点n确定是可扩展的，那么执行以下步骤：

① 对节点n进行扩展操作，把它的子节点放到OPEN表的最开始位置，同时为每个子节点匹配一个可能在标示过程中使用的指向父节点的指针。

② 判断这些子节点中是否有终止节点。如果有，就标示这些终止节点，将它们记作可解节点，并使用可解标示过程对其先辈节点(父节点、祖父节点等)中的可解节点进行标示。若初始节点S_0同样被标示成可解节点，那么就说明解树已获得，说明搜索成功，即可退出搜索过程。反之，若不能确定可解节点是S_0，那么则需执行把OPEN表中具有可解先辈的节点删除的操作。

③ 执行步骤(4)第②步继续判断。

(5) 若节点n是不可扩展的，那么执行如下步骤：

① 标示节点 n 为不可解节点。

② 判断这些子节点中是否有终止节点。如果有,就标示这些终止节点,将它们记作可解节点,并使用可解标示过程对其先辈节点(父节点、祖父节点等)中的可解节点进行标示。若初始节点 S_0 也被标示为可解节点,那么就说明解树已获得,说明搜索成功,即可退出搜索过程。反之,若不能确定可解节点是 S_0,那么则需执行把 OPEN 表中具有可解先辈的节点删除的操作。

③ 执行步骤(5)第②步继续判断。

如果对如图 5-12 所示的与或树在限定深度界限为 4 时执行有界深度优先搜索,那么扩展节点的顺序就是 1、3、B、5、2、4。

5.5 基于树的启发式搜索

5.5.1 与或树的有序搜索

求取代价最小的解树有很多搜索方法,与或树的有序搜索就是其中之一,它是一种启发式搜索。要想得到代价最小的解树,就必须做到首先往前多看几步,然后再确定想要扩展的节点。与或树的有序搜索的最大特点就是根据代价来决定具体的搜索路线。在搜索过程中,首先计算扩展各个节点要付出的代价,然后选择出代价最小的节点后再进行下一步的扩展。

下面我们就与或树的有序搜索的概念和它的搜索过程两方面进行阐述。由前文可知,计算出解树的代价是进行有序搜索的前提。由于计算解树的代价可以利用计算解树中节点的代价来实现,因此我们的行文逻辑是先介绍计算节点代价的方法,再进一步讨论如何求解树的代价。

假设 $C(x,y)$ 表示节点 x 到它的子节点 y 的代价,那么计算节点 x 的代价的方法如下:

(1) 若 x 是终止节点,那么定义节点 x 的代价是 $h(x)=0$。

(2) 若 x 是"或"节点,$y_1,y_2,\cdots,y_n$ 是它的子节点,那么节点 x 的代价是

$$h(x)=\min\mid C(x,y_i)+h(y_i)\mid$$

(3) 若 x 是"与"节点,那么有两种计算节点 x 的代价的方法:和代价法与最大代价法。

按和代价法计算,那么可以得出

$$h(x)=\sum_{i=1}^{n}(C(x,y_i)+h(y_i))$$

按最大代价法计算,那么可以得出

$$h(x)=\max\mid C(x,y_i)+h(y_i)\mid$$

(4) 若节点 x 不可扩展,且又不是终止节点,那么定义 $h(x)=\infty$。

从上述计算节点代价的方法能够看出:若是可解问题,那么我们从子节点的代价就能够推算出父节点的代价;继续逐层上推,最终就能求出初始节点 S_0 的代价,即解树的代价。

例 5.3 图 5-13 是一棵包含两棵解树的与或树:节点 S_0、A、t_1 和 t_2 组成左解树;节点 S_0、B、D、G、t_4 和 t_5 组成另一棵解树。节点 t_1、t_2、t_3、t_4、t_5 是这棵与或树的终止节点,

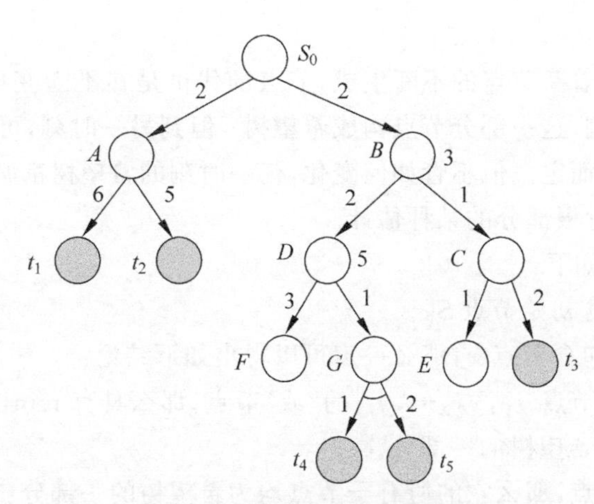

图 5-13　与或树的代价树示意

E、F 是端节点，两节点之间的数字为它们之间的代价，请确定初始节点 S_0 的代价。

解：从左侧解树入手。

由和代价法计算：$h(A)=11, h(S_0)=13$。

由最大代价法计算：$h(A)=6, h(S_0)=8$。

从右侧解树入手。

由和代价法计算：$h(G)=3, h(D)=4, h(B)=6, h(S_0)=8$。

由最大代价法计算：$h(G)=2, h(D)=3, h(B)=5, h(S_0)=7$。

由上面的计算结果可以看出：若依和代价法计算，右侧解树的代价最小是 8，那么右侧解树即为最优解树；若依最大代价法计算，此时右侧解树的代价是 7，故最优解树仍然是右侧解树。一般来说，使用不一样的计算代价的方法得到的最优解树也往往是不一样的。

不管是用和代价法求解，还是用最大代价法求解，求解已知子节点 y_i 的代价 $h(y_i)$ 均为计算其父节点 x 的代价 $h(x)$ 的前提。不过，由于搜索是先有父节点、后有子节点的自上而下的过程，因此，除非父节点 x 的所有子节点均为不可扩展节点，否则我们无法得知其子节点的代价。那么此时我们就要间接地求出节点 x 的代价 $h(x)$。首先根据问题本身提供的启发式信息定义一个启发式函数，再由这个启发式函数入手来估算出其子节点 y_i 的代价 $h(y_i)$，然后再利用前文所述的和代价法或最大代价法求得节点 x 的代价 $h(x)$，最后就可以自下而上地逐层推出节点 x 的父节点、祖父节点和初始节点 S_0 的各先辈节点的代价了。

在节点 y_i 被扩展后，也是先用启发式函数估算出其子节点的代价，然后再算出 $h(y_i)$。此时算出的 $h(y_i)$ 可能与原先估算出的 $h(y_i)$ 不相同。这时应该用后得到的 $h(y_i)$ 将原先估算出的 $h(y_i)$ 取代，与此同时按照相应的 $h(y_i)$ 自下而上地将各先辈节点的代价值进行重新计算。只要节点 y_i 的子节点被扩展，以上步骤就要重复进行一遍。简而言之，一旦有新节点生成时，都要自下而上地对它们的先辈节点的代价重新计算。这是一个循环迭代的过程，即自上而下地生成新节点，然后又自下而上地计算代价。

求得最优解树(代价最小的解树)是有序搜索的最终目的。为实现这个目的，我们要保证在搜索过程中的每一时刻都尽力使求出的部分解树的代价为当前最小代价。所以当选择想要扩展的节点时，我们都要先挑选出“最有希望”成为最优解树的节点，然后再进行扩展。因为这些节点和它们的先辈节点所组成的与或树很可能是最优解树的一部分，故我们称其为“希望树”。

在搜索过程中，随着新节点的不断生成，节点的代价是在不断变化的，希望树也是在不断变化的。在某一时刻，这一部分节点构成希望树；但到另一时刻，可能是另一些节点构成希望树，随当时的情况而定。但不管如何变化，任一时刻的希望树都必须包含初始节点 S_0，而且它是对最优解树近根部分的某种估计。

希望树 T 的定义如下：

(1) 希望树 T 包含初始节点 S_0。

(2) 若希望树 T 包含节点 x，那么一定可以得出如下结论：

① 若 x 为具有子节点 $y_1, y_2, \cdots, y_n$ 的“或”节点，那么具有 $\min\{C(x, y_i)+h(y_i)\}$ 值的那个子节点 y_i 也是希望树的一部分。

② 若 x 为“与”节点，那么它的所有子节点均为希望树的一部分。

与或树的有序搜索是一种在选择希望树的同时不断修复希望树的迭代搜索方法。若问题存在最终解，那么经过有序搜索我们一定能得出最优解树，下面将具体讨论其搜索过程。

(1) 将初始节点 S_0 放进 OPEN 表里。

(2) 根据当前搜索树中节点的代价求出以 S_0 作为根节点的希望树 T。

(3) 依次选出 OPEN 表中希望树的端节点 N，然后把它放进 CLOSED 表里。

(4) 若确定 N 为终止节点，那么执行以下步骤：

① 将节点 N 表示成可解节点。

② 对希望树 T 执行可解标示过程，即标示节点 N 对应的先辈节点中的所有可解节点都为可解节点。

③ 如果初始节点 S_0 能被标示成可解节点，那么就说明 T 一定为最优解树，搜索成功。

④ 如果初始节点未能被标示成可解节点，则将 OPEN 表里具有可解先辈的全部节点删去。

(5) 若节点 N 并非是终止节点，同时它也不能扩展，那么执行以下步骤：

① 将节点 N 标示成不可解节点。

② 对希望树 T 执行不可解标示过程，即标示节点 N 对应的先辈节点中的所有不可解节点为不可解节点。

③ 如果初始节点 S_0 同样被标示成不可解节点，即说明搜索失败。

④ 如果初始节点没有被标示成不可解节点，那么把 OPEN 表中所有具备不可解先辈的节点删除。

(6) 若节点 N 可扩展且它不是终止节点，那么执行以下步骤：

① 对节点 N 进行拓展，得到节点 N 的全部子节点。

② 将上一步得到的子节点放进 OPEN 表里，同时给每个子节点匹配一个可能在标示过程中使用的指向父节点的指针。

③ 算出以上子节点与其对应的所有先辈节点的代价。

(7) 执行步骤(2)。

例 5.4 如图 5-14 所示是初始节点 S_0 经扩展两层后得到的与或树。拓展规则是每次扩展“与”节点和“或”节点各一层。假设每个节点到相应子节点的代价是 1，请求出该树的最优解树。

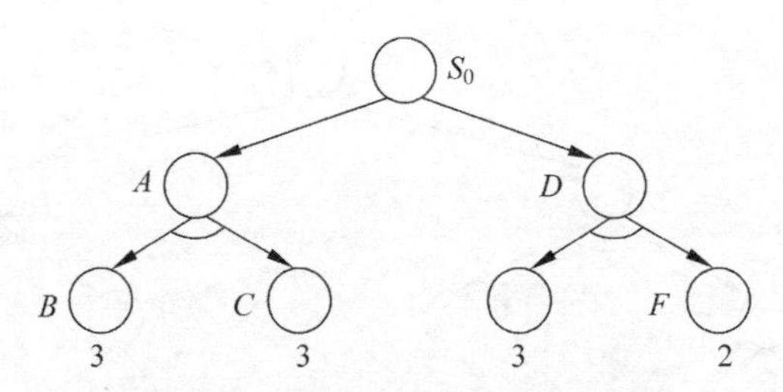

图 5-14　扩展两层后的与或树示意

解：由图 5-14 可知，在用启发式函数进行估算时，已知节点 B 的代价是 $h(B)=3$、节点 C 的代价是 $h(C)=3$、节点 E 的代价是 $h(E)=3$、节点 F 的代价是 $h(F)=2$，如果按照和代价法计算，那么可以有

$$h(A)=8,\quad h(D)=7,\quad h(S_0)=8$$

显然，这时希望树就为 S_0 的右子树，接下来扩展这棵希望树的端节点。

图 5-15 所示是对节点 E 扩展后得出的与或树。使用启发式函数估算出节点的代价如节点最下方的数字所示。

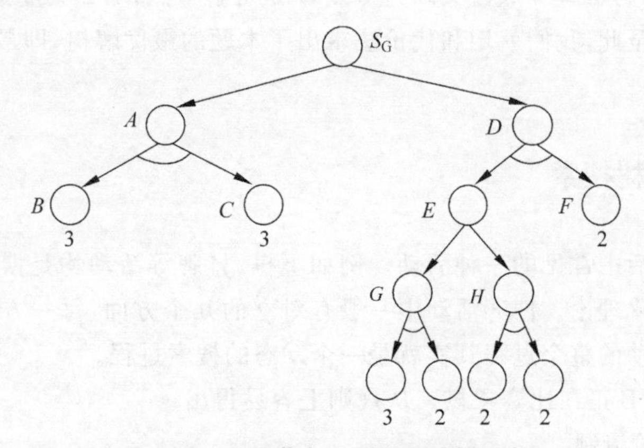

图 5-15　扩展节点 E 后的与或树示意

如果按照和代价法计算的话，那么可以有

$$h(G)=7,\quad h(H)=6,\quad h(E)=7,\quad h(D)=11$$

这种情况下，很容易就能在 S_0 的左子树中求出 $h(S_0)=9$，从 S_0 的右子树中求出 $h(S_0)=12$。可以看出，左子树的代价是小于右子树的，因此将此时的希望树替换为左子树。

图 5-16 所示是对节点 B 与节点 C 扩展后得出的与或树。使用启发式函数估算出节点的代价如节点最下方的数字所示。

由图 5-16 可知，终止节点是拓展节点 L 的两个子节点，由代价和法可得

$$h(L)=2,\quad h(M)=6,\quad h(B)=3,\quad h(A)=8$$

从左子树能够得出 $h(S_0)=9$。除此之外，因为节点 L 的左右子节点均为终止节点，故节点 L 与节点 B 均为可解节点。由于目前仍无法确定节点 C 是否为可解节点，因此节点 A 与节点 S 同样无法被确定是否为可解节点。

对节点 C 进行扩展后得到的与或树仍为图 5-16，由和代价法可得

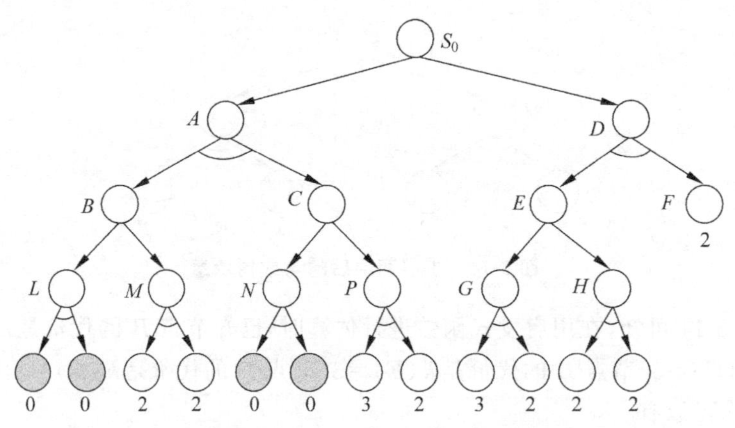

图 5-16 扩展 C 后的与或树示意图

$$h(N)=2,\quad h(P)=7,\quad h(C)=3,\quad h(A)=8$$

从左子树能够得出 $h(S_0)=9$。除此之外，因为节点 N 的左右子节点均为终止节点，故节点 N 与节点 C 均为可解节点。又因为节点 B 是可解节点，那么就能推出节点 A 与 S_0 节点均为可解节点。至此，我们就用和代价法求出了本题的最优解树，即最小代价为 9 的解树如图 5-16 所示。

5.5.2 博弈树搜索

博弈是人们生活中常见的一种活动。例如下棋、打牌等活动均是博弈活动。博弈活动中隐藏着深刻的优化理论。博弈活动中一般有对立的几个方面，每一方都试图使自己的利益最大化。博弈活动的整个过程其实就是一个动态的搜索过程。

不妨假设 A 和 B 正在比赛象棋。从规则上容易得出：

(1) 比赛采取轮流制。

(2) 比赛的结果只有 3 种：A 胜、B 胜和双方打和。

(3) 对战双方了解当前形势和历史信息。

(4) 对战双方都是绝对理性的，都选取对自己最为有利的对策。

博弈活动中对战的双方都希望自己能获得胜利。对于对战的任一方，比如我们站在 A 方的立场，当比赛轮到 A 方落子时，A 方可以有多种落子方案。具体落哪个子，完全由 A 自己决定，这可以看作是与或树中的“或”关系。为了获得胜利，A 总是会选择对自己最为有利的落子方案，这就相当于 A 在一棵或树中选择了最优路径。如果比赛轮到了 B 方落子，那么对于 A 来说，就必须考虑 B 所有可能的落子方案，这就相当于与或树中的“与”关系。因为主动权掌握在 B 手中，所以任何落子方案都是有可能的。

把上述博弈过程用图表示出来，就可得到一棵与或树。这里要强调的是，该与或树始终站在某一方(例如 A 方)的立场上，绝不可一会儿站在这一方的立场上，一会儿又站在另一方的立场上。

把描述博弈过程的与或树称为博弈树，它有如下特点：

(1) 博弈的初始格局是初始节点。

(2) 在博弈树中,或节点和与节点是逐层交替出现的。自己一方扩展的节点之间是或关系,对方扩展的节点之间是与关系。双方轮流地扩展节点。

(3) 所有能使自己一方获胜的终局都是本原问题,相应的节点是可解节点;所有能使对方获胜的终局都是不可解节点。

在博弈问题中,为了从众多可供选择的方案中选出一个对自己有利的行动方案,就要对当前情况以及将要发生的情况进行分析,从中选出最优方案。最常用的分析方法是极大极小分析法。其基本思想如下:

(1) 目的是为博弈双方中的一方寻找一个最优行动方案。

(2) 要寻找这个最优方案,就要通过计算当前所有可能的方案来进行比较。

(3) 方案的比较是根据问题的特性定义一个估价函数,用来估算当前博弈树端节点的得分。此时估算出来的得分称为静态估值。

(4) 当计算出端节点的估值后,再推算出父节点的得分。推算的方法是:对"或"节点,选其子节点中的一个最大的得分作为父节点的得分,这是为了使自己能在可供选择的方案中选出一个对自己最有利的方案;对"与"节点,选其子节点中的一个最小的得分作为父节点的得分,这是为了考虑最坏的情况。这样计算出的父节点的得分称为倒推值。

(5) 如果一个行动方案能获得较大的倒推值,则它就是当前最好的行动方案。

图 5-17 给出了计算倒推值的示例。

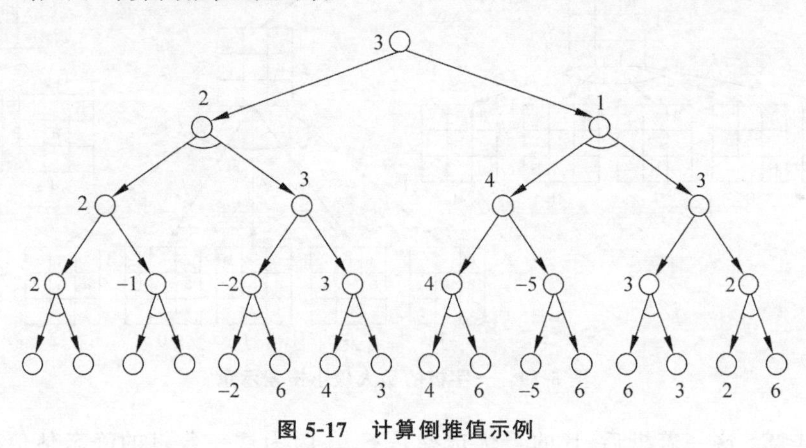

图 5-17　计算倒推值示例

在博弈问题中,每一个格局可供选择的行动方案都有很多,这会生成十分庞大的博弈树。

据统计,西洋跳棋完整的博弈树约有 10^{40} 个节点。试图利用完整的博弈树来进行极大极小分析是困难的。可行的办法是只生成一定深度的博弈树,然后进行极大极小分析,找出当前最好的行动方案。在此之后,还可在已经选定的分支上再扩展一定深度,选出最好的行动方案。如此进行下去,直到取得胜负为止。至于每次生成博弈树的深度,当然是越大越好,但由于受到计算机存储空间的限制,深度只能根据实际情况而定。

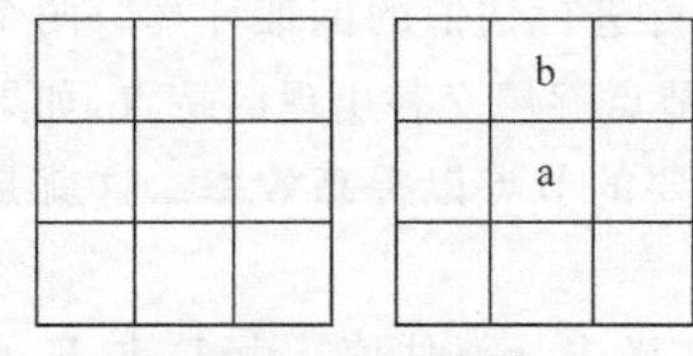

图 5-18　一字棋

例 5.5　一字棋游戏。设有如图 5-18 所示的 9 个空格。有 A、B 二人对弈,轮到谁走棋谁就往空格上放自己的一只棋子。谁先使自己的 3 个棋子串成一条直线,谁就取得了胜利。

解:设A的棋子用"a"表示,B的棋子用"b"表示。为了不至于生成太大的博弈树,假设每次仅扩展两层。设棋局为 p,估价函数为 $e(p)$,且满足如下条件:

(1) 若 p 为A必胜的棋局,则 $e(p)=+\infty$。

(2) 若 p 为B必胜的棋局,则 $e(p)=-\infty$。

(3) 若 p 为胜负未定的棋局,则 $e(p)=e(+p)-(-p)$。

其中,$e(+p)$ 表示棋局 p 上有可能使a成为3子一线的方案数目;$e(-p)$ 表示棋局 p 上有可能使b成为3子一线的方案数目。例如,如图5-18所示的棋局,则 $e(p)=6-4=2$。另外还需假定具有对称性的两个棋局算作一个棋局,并且假定A先走棋,我们站在A的立场上。

图5-19给出了A的第一着走棋生成的博弈树。图中节点旁的数字分别表示相应节点的静态估值或倒推值。由图5-19可以看出,对于A来说最好的一着棋是 S_3,因为 S_3 比 S_1 和 S_2 有更大的倒推值。

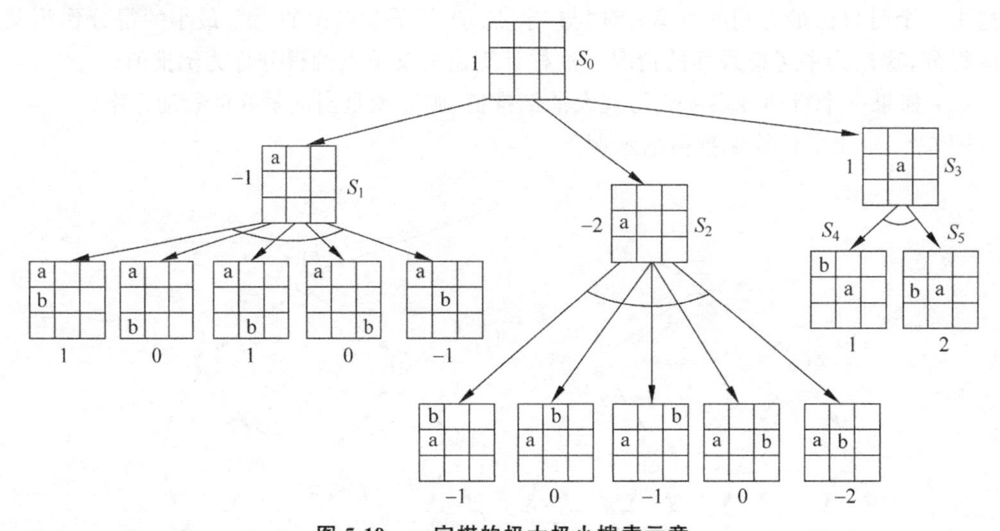

图5-19 一字棋的极大极小搜索示意

在A走 S_3 这一着棋后,B的最优选择是 S_4。因为这一着棋的静态估值较小,对A不利。

不管B选择 S_4 还是选择 S_5,A都要再次运用极大极小分析法产生深度为2的博弈树,以决定下一步应该如何走棋。其过程与上面类似,这里不再重复。

5.5.3 博弈树的剪枝优化

前面讨论的极大极小分析过程先得到一棵博弈树,然后再进行估值的倒推计算。两个过程完全分离,效率很低。鉴于博弈树具有"与"节点和"或"节点逐层交替出现的特点,如果可以边生成节点边计算估值和倒推值,就可以删除一些不必要的节点以提高效率。这就是下面要讨论的α-β剪枝技术。

各端节点的估值如图5-20中的博弈树所示,其中对于 G 尚未计算估值。由 D 与 E 的

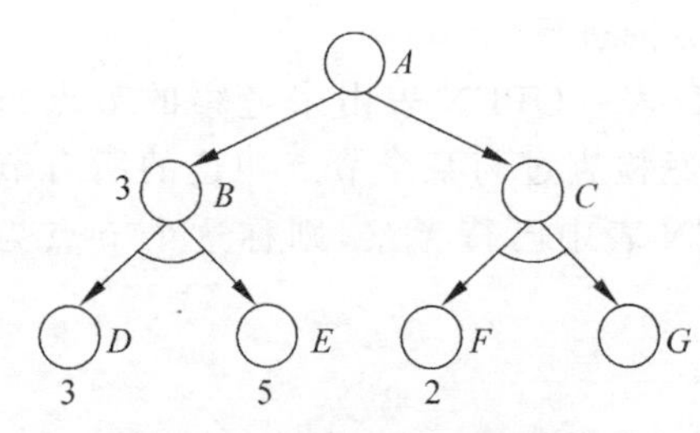

图 5-20　α-β 剪枝技术示意

估值得到 B 的倒推值为 3，这表示 A 的倒推值最小为 3。另外，由 F 的估值得知 C 的倒推值最大为 2，因此 A 的倒推值为 3。这里虽然没有计算 G 的估值，但是仍然不影响对上层节点倒推值的推算，这表示这个分枝可以从博弈树中剪去。

对于一个"与"节点来说，它取当前子节点中的最小倒推值作为它倒推值的上界，称此值为 β 值。对于一个"或"节点来说，它取当前子节点中的最大倒推值作为它倒推值的下界，称此值为 α 值。

下面给出 α-β 剪枝技术的一般规律。

(1) 任何"或"节点 x 的 α 值如果不能降低其父节点的 β 值，则对节点 x 以下的分枝可停止搜索，并使 x 的倒推值为 α。这种剪枝技术称为 β 剪枝。

(2) 任何"与"节点 x 的 β 值如果不能增大其父节点的 α 值，则对节点 x 以下的分枝可停止搜索，并使 x 的倒推值为 β。这种剪枝技术称为 α 剪枝。

在 α-β 剪枝技术中，一个节点的第一个子节点的倒推值(或估值)是很重要的。对于一个"或"节点来说，估值最高的子节点最先生成；对于一个"与"节点来说，估值最低的子节点最先生成。被剪除的节点数越多，搜索的效率越高。这称为最优 α-β 剪枝技术。

5.6　案例：无人驾驶中的搜索策略

本节以无人驾驶为背景，介绍 A^* 算法在其中的作用。A^* 算法是一种在路网上求解最短路径的直接搜索算法，原理是引入估价函数，加快搜索速度，提高局部择优算法搜索的精度，已成为当前较为流行的最短路径算法。车辆路径规划寻路算法有很多，百度 Apollo 的路径规划模块使用的是启发式搜索算法 A^* 进行路径的查找与处理。以图 5-21 的网格图为例，将该网格图中的每个单元格当作一个节点，就能从任何一个节点移动到其任意相邻节点。这个特殊网格图包含一些阻挡潜在路径的"墙壁"。

估价函数用公式表示为

$$f(n)=g(n)+h(n)$$

其中，$f(n)$是从初始节点到目标节点的最短路径的估计代价，$g(n)$是从初始节点到节点 n 的代价，$h(n)$是从节点 n 到目标节点的估计代价。

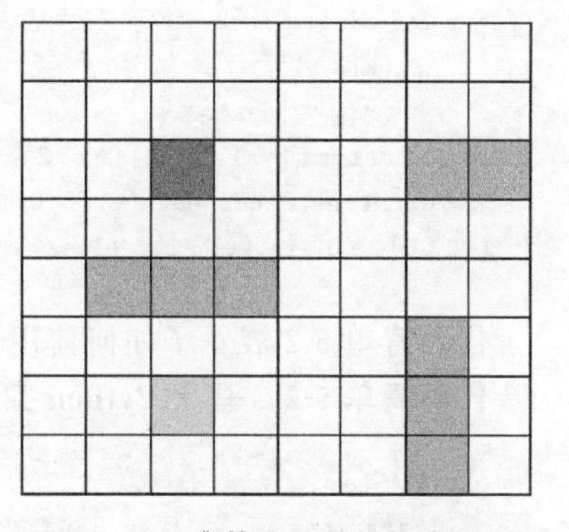
图 5-21　A^* 算法的网格搜索示意

要保证找到最短路径(最优解)，关键在于估价函数 $f(n)$的选取(或者说 $h(n)$的选取)。很显然，距离估计与实际值越接近，估价函数取得就越好。例如，对于路网来说，可以取两节点间的曼哈顿距离作为距离估计，即 $f(n)=g(n)+(|dx-nx|+|dy-ny|)$。这样估价函数 $f(n)$在 $g(n)$一定的情况下，会或多或少地受距离估计值 $h(n)$的制约，节点距目标节点越近，h 值越

小，f 值就越小，就能保证最短路径的搜索向目标节点方向进行。

A* 算法保持着两个表，即 OPEN 表和 CLOSED 表。OPEN 表由未考察的节点组成，而 CLOSED 表由已考察的节点组成。当算法已经检查过与某个节点相连的所有节点，计算出它们的 f、g 和 h 值，并把它们放入 OPEN 表中已待考察，则称这个节点为已考察的。

算法过程如下：

(1) 令 s 为初始节点。

(2) 计算 s 的 f、g 和 h 值。

(3) 将 s 加入 OPEN 表，此时 s 是 OPEN 表里唯一的节点。

(4) 令 b 为 OPEN 表中的最佳节点(最佳的意思是该节点的 f 值最小)。如果 b 是目标节点，则退出，此时已找到一条路径；如果 OPEN 表为空，则退出，此时没有找到路径。

(5) 令 c 等于一个与 b 相连的有效节点，计算 c 的 f、g 和 h 值。检查 c 是在 OPEN 表里还是在 CLOSED 表里。若在 CLOSED 表里，则检查新路径是否比原先更好(f 更小)。若是，则采用新路径，否则把 c 放入 OPEN 表。对所有 b 的有效子节点重复步骤(5)。

(6) 重复步骤(4)。

对于每个候选节点，我们添加 g 值和 h 值来计算总和，即 f 值。最佳候选节点是 f 值最小的节点，每当抵达新节点时，通过重复此过程来选择下一个候选节点。总是选择尚未访问过且具有最小 f 值的节点，这就是 A* 算法，它能建立一条稳定前往目标节点的路径。关于 A* 算法在 Apollo 规划模块的实际应用案例，读者们可以登录 Apollo 官方网站查阅更详细的内容。

Python 的 networkx 包支持了 A* 算法，可自定义距离估计函数。如代码清单 5-1 所示。

代码清单 5-1　使用 networkx 包的 A* 算法

```
>>> import networkx as nx
# 一维路径
>>> G = nx.path_graph(5)
>>> print(nx.astar_path(G,0,4))
[0, 1, 2, 3, 4]

# 二维图
>>> G = nx.grid_graph(dim = [3,3]) # nodes are two - tuples (x,y)
>>> def dist(a, b): # 定义距离估计函数
...     (x1, y1) = a
...     (x2, y2) = b
...     return ((x1 - x2) ** 2 + (y1 - y2) ** 2) ** 0.5
>>> print(nx.astar_path(G,(0,0),(2,2),dist))
[(0, 0), (0, 1), (1, 1), (1, 2), (2, 2)]
```

代码清单 5-2 展示了如何使用 Python 从头实现一个 A* 算法。

代码清单 5-2　基于 Python 实现的 A* 算法

```
class AStar:
    """A* (A - Star) 算法主类"""
```

```
def __init__(self, map):
    self.map = map
    self.open_set = []
    self.close_set = []

def base_cost(self, p):
    """节点到起点的移动代价,对应了 g(n)"""
    x_dis = p.x
    y_dis = p.y
    # 到起点的距离
    return x_dis + y_dis + (np.sqrt(2) - 2) * min(x_dis, y_dis)

def heuristic_cost(self, p):
    """节点到终点的启发函数,对应 h(n)
    由于是基于网格的图形,所以本函数和 base_cost 函数均使用的是对角距离"""
    x_dis = self.map.size - 1 - p.x
    y_dis = self.map.size - 1 - p.y
    # 到终点的距离
    return x_dis + y_dis + (np.sqrt(2) - 2) * min(x_dis, y_dis)

def total_cost(self, p):
    """代价总和,即对应了 f(n)"""
    return self.base_cost(p) + self.heuristic_cost(p)

def is_valid_point(self, x, y):
    """ 判断点是否有效,不在地图内部或者障碍物所在点都是无效的"""
    if x < 0 or y < 0:
        return False
    if x >= self.map.size or y >= self.map.size:
        return False
    return not self.map.is_obstacle(x, y)

def process_point(self, x, y, parent):
    """针对每一个节点进行处理:
    如果是没有处理过的节点,则计算优先级设置父节点,并且添加到 open_set 中"""
    if not self.is_valid_point(x, y):
        return  # 无效的点直接返回
    p = point.Point(x, y)
    if self.is_in_close_list(p):
        return  # 在 close_set 中的点直接返回
    print('Process Point [', p.x, ',', p.y, ']', ', cost: ', p.cost)
    if not self.is_in_open_list(p):
        p.parent = parent
        p.cost = self.total_cost(p)
        self.open_set.append(p)

def select_point_in_open_list(self):
    """从 open_set 中找到优先级最高的节点,返回其索引"""
```

```
        index = 0
        selected_index = -1
        min_cost = sys.maxsize
        for p in self.open_set:
            cost = self.total_cost(p)
            if cost < min_cost:
                min_cost = cost
                selected_index = index
            index += 1
        return selected_index

    def build_path(self, p, ax, plt, start_time):
        """从终点往回沿着 parent 构造结果路径
        然后从起点开始绘制结果,结果使用绿色方块,每次绘制一步便保存一张图片"""
        path = []
        while True:
            path.insert(0, p)   # 先插入
            if self.is_start_point(p):
                break
            else:
                p = p.parent
        for p in path:
            rec = Rectangle((p.x, p.y), 1, 1, color='g')
            ax.add_patch(rec)
            plt.draw()
            self.save_image(plt)
        end_time = time.time()
        print('算法运行时间为', int(
            end_time - start_time), '(秒)')

    def run_and_save_image(self, ax, plt):
        """A* 算法的主逻辑"""
        start_time = time.time()

        start_point = point.Point(0, 0)
        start_point.cost = 0
        self.open_set.append(start_point)

        while True:
            index = self.select_point_in_open_list()
            if index < 0:
                print('没有找到任何一条可行的路径')
                return
            p = self.open_set[index]
            rec = Rectangle((p.x, p.y), 1, 1, color='c')
            ax.add_patch(rec)
            self.save_image(plt)

            if self.is_end_point(p):
```

```
            return self.build_path(p, ax, plt, start_time)

        del self.open_set[index]
        self.close_set.append(p)

        # 处理所有的邻居节点
        x = p.x
        y = p.y
        self.process_point(x - 1, y + 1, p)
        self.process_point(x - 1, y, p)
        self.process_point(x - 1, y - 1, p)
        self.process_point(x, y - 1, p)
        self.process_point(x + 1, y - 1, p)
        self.process_point(x + 1, y, p)
        self.process_point(x + 1, y + 1, p)
        self.process_point(x, y + 1, p)
```

习题

一、选择题

1. 以下(　　)不是启发式搜索算法。

A. A^*算法　　B. 模拟退火算法
C. 深度优先搜索　　D. 爬山法

2. 以下(　　)是广度优先算法的优点。

A. 总能找到路径最短的解(若有)　　B. 占用资源少
C. 搜索效率高　　D. 针对性强

3. 一般情况下,基于状态空间的深度优先搜索中,OPEN 表采用(　　)数据结构。

A. 队列　　B. 栈　　C. 堆　　D. 图

4. 以下(　　)是深度优先搜索的缺点。

A. 实现代码较复杂　　B. 执行过程中会产生大量无用节点
C. 不保证能求得解　　D. 迭代速度慢

5. 在与或树的一般性搜索中,若问题较复杂,通常采取(　　)思想来处理。

A. 动态规划　　B. 贪心
C. 回溯　　D. 分治

6. 爬山法的主要问题是(　　)。

A. 容易陷在"局部极大值"上　　B. 系统资源开销大
C. 搜索效率低　　D. 盲目性强

7. 在一个无人驾驶路径搜索项目中,要求能得到稳定的前往目的地的路径,并要求其效率尽可能高,应该选用以下(　　)算法。

A. 爬山法　　B. 模拟退火法
C. A^*算法　　D. 广度优先搜索

8. 以下(　　)不是模拟退火算法的基本组成部分。

A. 解空间　　　B. 冷却进度表　　　C. 目标函数　　　D. 初始解

9. 关于希望树,以下说法不正确的是(　　)。

A. 任何一时刻的希望树一定包含初始节点 S_0

B. 希望树有可能成为最优解树的一部分

C. 随着新节点的生成,希望树会被不断修改、迭代

D. 希望树一般不会被拓展

10. 搜索过程中,以下(　　)一般会被放在最后考虑。

A. 代码复杂度与长度

B. 时间复杂度与空间复杂度的平衡

C. 好的解决方案可能彼此接近,也可能位于状态空间的位置探索区域

D. 面对复杂问题时,如何将其抽象成算法

二、判断题

1. 搜索策略一般分为盲目式搜索和启发式搜索。(　　)
2. 启发式搜索采用问题自身的特性信息,以指导搜索朝着最有希望的方向前进。(　　)
3. 模拟退火法保存且重用问题求解中已搜索、已求解的子问题轨迹。(　　)
4. 启发式搜索的效率一定比盲目式搜索高。(　　)
5. Samuel 提出了爬山法的优化算法,解决了"局部极大值"问题。(　　)
6. 模拟退火法已在理论上被证明,将以概率 1 收敛于全局最优解。(　　)
7. 回溯机制可以使算法辨别局部和全局最大值。(　　)
8. A^* 算法不具有可纳性。(　　)
9. 复杂问题分解得到"与"树,等价变化得到"或"树。(　　)
10. 如果一个问题存在解决算法,则一定可以搜索得到它的解。(　　)

三、问答题

1. 什么是搜索?有哪两大类不同的搜索方法?二者的区别是什么?
2. 深度优先搜索与广度优先搜索的区别是什么?
3. 在什么情况下深度优先搜索优于广度优先搜索,为什么?请加以说明。
4. 局部择优搜索与全局择优搜索的相同之处是什么?区别是什么?
5. 设有图 5-22 所示的与或树,请分别按和代价法及最大代价法求解树的代价。

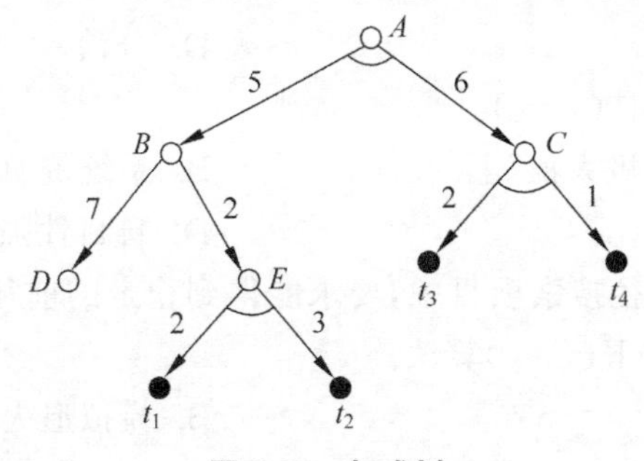

图 5-22　与或树

6. 有一农夫带一只狼、一只羊和一筐菜从河的左岸乘船到右岸，但受下列条件限制：

(1) 船太小，农夫每次只能带一样东西过河；

(2) 如果没有农夫看管，则狼要吃羊、羊要吃菜。

请设计一个过河方案，使得农夫、狼和羊都能不受损失地过河。

提示：

(1) 用四元组(农夫，狼，羊，菜)表示状态，其中每个元素都为0或1，用0表示在左岸，用1表示在右岸；

(2) 把每次过河的一种方案作为一种操作，每次过河都必须有农夫，因为只有他可以划船。

第6章

机 器 学 习

讲解视频

人物介绍

17 世纪的英国著名哲学家约翰·洛克(John Locke)将人出生时的心灵状态比喻为白纸。他认为经验是知识的唯一来源,只有通过积累经验才能在心灵中形成知识。人这一生所有的经验都变作画笔,在白纸上尽情宣泄和倾洒。这也是洛克"白板说"所体现出来的深层含义。尽管这一观点存在争议,但毋庸置疑,从经验中学习是人类获得知识的重要途径,也是人类智能的体现之一。那么计算机能否具有像人一样的学习能力呢?这就是机器学习所研究的内容。机器学习的研究涉及计算机科学、统计学、心理学等多个学科,自问世以来一直备受人工智能和认知心理学研究者的广泛关注。

6.1 什么是机器学习

机器学习(machine learning)是计算机科学与统计学结合的产物,涉及概率论、凸优化等多个学科,主要研究如何选择统计学习模型从大量已有数据中学习特定经验。举例来说,识别垃圾邮件是人类可以轻易完成的任务,因为我们在日常生活中已经积累了大量的经验。这些经验可能包括日常查看的电子邮件、垃圾短信甚至是电视上的广告。通过归纳这些经验,我们发现那些来自未知用户的、包含"优惠""零风险"等词汇的邮件更有可能是垃圾邮件。结合对于垃圾邮件的认识,我们便可以判断一封从未读过的电子邮件是否是垃圾邮件。这个过程如图 6-1(a)所示。

那么我们是不是可以编写一个计算机程序来模拟上述过程呢?我们可以准备大量的电子邮件,并且以人工的方式将垃圾邮件筛选出,作为计算机程序的输入。但是计算机程序无法自动地归纳这些经验,这时就需要通过机器学习算法来训练这个计算机程序。这个过程如图 6-1(b)所示。经过训练的计算机程序称为模型(model),用于分类的模型称为分类器(classifier)。一般来说,训练所用的电子邮件的数量越庞大,模型可能会被训练得越好,也就是分类的准确率(accuracy)越高。

针对不同任务,人们提出了众多机器学习模型。如何选择一个合适的机器学习模型对数据建模是一个依赖于数据特点和研究人员经验的问题。常见的机器学习算法主要有逻辑回归、最大熵模型、K-近邻模型、决策树、朴素贝叶斯分类器、支持向量机、高斯混合模型、隐马尔可夫模型、降维、聚类、深度学习等。特别是近些年来深度学习的发展，给产业界带来了一场智能化革命，各行各业纷纷使用深度学习进行行业赋能。

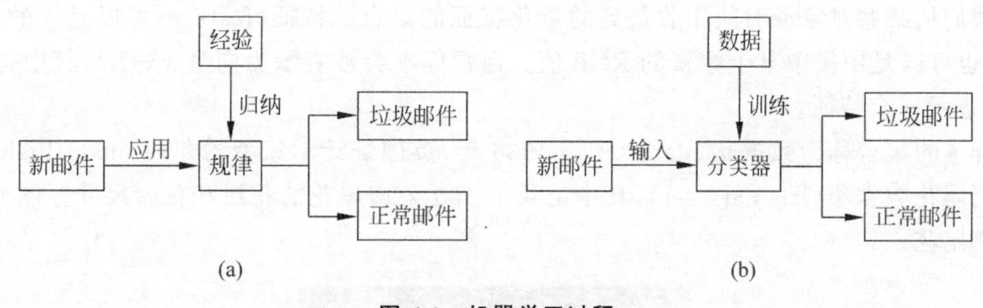

图 6-1　机器学习过程

6.1.1　机器学习的定义

在 1997 年，汤姆·米切尔(Tom Michael Mitchell)教授对机器学习的定义是：随经验自动改进的计算机算法的研究。具体描述是：对于某类任务 T 和性能度量 P，一个计算机程序被认为可以从经验 E 中学习是指，通过经验 E 改进后，它在任务 T 上的由性能度量 P 衡量的性能有所提升。

1. 经验

经验在计算机算法中的体现就是数据。数据是机器学习算法的原材料，其中蕴含了数据的分布规律。生产实践中直接得到的一线数据往往是"脏数据"，可能包含大量缺失值、冗余值，而且不同维度下数据的量纲往往也不尽相同，需要先期的特征工程对数据进行预处理。

2. 任务

首先需要说明的是，学习过程本身不能算是任务，而是在获取完成任务的能力。例如，我们的目标是使机器人能够行走，我们可以让机器人学习如何行走，也可以通过显式编程的方式指导机器人行走，这里行走就是任务。任务的概念非常广泛，包括分类、回归、机器翻译、异常检测等。

3. 性能度量

性能度量是评价学习算法的准则。在垃圾邮件分类的例子中，性能度量就可以是分类的准确率。性能度量用于指导机器学习模型进行模型参数(parameters)求解，这一过程称为训练(training)。训练的目的是能够使得性能度量准则在给定数据集上达到最优。

模型的一些参数不能在训练时自动优化，而是需要在训练之前调整设置，这些参数称为超参数(hyperparameters)。训练一个机器学习模型往往需要对大量的参数进行反复调整或者搜索，称这一过程为调参(tuning)。

6.1.2 统计与机器学习

机器学习以统计机器学习为主,通过处理样本来学习知识。严格地说,样本(instance)是指我们从某些对象或时间中收集到的量化特征的集合。特征(feature)可以是人的身高、体重,也可以是图像中某个像素的 RGB 值。通常样本会被表示为向量 $\boldsymbol{x} \in \mathbb{R}^n$,其中每个分量 x_i 表示一个特征。

样本的集合称为数据集(data set)。1936 年,英国统计学家费希尔(Ronald Fisher)提出了鸢尾花数据集(iris data set),其中记录了 150 朵鸢尾花的花瓣和花萼尺寸。图 6-2 为一朵鸢尾花。

图 6-2 鸢尾花

图 6-3 以表格形式展示了鸢尾花数据集,表格的 7 列分别表示样本序号、花萼长度(sepal length)、花萼宽度(sepal width)、花瓣长度(petal length)、花瓣宽度(petal width)、物种名称(species)以及物种 ID。这些鸢尾花分别属于山鸢尾(setosa)、杂色鸢尾(virginica)和维吉尼亚鸢尾(versicolor),每种 50 朵。

	花萼长度	花萼宽度	花瓣长度	花瓣宽度	物种名称	物种名称ID
0	5.1	3.5	1.4	0.2	setosa	1
1	4.9	3.0	1.4	0.2	setosa	1
2	4.7	3.2	1.3	0.2	setosa	1
3	4.6	3.1	1.5	0.2	setosa	1
4	5.0	3.6	1.4	0.2	setosa	1
⋮	⋮	⋮	⋮	⋮	⋮	⋮
145	6.7	3.0	5.2	2.3	virginica	3
146	6.3	2.5	5.0	1.9	virginica	3
147	6.5	3.0	5.2	2.0	virginica	3
148	6.2	3.4	5.4	2.3	virginica	3
149	5.9	3.0	5.1	1.8	virginica	3

150 rows × 6 columns

图 6-3 鸢尾花数据集

分别以花萼长度、花萼宽度、花瓣长度和花瓣宽度作为横轴或纵轴可以绘制出 16 幅散点图。这些散点图以 4×4 的方式排列,如图 6-4 所示。鸢尾花数据集是机器学习中使用最广泛的数据集之一,其他常用数据集如垃圾短信数据集等,在后文提及时会进行更加详细的介绍。

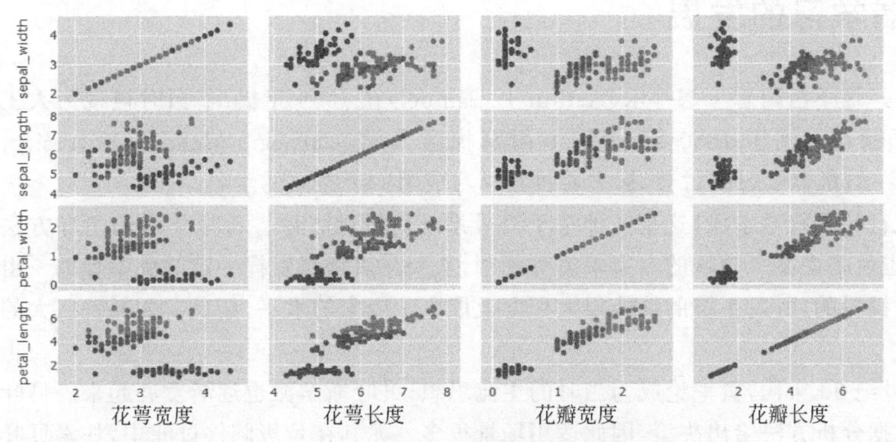

图 6-4 鸢尾花花瓣宽度可视化

6.1.3 机器学习范式

为了方便对机器学习模型以及机器学习所解决的问题进行研究和归类,人们定义了一系列学习范式。

监督学习(supervised learning)算法研究的是如何挖掘输入变量与输出变量之间的关系,这就要求数据集中为每个样本提供了对应的期望输出。样本对应的期望输出称为标签(label)或目标(target)。"监督"一词来源于这样的视角:假设监督学习相当于一位隐形的老师为模型提供任务,指导其学习。目标可以通过自动收集获取,也可以由人工标注。

在无监督学习(unsupervised learning)中,算法必须学会在没有指导的情况下理解数据。无监督学习的目标是学习数据集上有用的结构性质,例如学习数据的分布。由于不需要在数据集中提供目标,所以无监督学习的成本低于监督学习。

监督学习和无监督学习之间的界限并不明确,在一些生成任务中就可以用监督学习的方法解决无监督学习问题。尽管如此,将一个问题粗略地分为有监督或无监督的确有助于我们的研究。一般来说,监督学习解决分类和回归问题,一个典型的例子是基于鸢尾花数据集,学习如何对鸢尾花进行分类;无监督学习则包括降维、聚类、密度估计等问题。

除了监督和无监督,学习范式的其他变种也是可能的。例如,半监督学习(semi-supervised learning)中,一些样本被标注了目标,但其他样本没有;在多实例学习中,样本的集合被标记为含有或者不含有某类样本,但是集合中每个单独样本是没有标记的。

强化学习(reinforcement learning)模型甚至不是训练于一个固定的数据集上,而是通过与环境的交互获得反馈,从而更新其决策方法。如图 6-5 所示,模型可以在环境中采取行动(action),环境(environment)会借由模拟器(simulator)为模型提供奖励(reward)和状态(state)信息。

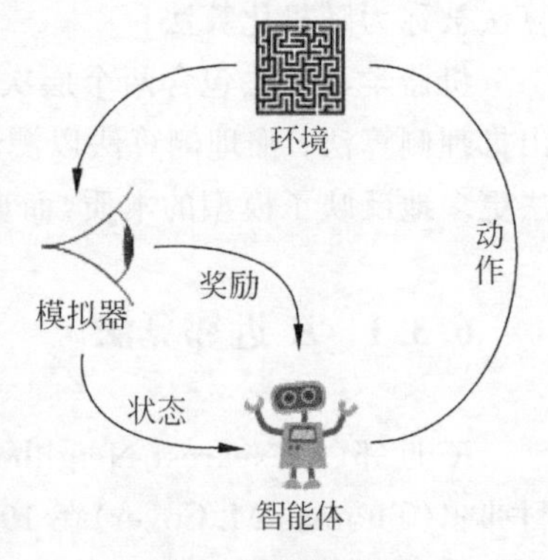

图 6-5 强化学习

6.2 机器学习的发展

“机器学习”最早由阿瑟·塞缪尔(Arthur L. Samuel)在1959年提出,当时被视为人工智能的一个子领域。到了1980年,美国卡耐基梅隆大学(Carnegie Mellon University,CMU)召开第一届机器学习研讨会,标志着机器学习成为一个独立的学习。

最开始流行的是符号学派,这是一种基于符号系统的推理方法。符号学派的主导方法是知识工程,也就是由某个领域的专家来编写规则,从而在该领域发挥一定的决策辅助。由于规则是人工设置的,所以系统的性能很大程度上取决于专家的水平,而且需要耗费巨大的精力。

到了20世纪90年代,概率论成为当时的主流思想,贝叶斯学派也逐渐发展起来。贝叶斯学派借助数据分析方法给出决策,因此适用场景很多。尤其在垃圾邮件过滤中,朴素贝叶斯分类器展现出了极强的学习能力。

与此同时,新生的支持向量机也大放异彩,与之对应的学派称为类推学派。这一学派更多地关注心理学和最优化,通过外推来进行相似性判断。抖音所使用的推荐算法就是类推学派的示例之一。

连接学派虽然诞生于1958年,但是中间经历了几次跌宕起伏。直到2012年AlexNet的提出,才将连接学派重新拉回到机器学习的舞台。事实上,连接学派现在已经蓬勃发展了多年,甚至衍生出了一个子领域——深度学习。

进化学派是另一个在机器学习领域影响深远的学派,它希望将进化的过程应用到计算机算法中。遗传算法和元胞自动机是这个学派的代表方法。

6.3 机器学习算法

在数学和计算机科学中,算法被定义为一系列计算步骤。算法的运行从一个初始状态和输入开始,经过一系列有限的步骤,最终产生输出。关于算法的一个简单的例子是辗转相除法,它的输入是两个自然数,输出是这两个数的最大公因数。算法运行过程中,总是用两个数的差值取代较大者,直到有一个数字减少为0。可以证明,对于任意一组合法的输入,辗转相除法总能在有限时间内给出结果。值得注意的是,算法的步骤可以是随机的,这样的算法被称为随机化算法。

机器学习算法包含两个层次:训练侧和推理侧。训练侧算法以训练数据作为输入,输出推理侧算法;推理侧算法以测试数据作为输入,输出推理结果。在许多情况下,推理侧算法更多地反映了模型的本质,而训练侧算法则是针对推理侧算法提出的。

6.3.1 *K* 近邻算法

K 近邻(*K*-Nearest Neighbor,KNN)是一种常用的分类或回归算法,由美国信息学家科弗尔(Thomas M. Cover)在1967年提出。*K* 近邻算法的思想是通过在训练集中检索与新样本最相似的若干个样本,来预测新样本的类别或属性。例如,图6-6展示了鸢尾花的花

瓣和花萼尺寸之间的关系。假设我们在野外遇到了一朵鸢尾花，测量发现这朵花的花萼宽度为 3.25cm，花瓣宽度为 1.4cm，如何估计这朵花的种类呢？K 近邻算法可能会找到与这朵花最相似的样本（花萼宽度 3.2cm，花瓣宽度 1.4cm），查询其种类（versicolor），并认定我们遇到的花也是同种类。

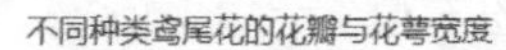

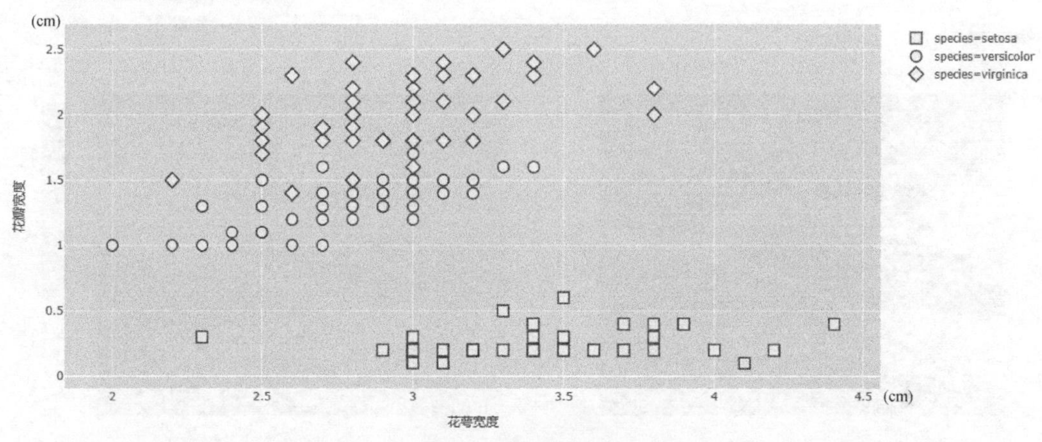

图 6-6　鸢尾花数据集

作为最简单的机器学习模型之一，K 近邻算法不需要训练。对于一个给定的样本集合 S 和一个需要进行预测的样本 x，K 近邻算法首先从 S 中找到与 x 最接近的 k 个样本，然后通过投票法选择这 k 个样本中出现次数最多的类别作为 x 的预测结果。对于回归问题，K 近邻算法同样找到与 x 最接近的 k 个样本，然后对这 k 个样本的标签求平均，从而得到 x 的预测结果。图 6-7 展示了 K 近邻算法应用在鸢尾花数据集上的结果。其中颜色越浅表示模型对分类结果越不确定，显示出决策边界的位置。关于 K 近邻算法有三个方面值得研究，分别是 k 值的选取、距离的度量以及如何快速地进行 k 个近邻的检索。

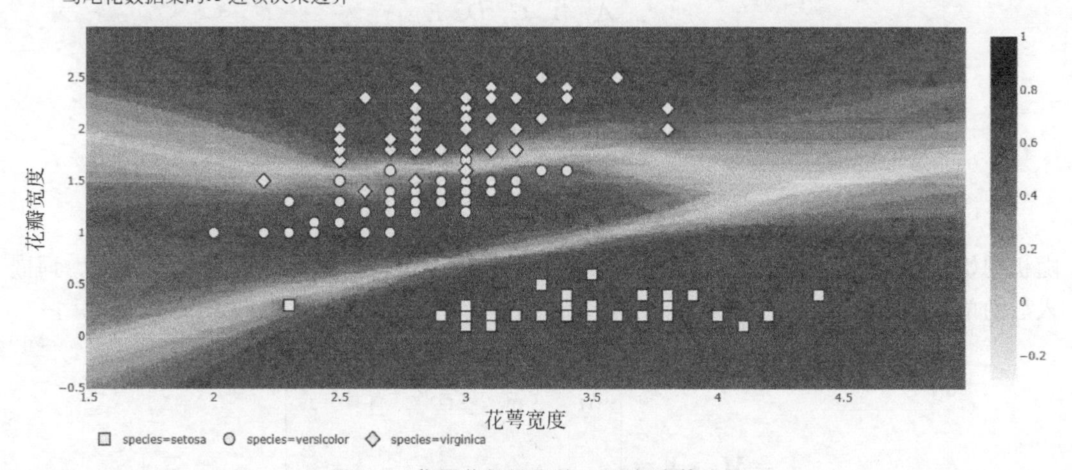

图 6-7　鸢尾花数据集的 K 近邻决策边界

投票法的准则是少数服从多数，所以当 k 值很小时，得到的结果就容易产生偏差。最近邻算法是这种情况下的极端，也就是 $k=1$ 时的 K 近邻算法。最近邻算法中，样本 x 的预测结果只由训练集中与其距离最近的那个样本决定。如果 k 值选取较大,则可能会降低模型整体的置信度,进而将大量其他类别的样本包含进来。极端情况下,模型会将整个训练集的所有样本都包含进来,同样可能造成预测错误。这两种情况下的决策边界如图 6-8 所示。由于最近邻算法中不同位置处的置信度相同,无法观察决策边界,所以图 6-8(a)仅展示了 $k=2$ 时的情况。一般情况下,可通过交叉验证等方法来挑选最佳的 k 值。

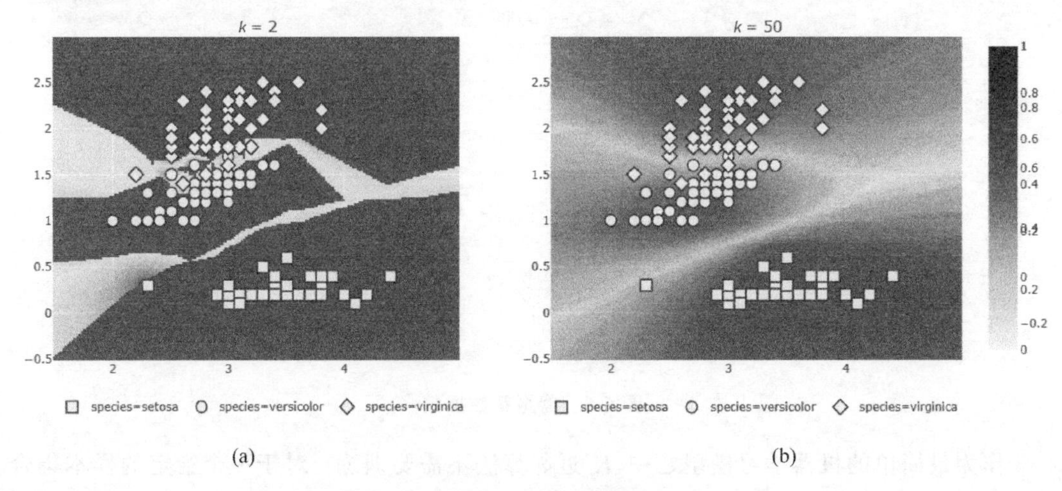

(a) (b)

图 6-8 k 值的选取

对于距离度量,一般使用欧氏距离直接对连续变量度量,对于离散变量,可以先将其连续化,然后再使用欧氏距离进行度量。词嵌入(word embedding)是自然语言处理领域常用的一种对单词进行编码的方式。词嵌入首先将离散变量进行热独(one-hot)编码,假定共有 5 个单词 $\{A,B,C,D,E\}$,则对 A 的热独编码为 $(1,0,0,0,0)^{\mathrm{T}}$,B 的热独编码为 $(0,1,0,0,0)^{\mathrm{T}}$,其他单词类似。编码后的单词用矩阵表示为

$$\boldsymbol{X}=\begin{array}{c} \begin{matrix} A & B & C & D & E \end{matrix} \\ \begin{pmatrix} 1 & 0 & 0 & 0 & 0 \\ 0 & 1 & 0 & 0 & 0 \\ 0 & 0 & 1 & 0 & 0 \\ 0 & 0 & 0 & 1 & 0 \\ 0 & 0 & 0 & 0 & 1 \end{pmatrix} \end{array}$$

随机初始化一个用于词嵌入转化的矩阵 $\boldsymbol{M}_{d\times 5}$,其中每一个 d 维向量表示一个单词。词嵌入后的单词用矩阵表示为

$$\boldsymbol{E}=\boldsymbol{M}_{d\times 5}\boldsymbol{X}=\begin{array}{c} \begin{matrix} A & B & C & D & E \end{matrix} \\ \begin{pmatrix} x_{11} & x_{12} & x_{13} & x_{14} & x_{15} \\ x_{21} & x_{22} & x_{23} & x_{24} & x_{25} \\ \vdots & \vdots & \vdots & \vdots & \vdots \\ x_{d1} & x_{d2} & x_{d3} & x_{d4} & x_{d5} \end{pmatrix} \end{array}$$

矩阵 $\boldsymbol{E}$ 中的每一列是相应单词的词嵌入表示,d 是一个超参数,$\boldsymbol{M}$ 可以通过深度神经网络

在其他任务上进行学习,之后就能用词嵌入后的向量表示计算内积用以表示单词之间的相似度。对于一般的离散变量同样可以采用类似词嵌入的方法进行距离度量。

当训练集合的规模很大时,如何快速地找到样本 x 的 k 个近邻成为计算机实现 K 近邻算法的关键。一个朴素的思想是:

(1) 计算样本 x 与训练集中所有样本的距离。

(1) 将这些点依据距离从小到大进行排序选择前 k 个。

该算法的第(2)步可以用现有算法优化,而不必对所有距离都进行排序。一个更为可取的方法是为训练样本事先建立索引,以减少计算的规模。该树是一种典型的存储 k 维空间数据的数据结构,给定新样本可以在树上进行检索,从而大大降低检索 k 个近邻的时间,特别是当训练集的样本数远大于样本的维度时。

6.3.2 线性回归

回归分析(regression analysis)是统计学中用于分析数据的一种方法。与 K 近邻算法不同,回归分析试图找到输出变量与一个或多个输入变量之间的关系。“回归”一词最早由英国科学家费朗西斯·高尔顿(Francis Galton)提出,用于描述子代高度趋于种群均值的生物学现象。1875 年,高尔顿托他在不同地区的朋友采集了 7 组不同尺寸的豌豆,并将这些豌豆和它们的子代进行比较。他发现,较大豌豆的子代会稍小一些,较小豌豆的子代会稍大一些。也就是说,子代的尺寸在一定程度上遗传了父代,但同时也在朝着种群均值的方向改变,这种现象被称为向平均回归。

对于高尔顿,回归的概念仅限于遗传学。但随着费希尔等人的研究,回归与最小二乘法之间的联系逐渐显露出来。最小二乘法最初由马里·勒让德(Marie Legendre)和高斯独立发明,但目前广泛使用的是高斯在 1821 年改进后的版本,因此一般认为高斯是最小二乘法的发明人。另外,高斯还证明最小二乘法是所有线性无偏估计器中方差最小的。

图 6-9 展示使用普通最小二乘法(Ordinary Least Square, OLS)实现线性回归的结果。图中的 244 个点分别代表某位服务员在几个月时间里收到的小费记录。尽管数据分布很杂乱,我们还是能从中分析出一些有用的信息,例如顾客消费大多数在 5～50 元;小费金额大多在 8 元以下等。但是如果我们想要回答下面的问题,这些简单的结论就不够用了:

(1) 当我消费 39.42 元时,支付多少小费比较合适?

(2) 如果我身上只有 50 元,为了支付足够的小费,我最多消费多少元?

图 6-9 中的拟合直线可以回答这些问题。这条直线的方程是

$$y=0.105x+0.920 \tag{6-1}$$

其中,x 表示总费用(包括消费和小费),y 表示小费。根据这个公式,当总费用为 50 元时,一般需要支付 6.17 元小费,因此最多消费 43.83 元。同理,我们可以计算得到消费和小费的比例约为 0.1173,而且无论消费多少都应当至少支付 1.03 元小费。所以当消费金额为 39.42 元时,小费约为 5.65 元。

下面来看看这条直线究竟是如何计算出来的。二维平面的直线方程为

$$y=kx+b \tag{6-2}$$

因此只要确定了斜率 k 和截距 b 就能得到一条拟合直线了。假设第 i 个样本的总费用为 x_i

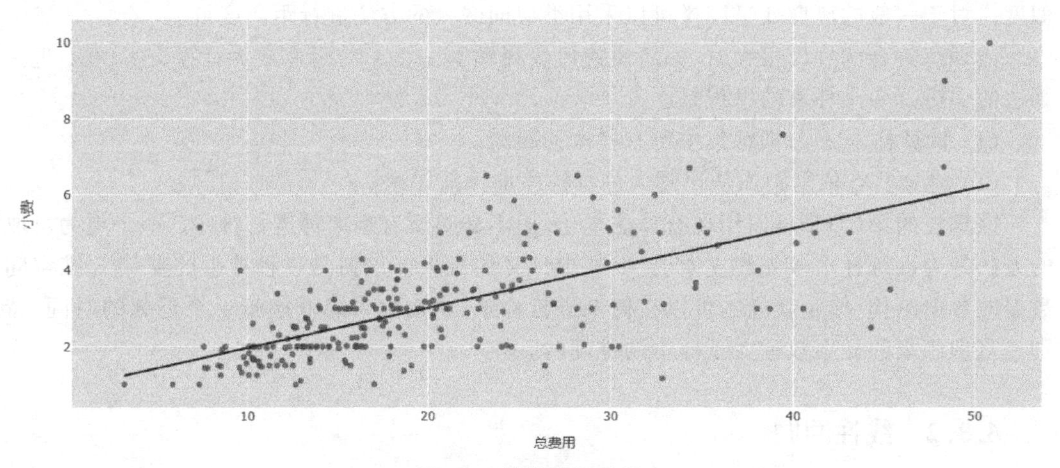

图 6-9 线性回归示例

元,其中 y_i 元是小费,最小二乘法的思路是使所有样本到拟合直线的总距离最小。这里所说的距离并不是传统意义上的欧氏距离,而是拟合直线预测结果和真实值之间误差的平方。举例来说,某个样本的总消费为 32.83 元,式(6-1)建议支付 4.37 元小费,但实际上那位客人只付了 1.17 元小费,这时误差就是 3.20 元。误差可以被形式化地表示为下面的形式:

$$\varepsilon_i = y_i - kx_i - b \tag{6-3}$$

如果模型高估了小费,则误差为正,反之为负。我们的终极目标是从模型中得到准确的预测,所以误差过大或过小都是不好的,只有当误差的平方接近 0 时,才是我们所希望的。因此我们的目标其实是求解式(6-4),则

$$k, b = \min_{k,b} \sum_{i=1}^{224} \varepsilon_i^2 = \min_{k,b} \sum_{i=1}^{224} (y_i - kx_i - b)^2 \tag{6-4}$$

式(6-4)中,优化项 $\sum_{i=1}^{224}(y_i - kx_i - b)^2$ 被称为损失函数(cost function)或代价函数(loss function)。通过最小化代价函数就可以得到模型的最优解。最优化理论中,目标函数(objective function)是需要被优化的函数,优化的方向可以是最大化也可以是最小化。因此代价函数实际上是目标函数的一种。

通过对式(6-4)中 k 和 b 分别求偏导可以得到

$$\begin{cases} k = \dfrac{\overline{xy} - \bar{x}\bar{y}}{\overline{x^2} - \bar{x}^2} \\ b = \bar{y} - k\bar{x} \end{cases} \tag{6-5}$$

其中,$\bar{\cdot}$ 表示均值。尽管看起来十分复杂,但模型内所有运算的复杂度都不高,使得线性回归一直是机器学习领域最简单高效的模型之一。

更进一步,如果我们想要通过总消费和就餐人数这两个输入来预测小费应该怎么做呢?为了使结论更加通用,不妨设输入 $\boldsymbol{x}_i = (x_i^1, x_i^2, \cdots, x_i^n, 1)^{\mathrm{T}}$,其中 n 表示输入特征的个数,在这个例子中取 2。需要注意的是,上标并不是指数,仅仅是为了区分不同的输入特征。之

所以在输入向量的最后加入常数1，是为了简化超平面方程的形式。

$$\boldsymbol{y}=\boldsymbol{\omega}^{\mathrm{T}}\boldsymbol{x} \tag{6-6}$$

其中，$\boldsymbol{\omega}$ 为参数。对应到式(6-2)可以发现，$\boldsymbol{\omega}$ 相当于 k 和 b 的结合体，所以现在我们只需要估计这一个参数就可以了。通过类似的求解过程可以得到

$$\boldsymbol{\omega}=(\boldsymbol{X}^{\mathrm{T}}\boldsymbol{X})^{-1}\boldsymbol{X}^{\mathrm{T}}\boldsymbol{Y} \tag{6-7}$$

其中，$\boldsymbol{X}$ 为样本的增广矩阵，$\boldsymbol{Y}$ 为对应的标签向量。

$$\boldsymbol{X}=\begin{pmatrix} x_1 \\ x_2 \\ \vdots \\ x_m \end{pmatrix},\quad \boldsymbol{Y}=\begin{pmatrix} y_1 \\ y_2 \\ \vdots \\ y_m \end{pmatrix} \tag{6-8}$$

式(6-7)称为正规方程(normal equation)。这种输入多个特征进行预测的模型称为多元线性回归；与之相对，式(6-5)所示的模型一般称为一元线性回归。

有了多元线性回归，我们甚至可以拟合非线性数据。举例来说，如果数据服从式(6-9)

$$y=\omega_1 x+\omega_2 \log x \tag{6-9}$$

那么可以将 x 视为第一个输入特征，将 $\log x$ 作为第二个输入特征。也就是说，样本的增广矩阵为

$$\boldsymbol{X}=\begin{pmatrix} x_1 & \log x_1 & 1 \\ x_2 & \log x_2 & 1 \\ \vdots & \vdots & \vdots \\ x_m & \log x_m & 1 \end{pmatrix} \tag{6-10}$$

特别地，当数据服从多项式函数时，多元线性回归也被称为多项式回归。

高斯马尔可夫定理保证在给定经典线性回归的假定下，最小二乘估计量是具有最小方差的线性无偏估计量。所谓经典线性回归的假设，即指每个样本的误差 ε_i 之间不相关，且具有相同方差和0均值。

6.3.3　逻辑回归

另一种常用的回归分析工具是逻辑回归。线性回归可以用来预测连续值，而对于离散值则需要使用逻辑回归。最简单的逻辑回归使用逻辑函数(logistic function)拟合二元随机变量，其中逻辑函数也称为Sigmoid函数，其方程为

$$f(x)=\frac{1}{1+\exp(-x)} \tag{6-11}$$

如图6-10所示，Sigmoid函数呈S形，在负无穷方向趋近于0，在正无穷方向趋近于1。因此，Sigmoid函数可以用来拟合概率分布。具体来说，假设自变量表示某个特征，因变量表示某个事件发生的概率，就可以使用Sigmoid函数来建模。

图6-11展示了逻辑回归在预测鸢尾花种类时的作用。这里我们仅使用了花萼宽度来区分setosa和virginica。可以看到，当花萼宽度在0.75以下时，函数值在0.2以下，说明鸢尾花很可能是setosa；反之，当花萼宽度在1.25以上时，函数值在0.7以上，说明鸢尾花很

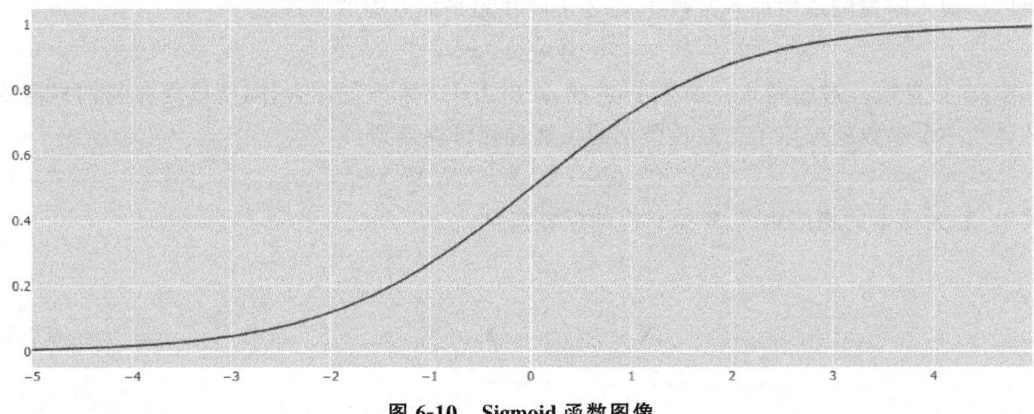

图 6-10 Sigmoid 函数图像

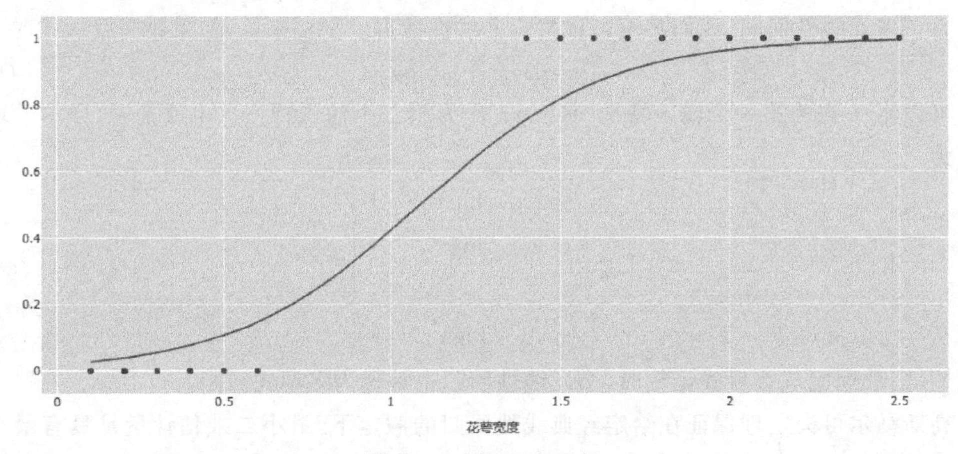

图 6-11 逻辑回归示例

可能是 virginica。随着鸢尾花花萼宽度的增加,函数值越趋近于 1,意味着模型越是不确定,样例属于 virginica。

模型是如何使用 Sigmoid 函数实现拟合的?直观上就是通过平移、对称和压缩函数,使函数值和样本真实值之间的距离最小。为了实现这些操作,模型引入了两个参数 k 和 b。从推理侧的角度来看,只要参数确定了,就可以通过式(6-12)计算概率

$$f(x)=\frac{1}{1+\exp(-kx-b)} \tag{6-12}$$

训练侧算法使用了梯度下降,该算法会在深度学习中做进一步介绍。结合式(6-12),我们可以求解 $f(x)=0.5$,方程的解称为决策边界(decision boundary)。

为了说明对数回归的合理性,设花萼宽度为 x 时,样本属于 virginica 的概率为 p,则逻辑回归模型等价于

$$\ln\frac{p}{1-p}=kx+b \tag{6-13}$$

等式左侧被称为对数几率,与概率 p 正相关。因此逻辑回归模型本质上是通过线性回归模型预测二元随机变量的对数几率。

图 6-11 中，我们可以找到一个花萼宽度 x_0（例如在图 6-12 中横轴取 1 处），使得所有 setosa 样本的花萼宽度小于 x_0，而所有 virginica 样本的花萼宽度大于 x_0，这样的样本集是线性可分的。但是在实际应用中，许多样本集是线性不可分的，也就是不存在这样一个决策边界，使相同类别的样本恰好位于决策边界的一侧。图 6-12 就是线性不可分样本集的一个例子。噪声是造成样本集线性不可分的主要原因之一，但是由于逻辑回归模型的预测目标是概率，所以对噪声具有一定的包容能力。如图 6-12 所示，仅凭花萼宽度来判断鸢尾花属于 versicolor 还是 virginica 是很困难的，因为我们同时观测到了花萼宽度在 1.4～1.6 的 versicolor 和 virginica 样本。但是逻辑回归模型仍然可以给出较为合理且准确的预测结果。

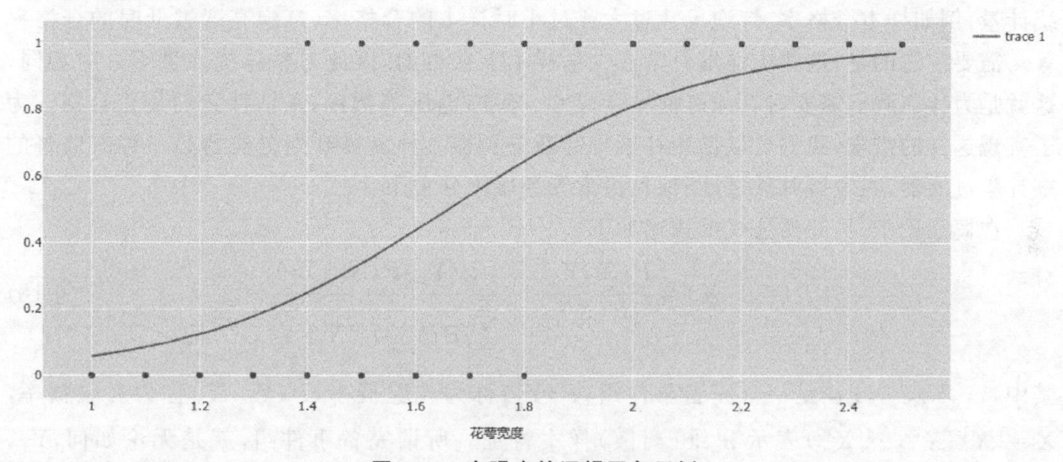

图 6-12 有噪声的逻辑回归示例

6.3.4 朴素贝叶斯分类器

对于工厂生产的某一批灯泡，质检部门希望检测其合格率。设 m 表示产品总数，随机变量 $X_i \in \{0,1\}$ 表示编号为 i 的产品是否合格。由于这些产品都是同一批生产的，不妨假设

$$X_1, X_2, \cdots, X_m \overset{\text{i.i.d.}}{\sim} \text{Bern}(p) \tag{6-14}$$

其中，p 表示产品合格的概率，也就是质检部门希望得到的数据。通俗来讲，就是我们希望通过抽检一些灯泡，来测试这批灯泡的合格率。根据经典概率模型，我们可以很自然地写下这样的公式：

$$p \approx \frac{1}{m}\sum_{i=1}^{m} X_i \tag{6-15}$$

但是，式(6-15)为什么成立？这就需要使用极大似然估计来证明。

首先，定义样本的联合概率为

$$P(X_1 = x_1, X_2 = x_2, \cdots, X_m = x_m) = \prod_{i=1}^{m} P(X_i = x_i) = \prod_{i=1}^{m} p^{x_i}(1-p)^{1-x_i} \tag{6-16}$$

其中，x_i 表示样本是否合格。极大似然估计的思想是：找到这样一个参数 p，它使所有随机变量的联合概率最大。对于只抽检了一个样本的情况，联合概率为

$$p^x(1-p)^{1-x} \tag{6-17}$$

如果样本合格，则 $x=1$，联合概率取 p。根据极大似然估计的思想，只有当 $p=1$ 时，联合概率取最大，所以灯泡合格的概率为1。反之，如果样本不合格，则灯泡合格的概率为0。进一步将这种思想扩展到抽检多个样本的情况，即可证明式(6-15)。可以看出，极大似然估计是由结果到原因的逆向推理。这种估计方法认为，我们之所以观测到有些样本合格，有些样本不合格，是因为这种情况发生的概率最大。举例来说，当 $p=0.6$ 时，抽检100个样本中出现恰好40个次品的概率最大，所以如果出现了40个次品，那么 p 很可能是0.6。

考虑这样的情景，我们希望在不破坏灯泡的情况下预测它是否合格，因此只能测量灯泡的尺寸、亮度、电压等指标。通过在少量样本上应用极大似然估计，我们可以计算出一系列统计量，例如样本合格率、灯泡尺寸过大或过小时样本的合格率、灯泡亮度过低时的合格率等。需要注意的是，这些统计量只是在少量样本上获得的，因此与整体统计量不一定相同，这就是为什么我们需要对其他灯泡测量尺寸、亮度、电压等指标，来估计它们是否合格。为了实现这样的需求，我们可以使用朴素贝叶斯分类器。朴素贝叶斯分类器是一种有监督的统计学过滤器，在垃圾邮件过滤、信息检索等领域十分常用。

在概率论中，贝叶斯公式的描述如下：

$$P(Y_i \mid X)=\frac{P(X,Y_i)}{P(X)}=\frac{P(Y_i)P(X \mid Y_i)}{\sum_{j=1}^{K}P(Y_j)P(X \mid Y_j)} \tag{6-18}$$

其中，$Y_1,Y_2,\cdots,Y_K$ 是一个完备事件组，$P(Y_i)$ 称为先验概率，$P(Y_i|X)$ 称为后验概率，$X=(X^1,X^2,\cdots,X^n)$ 表示 n 维（离散）样本特征。所谓完备事件组，就是无论如何，Y_1，Y_2，$\cdots$，Y_K 中一定有一个事件会发生。在上面的例子中，灯泡合格或不合格，这两个事件就构成了一个完备事件组。灯泡的尺寸、亮度、电压构成了样本的三个特征。

只要能计算出 $P(Y_i|X)$ 的值，就可以选择使之最大的 Y_i 作为预测结果。例如，在测量了灯泡的所有特征后，计算出灯泡合格的概率为0.4，则模型的预测结果为灯泡不合格。但事实上，我们并不需要知道 $P(Y_i|X)$ 的确切大小，只需要知道哪个 Y_i 对应的 $P(Y_i|X)$ 最大即可。因为式(6-18)中 $P(X)$ 与 Y_i 无关，所以实际只需要求出每个 Y_i 对应的

$$P(X,Y_i)=P(Y_i)P(X \mid Y_i) \tag{6-19}$$

即可。在前文中，我们已经介绍了基于极大似然估计求 $P(Y_i)$ 和 $P(X|Y_i)$ 的方法，因此式(6-19)可解。

至此，朴素贝叶斯分类器的雏形已经构建出来了。但是如果将这种形式的朴素贝叶斯分类器应用到实际问题中，可能会遇到这样的问题：一旦某个样本特征的值在训练过程中没有出现过，模型就会将所有 $P(Y_i|X)$ 预测为0。回看式(6-18)会发现，对于训练过程中没有出现过的样本特征，极大似然估计得到的 $P(X)$ 和 $P(X,Y_i)$ 都是0，从而导致模型崩溃。例如，灯泡有两种规格，分别是5V和10V，但是训练时遇到的样本恰巧都是5V。因为模型在训练过程中从未见过10V的灯泡，所以完全不知道如何预测。这种情况在训练集较小时尤为明显。

本质上，出现这个问题的根本原因是模型没有考虑到未知样本特征值出现的可能性。为了避免这样的问题，实际应用中常采用平滑处理，典型的平滑处理就是拉普拉斯平滑。举例来说，在训练集的全部10个不合格灯泡中估计电压分布时，如果没有出现过10V样本，

模型会认为 10V 样本出现的概率为 0。拉普拉斯平滑将这一概率提升至 1/(10+2)≈0.083。分子的 1 表示 10V 是所有可能电压中的一个，分母的 2 表示可能电压共有两种。

总的来说，朴素贝叶斯分类器的性能很好。虽然贝叶斯公式的应用隐式假设样本特征之间相互独立，这一假设非常强，以至于几乎不可能满足。但是在实际应用中，朴素贝叶斯分类器往往表现良好，特别是在垃圾邮件过滤、信息检索等场景下。

6.3.5　决策树

一本书往往包含若干章，每章又可以分为若干节，每节又可以进一步细分。这样的层级数据在计算机科学中常用树结构表示，如图 6-13 所示。树结构从一个根节点(root node)出发，逐渐延伸出其他节点。根据一个节点是否延伸出其他节点，可以将树的所有节点分为叶子节点(leaf node)和非叶节点。当节点 a 延伸出节点 b 时，就称 a 是 b 的父节点，b 是 a 的子节点。决策树是以一种基于树结构的决策算法，树中每个非叶节点对应一个判断条件，每个叶子节点对应一个类别。

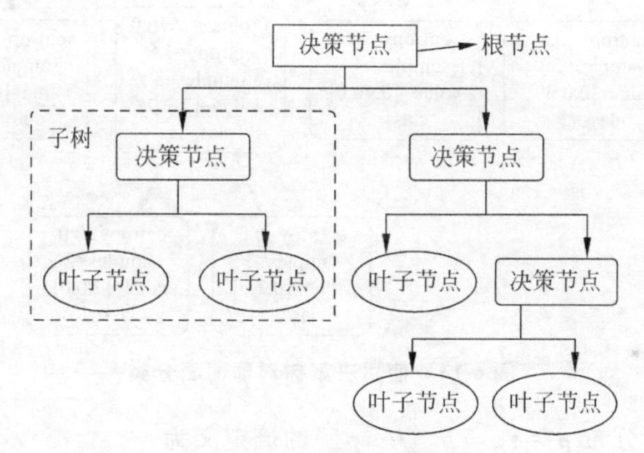

图 6-13　决策树示例

图 6-14 展示了一个使用决策树对葡萄酒进行分类的例子。图中的每个非叶节点包含 5 个数据，分别是决策条件、熵(entropy)、样本数(samples)、每个类别中样本的个数(value)、类别名称(class)。这些数据的含义会在后文中进一步介绍。在使用决策树时，首先从根节点开始，判断样本需要转移到哪个子节点。直到样本被转移到一个叶子节点时，算法结束运行，并输出该叶子节点的类别，作为样本所属类别的预测值。

决策树的思想非常简单：给定一个样本集合，其中的每个样本由若干属性表示，决策树通过贪婪策略不断挑选最优的属性。对于离散属性以不同的属性值作为节点；对于连续属性，以属性值的特定区分割点作为节点。将每个样本划分到不同的子树，再在各棵子树上递归对子树上的样本进行划分，直到满足一定的终止条件为止。

决策树构建的关键在于每次划分子树时，选择哪个属性特征进行划分。信息论中，熵用于描述随机变量分布的不确定性。对于离散型随机变量 X，假设其取值有 n 个，分别是 x_1，x_2，…，x_n，用频率表示概率，随机变量的概率分布为

$$p_i = P(X = x_i) = \frac{N_i}{N} \tag{6-20}$$

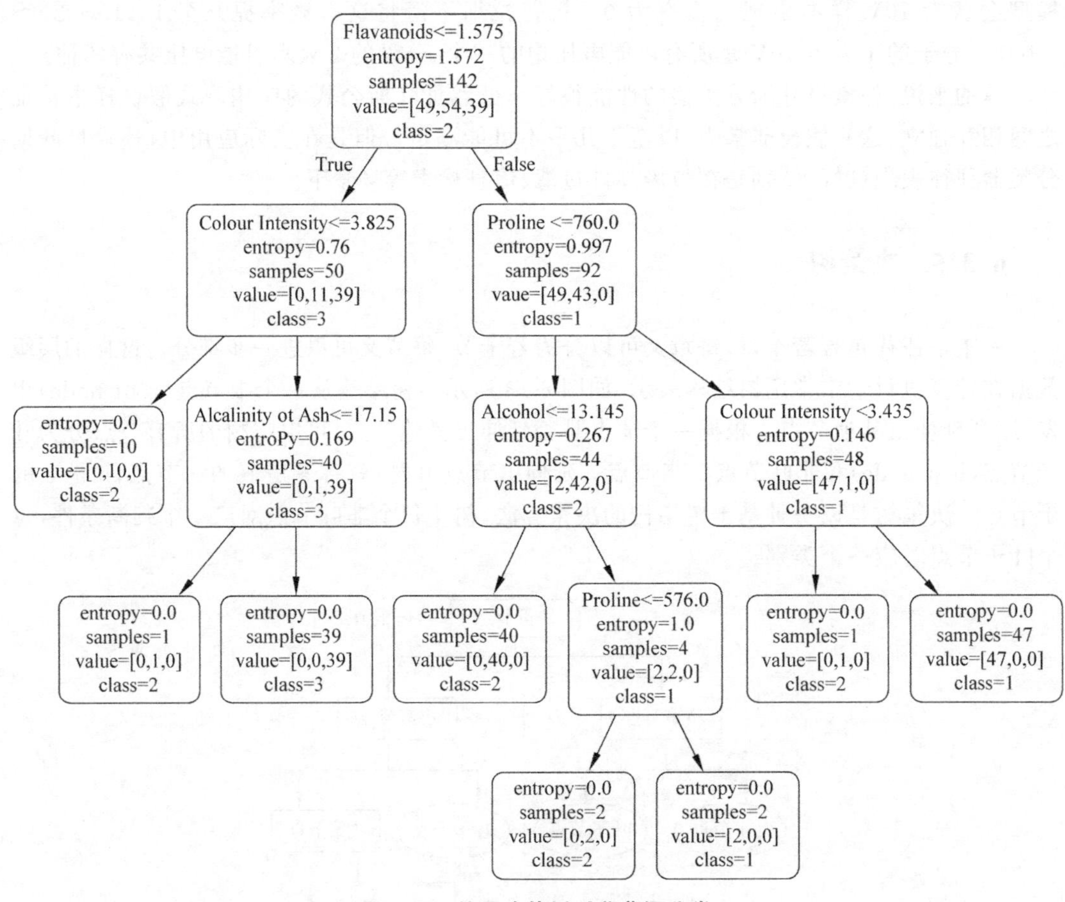

图 6-14　使用决策树对葡萄酒分类

则 X 的熵，也即概率分布 $\boldsymbol{p}=\{p_1,p_2,\cdots,p_n\}$ 的熵定义为

$$H(X)=H(\boldsymbol{p})=\sum_{i=1}^{n}p_i\log\frac{1}{p_i}=-\sum_{i=1}^{n}p_i\log p_i \tag{6-21}$$

给定离散型随机变量(X, Y)，假设 X 和 Y 的取值个数分别为 n 和 m，则其联合概率分布为

$$p_{ij}=P(X=x_i,Y=y_j)=\frac{N_{ij}}{N} \tag{6-22}$$

其中，N_{ij} 表示 $X=x_i$ 且 $Y=y_j$ 的样本数目。边缘概率分布为

$$p_{i\cdot}=P(X=x_i)=\sum_{j=1}^{n}p_{ij}=\frac{N_i}{N} \tag{6-23}$$

其中，N_i 表示 $X=x_i$ 的样本数目。定义给定 X 的条件下 Y 的条件熵为

$$H(Y\mid X)=\sum_{i=1}^{n}p_iH(Y\mid X=x_i) \tag{6-24}$$

根据上面对熵及条件熵的介绍，就可以引入信息增益的概念。信息增益是最早用于决策树模型的特征选择指标，也是ID3算法的核心。对于给定样本集合 $D=\{(\boldsymbol{x}_1,y_1),(\boldsymbol{x}_2,y_2),\cdots,(\boldsymbol{x}_N,y_N)\}$，设 $y_i\in\{c_1,c_2,\cdots,c_K\}$，$A^i$ 为数据集中任一属性变量。使用属性 A^i

进行数据集划分获得的信息增益(information gain)定义为

$$G(D,A^i)=H(D)-H(D\mid A^i) \tag{6-25}$$

除了信息增益以外,还有两种用于划分节点的指标,分别是信息增益比(information gain ratio)和基尼指数(Gini index),使用这两种指标的算法称为 C4.5 和 CART。尽管这些指标在形式上有所不同,但是其核心思想都是尽可能合理地进行节点拆分。

由于决策树的强大建模能力,在训练集上生成的决策树容易产生过拟合的问题,需要对决策树进行剪枝以降低模型的复杂度,提高泛化能力。剪枝分为预剪枝和后剪枝,预剪枝在构建决策树的过程进行,而后剪枝则在决策树构建完成之后进行。

对决策树进行预剪枝时一般通过验证集进行辅助。每次选择信息增益最大的属性进行划分时,首先在验证集上对模型进行测试,如果划分之后能够提高验证集的准确率,则进行划分;否则,将当前节点作为叶节点,并以当前节点包含的样本中出现次数最多的样本作为当前节点的预测值。由于决策树本身是一种贪婪策略,并不一定能够得到全局的最优解。使用预剪枝的策略容易造成决策树的欠拟合。

对于一棵树,其代价函数定义为经验损失和结构损失两个部分:经验损失是指模型是对模型性能的度量,结构损失是对模型复杂度的度量。根据奥卡姆剃刀原则,决策树模型性能应尽可能高,复杂度应尽可能低。经验损失可以使用每个叶节点上的样本分布的熵之和来描述,结构损失可以用叶节点的个数来描述。设决策树 T 中叶节点的数目为 T,代价函数的形式化描述如下:

$$J(T)=\sum_{i=1}^{T}N_iH_i(T)+\lambda\mid T\mid \tag{6-26}$$

其中,N_i 表示第 i 个叶节点中样本的数目;$H_i(T)$为对应节点上的熵。自底向上剪枝的过程中,对所有子节点均为叶节点的子树,如果将某个子树进行剪枝后能够使得代价函数变小且在所有子树中最小,则将该子树剪去,然后重复这个剪枝过程直到代价函数不再变小为止。

显然,剪枝开始时,剪枝后的树由于叶节点的数目$|T|$会减少,决策树的复杂度会降低。而决策树的经验误差 $\sum_{i=1}^{T}\mid N_i\mid H_i(T)$ 则可能会提高,此时决策树的结构损失占主导地位。代价函数的值首先会降低,到达某一个平衡点后,代价函数越过这个点,模型的经验风险会占据主导地位,代价函数的值会升高,此时停止剪枝。

6.3.6　主成分分析

给定一个数据集$\{\boldsymbol{x}_i\}_{i=1}^m$,其中 $\boldsymbol{x}_i=(x_i^1,x_i^2,\cdots,x_i^n)$。当 n 非常大时,$\boldsymbol{x}_i$ 是一个高维的数据。高维数据往往不利于我们对数据进行存储、可视化、建模等,所以需要降低数据的维度从而方便后续对数据的存储、分析,这种操作称为降维。

降维对数据的处理主要包含特征筛选和特征提取。特征筛选是指过滤掉数据中无用或冗余的特征,例如相对于年龄,出生年月就是冗余特征。特征提取是指对现有特征进行重新组合产生新的特征,例如用质量特征除以体积特征就可以得到密度特征。

如果将每个特征看作坐标系中的一个轴,降维的最终结果是将原始数据用轴数更少的新坐标系来表示,这样也方便了后续机器学习算法对数据建模。生产实践中直接得到的数据往往需要首先进行降维处理,然后才会用机器学习算法进行数据建模分析。

主成分分析(Principal Components Analysis, PCA)是一种经典的线性降维分析算法。给定一个 n 维的特征变量 $\boldsymbol{x}=\{x_1,x_2,\cdots,x_n\}$,主成分分析希望能够通过旋转坐标系将数据在新的坐标系下表示。在新的坐标系下,如果某些轴包含的信息太少,则可以将其省略,从而达到降维的目的。

从图 6-15 可以看出,数据点分布在一条直线周围,那么可以旋转坐标系,将 x 轴旋转到该直线的位置,此时每个数据点在 y 轴方向上的取值基本接近于零,也即方差极小,携带信息量极少,可以将 y 轴略去,这样就相当于在一维空间对数据进行了表示,也相当于将原始数据投影到了该直线上,降维结果如图 6-16 所示。

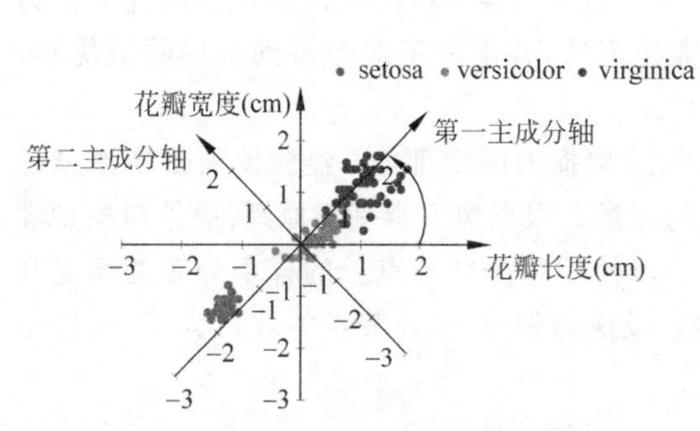

图 6-15 使用 PCA 对鸢尾花数据集降维

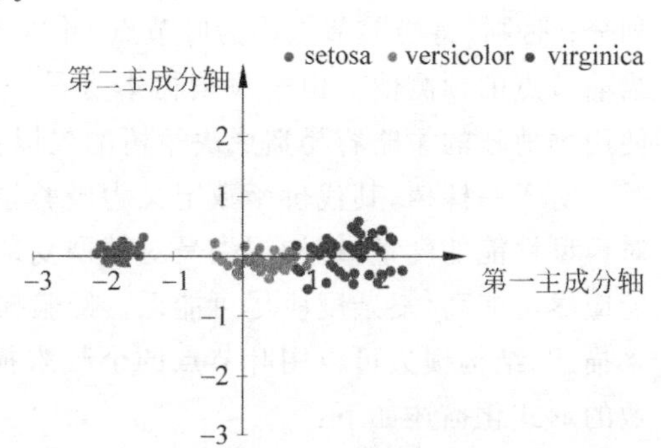

图 6-16 使用 PCA 对鸢尾花数据集降维的结果

对于 n 维特征变量中的每个子变量,主成分分析使用样本集合中对应子变量上取值的方差来表示该特征的重要程度。方差越大,特征的重要程度越大;方差越小,特征的重要程度越小。直观上,方差越大,样本集合中的数据在该轴上的取值分散得越开,混乱度越大,携带信息量越大;反之,分布越集中,混乱度越小,携带信息量越小。如上面的例子中,样本集合中的数据在旋转过后的新的 y 轴上的方差接近于 0,几乎不携带任何信息量,故可将其省去。

对坐标系进行旋转,然后将数据在新的坐标系下表示可以用正交变换来描述。假设原始 n 维空间中的数据用特征变量 $\boldsymbol{x}=\{x_1,x_2,\cdots,x_n\}$表示,协方差矩阵为$\boldsymbol{\Sigma}$,旋转过后新的坐标系下的数据用特征变量 $\boldsymbol{y}=\{y_1,y_2,\cdots,y_n\}$,正交变换的矩阵记为 $\boldsymbol{A}^{\mathrm{T}}=(\boldsymbol{a}_1^{\mathrm{T}},\boldsymbol{a}_2^{\mathrm{T}},\cdots,\boldsymbol{a}_n^{\mathrm{T}})$,矩阵 $\boldsymbol{A}^{\mathrm{T}}$ 当中的向量是一组标准正交基,则正交变换过程可写为

$$\boldsymbol{y}=\boldsymbol{A}^{\mathrm{T}}\boldsymbol{x} \tag{6-27}$$

主成分分析的导出即求解 $\boldsymbol{A}^{\mathrm{T}}$ 的过程。主成分的确定是一个不断迭代的过程。首先求旋转过后新坐标系的第一个轴,要求在新的坐标表示下,样本集合的数据在该轴上取值的方差尽可能大。求解该问题可使用拉格朗日乘子法,会发现协方差矩阵$\boldsymbol{\Sigma}$ 的特征值中最大的 λ_1,所对应的特征向量 $\boldsymbol{a}_1$ 即为第一个坐标轴,称 $\boldsymbol{y}_1=\boldsymbol{a}_1^{\mathrm{T}}\boldsymbol{x}$ 为第一主成分。

接下来固定上述第一步确定下来的坐标轴,继续对坐标系进行旋转以确定第二个坐标轴,希望在确定 $\boldsymbol{a}_1$ 的条件下,$\mathrm{var}(\boldsymbol{y}_2)=\mathrm{var}(\boldsymbol{a}_2^{\mathrm{T}}\boldsymbol{x})=\boldsymbol{a}_2^{\mathrm{T}}\boldsymbol{\Sigma}\boldsymbol{a}_2$ 能够最大,旋转过程中 $\boldsymbol{a}_2$ 需要与 $\boldsymbol{a}_1$ 垂直,所以此时求解过程可描述为在满足 $\boldsymbol{a}_1^{\mathrm{T}}\boldsymbol{a}_2=0$ 及 $\boldsymbol{a}_2^{\mathrm{T}}\boldsymbol{a}_2=1$ 的条件下求 $\mathrm{var}(\boldsymbol{y}_2)=\boldsymbol{a}_2^{\mathrm{T}}\boldsymbol{\Sigma}\boldsymbol{a}_2$ 的最大,同样可以使用拉格朗日乘子法求解。依此类推,直到所有的主成分都被确

定为止，可以发现 $\boldsymbol{A}^{\mathrm{T}}$ 即为协方差矩阵$\boldsymbol{\Sigma}$ 对应的特征向量组，相应的特征值为 $\lambda_1,\lambda_2,\cdots,\lambda_n$ 即为新坐标系下每个轴上的方差，且 $\lambda_1 \geqslant \lambda_2 \geqslant \cdots \geqslant \lambda_n$。

根据矩阵与其特征值之间的关系有 $\sum_{i=1}^{n}\lambda_i = \sum_{i=1}^{n}\sigma_{ii}^2$，其中 σ_{ii}^2 为协方差矩阵$\boldsymbol{\Sigma}$ 对角线上的元素，也即原始坐标系中第 i 个特征的方差。可以发现将矩阵旋转后，方差的和未发生改变，也即信息量没发生改变，改变的是每个轴上携带信息量的大小，越重要的轴携带的信息量越大，反之越小。同时，在新坐标系下，特征之间线性无关。

实践中，数据的维度往往非常高，进行主成分分析后，特征值越小的主成分即方差越小的轴基本不携带任何信息，这样就可将特征值最小的几个主成分省略，只保留特征值较大的几个主成分。具体量化保留几个主成分往往根据实际情况通过计算累计方差贡献率来决定。这个过程其实就是将新坐标系中的样本投影到了一个低维的空间中。

主成分分析还可以用于人脸识别。通过计算人脸数据集的特征值，我们可以得到一系列特征脸(eigenface)，如图 6-17 所示。通过计算一张人脸图像到每个特征脸的距离，就可以大概判断这个人的身份。

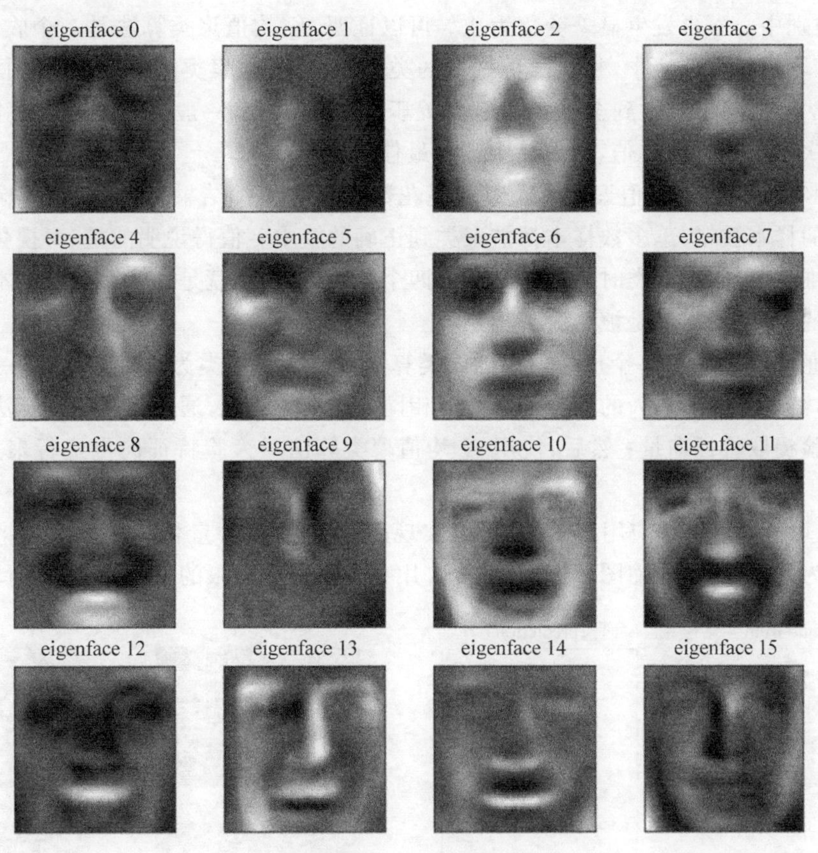

图 6-17 特征脸

除了主成分分析，常用的降维方法还有奇异值分解、线性判别分析、T-SNE 等，读者可以自行查阅相关资料。

6.3.7 K 均值聚类算法

聚类是对样本集合进行自动分类的过程，其目的是发掘数据中隐藏的信息、结构，从而发现可能的商业价值。聚类时，相似的样本被划分到相同的类别，不同的样本被划分到不同的类别。聚类的宗旨是类内距离最小化，类间距离最大化。即同一个类别中的样本应该尽可能靠拢，不同类别之间的距离应该尽可能大，以避免误分类的发生。

K-Means 均值聚类算法又称 *K* 均值聚类。对于给定的欧氏空间中的样本集合，*K* 均值聚类算法将样本集合划分为不同的子集，每个样本只属于其中的一个子集。*K* 均值聚类算法是典型的 EM 算法，通过不断迭代更新每个类别的中心，直到每个类别的中心不再改变或者满足指定的条件为止。

K 均值聚类算法需要指定要聚类的类别数目 k。首先，任意初始化 k 个不同的点，当作每个类别的中心点，然后将样本集合中的每个样本划分到距离其最近的类。然后，对每个类别，以其中样本的均值作为新的类别中心，接下来，继续将每个样本划分到距离其最近的类别，直到类别中心不再发生显著变化为止。可以证明，*K* 均值聚类算法是一个收敛的算法。但是在 *K* 均值聚类算法中，每次随机选取的类别中心不同，聚类的结果也会不同，即 *K* 均值聚类算法不能保证收敛到全局最优解。关于 k 值的选取，一般需要根据实际问题指定，也可以多次尝试不同的 k 值，选取其中效果最佳的。

图 6-18 展示了 *K* 均值聚类算法对鸢尾花数据集的聚类结果。可以看出，除了少数位于交界处的样本被错分，多数样本都被聚类到正确的簇中。值得说明的是，可视化使用的是两个特征维度，但实际聚类时使用的是全部四个特征维度，这就是为什么有些样本看起来有黄绿两簇的交界处，但还是被错分了。

K 均值聚类算法是一个广泛使用的聚类算法。以人脸聚类为例，假定现有一片杂乱无章的照片，需要将同一个人的照片都划分到相同的类别。首先，通过人脸识别算法为每张照片中的人脸提取特征向量；然后，使用 *K* 均值聚类算法对人脸特征向量进行聚类，这样就能够实现一个智能相册。

将 *K* 均值聚类算法应用于图像，可以实现图 6-19 所示的量化效果。通过将原图中的颜色聚类为几种，可以压缩图片大小，并允许用户在颜色数受限的显示器上查看图片。

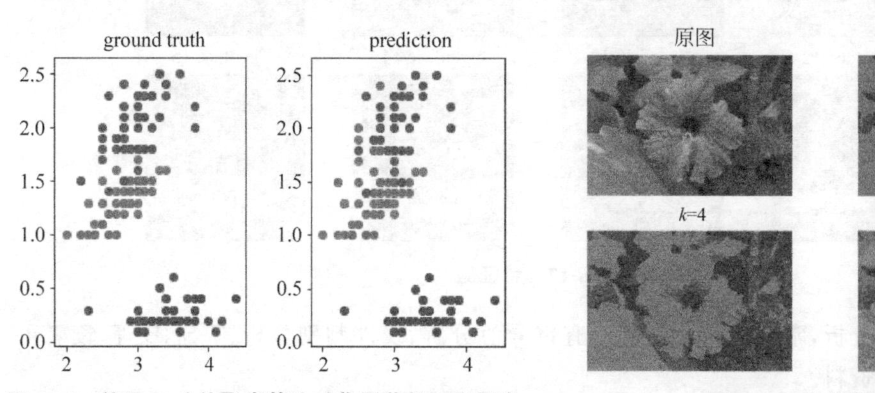

图 6-18 使用 *K* 均值聚类算法对鸢尾花数据集聚类

图 6-19 图像颜色量化

6.4 模型评价

未经评价的模型是极不可靠的。在软件工程领域，一般会有特定的测试工程师编写测试样例来确保软件的正确性。但是机器学习模型内部没有代码，所以很难使用人工设计的测试样例来测试模型。相反，我们试图模拟模型的工作环境，来测试模型是否正常工作。

6.4.1 验证与测试

前面各节中已经介绍了如何使用数据集来训练模型，这样的数据集称为训练集。最简单的模型评价方法就是计算模型在训练集上的性能，包括分类准确率、回归误差等。但是训练集上的性能并不总是能够反映模型好坏。一个有意思的结论是，只要参数足够多、训练时间足够长，模型在训练集上的性能几乎可以达到任意高。为了更加直观地理解这个结论，我们以多项式回归为例进行说明。

如图 6-20 所示，当训练集中只有 6 个样本时，随着多项式次数的增加，曲线对训练集的拟合程度也逐渐提高。最终，当多项式次数等于 6 时，虚线恰好穿过所有样本点，这时模型在训练集上的误差减小至 0。然而我们并不会将这样一个完美拟合训练集的模型应用到实际中，因为一旦模型遇到了一个新的样本，它可能给出偏差很大的预测结果。在图 6-20 的[12,16]以及[22,27]中，6 次多项式的值达到了 50。但实际上，小费属于总消费的一部分，所以永远不可能大于总消费。可见训练集上的模型性能是非常不可靠的。

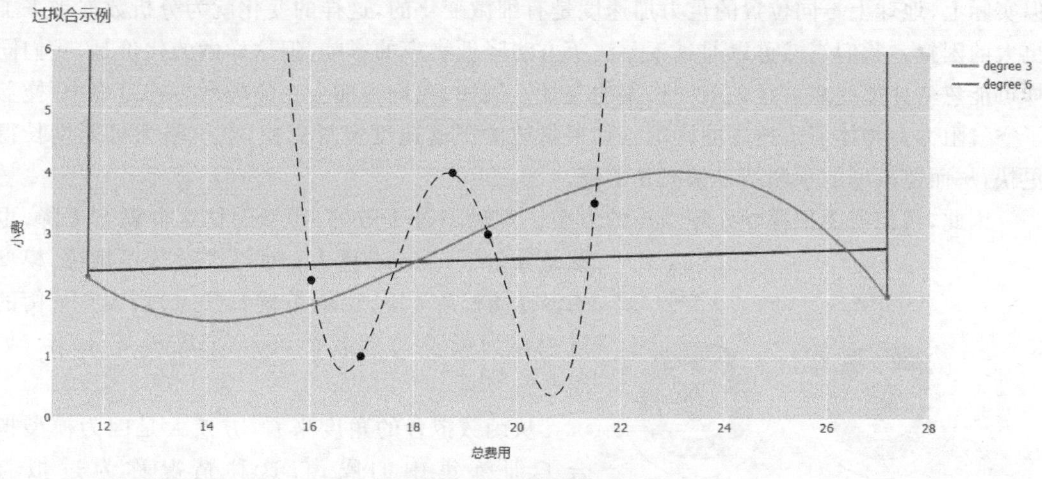

图 6-20 过拟合示例

真正决定模型是否能被应用于实际的指标是泛化性能。所谓泛化(generalization)，就是将训练集上学习到的知识应用到其他数据上的能力。这就好比一个学生，如果只会做习题册上的题是不够的，必须在遇到新题的时候给出解答。为了考察学生的泛化能力，我们往往会组织考试；而为了考察模型的泛化能力，我们会检测模型在测试集上的性能。顾名思义，测试集(test set)就是用来测试模型性能的样本的集合，因此一般和训练集没有交集。

有了测试集，我们就能判断一个模型是不是达到了实际应用的要求，但这还不够。我们最终的目标是找到一个可以应用到实际中的模型,所以需要经常在测试集上测试模型性能。但久而久之,就会发现通过了测试集测试的模型,一旦应用到实际,效果又变得很差。简单来说,就是模型在测试集上测试的次数越多,性能度量的可信度也就越低。类比到学生的例子中,假设有一个学生在求学生涯里参加了10000次考试(暂且假设这个学生不会记住考题,而且每次考试内容相同),其中有一次考了满分。那么我们是不是可以认为,在参与那次考试的时候,这个学生学到了最多的知识?无限猴子定理告诉我们,即使完全随机地参与这些考试,只要考试的次数足够多,总会出现满分。所以满分的出现并不一定是因为学生掌握了足够多的知识,也有可能是恰好蒙对了很多道题。为了避免这种情况,我们就不能频繁地在测试集上进行测试。但同时我们又需要进行大量的实验,来找到最佳的参数组合。为了解决这样的矛盾,人们开始使用验证集。

验证集(validation set)和测试集的作用类似,都是评价模型的泛化性能。一般使用验证集先筛选掉那些性能很差的模型,将通过了验证集测试的模型再拿到测试集上测试。这样就有效地降低了测试集的使用次数,使最终的性能度量更为精确。这样做也有缺点,那就是需要更多的样本进行验证,使本就珍贵的训练集变得更小。

6.4.2 偏差与方差

本质上说,模型在训练集上的性能度量之所以和泛化性能不等价,是因为数据集有噪声。统计学中,噪声可以是任何干扰,例如随机误差、异常情况等。有时,噪声也可以包括那些没有被考虑到的变量。例如在计算物体下落速度时,一般认为重力加速度是一个常数。但实际上,地球上不同位置的重力加速度是有细微变化的,这样的变化就为分析数据带来了更大的困扰。我们当然可以通过逐差法等方法降低噪声的影响,但这样做的代价是,我们同样可能忽略掉那些起着至关重要作用的变量。例如,我们可能会在处理噪声的过程中,掩盖了空气阻力对物体下落速度的影响。如果物体的下落速度变得更快,空气阻力可能增长得更快,从而使模型的预测结果偏离真实值。

因此,我们需要把握好处理噪声的力度。对噪声过于敏感,模型的稳定性就会下降,也就是方差(variance)增大;对噪声过于不敏感,模型的多样性就会下降,也就是偏差(bias)增大。平衡的过程称为偏差-方差权衡(bias-variance tradeoff),如图6-21所示。

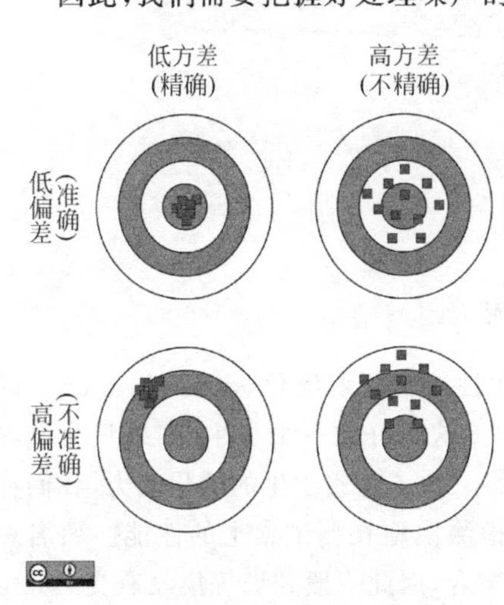

图 6-21 偏差-方差权衡

从函数拟合的角度来看,方差大是因为模型拟合了训练集中的噪声,这种情况称为过拟合(overfitting);反之,偏差大是因为模型没有拟合训练集中有用的信息,这种情况称为欠拟合(underfitting)。

容量(capacity)被定义为模型拟合函数的能力。通过调整模型容量,我们可以控制模型对训练集的拟合程度。一种方法是调整假设空间。例如在一元线性回归中,模型所能拟合的函数只能是直线,而多项式回归则可以拟合一些非线性函数,这样就增加了模型的容量。这样的容量称为表示容量(representational capacity)。但同时,在假设空间中找到那个完美的模型是很难的,所以模型的有效容量(effective capacity)一般小于其表示容量。训练时间、训练策略、优化算法等都会影响模型的有效容量。

有时,由于模型的表示容量过大,我们希望通过某种方法来限制其有效容量,最常用的方法之一是正则化(regularization)。正则化是一种通过提供额外信息来防止过拟合的方法。举例来说,在多项式回归中,如果多项式的次数设定不当很容易产生过拟合。回顾图 6-20,次数为 3 的多项式回归拟合结果为

$$y=40.51-6.90x+0.39x^2-0.01x^3 \tag{6-28}$$

代价函数值约为 0.42。而次数为 6 的多项式回归拟合结果为

$$\begin{aligned} y=&-134581.94+45652.14x-6358.59x^2+465.89x^3 \\ &-18.95x^4+0.41x^5-0x^6 \end{aligned} \tag{6-29}$$

代价函数为 0。可以看出,尽管式(6-29)可以更好地拟合数据(代价函数值降低了 0.42),但代价是低次项系数(134581.94、45652.14、6358.59 等)比式(6-28)大得多,这也是造成式(6-29)过拟合的原因之一。直观上,只要我们设法限制式(6-29)的参数不要无限制增长,就可以在一定程度上避免过拟合。限制的方法就是将参数值加入代价函数中,以式(6-4)为例,修改后的代价函数为

$$k,b=\min_{k,b} k^2+b^2+\sum_{i=1}^{224}\varepsilon_i^2 \tag{6-30}$$

多项式回归的代价函数可以类似修改,修改后的模型称为岭回归(Ridge Regression)。另一种常用的正则化方法称为 LASSO 回归(Least Absolute Shrinkage and Selection Operator Regression)

$$k,b=\min_{k,b}|k|+|b|+\sum_{i=1}^{224}\varepsilon_i^2 \tag{6-31}$$

除了线性回归,其他模型也可以应用这样的正则化方法。尤其在深度学习中,正则化方法的应用十分广泛。

总的来说,对于欠拟合的情况,可以对模型进行改造以增加表示容量,或延长训练时间、改进训练策略以增加有效容量。对于过拟合的情况,可以对模型进行裁剪以降低表示容量,或通过增加训练数据量、采用正则化等方法降低有效容量。

6.4.3 集成学习

研究表明,在固定数据集上无法同时优化模型的方差和偏差。如图 6-22 所示,随着模型复杂度的提高,偏差逐渐降低,但方差随之升高。前面介绍的模型都试图找到那个最“合适”的复杂度,使方差和偏差达到平衡。

集成学习的思想是通过融合多个模型,来达到降低偏差或方差的目的。典型的集成学习框架有 Bagging、Boosting、Stacking 等。

Bagging 的思想是训练许多过拟合模型,然后通过投票法或平均法降低整体方差。实现的重点在于,如何得到许多互不相同的过拟合模型。Bagging 通过在原始数据集中采样,首先得到若干个的样本集合,然后在每个集合上训练一个模型。采样方法选用的是 N 次有

放回采样,其中 N 为数据集大小。可以证明,当 N 趋近于无穷大时,采样获得的样本数量大约为 0.632N,剩余的 0.368N 可以作为验证集。

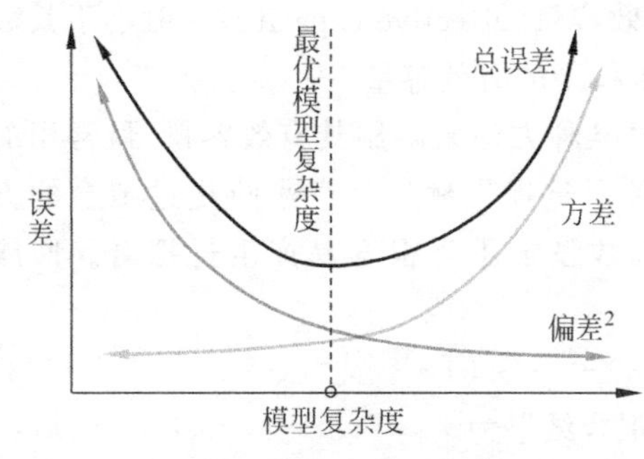

图 6-22 偏差-方差权衡

对于分类问题,Bagging 使用投票法决定最终输出;而对于回归问题,Bagging 会将所有模型的输出取平均值,作为最终输出。可以证明,包含 T 个模型的 Bagging 算法可以在保持每个子模型偏差的情况下,将方差降低 T 倍。所以 Bagging 是一种降低子模型方差的算法。

随机森林(random forest)在 Bagging 的基础上加入属性扰动。Bagging 在训练集上的采样过程可以视为样本扰动,因为它阻止了模型从某些样本中学习知识。而随机森林更进一步从采样得到的样本中随机选择一些属性来训练决策树。这样训练出来的每个决策树模型的差异就会更大,使集成模型更不容易过拟合。除了卓越的性能表现,决策树还有着易于实现、可并行化等优点。

和 Bagging 的思想正好相反,Boosting 算法希望降低欠拟合模型的方差。实现上,Boosting 首先使用整个训练集训练一个欠拟合模型,然后用第二个模型去预测第一个模型的误差。对于分类问题,误差就是分类错误的样本,于是 Adaboost 提出为第一个模型预测错误的样本赋予更高的权重来训练第二个模型。而对于回归问题,误差就是第一个模型的预测结果与真实值之间的差值,残差提升树单纯将这个差值作为第二个模型的预测目标进行训练。重复这一过程,就可以迭代地降低整体模型的偏差,同时保留每个子模型的方差。除了 Adaboost 和残差提升树,Boosting 算法还有许多优秀的实现,例如 XGBoost 等。然而和 Bagging 算法相比,Boosting 的主要缺点在于训练过程无法并行,每个子模型的训练都依赖于上一个模型的训练结果,增加了训练难度。

Stacking 算法着眼于子模型的融合。考虑到子模型的多样性,或许应该以不同的方式对待每个子模型的输出,而不仅仅是通过投票或计算均值。Stacking 算法引入二级学习器,来学习融合子学习器输出的策略。具体来说,每个子学习器可能提取到样本的不同特征,二级学习器将这些特征作为输入,来预测最终的输出。

总的来说,集成学习是一种思想而不是特定的算法。许多基本模型都可以作为集成学习的子模型,通过特定的集成策略来提升性能,因此集成学习在工业实践中也是十分常用的。

6.5 案例:基于梯度提升树预测波士顿房价

波士顿房价数据集(Boston data set)从 1978 年开始统计,共包含 506 条数据。样本标签为平均房价,13 个特征包括城镇人均犯罪率(CRIM)、房间数(RM)等。由于样本标签为连续变量,所以波士顿房价数据集可以用于回归模型。图 6-23 绘制了各个特征与标签之间的关系。可以发现,除了 CHAS 和 RAD 特征外,其他特征均与结果呈现出较高的相关性。

梯度提升树(Gradient Boosting Decision Tree, GBDT)是一种提升树算法,也就是基于决策树的 Boosting 算法。提升树通常以 CART 作为其模型决策树算法,有着可解释性强、

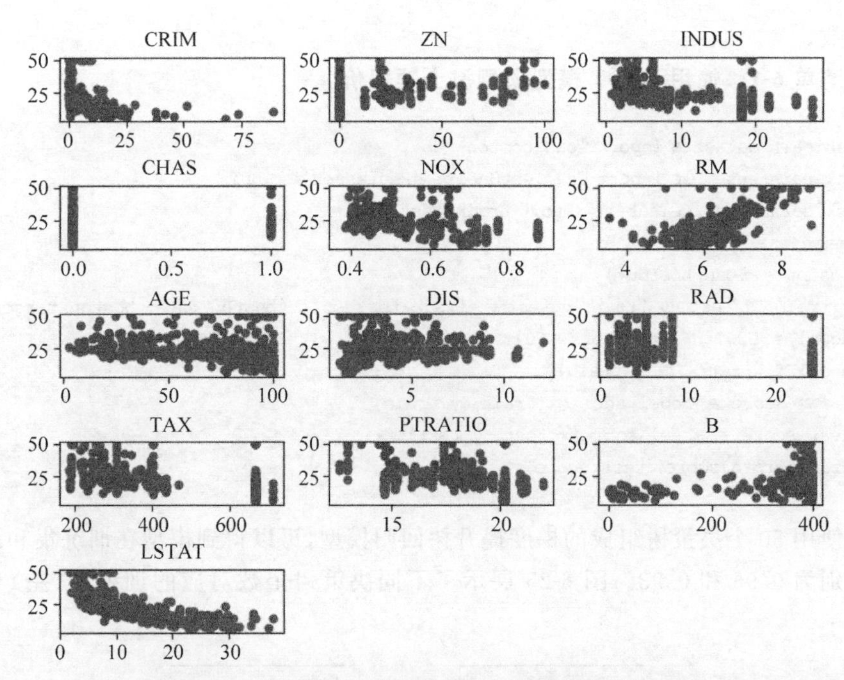

图 6-23 波士顿房价数据集各特征与标签之间的关系

伸缩不变性(无须对特征进行归一化)、对异常样本不敏感等优点,被认为是最好的机器学习算法之一,在工业界有着广泛的应用。

如图 6-24 所示,提升树的原理是不断拟合模型预测结果与真实值的差,从而降低预测结果的偏差。尽管对于一些损失函数,提升树模型的每次迭代很容易实现,但是对于一般的损失函数往往并非如此。为了解决这个问题,梯度提升树模型使用损失函数的负梯度作为每次迭代的拟合对象,这就是梯度提升数的基本原理。

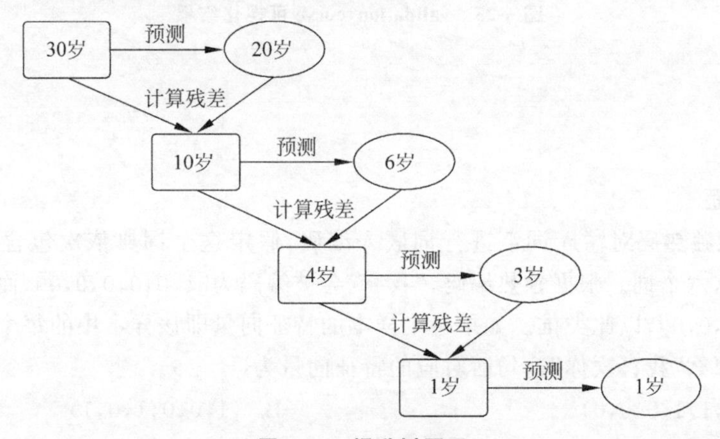

图 6-24 提升树原理

使用梯度提升树回归模型预测波士顿房价的完整代码如代码清单 6-1 所示。sklearn 定义了 GradientBoostingRegressor 类作为 GBDT 回归模型。其构造函数的 n_estimators 参数决定了集成模型中包含的决策树的个数,默认值为 100。当决策树过多时,集成模型整体表现为过拟合,反之则为欠拟合。因此在使用 GBDT 模型时,n_estimators 是一个非常重要的超参数。

代码清单 6-1 使用 GBDT 模型预测波士顿房价

```
from sklearn.datasets import load_boston
from sklearn.ensemble import GradientBoostingRegressor as GBDT
from sklearn.model_selection import train_test_split
if __name__ == '__main__':
    boston = load_boston()
    x_train, x_test, y_train, y_test = train_test_split(boston.data, boston.target)
    model = GBDT(n_estimators=50)
    model.fit(x_train, y_train)
    train_score = model.score(x_train, y_train)
    test_score = model.score(x_test, y_test)
    print(train_score, test_score)
```

本节使用 50 个决策树组成的梯度提升树回归模型，可以得到模型在训练集和测试集的准确率分别为 0.96 和 0.93。图 6-25 展示了不同决策树个数对应的训练集（左）与测试集（右）准确率。

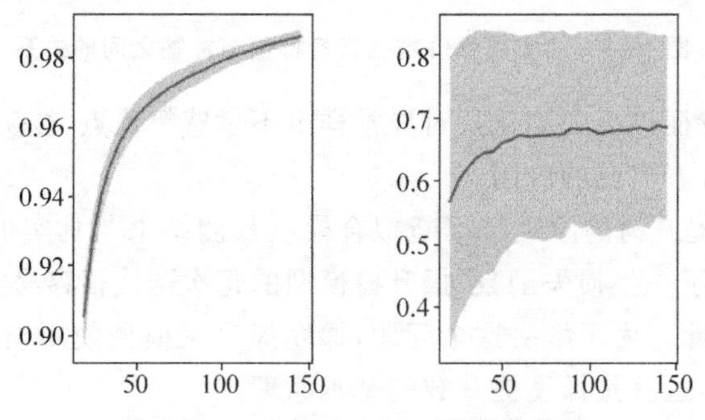

图 6-25 validation_curve 可视化结果

习题

一、选择题

1. 若使用独热码对输入词汇进行词嵌入编码，假定这个词典依次包含[我，喜欢，你，的，是，狗狗]这六个词。根据独热编码，“我”就会被编码为[1,0,0,0,0,0]，而“喜欢”就被编码为[0,1,0,0,0,0]，以此类推。如果一个样本的特征向量即该样本中的每个单词的独热向量直接相加，那么“我喜欢你”这句话对应的特征向量为（　　）。

A. (1,1,1,0,0,0)　　B. (1,0,0,1,0,1)

C. (0,1,0,1,0,1)　　D. (1,1,0,0,1,0)

2. 线性回归分析中一般采用的线性无偏估计估计量为（　　）。

A. 均值　　B. 最小二乘法　　C. 方差　　D. 标准差

3. 在朴素贝叶斯分类器的训练过程中，为了加强对于训练过程中未出现过的样本的分类效果，往往会采用拉普拉斯平滑处理。现在有一批样品需要检测，共有合格和不合格两种标签，随机抽取的训练集中10个样本全部为不合格样本，利用拉普拉斯平滑来对朴素贝叶斯分类器进行处理，那么模型认为的合格样品的概率为（ ）。

A. 0　　B. 0.1　　C. 0.083　　D. 0.05

4. 决策树中，所有的决策属性都对应的是（ ）。

A. 根节点　　B. 非叶节点　　C. 叶子节点　　D. 非空节点

5. 高维数据的降维处理主要包含特征筛选和（ ）两种操作。

A. 数据清洗　　B. 层次聚类　　C. 数据编码　　D. 特征抽取

6. 关于欠拟合，下列（ ）是正确的。

A. 训练误差较大，测试误差较小　　B. 训练误差较小，测试误差较大

C. 训练误差较大，测试误差较大　　D. 训练误差较小，测试误差较小

7. 关于过拟合，下列（ ）是正确的。

A. 训练误差较大，测试误差较小　　B. 训练误差较小，测试误差较大

C. 训练误差较大，测试误差较大　　D. 训练误差较小，测试误差较小

8.（多选）下列（ ）可以用来减小过拟合。

A. 增加训练数据　　B. 减少训练数据

C. L1正则化　　D. 增加模型的复杂度

9. 评估完模型之后，发现模型存在高偏差，应（ ）。

A. 减少模型的特征数量　　B. 增加模型的特征数量

C. 增加样本数量　　D. 以上说法都正确

10. 关于集成学习模型，以下说法正确的是（ ）。

A. Adaboost模型可以有效降低方差

B. XGboost模型可以有效降低偏差

C. Random Forest模型可以有效降低偏差

D. GBDT模型可以有效降低方差

二、判断题

1. 监督学习中存在过拟合，而对于非监督学习而言，没有过拟合。（ ）

2. 机器学习模型的精准度越高，则模型的性能越好。（ ）

3. 增加模型的复杂度，总能减小训练样本误差。（ ）

4. 一般来说，回归不用在分类问题上，但也有特殊情况，比如logistic回归可以用来解决0/1分类问题。（ ）

5. 已知样本集合，若要利用K均值聚类算法对待测样本进行分类，则需要提前训练一个分类模型。（ ）

6. 由于朴素贝叶斯分类器应用贝叶斯公式时隐式的假设了样本特征之间相互独立，这一假设十分强，在实际应用中几乎无法满足，因此朴素贝叶斯分类器在垃圾邮件过滤、信息检索等领域的应用效果很差。（ ）

7. 逻辑回归中用逻辑函数来拟合二元随机变量，其方程为$f(x)=\frac{1}{1+e^{-x}}$。（ ）

8. 在主成分分析中，如果某些维度的数据包含信息太少，则可以直接将其忽略。

（ ）

9. K 均值聚类算法是一种常用的回归分析算法。 ( )

10. 在固定数据集上无法同时优化模型的方差和偏差。 ( )

三、问答题

1. 机器学习是人工智能的核心技术,请描述机器学习的定义。

2. 机器学习中,一般将整个数据集拆分成训练集、验证集、测试集三部分。验证集与测试集的区别是什么?为什么要引入验证集?

3. 线性回归模型使用线性函数来拟合数据。对于非线性数据,线性回归模型需要如何处理?

4. 决策树有哪些特征选择算法?它们之间有哪些区别?

5. 模型的泛化误差可以拆分为方差、偏差以及不可消解的误差。方差与偏差的区别是什么?过拟合模型的方差与偏差具有什么特点?

6. 集成学习的目的是什么?

第7章

深度学习

讲解视频

人物介绍

深度学习是一种模拟生物神经网络的机器学习技术。在计算机视觉、机器视觉、语音识别、自然语言处理、机器翻译等领域，深度学习模型都有着广泛的应用，而且有着与人类相当或超越人类水平的表现。

7.1 人工神经网络

人工神经网络(Artificial Neural Networks, ANNs)简称神经网络(Neural Networks, NNs)，是深度学习的核心模型。作为连接学派的代表，最初的人工神经网络在很大程度上受到了生物神经网络(biological neural networks)研究的启发。如图7-1所示，生物神经元主要由树突(dendrite)、胞体(cell body)以及轴突(axon)组成。树突负责接收传入神经元的电信号，并将其交给胞体进行处理，处理后的电信号经由轴突输送给下一个神经元。

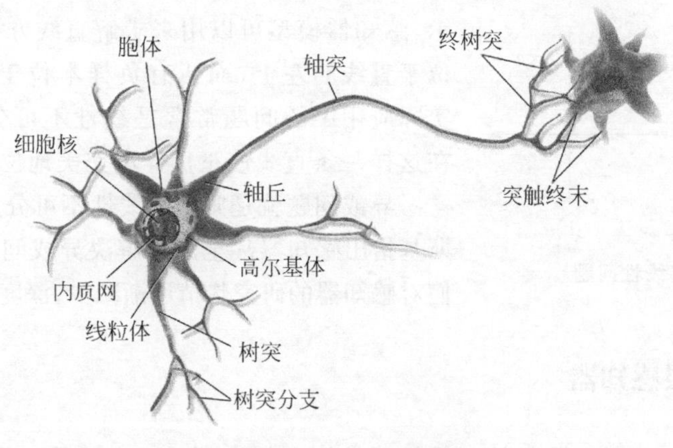

图7-1 生物神经网络

1957年,罗森布拉特(Frank Rosenblatt)在康奈尔航空实验室(Cornell Aeronautical Laboratory)提出了一种人工神经元,称之为感知器(perceptron)。尽管感知器的最初版本是运行在IBM 704机器上的一个软件,但是它很快就被部署在专用硬件上,因此感知器有时也被译为感知机。尽管感知器的提出在当时造成了不小的影响,但很快人们就发现它只能区分少数几种模式,这种局限性在明斯基(Marvin Lee Minsky)1969年的著作*Perceptrons: an introduction to computational geometry*中得到了严格的证明。在随后的近20年时间里,深度学习的研究进入了停滞期,这段时间也称为AI寒冬(AI winter)。1986年,辛顿(Hinton)提出的多层感知器(MultiLayer Perceptron,MLP)和反向传播算法(Back Propagation, BP)才使情况有所缓解。BP算法及其衍生算法至今仍用于深度神经网络的训练。

7.1.1 感知器模型

单层感知器是最简单的神经网络。如图7-2所示,输入向量$\boldsymbol{x}=[x_0,x_1,\cdots,x_n]^{\mathrm{T}}$首先与权值$\boldsymbol{\omega}=[\omega_0,\omega_1,\cdots,\omega_n]^{\mathrm{T}}$计算内积,得到神经元状态

$$z=\boldsymbol{\omega}^{\mathrm{T}}\boldsymbol{x} \tag{7-1}$$

其中,x_0一般固定为1,ω_0称为偏置。对于回归问题,z可以直接作为感知器的输出;对于分类问题,需要经过激活函数sgn(z)才能作为输出。sgn函数在$x>0$上取1,否则取-1。

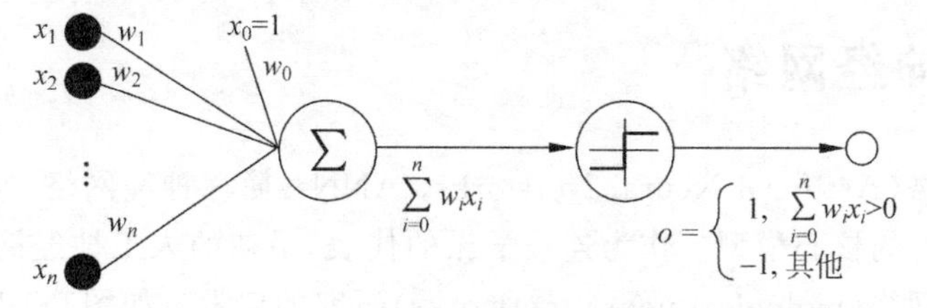

图7-2 感知器模型

感知器模型的本质是高维空间中的一个超平面,通过计算样本$\boldsymbol{x}$到超平面的有向距离进行分类。感知器模型的训练方法决定了其只能对线性可分数据进行判别。如图7-3(a)所示,感知器模型可以用来求解直线方程,使所有正样本位于直线的左上,而所有负样本位于直线的右下。但实际应用中的问题常常是线性不可分的,也就是不存在这样一条直线使正负样本完美地位于两侧。

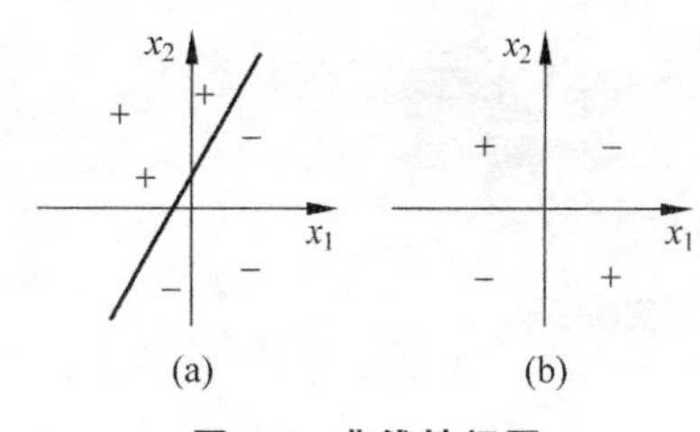

图7-3 非线性问题

异或问题就是典型的线性不可分问题。1969年,明斯基指出感知器甚至无法解决异或问题。自此以后,人们对感知器的研究热情逐渐减少,深度学习进入寒冬。

7.1.2 多层感知器

异或问题并非不可解,只是单个感知器的拟合能力不足。1986年,辛顿提出了多层感知器,以解决线性不可分问题。如图7-4所示,多层感知器是最简单的一种神经网络。网络

中各神经元(感知器)分层排列,相邻两层的神经元两两相连,所以多层感知器也常被称为全连接神经网络(fully connected neural networks)。

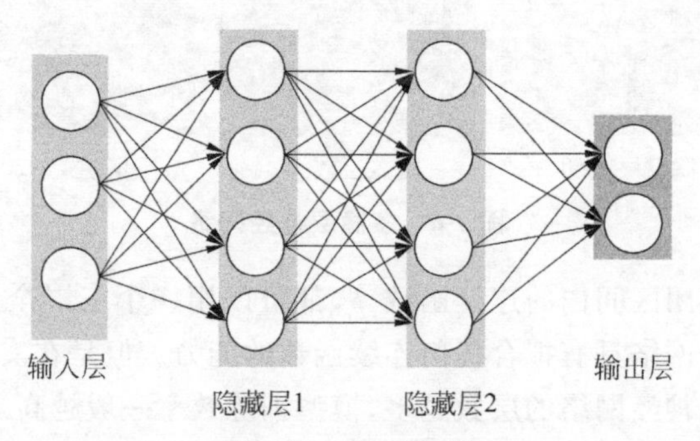

图 7-4　多层感知器

图 7-4 中最左侧的三个神经元构成整个网络的输入层。输入层的神经元没有计算功能,只是为了表征输入向量的各分量值。除输入层以外,各层节点表示具有计算功能的神经元,称为计算单元。每层神经元只接受上一层神经元的输出作为输入,并输出给下一层。同一层的神经元之间不互相连接,而且层间信息只能沿一个方向进行。

多层感知器是如何解决异或问题的?事实上,只需要一个三层全连接神经网络就可以解决异或问题,如图 7-5(a) 所示。图中实线表示权重为 1,虚线表示权重为-1,圈内数字表示偏移。例如对于(0,1)点来说

$$x_1=0,\quad x_2=1 \tag{7-2}$$

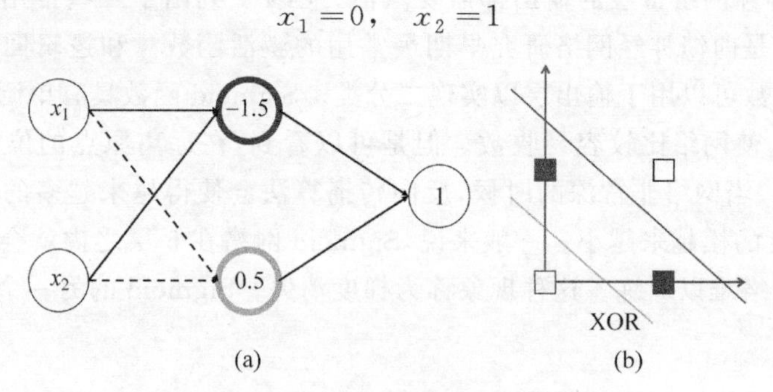

图 7-5　使用多层感知器解决异或问题

紫色神经元的输出是

$$\operatorname{sgn}(x_1+x_2-1.5)=\operatorname{sgn}(-0.5)=-1 \tag{7-3}$$

x_1 和 x_2 的系数都是 1,因为紫色神经元左侧的两条线都是实线。而黄色神经元的输出是

$$\operatorname{sgn}(-x_1-x_2+0.5)=\operatorname{sgn}(-0.5)=-1 \tag{7-4}$$

x_1 和 x_2 的系数都是-1,因为黄色神经元左侧的两条线都是虚线。最右侧的神经元输出

$$\operatorname{sgn}(-1-1+1)=\operatorname{sgn}(-1)=-1 \tag{7-5}$$

左式中两个-1是紫色和黄色神经元的输出,第三个$+1$是输出神经元的偏移。读者可以自行验证对于(0,0)、(1,0)和(1,1),神经网络的输出分别是 1、-1 和 1,与异或运算的结果一致。实际上,紫色和黄色的神经元分别对应着图 7-5(b)中的紫色和黄色两条直线,从而使用线性分类器实现了非线性样本的分类。随着隐藏层的增加,神经网络的非线性分类能力也逐渐增强,如图 7-6 所示。

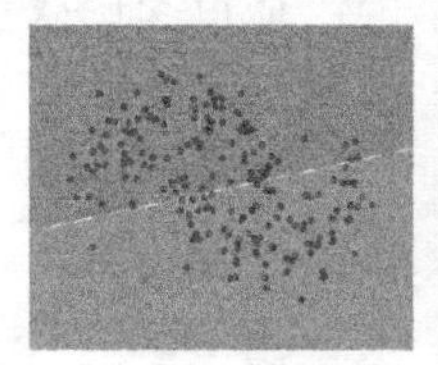

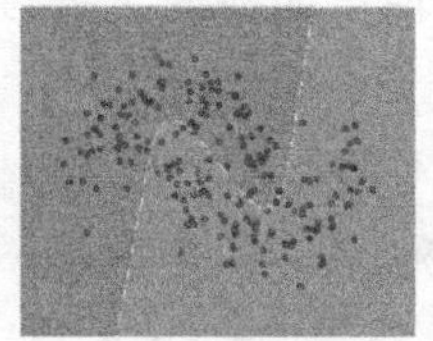

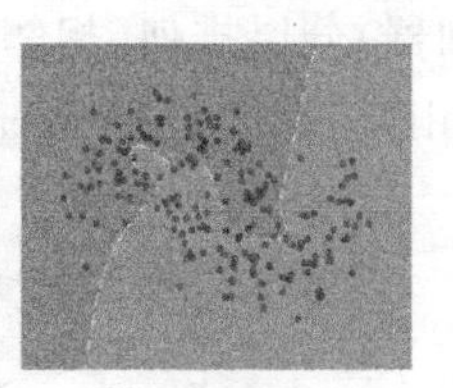

图 7-6 多隐层神经网络

理论上,对于任何闭区间内的连续函数 f,都可以用一个三层全连接神经网络来逼近。也就是说,全连接神经网络具有拟合任何连续函数的能力。但是在实际应用中人们发现,在参数量相同的情况下,神经网络的层数越多,模型训练效率一般越高。所以现代的神经网络结构往往倾向于增加层数,而非每层的计算单元个数。

7.1.3 激活函数

激活函数(activation function)赋予了神经网络学习非线性函数的能力。以多层感知器为例,线性不可分问题的解决,主要是因为多层感知器可以拟合非线性分类面。多层感知器使用的激活函数实际上是符号函数 sgn。如果将隐藏层的激活函数去掉,那么整个神经网络就退化为一个矩阵,因而丧失了非线性性。

一般来说,神经网络每层的输出都需要激活。图 7-7 列出了一些常用的激活函数。其中,Sigmoid 函数是前馈神经网络研究早期最常用的激活函数。和逻辑回归模型中的功能类似,Sigmoid 函数可以用于输出层以实现二分类。Sigmoid 函数具有单调连续、易于求导、输出有界等特点,使网络比较容易收敛。但是可以看到,在远离原点的位置,Sigmoid 函数的导数趋近于 0。当网络非常深的时候,反向传播算法会使得越来越多的神经元落入饱和区,从而使得梯度的模越来越小。一般来说,Sigmoid 网络在 5 层之内就会出现梯度退化为 0 的现象,使得网络难以训练。这种现象称为梯度消失。Sigmoid 的另一个缺点是其输出不以 0 为中心。

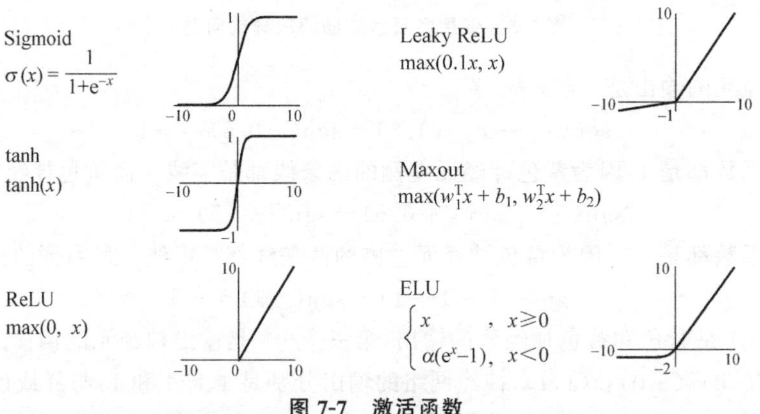

图 7-7 激活函数

tanh 函数是 Sigmoid 函数的一个主要替代品。tanh 激活函数修正了 Sigmoid 函数输出不以 0 为中心的缺点,在梯度下降算法中更接近自然梯度,从而降低了所需的迭代次数。

但是 tanh 函数保留了与 Sigmoid 函数类似的易饱和性。

ReLU(Rectified Linear Unit)函数是目前应用最为广泛的激活函数。与 Sigmoid 等激活函数相比，ReLU 函数没有上界，所以神经元永远不会饱和，从而有效地缓解了梯度消失的问题，在梯度下降算法中能够快速收敛。实验表明，在没有无监督预训练时，使用 ReLU 激活函数的神经网络也可以有较好的表现。除此之外，Sigmoid 等函数均需要进行指数运算，使得 Sigmoid 等函数的计算量相当大。而采用 ReLU 激活函数则可以节省很多计算量。尽管 ReLU 函数有许多优点，其缺点也相当明显。由于 ReLU 函数没有上界，训练时容易发散。其次，ReLU 函数在 0 处不可导，导致在某些回归问题中不够平滑。最重要的是，ReLU 函数在负数域取值恒为 0，有可能导致神经元死亡。

Leaky ReLU 和 ELU 在一定程度上避免了 ReLU 中神经元死亡的问题。二者的思路都是将负数域上的函数值变为非零。其主要区别在于，Leaky ReLU 不限制激活值的下限，而 ReLU 的输出可以无限趋近于某个定值。

Maxout 在激活函数中加入了参数。具体来说，Maxout 首先将网络层的输出经过一个线性变换，然后对变换后的向量取最大元素作为输出。Maxout 的缺点在于引入了大量的参数。

7.1.4　反向传播算法

和多层感知器一起提出的，还有反向传播算法。在介绍反向传播算法之前，首先需要对梯度下降法有所了解。梯度下降法(gradient descent)是一种基于迭代的最优化算法，可以近似地找到函数的一个极小值点。

数学上，梯度(gradient)是一个向量，指向函数值上升最快的方向。梯度下降法首先从一个随机位置开始，计算函数在当前位置的梯度，然后沿着梯度的反方向更新当前位置。位置更新可以通过式(7-6)计算：

$$\boldsymbol{x} \leftarrow \boldsymbol{x} - \alpha \frac{\partial f}{\partial x} \tag{7-6}$$

其中，$\boldsymbol{x}$ 表示当前位置，f 表示目标函数，α 表示步长(step)。可以看出，步长控制着位置更新的幅度。步长越大，每次位置变化越大，梯度下降算法越不稳定；步长越小，每次位置变化越小，算法收敛时间越长。图 7-8 展示了梯度下降法应用在一个二元函数上的效果。

理论上，直接对代价函数应用梯度下降法就能得到神经网络参数的最优解。但是由于神经网络的层状结构，梯度的计算量巨大，因此不能直接得出。反向传播算法就是为了加速梯度计算而提出的，其本质是导数的链式法则

$$\frac{\partial L}{\partial \omega} = \frac{\partial L}{\partial z}\frac{\partial z}{\partial \omega} \tag{7-7}$$

其中，L 表示损失函数，z 表示网络的某个中间层输出，ω 表示该层的参数。对于特定的网络层，例如全连接层，输出关于参数的梯度 $\frac{\partial z}{\partial \omega}$ 是容易计算的。难点在于如何计算代

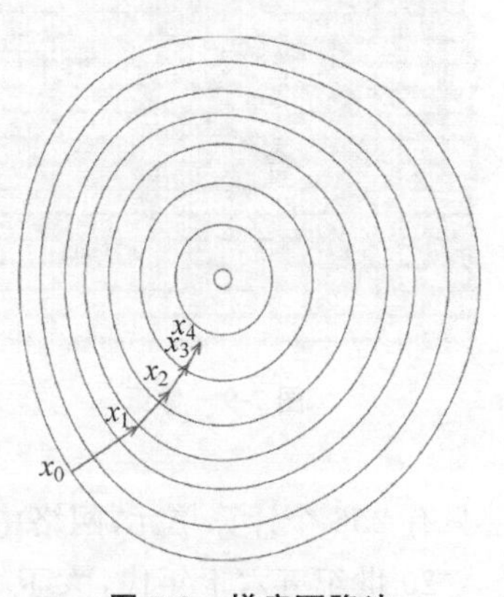

图 7-8　梯度下降法

价函数关于每个网络层输出的梯度$\frac{\partial L}{\partial z}$。设 z_i 表示第 i 个网络层的输出，z_{i+1} 表示第 $i+1$ 个网络层的输出，观察到

$$\frac{\partial L}{\partial z_i}=\frac{\partial L}{\partial z_{i+1}}\frac{\partial z_{i+1}}{\partial z_i} \tag{7-8}$$

$\frac{\partial z_{i+1}}{\partial z_i}$恰好是第 $i+1$ 个网络层的输出关于其输入的梯度，也很容易计算。因此，只要计算出代价函数关于某个网络层输出的梯度，就很容易计算出代价函数关于该层参数以及上层输出的梯度了。代价函数的梯度仿佛从最后一个网络层不断向第一个网络层流动一样，这就是反向传播的含义。

7.2 卷积神经网络

卷积神经网络（Convolutional Neural Networks，CNNs）最早由立昆（Yann André LeCun）在 1989 年提出，当时的应用场景是手写邮政编码识别。1998 年，立昆又提出了 LeNet 用于手写数字识别。但是由于过深的网络中会出现梯度消失和梯度爆炸的问题，神经网络又一次退出了人们的视野。值得庆幸的是，2006 年辛顿提出了深层网络训练中梯度消失问题的解决方案：无监督预训练和有监督微调的结合。因此 2006 年也被认为是深度学习元年。2012 年，辛顿课题组提出的 AlexNet 在图像识别顶级比赛 ImageNet 中力压其他方法夺冠，掀起深度学习的高潮。自此，卷积神经网络逐渐成为现代计算机视觉领域的基石。

7.2.1 卷积

图片是由像素组成的。当我们放大电视机荧幕的照片，就会看到如图 7-9 所示的结构，图中每个并排的红绿蓝灯泡用来表示一个像素。当三个灯泡都发光时，从远处就会看到一个白色的光点；相反，如果三个灯泡都不发光，从远处就会看到一个暗点。

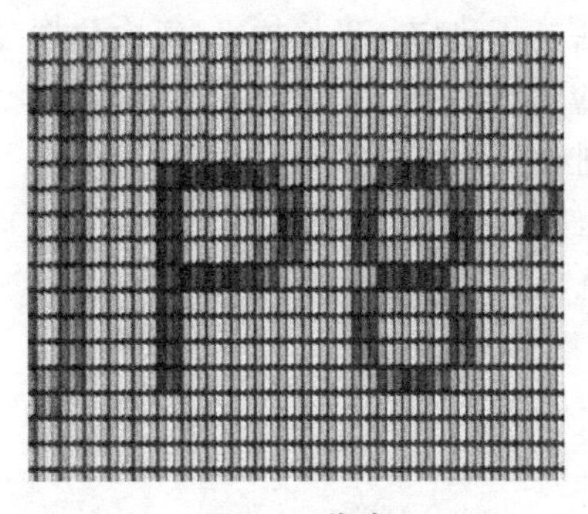

图 7-9 像素

在计算机中，一张图片也是通过类似的方式存储的。最常见的 RGB 格式图片就是一个三维矩阵，三个维度分别表示图片的高度（height，H）、宽度（width，W）以及通道数（channels，C）。通道可以是红绿蓝中的一种，所以 RGB 图像有三个通道。三维矩阵的每个元素表示某个通道下，特定位置的像素的亮度，取值 0～255。

如果把三维矩阵的每个元素视为一个特征，则一张 100×100 的 RGB 图片就包含了 30000 个特征。再使用三层全连接神经网络对图像进行分类，即使中间层只有 256 个计算单元，网络中也有超过 7680000 个参数，对训练的压力很大。

20 世纪五六十年代，大卫·休伯尔（David H. Hubel）和托斯坦·维厄瑟尔（Torsten

Wiesel)发现猴子和猫的视觉皮层包含一些特殊的神经元,这些神经元仅受到视野中的一个小区域的刺激,这个小区域称为感受野。相邻的神经元具有相似的感受野,而且它们的感受野通常是交叠的。受此启发,福岛邦彦(Kunihiko Fukushima)在1980年提出了神经认知器(neocognitron)。神经认知器首次提出了卷积(convolution)和下采样(downsampling)两种操作,为卷积神经网络的诞生打下了基础。

卷积是一种对图像和卷积核做内积的操作。如图7-10所示,左侧的矩阵表示输入图像,中间有标号的矩阵表示卷积核,右侧的矩阵表示输出图像。根据卷积核上标注的数字不难看出,这是一个3×3的单位矩阵。为了便于说明,设图像右上角的元素坐标为(0,0),则左下角的元素坐标为(8,8)。另外,输入图像中一些像素被标注为深色,它们的值为1,其他的浅色像素值为0。

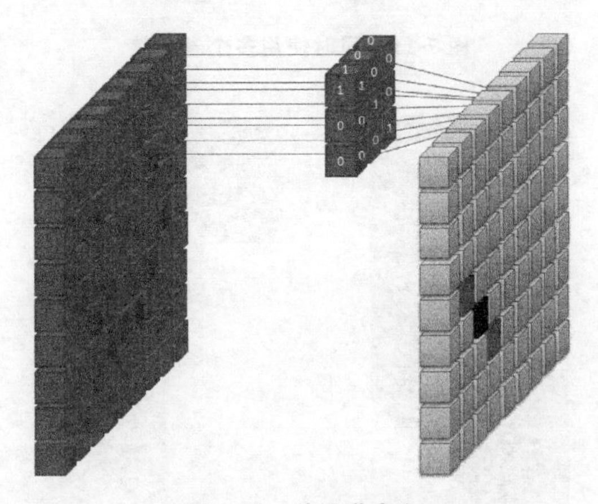

图7-10　单通道卷积

在输出图像中,(1,1)的值是通过输入图像的特定区域与卷积核做内积计算出来的。具体来说,输入图像(0,0)～(2,2)的9个元素与卷积核的9个元素一一对应,将其对应相乘并求和,就能得到输出图像(1,1)的值了。尽管输入图像(2,2)位置上的值为1,但是其对应卷积核中的0,所以输出图像(1,1)的值为0。

再来看输出图像(5,6)位置的值。由于输入图像的(4,5)、(5,6)和(6,7)的位置都是1,与卷积核上1的分布一致,所以在输出图像中(5,6)位置的值为3。由此可见,如图7-10所示的卷积核在遇到斜线时会被激活。

不同卷积核会对不同形状有所反应。因此,我们可以对一张输入图像同时使用多个卷积核来提取不同的几何特征。如图7-11所示,我们同时使用三个卷积核,分别检测图中的斜线、孤点和横线。每个卷积核对应一张输出图像,这些输出图像可以作为不同的通道组合起来,得到一个三维矩阵。矩阵中的每个元素不再是0～255的像素值,而是一个表示特定模式是否出现的特征,所以这个矩阵也被称为特征图(feature map)。特征图中的每个元素代表特征,也被视为一个神经元。

为了在特征图或多通道图像上进行卷积操作,我们需要将卷积核也扩展为三维,如图7-12所示。这里以RGB图像上的卷积为例,输入图像有三个通道,卷积核也有三个通道,二者进行卷积的结果是一个单通道图像。总结来说,单个卷积核的通道数需要核输入图像一致,才能进行卷积。

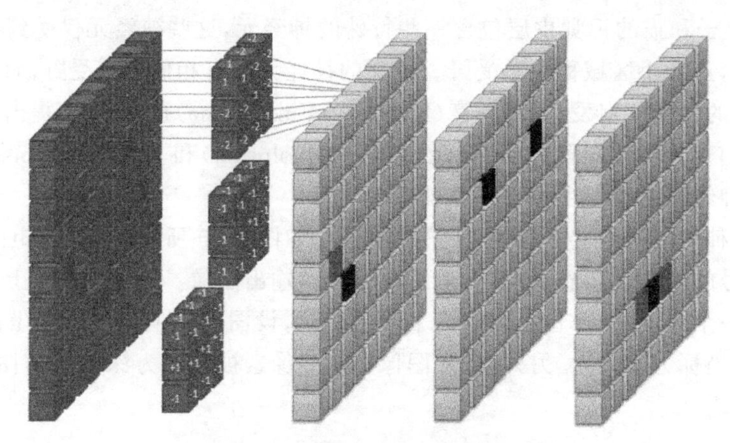

图 7-11 同时使用多个卷积核

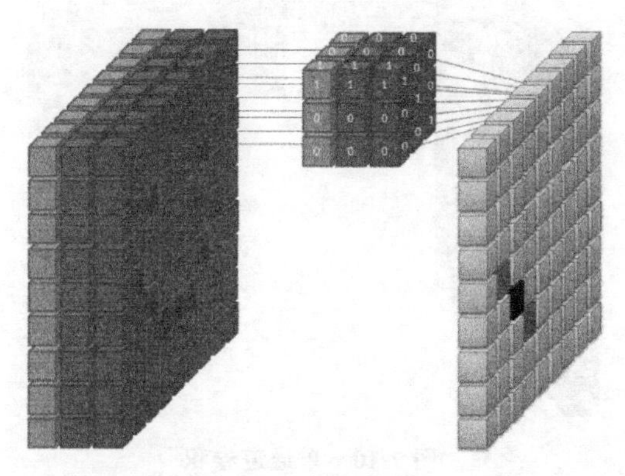

图 7-12 多通道卷积

不同于全连接神经网络，卷积神经网络中的每个神经元不能同时接受上一层的全部神经元输出作为输入，而是只能将上一层的某个局部窗口内的神经元输出作为输入。卷积操作的这种特点称为局部感知。

与局部感知伴随而来的是卷积操作的另一个特点，即参数共享。由于使用同一个卷积核对图像的每个局部做点积，所以每个神经元不会引入单独的参数，而是使用一套共享的参数。假设我们使用 85×85×3 的卷积核对一张 100×100 的 RGB 图片进行卷积操作，可以得到一张 16×16 的特征图，但是只需要 21675 个参数，比全连接层的 7680000 降低了两个数量级。

为了进一步降低参数量，我们还可以对卷积核进行拆解。假设我们使用三个 3×3×3 的卷积核处理一张 100×100 的 RGB 图片，可以得到一张 98×98×3 的特征图。重复这个操作 42 次，特征图的维度会降低至 16×16×3。再使用 1×1×3 的卷积核处理，就能将三个通道合并为一个，从而得到一张 16×16 的特征图。这个过程中，我们引入了 42 个 3×3×3 的卷积核和 1 个 1×1×3 的卷积核，总共 1137 个参数。

7.2.2 池化

池化(pooling)是卷积神经网络中最常用的数据降维方式之一。与卷积不同，池化操作不会引入额外参数，因此不会增加网络容量。如图 7-13 所示，池化首先将矩阵分成若干区域，然后使用一个元素来代表这个区域。最终，将每个区域的代表元素放在一起，就得到了池化的输出。

图 7-13 展示了 2×2 最大池化的执行过程。"2×2"表示池化操作将特征图分成一个个 2×2 的小区域，"最大"表示在每个小区域中选择最大的那个元素作为这个区域的代表。除了最大池化(max pooling)，平均池化(average pooling)也是十分常见的操作。

除了用于降低特征图的维度，从而减少网络参数以外，池化操作还被用于从任意大小的特征图中提取固定长度的特征向量。设输入特征图的尺寸为 $a \times a$，池化窗口的尺寸为 $\lceil a/4 \rceil$，总能得到 4×4 的输出特征图。池化的这一能力源自其无参特性。由于卷积核内部的参数需要学习，所以一个训练好的卷积核，其大小不能改变，因此也无法将任意大小的输入特征图变为固定大小的输出特征图。而池化操作中不涉及参数，所以池化窗口的尺寸可以随着输入特征图的大小而改变，因此可以随意控制输出特征图的大小。

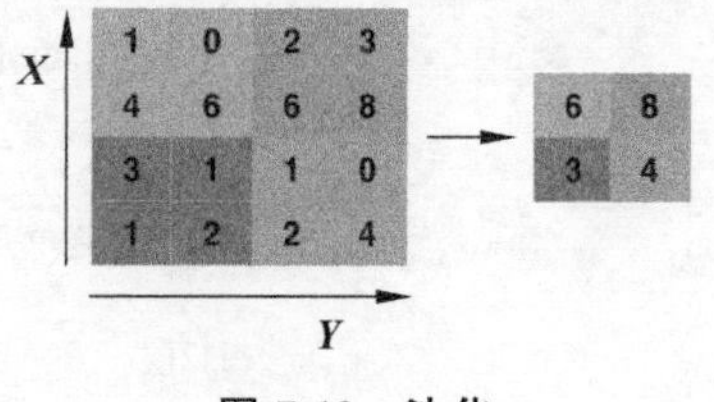

图 7-13 池化

7.2.3 步长与填充

为了进一步控制输出特征图的维度，卷积和池化操作还可以设置步长和填充。步长决定了操作的频率。如图 7-14 所示，如果设置步长为 2，则每进行一次内积操作，卷积核需要在输入特征图上向右或向下移动两个位置，才能进行下一次内积操作。默认情况下卷积操作的步长为 1。

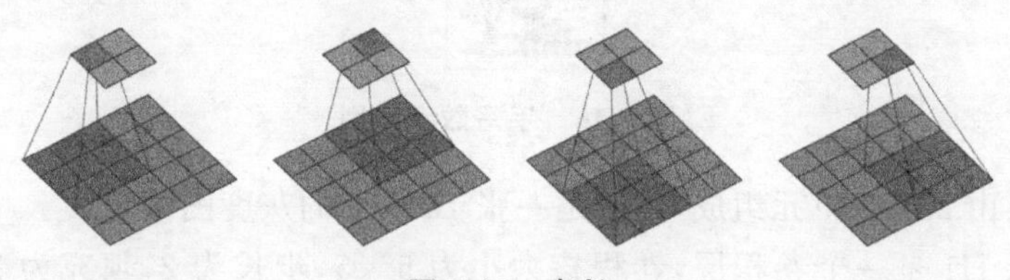

图 7-14 步长

如果卷积核大小恰好比步长大 1，相当于卷积核每次都在和输入特征图的不同区域做内积，而且内积操作覆盖了输入特征图的所有神经元。这样的设置在池化操作中十分常见，2×2 最大池化实际上就是将步长设置为 2。

无论是卷积还是池化操作，一般都会使输出特征图的维度低于输入特征图。然而有时我们希望保持输入特征图的维度，这就需要设置填充。如图 7-15 所示，填充就是在卷积或池化操作之前，先在输入特征图四周填充一些 0。通过合理控制填充元素的个数以及步长，就可以使输出特征图的维度与输入特征图相同。

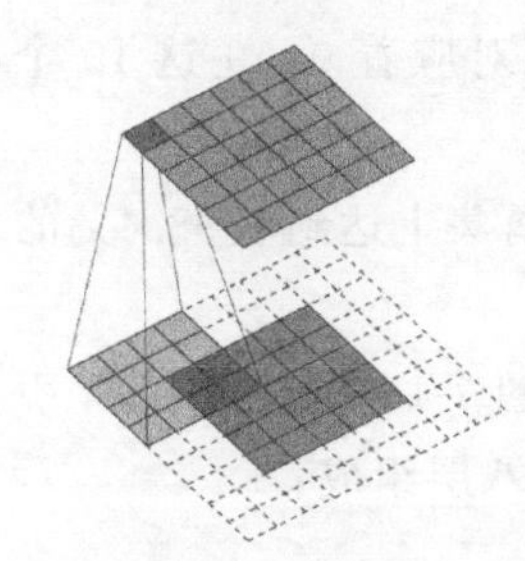

图 7-15 填充

填充的另一个好处是平衡输入特征图中各个神经元的重要程度。我们知道，卷积可以将输入图像中的一个小区域聚合成单个特征，但是不同小区域之间有不同程度的重叠。这就导致重叠次数多的神经元具有更高的重要性，而重叠次数少的神经元具有更低的重要性。在没有设置填充的卷积操作中，特征图边缘的神经元一般重叠次数较低，所以当网络很深时，图像边缘的特征不容易提取。而设置了填充以后，原本位于特征图边缘的元素在一定程度上远离了边缘，从而提高了重要程度。

7.2.4 手写数字识别

手写数字识别是一个较为简单的图像分类问题，也是早期卷积神经网络的主要应用领域，卷积神经网络结构如图 7-16 所示。网络由五层组成，其中第一层称为输入层，最后一层称为输出层，中间三层称为隐藏层。

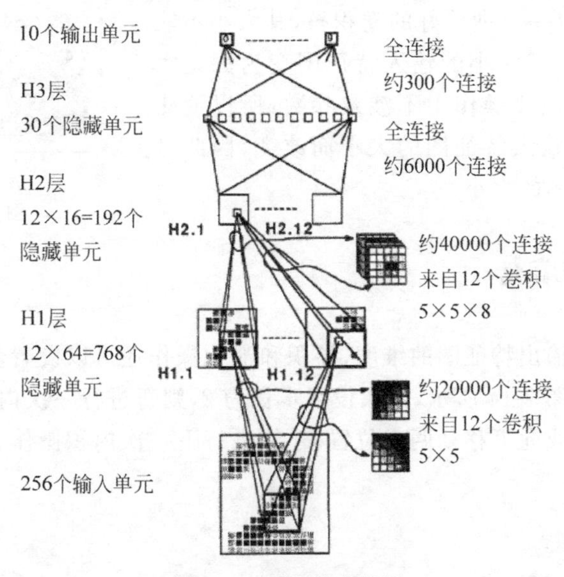

图 7-16 手写数字识别

(1) 输入层由 256 个单元组成，也就是一张 16×16 的灰度图像。

(2) 隐藏层 H1 是一个卷积层，卷积核大小为 5×5，步长为 2，填充为 2，共 12 个卷积核。输入图像经过 H1 处理后的维度是 8×8×12。

(3) 隐藏层 H2 首先从 H1 的 12 个通道中任选 8 个，然后使用 12 个 5×5×8 的卷积核进行处理，其中步长为 2，填充为 2。H2 处理后的特征图维度是 4×4×12，也就是长度为 192 的特征向量。

(4) 隐藏层 H3 通过全连接层将 H2 的特征向量映射到 30 维。

(5) 输出层通过全连接层将 H3 的特征向量映射到 10 维，分别对应着 0～9 这 10 个数字。

网络共有 1256 个单元，引入了 9760 个参数。经过训练，网络在训练集上达到了 98.4%的准确率，在测试集上达到了 91.9%的准确率。

1998 年，立昆又提出了经典的 LeNet 网络，如图 7-17 所示。与图 7-16 相比，LeNet 引入了池化层 S2 和 S4，奠定了现代卷积神经网络的基础架构。网络由八层组成：

(1) 输入层由 1024 个单元组成，也就是一张 32×32 的灰度图像。

(2) C1 是一个卷积层，使用 6 个大小为 5×5 的卷积核，得到 28×28×6 的特征图。

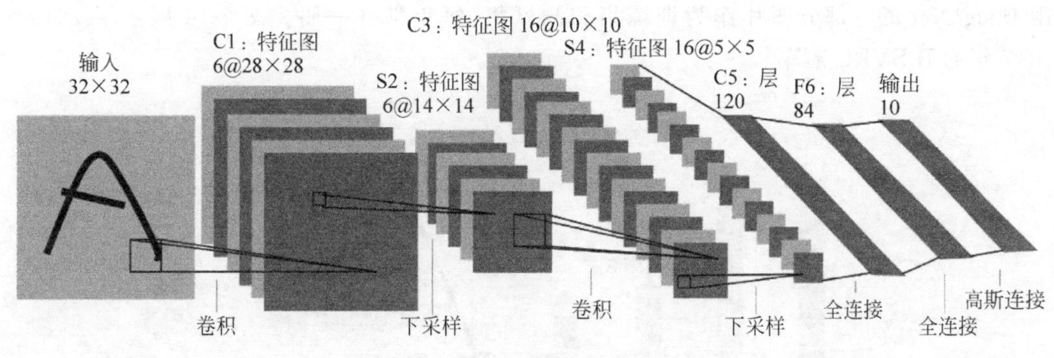

图 7-17　LeNet

(3) S2 是一个 2×2 的下采样层，输出特征图的维度是 14×14×6。与现代卷积神经网络中使用的池化层不同，输出特征图的每个通道经过了一次额外的线性映射。

(4) C3 是一个卷积层，使用 16 个大小为 5×5×6 的卷积核，得到 10×10×16 的特征图。与图 7-16 中的 H2 层类似，C3 层并没有使用 S2 层输出的全部通道来计算卷积。这样设计有两方面考虑，一是减少参数数量，二是打破不同通道的对称性。

(5)与 S2 类似，S4 也是一个 2×2 的下采样层，输出特征图的维度是 5×5×16。

(6) C5 是一个卷积层，使用 120 个大小为 5×5×16 的卷积核，得到长度为 120 的特征向量。由于 S2 输出的特征图维度是 5×5×16，所以 C5 的每个卷积核都会与整个输入特征图做点乘。也就是说，C5 的每个输出都与全部输入神经元相连，所以 C5 也是一个全连接层。

(7) F6 是一个全连接层，输出长度为 84 的特征向量。之所以设定 84 这个数字，是因为每个 ASCII 字符都能使用一张 7×12 的图片表示，有利于将 LeNet 扩展到字符串识别任务中。

(8) 输出层计算上层特征向量到每个数字的欧氏距离，得到长度为 10 的特征向量。由于使用了欧氏径向基函数(Euclidean Radial Basis Function，Euclidean RBF)激活，所以输出层也被称为高斯连接层。现代卷积神经网络中常用 SoftMax 激活的全连接层替代高斯连接层。

LeNet 共引入了 60000 个参数。为了测试 LeNet 的性能，立昆改造了 NIST 数据集，并将这个新的数据集命名为 MNIST(Modified NIST)。现在，MNIST 数据集已经成为图像分类领域的基准测试之一。MNIST 数据集包含 60000 张训练图片以及 10000 张测试图片。实验表明，集成后的 LeNet 可以达到 99.3%的准确率，几乎与人类水平相当。

7.2.5　图像分类

手写数字识别只需要区分 10 个类别的图像，但是真实场景下的图片类别远不止这个数字。因此，为了训练和评估图像分类模型，就必须收集大量数据。2009 年，李飞飞教授团队构建了一个大规模层次化图像数据库，称为 ImageNet。ImageNet 收录了 14197122 张图片，涵盖 21841 个类别。从 2010 年开始，一个基于 ImageNet 的大规模视觉识别挑战赛开始举办，简称 ILSVRC(ImageNet Large Scale Visual Recognition Challenge)。ILSVRC 使用 ImageNet 的一部分图片作为训练集和测试集，每年举办一届。图 7-18 展示了 2010—2017 年的 ILSVRC 冠军。

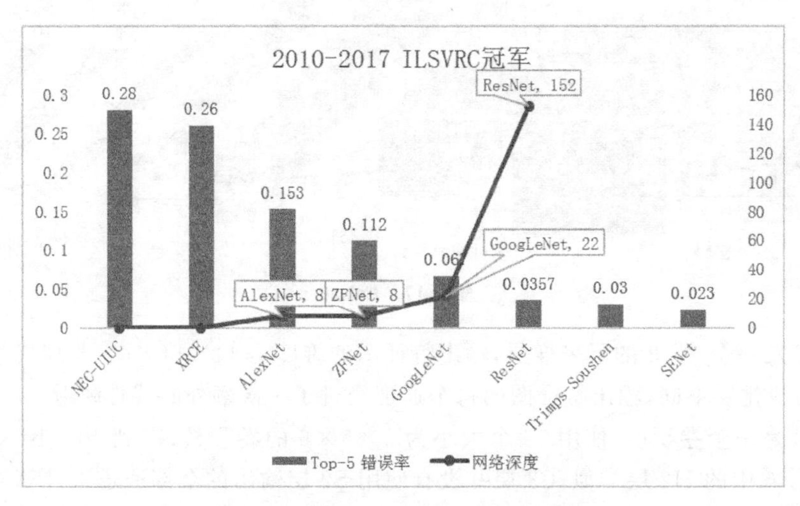

图 7-18　2010—2017 年 ILSVRC 冠军

2012 年，辛顿团队提出的 AlexNet 在 ILSVRC 中夺冠，错误率较上届降低了 10%，打破了传统方法在图像分类领域的垄断地位，将人们的视线重新聚焦在深度学习上。图 7-19 展示了 AlexNet 的结构。与 LeNet 相比，AlexNet 的网络结构并没有发生太大变化。但是 AlexNet 需要将 224×224×3 的图片划分到 1000 个类别，所以 AlexNet 引入的参数量更大，训练难度更大。GPU 的发展满足了训练所需的硬件条件，ImageNet、ReLU、Dropout、数据增广等技术则满足了训练所需的软件条件。软硬件共同配合，造就了 AlexNet 的成功。

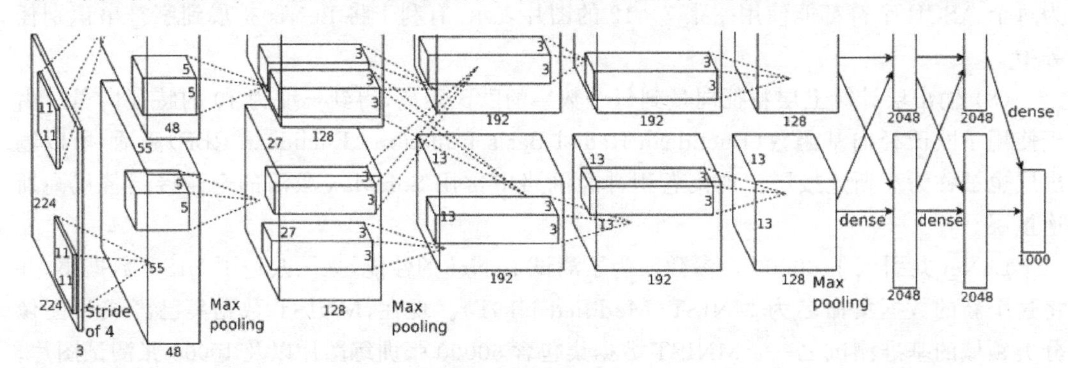

图 7-19　AlexNet

ILSVRC 上诞生的另一个经典网络是 ResNet。作为 2015 年 ILSVRC 的冠军，ResNet 将错误率从上届的 6.7%降低至 3.57%，首次超过人类错误率 5.1%，降幅接近 50%。随着错误率的降低，ResNet 的网络深度也从上届的 22 层提升至 152 层，成为真正意义上的深度模型。

7.2.6　检测与分割

分类任务关注图片的整体内容，在人脸识别等领域有着广泛的应用。但是对于自动驾驶等场景，只有宏观信息是不够的，计算机必须理解图片中有哪些目标，这种技术称为目标检测(object detection)。对于图片中的每个目标,模型需要给出其位置和类别。更进一步,分割(segmentation)要求模型判断哪些像素组成了一个特定的目标。语义分割(semantic segmentation)是最基本的分割问题,模型需要对图片的每个像素分类,最终返回一张色块图作为分割结果。实例分割(instance segmentation)是一个更加精细的分割问题,模型需要区分每个类别所属的实体。也就是说,如果一张图片中有10个人,实例分割就相当于在10个类别上进行语义分割。图7-20展示了图像分类、目标检测、语义分割以及实例分割的不同。

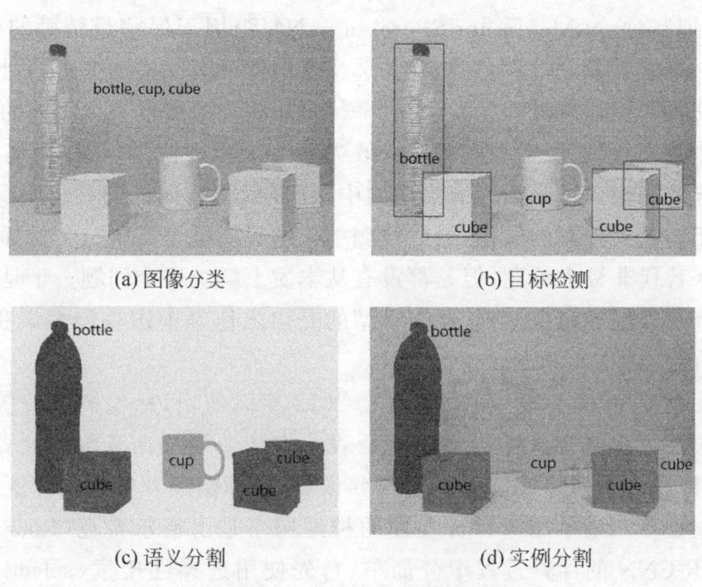

图 7-20 不同的场景理解问题

目标检测的输出是目标的位置和类别信息。类别信息可以用概率表示,位置信息则需要用坐标表示。习惯上,我们将图片左上角的像素位置记为(0,0),将图片右下角的像素位置记为$(w-1,h-1)$,其中w表示图片宽度,h表示图片高度。描述目标位置信息的数据结构称为边界框(bounding box),直观上定义为包含目标的最小矩形框。边界框的表示方法很多,常见的有(l,t,r,b)或(l,t,w,h),其中(l,t)表示边界框左上角的坐标,(r,b)表示边界框右下角的坐标,w表示边界框宽度,h表示边界框高度。

对于两个边界框,可以用交并比(Intersection over Union, IoU)表示其重合程度。如图7-21所示,交并比是两个边界框的重叠部分面积与总面积的比值。当两个边界框完全重合时,交并比为1;当两个边界框完全分离时,交并比为0。图7-22展示了不同重合程度下的交并比。

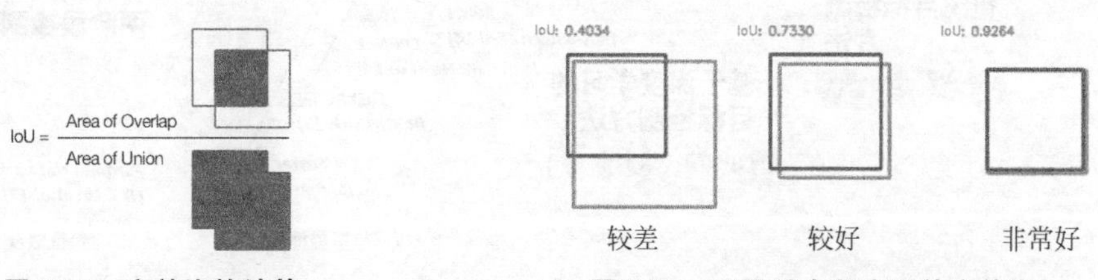

图 7-21 交并比的计算　　**图 7-22 不同重合程度下的交并比**

交并比最主要的作用是评价模型的预测结果。如果模型输出的检测框与某个目标的边界框之间的交并比大于某个阈值，就认为检测框与目标建立了对应关系。虚报（false alarm）指那些没有对应目标的检测框，漏检（miss）则指那些没有对应检测框的目标。一个目标可以与多个检测框建立对应关系，但是一个检测框通常只能与一个目标建立对应关系。如果一个检测框与多个目标建立了对应关系，通常只保留交并比最大的目标。根据检测框与目标边界框的差别，模型可以学习如何预测更加准确的检测框，从而提高检测精度。

交并比的另一个重要作用是去除冗余的检测框。有些模型倾向于对一个目标输出多个检测框，非极大抑制（Non-Maximum Supression，NMS）用于保留最精确的检测框，同时抑制其他检测框。具体来说，非极大抑制首先选择置信度最高的检测框，然后计算其他检测框与该检测框的交并比。如果交并比大于某个阈值，就认为检测框包含相同的物体，需要进行抑制。对于大多数场景，非极大抑制可以有效去除冗余检测框，但是在密集检测场景下，非极大抑制常常导致漏检。这是因为密集检测中，许多目标之间的交并比很高。一旦两个目标的交并比高于非极大抑制的阈值，最终检测结果就只能覆盖其中一个目标。为此，人们设计了许多算法来替代非极大抑制，但是都没有从本质上解决这个问题。于是，一些目标检测模型开始从设计上抑制冗余检测框，这类模型的开山之作是中国香港大学和字节跳动人工智能实验室联合提出的 OneNet。

图 7-23 展示了目标检测模型的发展史。2012 年以前，目标检测以传统方法为主。这一阶段的检测算法大多基于人工设计的特征表示方法。为了在有限的计算资源上进行部署，人们还需要使用一系列加速技巧。2012 年以后，目标检测开始进入深度学习时代，精度和速度都有明显提升。最早用于目标检测的神经网络是由格尔希克（Ross B. Girshick）提出的 R-CNN。R-CNN 的计算过程十分简单，首先使用选择性搜索（selective search）确定 2000 个左右的候选区域（region proposal），然后使用卷积神经网络提取每个候选区域的特征，最后使用支持向量机对每个候选区域的特征进行分类。在 R-CNN 的基础上，Fast R-CNN 和 Faster R-CNN 很快被提出，奠定了两阶段检测器的基础。尽管两阶段检测器的精度很高，但是速度始终无法达到实时。Faster R-CNN 在 PASCAL VOC 2007 上可以达到 73.2%的准确率，但是检测速度只有 7FPS。2016 年，YOLO 的提出弥补了目标检测模型在

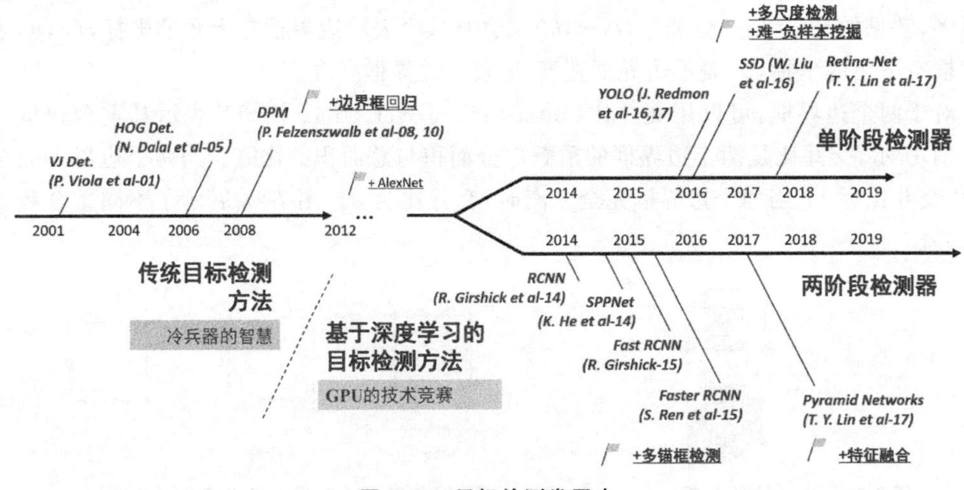

图 7-23 目标检测发展史

速度上的不足。同样在 PASCAL VOC 2007 上，YOLO 的检测速度最高可以达到 155fps，尽管准确率下降到 52.7%。使用更多卷积层进行训练，YOLO 的准确率可以提升至 63.4%，同时检测速度可以达到 45fps。YOLO 抛弃了候选区域这一概念，直接对图片中的所有可能区域进行分类，从而大幅提高了检测速度，但同时也造成了准确率的下降。为了与 R-CNN 等两阶段检测器进行区分，YOLO 被称为单阶段检测器。

7.3　循环神经网络

循环神经网络(Recurrent Neural Networks，RNNs)是一类用于解决时序问题的神经网络。如图 7-24 所示，人工智能的主要研究领域包括计算机视觉(Computer Vision，CV)、语音识别(speech recognition)以及自然语言处理(Natural Language Processing，NLP)等。

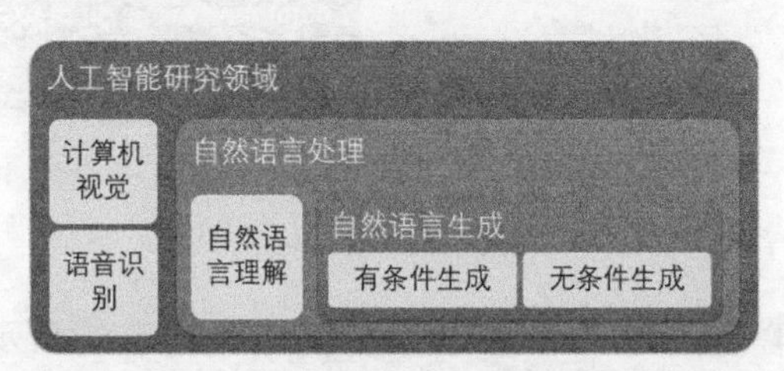

图 7-24　时序问题

本节将以自然语言处理为例，介绍循环神经网络处理时序问题的方法和演进过程。自然语言处理是典型的时序问题，包括自然语言理解(Natural Language Understanding，NLU)和自然语言生成(Natural Language Generation，NLG)两个子问题。自然语言生成又可以进一步细分为有条件自然语言生成与无条件自然语言生成。

7.3.1　自然语言处理

自然语言理解就是希望机器具备正常人的语言理解能力。所谓自然语言，就是人类日常使用的语言，包括中文、英文、俄文等语种，语法规则更是千变万化。由于自然语言的多样性，要让计算机真正理解自然语言是十分困难的。尽管对于一些简单的理解任务，例如文本情感分类、短指令理解等，目前的神经网络已经可以达到较高的精度；但是面对一些复杂问题时，例如诗歌或文章理解等，神经网络的表现还算不上很好。

自然语言生成与自然语言理解恰好相反，希望计算机将结构化数据转化为自然语言描述，就像人们在演讲时将脑海中的知识转化为语言一样。生成的文本可以很长，例如根据开头补全故事情节；也可以很短，例如电商平台自动生成商品描述。有些自然语言生成任务要求生成的语言符合一定条件，例如机器翻译(Machine Translation，MT)与对话系统(dialog system)，这种任务称为有条件自然语言生成。另一些自然语言生成任务则鼓励计算机生成多样化的描述，例如诗歌创作等。

GPT-3 是由 OpenAI 开发的自然语言生成模型，相关论文在 2020 年 5 月发表。图 7-25 展示了 GPT-3 的能力之一——文本续写。开发人员首先向模型输入一段文字，其中介绍了 GPT-3 API 的基本信息。经过续写，API 返回了一段有关 AI 安全与实用性的思考。尽管两端文本之间的逻辑性很难评价，但是不可否认，GPT-3 的文本生成能力已经接近人类。强大的能力背后，是 GPT-3 的 1750 亿个参数共同工作的结果。从另一个角度，这也证明了自然语言生成的困难程度。

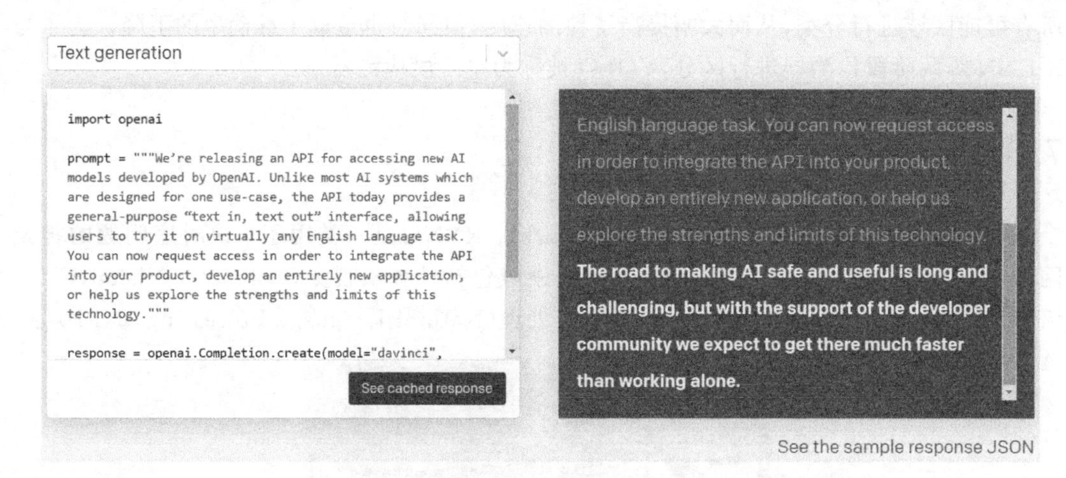

图 7-25　GPT-3

除了文本续写，GPT-3 还能用于自然语言编程。如图 7-26 所示，自然语言编程就是将自然语言描述的计算机操作转化为代码，从而降低编程难度。回顾编程语言的发展史，从纸带到带有助记符的汇编语言，再到 C 语言和 Python 等高级语言，每一次的进步都是为了使编程语言更加接近自然语言。如果我们真的能够实现自然语言到编程语言的转换，或许可以建立起自然语言与机器语言的桥梁，让计算机真正理解人类的自然语言指令。

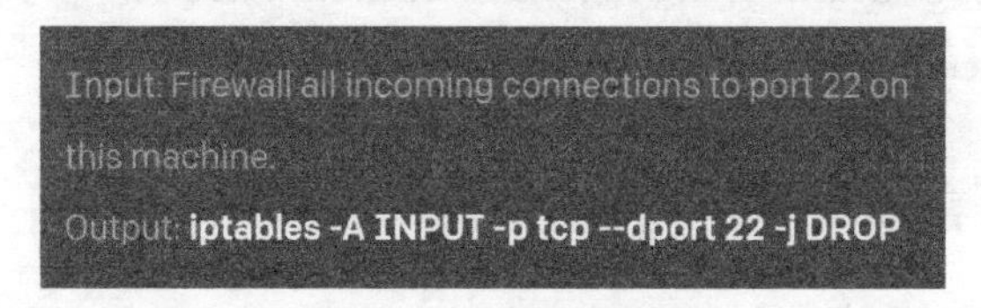

图 7-26　自然语言编程

分析实际应用中的自然语言处理问题，可以将其归类为“一对多”“多对一”“多对多”。“一对多”指的是根据某个条件生成自然语言的过程，例如图片摘要生成；“多对一”指的是将自然语言归纳为单一输出的过程，例如文本情感分类、意图识别等；“多对多”指的是在理解自然语言的基础上，生成某个自然语言序列，例如机器翻译等。

7.3.2　Elman 网络

早期的神经网络需要固定输入维度以及固定输出维度，这在传统的分类问题上以及图像处理上可以满足用户的需求。但是在自然语言处理中，句子是一个变长的序列，传统上固定输入的神经网络就无能为力了。为了处理这种变长序列的问题，神经网络就必须采取一种新的架构，使输入序列和输出序列的长度可以动态地变化，而又不改变神经网络中参数的个数。基于卷积神经网络中参数共享的思想，我们同样可以在时间线上共享参数。这里所说的时间是一个抽象的概念，通常表示为时间步(timestep)，简称为时步。例如，句子是单词的序列，所以句子中第一个单词就是第一个时步，第二个单词就是第二个时步，依此类推。共享参数的作用不仅在于使得输入长度可以动态变化，还可以将一个序列各时步的信息关联起来，沿时间线向前传递。这种神经网络架构就是循环神经网络。

沿时间线共享参数的一个很有效的方式就是使用循环，在不同的时步使用相同的参数处理不同的数据

$$h_t = f(x_t) \tag{7-9}$$

其中，t 表示时步，x_t 是在时步 t 上的输入，h_t 是在时步 t 上的输出。为了使时步间相互关联，我们将上一个时步的输出 h_{t-1} 也加入式(7-9)，从而得到

$$h_t = f(h_{t-1}, x_t) \tag{7-10}$$

这时，$f(\cdot)$称为循环单元(recurrent unit)。这种循环单元最早由埃尔曼(Jeffrey Elman)提出，因此一般称为 Elman 网络，有时也称为朴素循环神经网络(vanilla RNN)。

之所以不将以前的所有时步都加入式(7-9)，一方面原因是式(7-9)无法处理变长参数，另一方面则是考虑到 h_{t-1} 本身就已经概括了前面 t 个时步的全部信息，所以没有必要将历史信息全部引入。

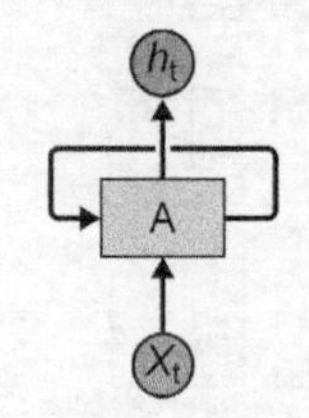

图 7-27　循环单元

图 7-27 以流程图的形式展示了式(7-10)，其中计算单元 A 对应着循环单元 $f(\cdot)$。可以看到，A 在每个时步接收两个输入，分别是 x_t 和 h_{t-1}。尽管看起来 A 会产生两个输出，但实际上这两个输出都是 h_t，只不过 h_t 一方面会作为隐藏单元(hidden unit)传递给下一个时步的 A，另一方面会作为 A 在当前时间步的输出，传递给网络的下一层。实际应用中，循环单元往往和激活层放在一起使用，因此循环单元的实际输出可以视为经过激活的隐藏单元

$$y_t = g(h_t) \tag{7-11}$$

其中，$g(\cdot)$表示激活函数。

如图 7-28 所示，将图 7-27 展开可以更清晰地看到循环单元的工作过程。循环神经网络以一个变长序列 $x_0, x_1, \cdots, x_t$ 为输入，输出一个变长序列 $y_0, y_1, \cdots, y_t$。循环层之上还可以叠加循环层、全连接层等其他网络层，如图 7-29 所示。但是实践表明，循环层不宜叠加过多，一般最多同时使用三个循环层。

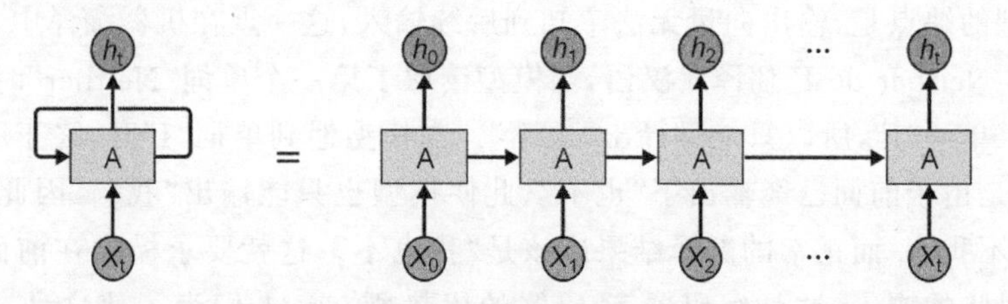

图 7-28　循环单元展开

基于循环神经网络，我们可以解决如图 7-30 所示的多种时序问题。最简单的“一对一”问题不需要引入循环单元，仅用卷积神经网络或全连接神经网络就可以解决。而“一对多”问题则可以视作一个长度为 1 的序列到一个变长序列的映射。值得一提的是，当输入序列的长度小于输出序列时，可以使用零向量对输入序列进行填充，使二者长度相等；也可以将

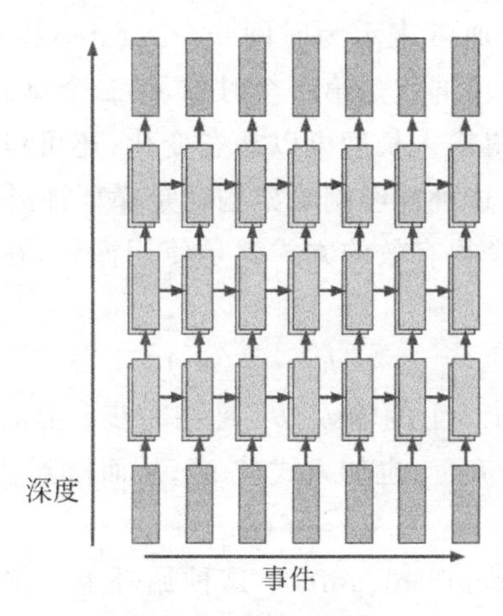

图 7-29　循环层叠加

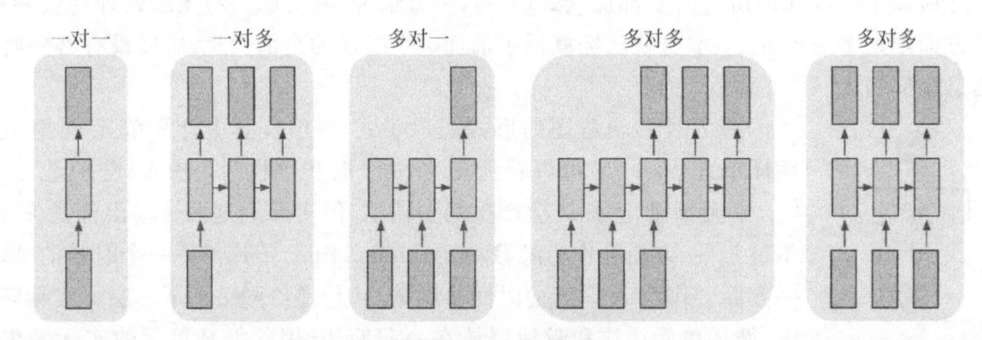

图 7-30　使用循环神经网络解决时序问题

先前时步的输出作为后续时步的输入。"多对一"问题与"一对多"问题恰好相反,因此不需要对输入进行填充,我们一般只关心最后一个时步的输出。"多对多"问题可以看作"多对一"问题与"一对多"问题的结合。我们可以首先使用"多对一"模型将变长序列映射到定长向量,然后使用"一对多"模型将这个向量重新解码为变长序列。这样的"多对多"问题称为编码器-解码器(encoder-decoder)。

另一种"多对多"模型就是直接将循环单元在每个时步下的输出组合起来,作为输出序列。这种模型的缺点是,输出向量无法感知到后续输入,这一点在机器翻译中十分致命。例如,要将英语"Neither do I"翻译成汉语,当模型读取了第一个单词"Neither"时,完全不知道后面还会输入单词"I",所以只能翻译出"也不"。在模型遇到单词"I"时,终于明白了短语完整的意思,可是由于前面已经输出了"也不",此使模型也只能输出"我"。因此,模型的输出将会类似"也不我"。而正常的翻译结果应该是"我也不",这就要求模型在前面的时步能够感知到后续时步的输入,这是编码器-译码器的优势所在。人们为了使这种"多对多"模型也具有后向感知的能力,尝试使用双向循环神经网络。具体来说,就是使用两个循环层,一个从前向后读取输入序列,另一个从后向前读取输入序列。在中间某个时步,将两个循环层在这个时步的输出拼接起来,作为双向循环层的输出。这样就实现了任意时步上的双向依赖。

总的来说,Elman 网络的优势在于处理变长输入。理论上,Elman 网络可以处理任意长度的输入序列,而且模型大小并不会随着输入序列长度的变化而变化。但在实际使用中人们发现,Elman 网络并不能有效地理解长序列。另外,由于 Elman 网络的每个时步依赖于上一个时步的输出,所以网络的运行时间与输入序列的长度成正比,无法并行化。

7.3.3 沿时间线的反向传播

循环神经网络的反向传播过程与全连接神经网络的反向传播过程没有本质区别,都是基于如图 7-31 所示的计算图进行自动微分计算,然后将每个时间步上损失函数关于参数的梯度累积起来,根据梯度下降算法更新参数。一个主要的不同在于,循环神经网络中,两个相邻时步之间存在连接,所以梯度可以在时步之间传播。为了区别于全连接神经网络的反向传播算法,循环神经网络中使用的反向传播算法称为沿时间线的反向传播(Back-Propagation Through Time,BPTT)。

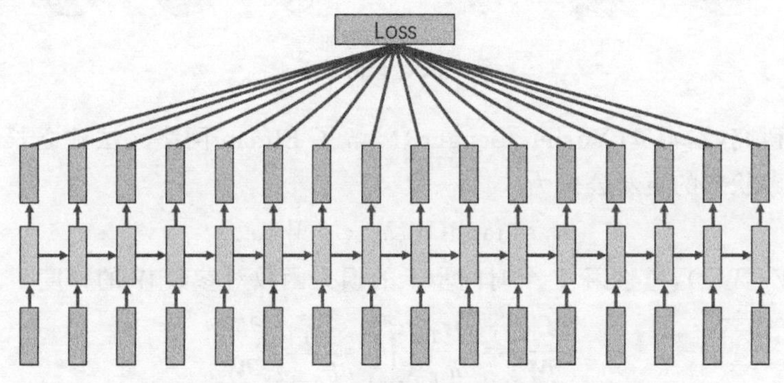

图 7-31 沿时间线的反向传播

当输入序列很长时,图 7-31 所示的计算图也会变得很宽。这时,最后一个时步的梯度要反向传播到第一个时步就会非常耗时。而且由于梯度消失的存在,当最后一个时步的梯度反向传播回第一个时步时,梯度已经基本等于 0 了,对参数更新的影响极小。为了加速循环神经网络的训练,人们通常会使用带截断的循环神经网络。

如图 7-32 所示,截断指的是每次反向传播不会在整个计算图上进行,而是将计算图按时步分为几个区块,梯度仅在区块内部传播。由于每个时步使用的参数是共享的,所以实际上参数的累积梯度还是根据整个输出序列计算出来的,截断操作并没有在很大程度上影响参数更新过程。

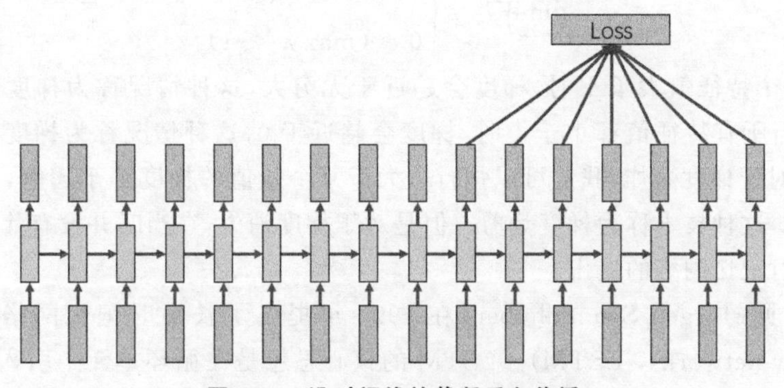

图 7-32 沿时间线的截断反向传播

7.3.4 长短时记忆网络

长时依赖(long term dependencies)是指两个相距较远的时步,在某些情况下需要建立起一定的联系。如图 7-33 所示,当时步 $t+1$ 的输出需要依赖于时步 0 和时步 1 的输入时,Elman 网络只能尝试从 h_t 复原这些信息。但是由于一些原因,网络并不能存储这么久远的信息,于是长时依赖无法建立。

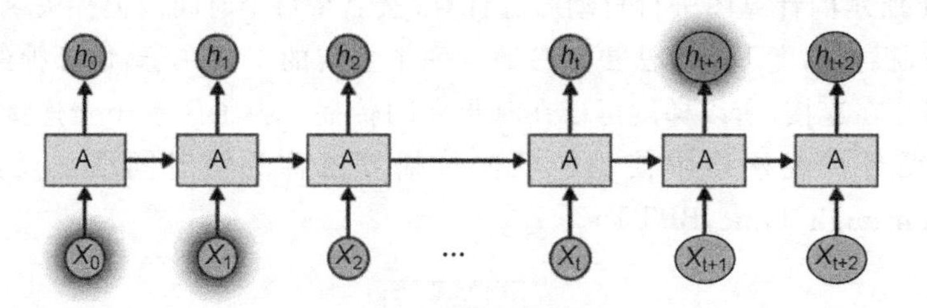

图 7-33 长时依赖

经过多年研究,本希奥(Yoshua Benguo)破解了 Elman 网络无法建立长时依赖的根本原因。假设隐藏状态的更新公式为

$$h_t = \tanh(W_h h_{t-1} + W_x x_t) \tag{7-12}$$

设 $\boldsymbol{W}=(W_h, W_x)$,考察第 T 个时间步上的损失函数对参数 $\boldsymbol{W}$ 的梯度

$$\frac{\partial L_T}{\partial \boldsymbol{W}} = \frac{\partial L_T}{\partial h_T}\left(\prod_{t=2}^{T}\frac{\partial h_t}{\partial h_{t-1}}\right)\frac{\partial h_1}{\partial \boldsymbol{W}} \tag{7-13}$$

其中,

$$\frac{\partial h_t}{\partial h_{t-1}} = \tan h'(W_h h_{t-1} + W_x x_t) W_h \tag{7-14}$$

一方面,tanh 的导函数恒小于 1,所以

$$\lim_{T\to\infty}\prod_{t=2}^{T}\tan h'(W_h h_{t-1} + W_x x_t) = 0 \tag{7-15}$$

另一方面,设$\boldsymbol{\lambda}$ 为 $\boldsymbol{W}_h$ 的特征值之一,则有 $\lim\limits_{T\to\infty}\lambda^{\mathrm{T}} = \begin{cases}\infty, & \lambda>1\\ 0, & \lambda<1\end{cases}$,进而有

$$\lim_{T\to\infty} W_h^{\mathrm{T}} = \begin{cases}\infty & (\max\lambda > 1)\\ 0 & (\max\lambda < 1)\end{cases} \tag{7-16}$$

当任意一个特征值大于 1 时,梯度会趋近于无穷大,这种情况称为梯度爆炸(gradient explosion);当所有特征值都小于 1 时,梯度会趋近于 0,这种情况称为梯度消失(gradient vanishing)。对于梯度爆炸,我们可以强行令大于某个阈值的梯度等于阈值,从而避免参数发生剧烈变化,这种技术称为梯度裁剪。但是对于梯度消失,在当时并没有什么好的解决办法,直到长短时记忆网络的提出。

施米德胡贝(Jürgen Schmidhuber)在 1997 年提出了长短时记忆网络(Long Short-Term Memory networks, LSTM)。LSTM 的核心思想是在循环单元中引入门限(gates),

从而解决长距离信息传递的问题。门限相当于一种可变的短路机制，使得有用的信息可以“跳过”一些时步，直接传到后面的时步。同时由于这种短路机制的存在，使得误差后向传播时得以直接通过短路传回来，避免了在传播过程中爆炸或消失。

图 7-34 展示了 LSTM 中对应于循环单元的部分。与 Elman 网络不同，相邻时步的 LSTM 单元之间传递两个向量，即隐向量和元胞状态(cell state)。

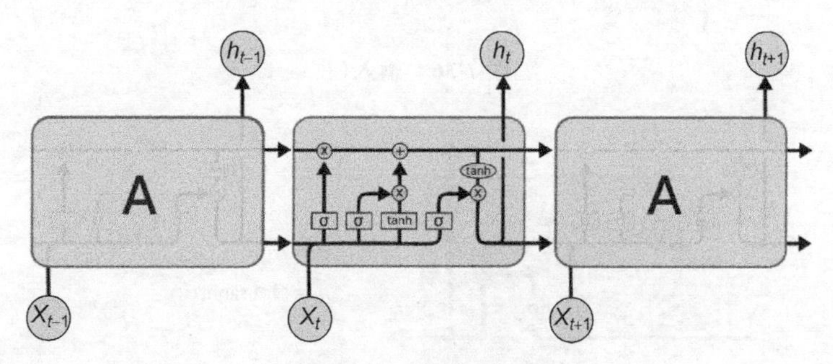

图 7-34　LSTM 单元

LSTM 的运算过程可以使用式(7-17)来概括：

$$\begin{cases}\begin{pmatrix} i \\ f \\ o \\ g \end{pmatrix} = \begin{pmatrix} \sigma \\ \sigma \\ \sigma \\ \tanh \end{pmatrix} \boldsymbol{W}\begin{pmatrix} h_{t-1} \\ x_t \end{pmatrix} \\ c_t = f \odot c_{t-1} + i \odot g \\ h_t = o \odot \tanh(c_t) \end{cases} \tag{7-17}$$

其中，i 表示输入门(input gate)，f 表示遗忘门(forget gate)，o 表示输出门(output gate)，g 表示候选记忆。直觉上，这些门限可以控制向新的隐状态中添加多少新的信息、遗忘多少旧隐状态的信息，以使得重要的信息传播到最后一个隐状态。

门限的名字与它们的用途有关。首先是遗忘门，如图 7-35 所示。遗忘门的每个元素介于 0～1，当它与元胞状态按元素相乘，相当于遗忘了一部分元胞状态。

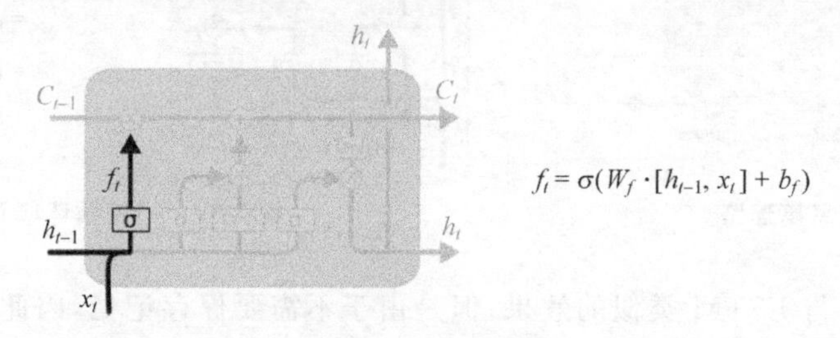

图 7-35　遗忘门

然后出现的是输入门，如图 7-36 所示。输入门首先与候选记忆相乘，然后将乘积与元胞状态相加。候选记忆的值介于 −1～1，而输入门的值介于 0～1，所以输入门控制了候选记忆进入元胞状态的程度。

最后生效的是输出门，如图 7-37 所示。输出门的作用是根据元胞状态生成隐向量，这就是输出的含义。

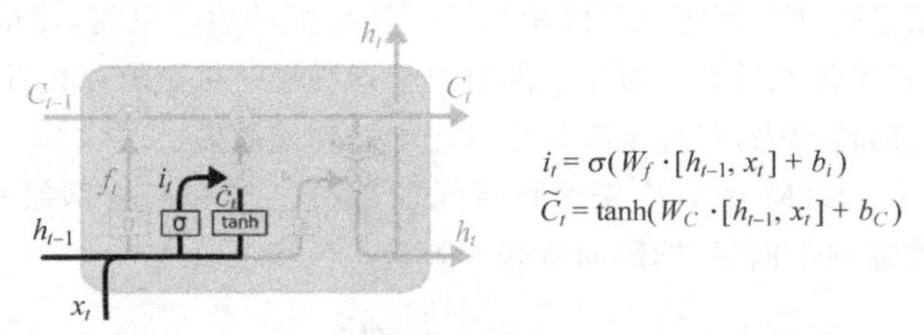

图 7-36 输入门

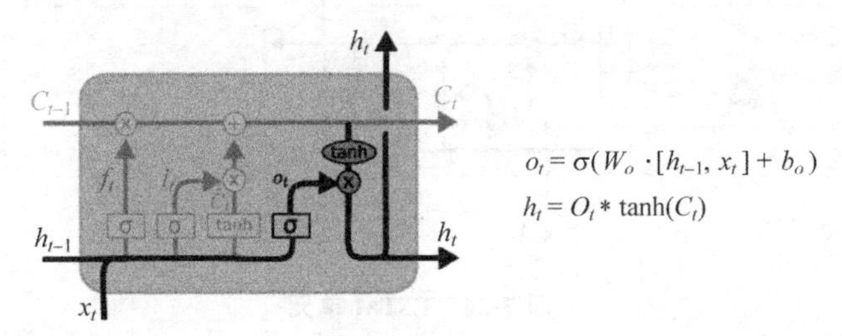

图 7-37 输出门

相比 Elman 网络,LSTM 的作用是显著的。从网络结构来看,LSTM 的能力主要来自其元胞状态的设计。如图 7-38 所示,元胞状态在每个时间步只参与了两次运算,即一次加法和一次乘法。因此,在进行反向传播时,梯度在很大程度上得以保留,从而避免了梯度消失。这样的设计被形象地称为信息高速路,卷积神经网络 ResNet 也采用了类似的设计。

在 LSTM 提出以后,人们也开始尝试其他类似的网络结构,其中最著名的是玄景初(Kyunghyun Cho)于 2014 年提出的门控循环单元(Gated Recurrent Unit, GRU)。GRU 不再显式地维护元胞状态,而是使用线性插值的办法自动调整门限值。GRU 的网络结构如图 7-39 所示。

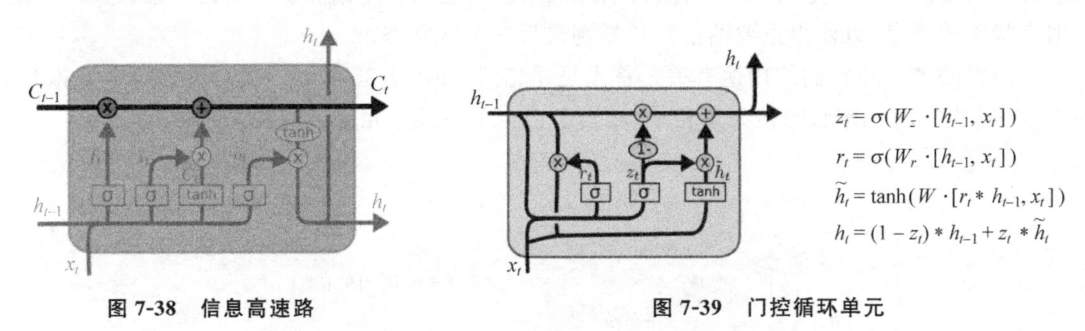

图 7-38 信息高速路　　　　图 7-39 门控循环单元

GRU 达到了与 LSTM 类似的效果,但是由于不需要保存记忆,因此稍微节省内存空间,但总的来说 GRU 与 LSTM 在实践中并无实质性差别。

7.4 生成对抗网络

生成对抗网络(Generative Adversarial Network, GAN)是古德费洛(Ian Goodfellow)于 2014 年提出的一种神经网络框架。在生成对抗网络中,两个神经网络会在零和博弈中共同学习,一个网络被称为生成器(generator),另一个被称为判别器(discriminator)。

7.4.1　生成式模型

如图 7-40 所示，判别式模型与生成式模型是分类模型的两个基本类别。判别式模型希望找到一个决策边界，将特征空间分成两个或多个区域，使得同一类样本位于同一个区域内；生成式模型首先对每类样本建立概率模型，然后就可以将新样本归类为所属概率最大的类别。

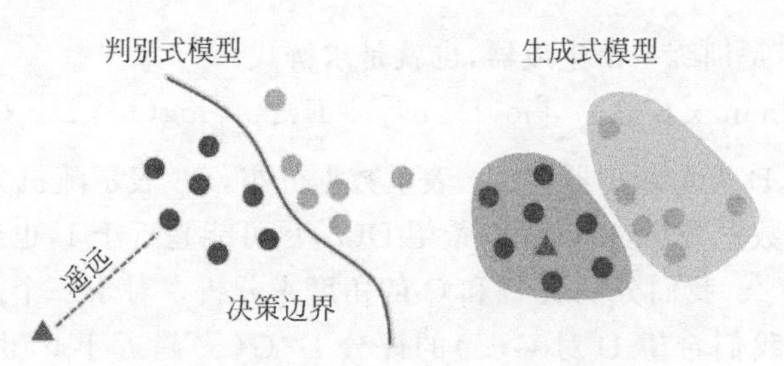

图 7-40　判别式模型与生成式模型

生成对抗网络是典型的生成式模型，因为生成器网络的作用就是拟合样本的概率分布。为了说明生成对抗网络的原理，首先回顾一下概率论中逆变换采样(Inverse transform sampling)的概念。如图 7-41 所示，逆变换采样是一种生成随机数的常见方法。首先需要在 0-1 随机分布中采样一个随机数，然后通过概率累积函数(Cumulative Distribution Function，CDF)逆映射，就能得到该概率分布的一个采样值。

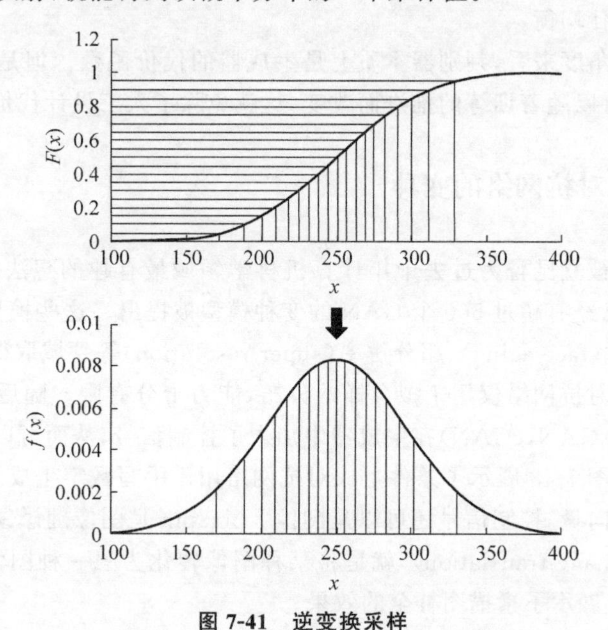

图 7-41　逆变换采样

假设数据集中的样本服从某个数据分布，则生成器的目标就是拟合概率累积函数的逆。这样，每次只需要生成一个随机向量，通过生成器的映射，就能得到一个新的样本。但是数据分布形式是未知的，如何训练生成器才是生成对抗网络所要解决的真正难题。古德费洛的方法是引入另一个神经网络——判别器。

7.4.2 对抗学习

判别器的本质是一个分类模型，用于判断一个样本是真实的还是生成的。样本越真实，判别器的输出就趋近于1；反之，那么判别器的输出就趋近于0。可以这样认为，判别器的输出是对样本真实性的评分。生成器的目标是生成足够真实的图像，也就是使判别器的打分尽可能高。

我们最终的目标是训练一个生成器，也就是求解式

$$G = \min_{G} \max_{D} E_{x \sim P_{data}}[\log D(x)] + E_{z \sim P_z}[\log(1 - D \circ G(z))] \tag{7-18}$$

其中，G表示生成器，D表示判别器，P_{data}表示数据分布，P_z表示随机分布。首先来看第一项，由于样本x服从数据分布，所以我们希望D(x)尽可能趋近于1，也就是使logD(x)尽可能大。第二项较为复杂，我们分别从D和G的角度来分析。对于一个固定的G，由于G(z)是生成的样本，所以我们希望D对G(z)的评分D∘G(z)趋近于0，也就是使log(1－D∘G(z))尽可能大。但是对于一个固定的D，G希望生成一个样本G(z)，使其评分D∘G(z)趋近于1，也就是使log(1－D∘G(z))尽可能小。

判别器和生成器的对抗学习过程类似警察和小偷之间的博弈。警察的目标是识别人群中的小偷，而小偷的目标是骗过警察。随着时间的推移，警察积累了足够多的经验来分辨小偷，但小偷也非常擅长于伪装。理论上，对抗学习最终可以得到一个完美的生成器。这个生成器的样本分布与数据分布完全相同，因此判别器无法分辨样本究竟是真实的还是生成的。这样的状态称为纳什均衡。

从神经网络的角度来看，判别器本质上是生成器的代价函数。但是与一般的代价函数不同的是，判别器可以随着训练的推进而改变，这就免除了人工设计代价函数的复杂性。

7.4.3 生成对抗网络的变种

生成对抗网络被立昆誉为过去十年计算机科学领域最有趣的想法之一。如图7-42所示，截至2018年，已经有超过500个GAN的变种模型被提出。这些模型在风格迁移(style transfer)、人脸老化(face aging)、超分辨率(super-resolution)等领域取得了惊人的效果。

最原始的生成对抗网络仅用于拟合样本分布，能力十分有限。随后提出的条件生成对抗网络(conditional GAN，cGAN)在生成器中加入了控制信号，从而可以在一定程度上控制生成样本的类别。图7-43展示了条件生成对抗网络用于手写数字生成的效果。

除了使用低维向量，控制信号还可以是图像。pix2pix是图像翻译领域的经典模型。所谓图像翻译问题(image translation)，就是将某种图像转化为另一种图像，同时保留图像的主体不变。图7-44展示了素描图补全的效果。

早期的图像翻译模型需要成对训练数据，因而数据集的构建成本较高。以素描图补全任务为例，pix2pix同时需要一张素描图及其对应的真实图像才能训练。CycleGAN通过循环进行图像翻译，解决了这一局限性。具体来说，CycleGAN首先将素描图补全为真实图，而后将真实图提取为素描图。如果网络训练够好，第二次提取的素描图应该和输入图像相同，从而降低了构建数据集的成本。图7-45展示了CycleGAN的生成效果。

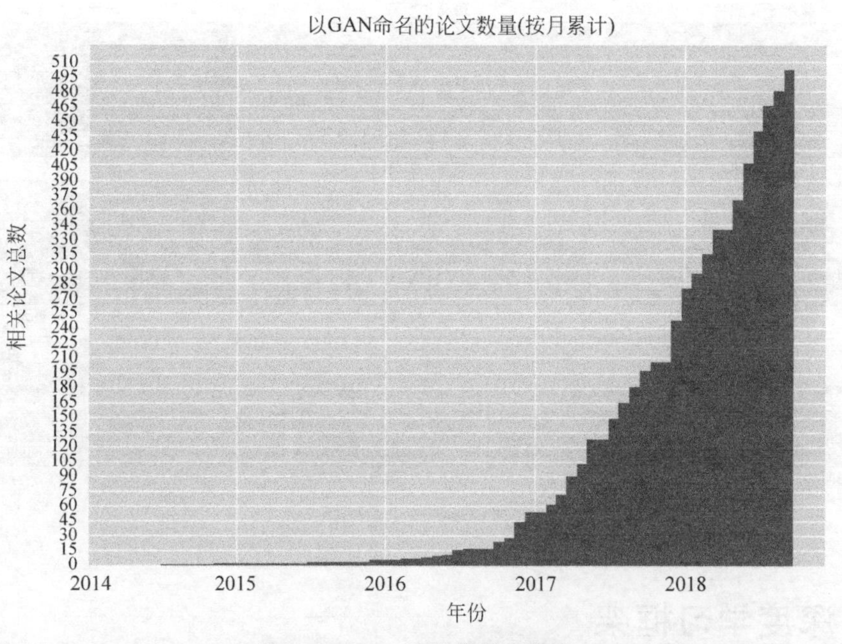

图 7-42　GAN 变种模型的数量

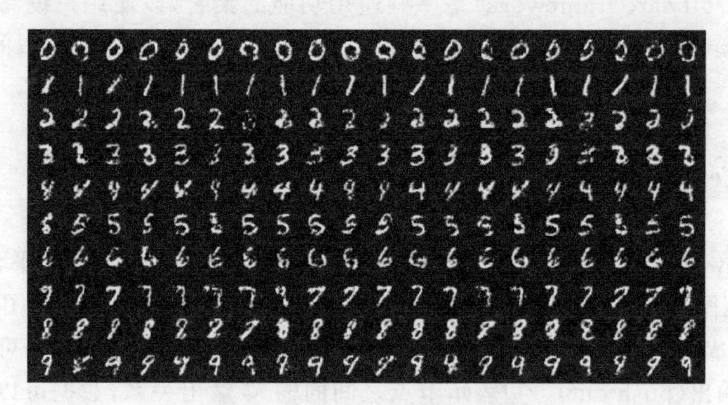

图 7-43　cGAN 手写数字生成

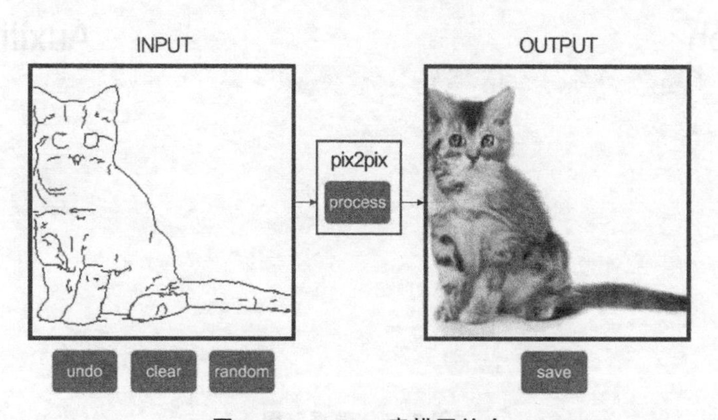

图 7-44　pix2pix 素描图补全

图 7-45　CycleGAN

7.5　深度学习框架

软件框架（software framework）是一些通用功能的集合，以便用户编写应用驱动的软件。深度学习模型同样可以视为软件，所以也可以编写框架来加速模型的构建、训练和部署。

7.5.1　TensorFlow

TensorFlow 是谷歌（Google）公司于 2015 年开源的端到端机器学习平台，是一个基于张量（tensor）流图（Flow Graph）的符号数学系统。如图 7-46 所示，数据流图由节点（nodes）和边（edges）组成。节点一般用来表示数学操作，如加法、卷积、池化等，也可以表示数据输入（feed in）或输出（push out）。边表示节点之间的输入-输出关系，数据可以沿着边所指向的方向流动，直到输出。流图中传递的数据一般是高维数组，也称为张量（tensor）。

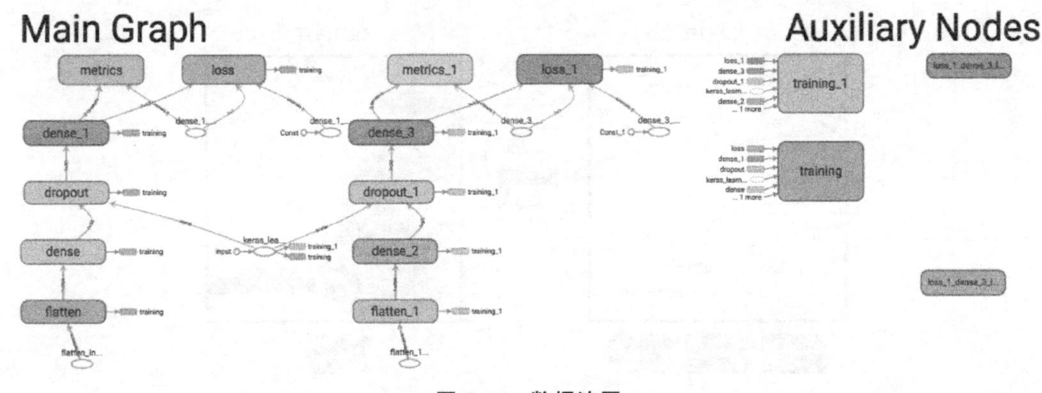

图 7-46　数据流图

举例来说，图 7-47 展示了式(7-19)对应的数据流图

$$e=(a+b)\times(b+1) \tag{7-19}$$

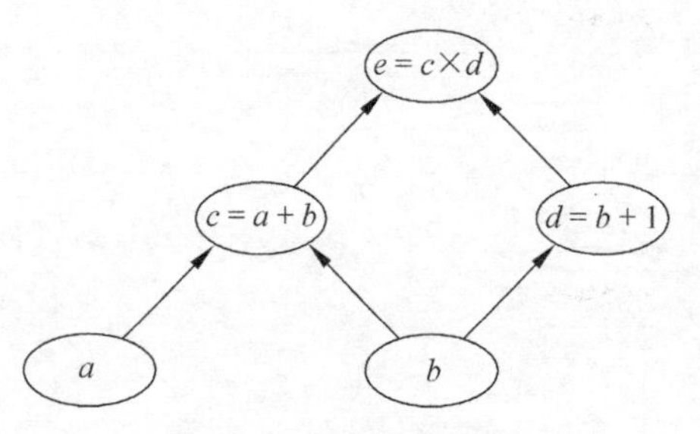

图 7-47　数据流图示例

为了便于描述，流图中还引入了两个中间变量 c 和 d，这些变量都称为张量。前向传播时，流图根据输入的 a 和 b 的值计算 e；反向传播时，流图根据目标函数对 e 的偏导数分别计算目标函数对 a 和 b 的偏导数。TensorFlow 使用自动微分技术(automatic differentiation)实现上述操作。

使用 TensorFlow 时，用户只需要创建流图并执行计算，就可以开始机器学习或深度学习训练了。TensorFlow 提供了许多有用的工具来帮助用户定义流图，这些工具可以通过 Python 编程接口(Application Programming Interface，API)调用。除了 Python 以外，TensorFlow 还支持 JavaScript、C++、Java、Go、C＃和 Julia 等编程语言。TensorFlow 的可移植性很强，用户可以在多个平台(CPU、GPU、云端等)以及多个系统(Windows、Linux、MacOS)上使用。

TensorFlow 的另一个显著优点在于其运行效率，这得益于静态图机制(static computational graphs)。静态图机制是指，用户首先创建流图，然后重复使用这一流图进行模型训练或推理。与之相对的概念是动态图机制，也就是在训练过程中动态构建计算图。理论上，静态图机制允许框架对模型进行最大程度的优化，从而提高运行速度。但另一方面，这也意味着框架实际执行的代码与用户定义的流图相差较大，使代码中的错误更难被发现，降低了开发速度。早期的 TensorFlow 版本仅支持静态图机制，直到 1.5 版本才引入动态图机制 Eager Execution。

除此之外，TensorFlow 还提供了一个可视化工具 TensorBoard，如图 7-48 所示。TensorBoard 不仅能跟踪损失函数值与准确率等指标，还具有模型可视化、张量可视化等众多功能。使用 TensorBoard，用户可以更方便地剖析模型的运行过程，定位训练失败的原因，以及分析模型的可靠性。

诸多优点使 TensorFlow 成为当前最流行的深度学习框架，但是 TensorFlow 的缺点同样明显。首先，TensorFlow 的总代码量超过 100 万行。如此复杂的系统设计对于开发者来说都是难以维护的，读者就更难理解 TensorFlow 的底层运行机制了。其次，TensorFlow 的接口一直处于快速迭代之中。对于同一个功能，TensorFlow 提供了多种实现。这些实现良莠不齐，使用中还有细微的区别，为开发带来了困难。另外，TensorFlow 涉及的概念众多，却没有提供足够易懂的教程。普通用户很难在短时间内理解图、会话、命名空间、占位符等诸多术语，增加了用户的学习成本。

为了解决这些问题，TensorFlow 2.x 版本将 Keras 作为官方前端。Keras 是一个基于 Python 的高级神经网络 API，让用户以最小的时延把想法转换为实验结果。尽管 Keras 的默认后端是 TensorFlow，但用户也可以将后端框架设置为 CNTK、MXNet 等，增强了代码的可移植性。Keras 的开发重点是支持快速的实验，通过一致且简单的 API，大幅提高开发人员的工作效率，同时保持了足够的灵活性。

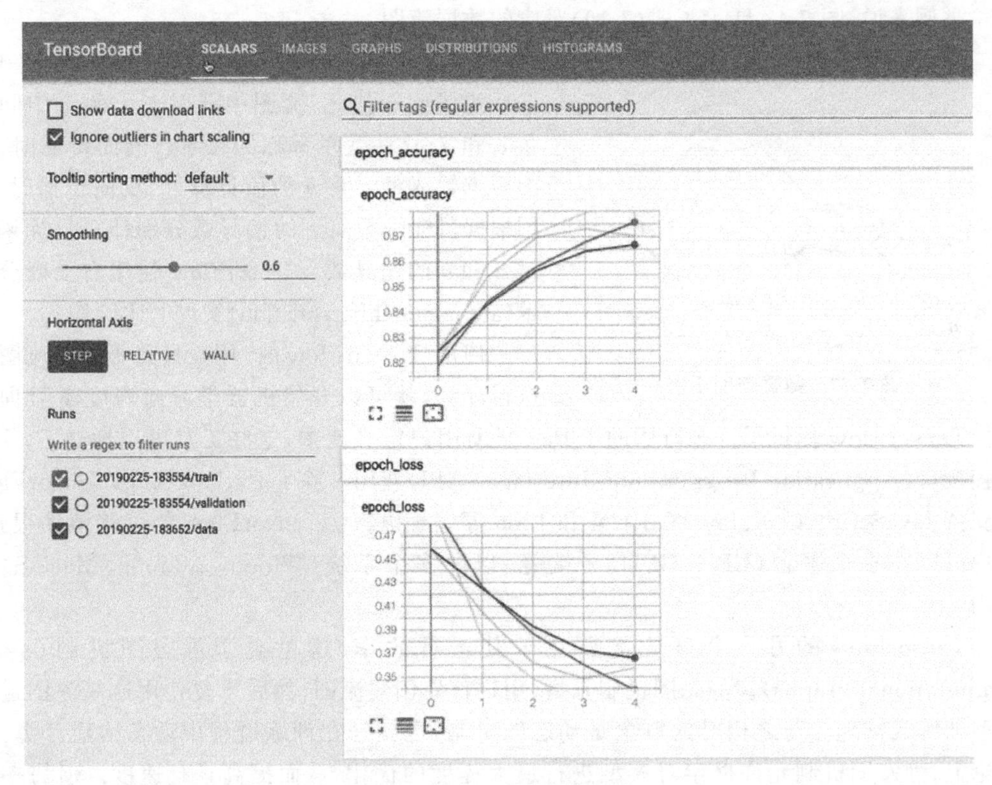

图 7-48 TensorBoard 界面

7.5.2 PyTorch

PyTorch 是脸书人工智能研究院(Facebook AI Research, FAIR)研发的机器学习框架。2002 年,Torch 诞生于纽约大学,使用 Lua 作为接口。虽然 Lua 简洁高效,但是由于其过于小众,以至于很多人对 Torch 望而却步。考虑到 Python 在计算科学领域的领先地位,几乎任何框架都不可避免地要提供 Python 接口。于是在 2017 年 1 月,Torch 的幕后团队推出了 PyTorch。PyTorch 不是简单地提供 Python 接口,而是对 Tensor 之上的所有模块进行了重构,并采用了自动微分技术。PyTorch 一经推出就立刻引起了广泛关注,并迅速在学术界流行起来。

图 7-49 展示了三个人工智能会议上,使用 PyTorch 的论文数量和使用 TensorFlow 的论文数量。可以看出,学术界使用 PyTorch 的热情逐年攀升。到了 2020 年,使用 PyTorch 发表的论文数量已经接近使用 TensorFlow 发表论文数量的 4 倍,而且这一比值在未来还有可能继续提高。

研究者们青睐 PyTorch 的主要原因是简单高效。PyTorch 的接口设计与 NumPy 很像,因此熟悉 NumPy 的用户可以很容易掌握 PyTorch。同时作为一个动态图(dynamic computational graph)框架,用户不需要事先定义计算图,而是可以在执行计算的同时构建流图。这样的设计更加符合人类思维,而且可以借助 Python 的原生语法实现条件、循环语句。此外,PyTorch 追求最少的封装,这也意味着用户不需要理解 TensorFlow 中的许多复

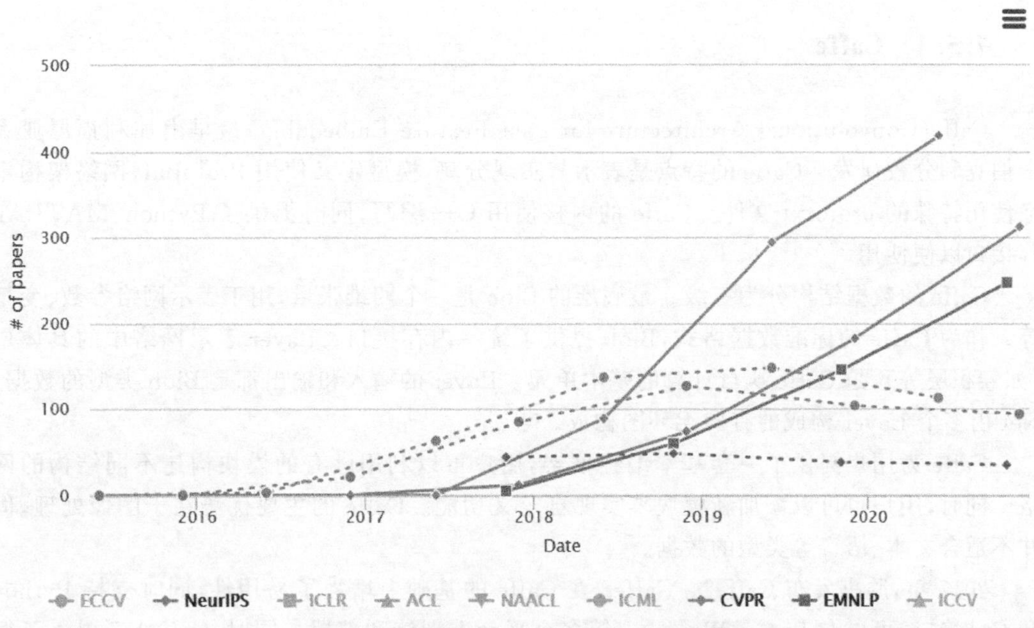

图 7-49　PyTorch 与 TensorFlow 论文数量

杂概念。

尽管 PyTorch 的优点很多，然而在工业界，人们普遍倾向 TensorFlow。一方面是因为 PyTorch 的动态图机制在一定程度上降低了运行效率，另一方面也是因为 TensorFlow 开源更早，一些公司的基础架构已经针对 TensorFlow 进行了优化，切换到 PyTorch 意味着更高的成本。但是随着 PyTorch 的人气越来越高，未来工业界可能会出现两种框架并存的局面。

7.5.3　MXNet

MXNet 是一个高效灵活的深度学习框架，从 2014 年开始由分布式机器学习社区(Distributed Machine Learning Community, DMLC)研发。2016 年开始，亚马逊(Amazon)将 MXNet 作为亚马逊云服务(Amazon Web Service, AWS)的官方深度学习框架，为其提供了代码、文档以及资金方面的支持。2017 年，MXNet 发布了 0.11 版本，提供动态图接口 Gluon。2018 年，针对计算机视觉的 GluonCV 和针对自然语言处理的 GluonNLP 发布，进一步降低了使用 MXNet 进行研究的成本。

设计上，MXNet 支持混合式编程，具有显存占用少、运行速度快等特点。用户既可以使用类似 TensorFlow 的符号式编程，也可以使用类似 Torch 的命令式编程，同时 MXNet 支持包括 C++、JavaScript、Julia、MATLAB、Python、R、Scala 等多种编程语言。MXNet 还支持跨平台移植，用户可以在安卓、iOS 甚至浏览器中使用。

可扩展性方面，亚马逊云服务的经验证明 MXNet 的吞吐量几乎与使用的 GPU 数量成正比。降低大规模并行计算的损耗，有助于研究人员在短时间内测试复杂模型，从而加速算法迭代。

7.5.4 Caffe

Caffe(Convolutional Architecture for Fast Feature Embedding)最早由加利福尼亚大学伯克利分校研发。Caffe 的特点是表示与实现分离，模型定义使用 ProtoBuf，网络架构定义使用特殊的 prototxt 文件。Caffe 的内核使用 C++编写，同时提供了 Python、MATLAB 等接口以便使用。

Caffe 的数据结构分为三级。最底层的 Blob 是一个四维张量，用于表示网络参数、变量等。作为 Caffe 的标准数据格式，Blob 提供了统一内存接口。Layer 表示网络中的具体层(如卷积层等)，是 Caffe 执行计算的基本单元。Layer 的输入和输出都是 Blob 类型的数据。Net 由多个 Layer 构成的有向无环图构成。

Caffe 为用户提供了一套基本编程框架，用户可以利用已有的模块构建不同结构的网络。同时，用户也可以添加新模块来实现自定义功能。Caffe 的主要优势在于图像处理，但并不适合文本、语音等类型的数据。

2017 年，脸书发布 Caffe2。Caffe2 在 Caffe 的基础上增强了易用性，同时支持 Python 和 C++接口，可以在 Linux、Windows 等多个平台上训练和部署。同时，Caffe2 还引入了循环神经网络等功能。2018 年，Caffe2 加入 PyTorch1.0。

7.5.5 飞桨

飞桨(PaddlePaddle)是由百度开发的企业级深度学习平台。作为国内首个开源开放、功能完备的端到端学习平台。飞桨吸纳了以往框架的优点，支持混合式编程与自动微分，可以在不同硬件间移植。配合百度的 AI 开放平台，用户还可以调用语义理解、语音识别、图像分类、目标检测、图像分割等领域的前沿算法，满足企业低成本开发和快速集成的需求。

依托于百度的深度学习技术，飞桨解决了超大规模深度学习模型的在线学习和部署难题，具有千亿特征训练、万亿参数实时更新等能力。此外，飞桨还支持多种并行和加速策略，引领了大规模分布式训练技术的发展。

与其他深度学习框架相比，飞桨对国内生态的兼容性更好。一方面，飞桨的中文支持更加充分。这不仅体现在丰富的教程和中文文档上，还体现在模型方面。用户可以直接调用自然语言处理或光学文字识别接口处理中文文本，对国内开发者非常友好；另一方面，飞桨对国产深度学习硬件的支持力度也更大，在国内设备上可能会有更加广阔的应用前景。

7.6 深度学习基础设施

深度学习框架在应用层面上简化了模型研发的流程，但是随着模型的规模越来越大，传统的计算机已经无法满足人们对算力的需求。于是人们开始使用专用处理器、分布式训练等方法来加速训练。

7.6.1 图形处理器

图形处理器(Graphics Processing Unit,GPU)俗称显卡,是一种用于加速图像和图形计算的微处理器。20 世纪 90 年代,随着个人计算机的性能提升,游戏玩家开始有了三维显示的需求。但是如果使用软件实现三维显示,中央处理器(Central Processing Unit, CPU)的性能很容易耗尽,因此研究人员设计了 GPU 作为渲染三维图形的专用硬件。

CPU 的设计目标是运行线程(thread),而 GPU 的设计目标是使线程并行化。简单来说,线程就是一系列操作,包括算数运算、逻辑运算、跳转等。为了更快地运行线程,CPU 引入了高速缓存(cache)、乱序执行、分支预测等复杂结构,从而限制了线程的并行化执行。如图 7-50 所示,一般的 CPU 只有不超过 10 个核心(core),每个核心负责执行一个线程。GPU 采取了另一种思路,那就是通过降低单个核心的复杂度来提高线程的并行化程度。这样的设计在大规模计算中是非常有效的,因为程序的执行时间大致与核心数量成反比。如图 7-50 所示,GPU 的控制和缓存模块较为简单,但是拥有更多的核心,这也意味着更高的指令吞吐量和内存带宽。

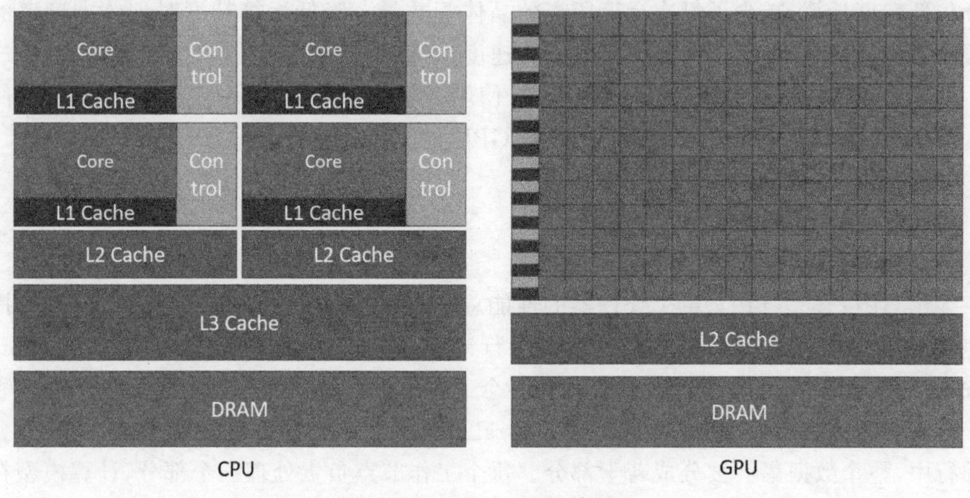

图 7-50 CPU 与 GPU 的对比

虽然最早的 GPU 是作为图像渲染的专用硬件研发的,但随后的发展使 GPU 很快具备了通用计算的能力。当需要处理计算密集型任务时,CPU 可以将任务提交给 GPU,从而降低 CPU 的工作负载。早期的图像存储模块也发展为 GPU 专用的内存,简称显存。CUDA (Compute Unified Device Architecture)是 NVIDIA 为其制造的 GPU 提供的一种程序设计模型。开发人员可以使用 CUDA 访问设备的并行计算组件。在 CUDA 中,CPU 一般称为主机(host),GPU 一般称为设备(device)。

在深度学习领域,计算过程通常不涉及复杂的控制,非常适合 GPU 这样的并行化架构。以 NVIDIA V100 为例,单个 GPU 拥有 640 个核心,每秒可以执行 130 万亿次浮点运算,训练和推理速度约为 CPU 的 30 倍。cuDNN 是 NVIDIA 提供的深度神经网络库,包含了深度神经网络中经常出现的操作,例如卷积、ReLU 等。目前主流的深度学习框架都对 CUDA 和 cuDNN 进行了封装,用户无须掌握额外知识就可以使用。

7.6.2 张量处理器

张量处理器(Tensor Processing Unit,TPU)是谷歌定制开发的专用集成电路(ASIC),主要用于加速 TensorFlow 计算。谷歌公司内部从 2015 年开始在谷歌翻译(Google translation)、Gmail 等产品中使用 TPU。2017 年 5 月,谷歌发布了第二代 TPU,并将其引入谷歌云计算引擎,公开提供服务。随后的几年里,谷歌公司陆续发布了第三代 TPU、Edge TPU、TPU Pod 等产品,引领了专用 AI 芯片的研发。

尽管 GPU 在 CPU 的基础上大幅提高了吞吐量,但 GPU 仍然是一种通用处理器。为了支持不同应用,GPU 必须保留足够的控制机构,这使 GPU 面临了和 CPU 同样的问题——冯·诺依曼(John von Neumann)问题。具体来说,冯·诺依曼问题是由于访问存储器或共享内存导致的。对于每个核心的每一次运算,GPU 都必须访问存储器,以读取和存储中间计算结果。由于 GPU 在数千个核心上并行计算,所以需要消耗更多能量来访问存储器,同时也会增加单个核心的复杂度,进而增大 GPU 占用的空间。

与 GPU 相比,TPU 的专用性更强,一定程度上缓解了冯·诺依曼问题。此外,TPU 采用 8 位低精度计算,减少了每次运算所需的晶体管数量。降低运算精度对训练准确率的影响很小,但是可以大幅提高神经网络的运算速度、降低其耗电量和体积。

同样是对 ResNet-50 训练 90 个 epoch,使用 8 块 NVIDIA V100 需要 216min,而使用 1 块 TPU 只需要 7.9min。速度上 TPU 是 GPU 的 27 倍,而价格只有 GPU 的 62%。

7.6.3 分布式训练

无论 GPU 还是 TPU,单个处理器的性能总是有限。为了进一步提高模型训练和推理的速度,人们自然地想到使用多个处理器并行计算,这种技术称为分布式训练(distributed training)。分布式训练将工作负载分配到多个工作节点(worker node),降低了计算时间。

分布式训练一般分为数据并行(data parallelism)和模型并行(model parallelism)。数据并行中,整个数据集会被分成若干部分。每个工作节点负责处理一个部分,计算模型在这部分数据上的梯度,并将计算结果通知其他工作节点。在这个过程中,模型以拷贝的方式存在于每个工作节点中,因此数据并行不适用于超大模型。超大模型通常使用模型并行的方法进行分解。模型并行将神经网络分为若干部分,每个部分并行地运行在一个工作节点上。

图 7-51 展示了数据并行与模型并行的区别。一般来说,当模型大小超过单个处理器存储容量时,需要采用模型并行;数据并行则主要用于加速模型训练。可以看到,模型并行与数据并行并不冲突,二者可以同时使用,这种方式称为混合并行。

根据主机数量的不同,分布式训练还可以分为单机多卡训练和多机多卡训练。单机多卡训练较为简单,就是在一台主机的多个处理器上进行分布式训练。但是一台主机上可以容纳的处理器数量始终是有限的,无法适应逐步扩大的训练规模。这种情况下,可以使用多机多卡训练。与单机多卡训练的主要区别在于,多机多卡训练引入了主机间的网络通信,大幅增加了可用工作节点的个数。

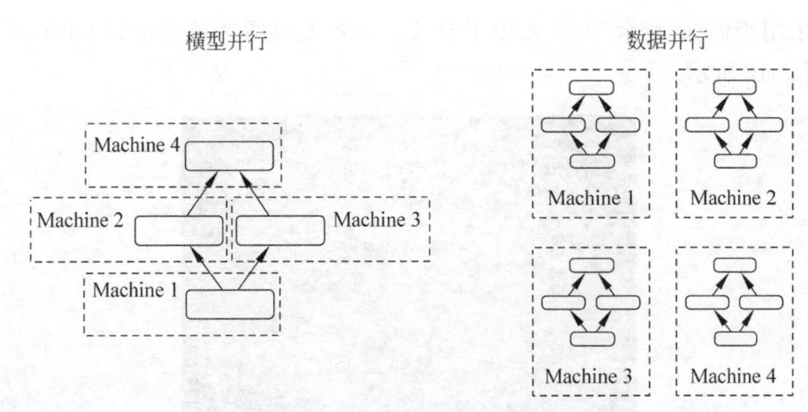

图 7-51 数据并行与模型并行

不同框架支持分布式训练的程度不同。TensorFlow 提供的分布式策略包括：

(1) MirroredStrategy：适用于单机多卡训练，可实现数据并行。

(2) TPUStrategy：适用于 TPU 的 MirroredStrategy。

(3) MultiWorkerMirroredStrategy：适用于多机多卡训练的 MirroredStrategy。

(4) ParameterServerStrategy：适用于多机多卡训练。训练中使用的主机被分成 PS 节点和 Worker 节点两种，PS 节点负责存储模型参数等数据，Worker 节点负责计算梯度并通知 PS 节点更新数据。

在 PyTorch 中实现模型并行更加容易，只需要动态地为每个张量指定一个工作节点即可。数据并行可以通过 torch.nn.DataParallel 或 torch.nn.parallel.DistributedDataParallel 实现。DistributedDataParallel 更加高效，也是 PyTorch 官方推荐的策略。

Horovod 是优步(Uber)开源的分布式训练工具，支持 TensorFlow、Keras、PyTorch 等多种框架。Horovod 得名于俄罗斯的民族舞蹈，舞蹈的所有参与者手牵手围成一个圆，和 Horovod 采用的 Ring-AllReduce 策略十分形似。Ring-AllReduce 策略是 ParameterServer 策略的改进，缓解了 ParameterServer 策略中 PS 节点带宽受限的问题。

7.7 案例：使用 Keras 进行人脸关键点检测

人脸关键点指的是用于标定人脸五官和轮廓位置的一系列特征点，是对于人脸形状的稀疏表示。关键点的精确定位可以为后续应用提供十分丰富的信息，因此人脸关键点检测是人脸分析领域的基础技术之一。许多应用场景，例如人脸识别、人脸三维重塑、表情分析等，均将人脸关键点检测作为其前序步骤来实现。本节将通过深度学习的方法来搭建一个人脸关键点检测模型，代码框架选用 Keras。

7.7.1 数据集准备

在开始搭建模型之前，需要首先下载训练所需的数据集。目前开源的人脸关键点数据集有很多，例如 AFLW、300W、MTFL/MAFL 等，关键点个数也从 5 个到上千个不等。本节采用的 WFLW(Wider Facial Landmarks in-the-Wild)数据集包含了 10000 张人脸信息，其中 7500 张用于训练，剩余 2500 张用于测试。每张人脸图片被标注以 98 个关键点，关键点分布如图 7-52 所示。

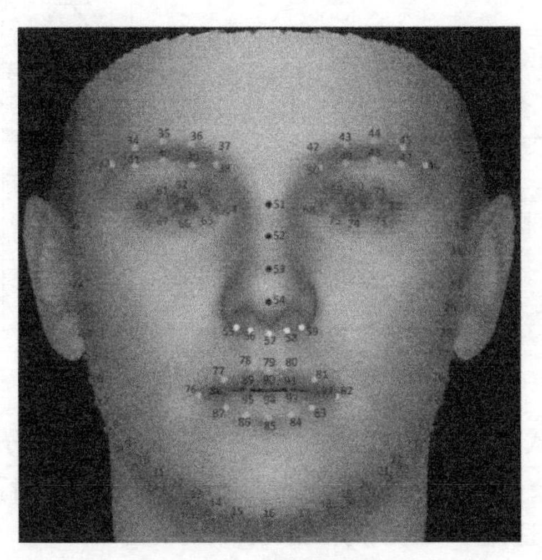

图 7-52 人脸关键点分布

由于关键点检测在人脸分析任务中的基础性地位，工业界往往拥有标注了更多关键点的数据集。但是由于其商业价值，这些信息一般不会被公开，因此目前开源的数据集还是以 5 点和 68 点为主。本节使用的 98 点数据集不仅能够更加精确地训练模型，同时还可以更加全面地对模型表现进行评估。

7.7.2 数据预处理

数据集中的图片并不能直接作为模型输入。对于模型来说，输入图片应该是等尺寸且仅包含一张人脸的。但是数据集中的图片常常会包含多个人脸。为了解决这个问题，我们首先根据数据集提供的人脸边界框进行裁剪，图 7-53、图 7-54 分别展示了裁剪前后的图像。接下来，还可以对图像进行归一化和翻转操作，以提高模型的泛化性能。

图 7-53 人脸矩形框示意图

图 7-54 裁剪和缩放处理结果

7.7.3　模型的搭建与训练

卷积神经网络由卷积层和池化层组成，其功能是提取图片中各个区域的特征并以特征图的形式输出。最初的特征图可能只包含基本的点和线等信息，但是随着叠加的层数越来越多，特征的抽象程度也不断提高，最终达到可以分辨图片内容的水平。如果我们把识别图片内容看作一项技能，提取特征的方法就是学习这项技能所需的知识，而卷积层就是这些知识的容器。那么是否可以将学习某项技能时获得的知识应用到与之不同但相关的领域中呢？这种技巧在机器学习中被称为迁移学习(transfer learning)。从原理上来看，迁移学习的基础是特征的不变性：无论两张图片的主体多么迥异，构成它们的基本几何元素都是相同的。因此如果一个神经网络足够强大，以至于可以识别图片中出现的任何几何元素，那么这个神经网络就很容易被迁移到其他应用领域。

本节首先使用在 ImageNet 上预训练的 ResNet50 模型提取图像特征，然后使用如图 7-55 所示的卷积神经网络实现关键点检测。

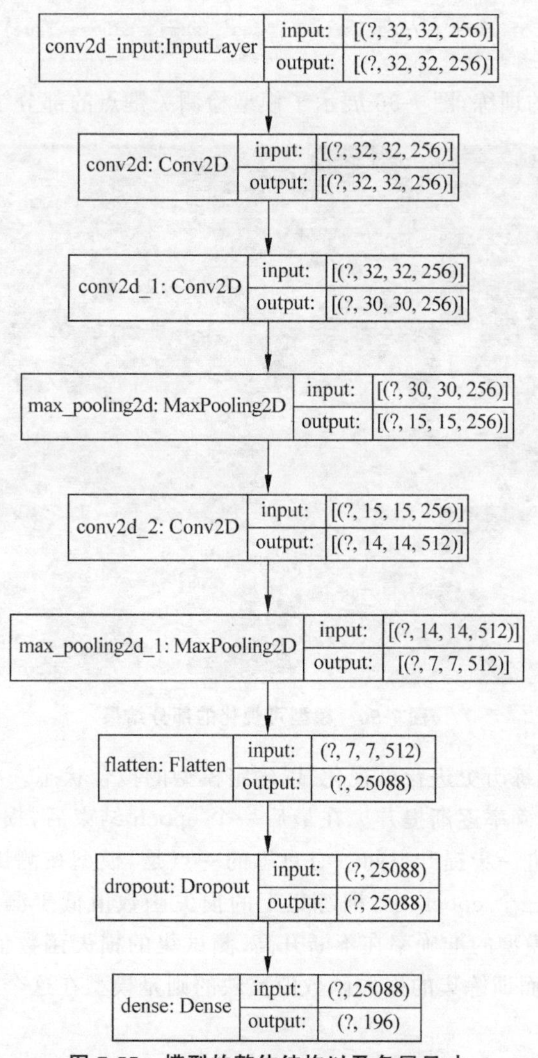

图 7-55　模型的整体结构以及各层尺寸

为了构造这样一个模型,可以使用如代码清单 7-1 所示的代码,向顺序模型插入八个网络层。应当指出的是,顺序模型在定义时不需要用户显式地传入每个网络层的输入尺寸,但这并不代表输入尺寸在模型中不重要。相反,模型整体的输入尺寸由模型中第一层的 input_shape 给出,而后各层的输入尺寸就都可以被 Keras 自动推断出来。

代码清单 7-1 模型构造

```
model = Sequential()
model.add(Conv2D(256, (1, 1), input_shape = (32, 32, 256), activation = 'relu'))
model.add(Conv2D(256, (3, 3), activation = 'relu'))
model.add(MaxPooling2D())
model.add(Conv2D(512, (2, 2), activation = 'relu'))
model.add(MaxPooling2D())
model.add(Flatten())
model.add(Dropout(0.2))
model.add(Dense(196))
model.compile('adam', loss = 'mse', metrics = ['accuracy'])
model.summary()
plot_model(model, to_file = './models/model.png', show_shapes = True)
```

经过 4 个 epoch 的训练,图 7-56 展示了模型检测关键点的部分结果。

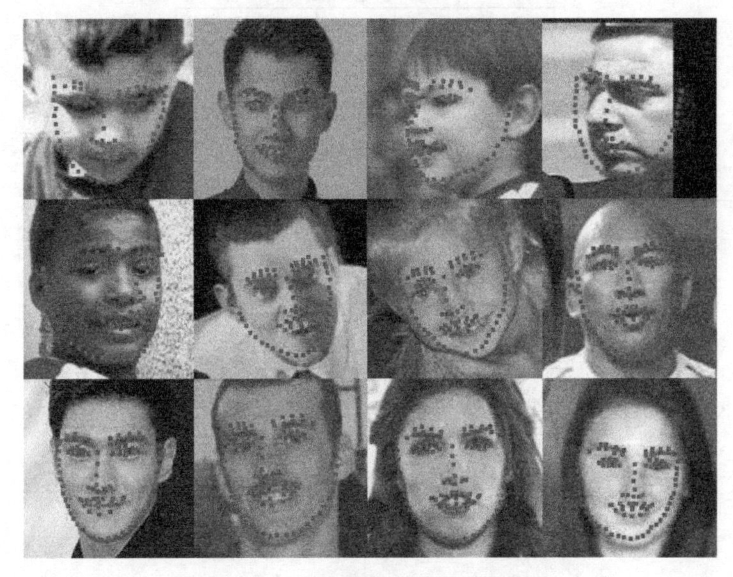

图 7-56 模型可视化的部分结果

最后,对模型的训练历史进行可视化,以确定模型的拟合状态。如图 7-57 所示,训练过程中,关键点检测的准确率逐渐提升。在最后一个 epoch 结束后,损失函数值仍有所下降,预示着模型表现还有进一步提升空间。有意思的一点是,模型在测试集上的表现似乎优于训练集:在第一和第三个 epoch 中,训练集上的损失函数值低于测试集上的损失函数值。这一现象主要是因为模型的准确率在不断升高,测试集的损失函数值反映的是模型在一个 epoch 结束后的表现,而训练集的损失函数值反映的则是模型在这个 epoch 的平均表现。

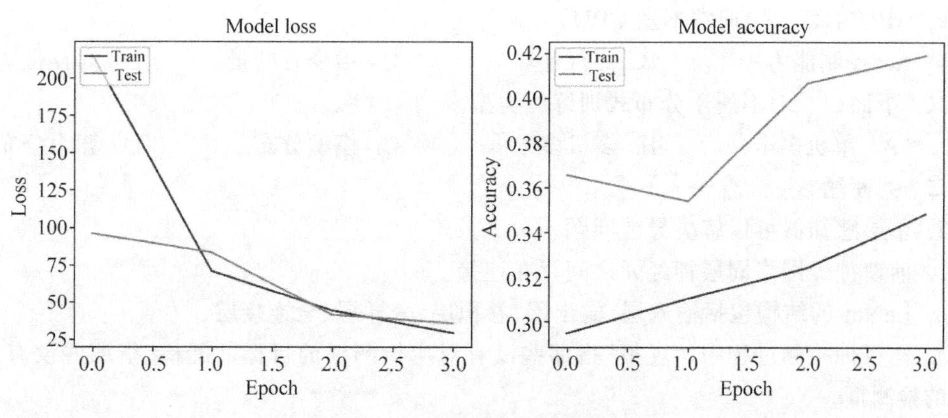

图 7-57 损失函数值与准确度曲线

习题

一、选择题

1. 在负数域取值恒为 0 的激活函数有(　　)。

A. Sigmoid　　B. tanh　　C. ReLU　　D. Leaky ReLU

2. 池化层一般接在(　　)之后。

A. 卷积层　　B. 输入层　　C. 输出层　　D. 全连接层

3. 关于卷积神经网络的说法不正确的是(　　)。

A. 每个卷积层中的卷积核都需要处理全部接收到的信息

B. 卷积神经网络是目前网络深度最深的深度神经网络模型之一

C. 卷积核用来实现对输入信号的各种处理,不同的卷积核实现不同的功能

D. 池化操作对多个卷积核得到的信息进行降维,只保留重要信息

4. 下面(　　)不属于循环神经网络。

A. ResNet　　B. RNN　　C. LSTM　　D. GRU

5. 以下对循环神经网络的描述错误的是(　　)。

A. 循环神经网络通常被用于处理序列数据

B. 长短时记忆网络是对简单 RNN 网络的改进

C. 循环神经网络不需要激活函数

D. 循环神经网络中之前时间步的输出会影响后续时间步的输出

6. 下面不属于生成对抗网络变种的网络类型是(　　)。

A. cGAN　　B. pix2pix　　C. CycleGAN　　D. RNN

7. (　　)使得生成对抗网络能够具有控制生成样本的能力,(　　)降低了生成对抗网络数据集构建的成本。

A. cGAN　　B. pix2pix　　C. CycleGAN　　D. RNN

8. 下面(　　)不是深度学习框架。

A. TensorFlow　　B. PyTorch

C. CAFFE　　D. NumPy

9. GPU 的(   )通常不及 CPU。

A. 控制能力　　B. 并行计算　　C. 指令吞吐量　　D. 内存带宽

10. 下面(   )不属于分布式训练的类型。

A. 单机多卡　　B. 多机多卡　　C. 模型分布　　D. 算力分布

二、判断题

1. 单层感知器可以解决异或问题。(   )

2. 前馈神经网络同层神经元之间存在连接。(   )

3. LeNet 的结构包括输入层、输出层、卷积层、采样层、全连接层。(   )

4. 在目标检测过程中,"虚报"指那些没有对应检测框的目标,"漏检"指那些没有对应目标的检测框。(   )

5. LSTM 中循环单元的门限包括输入门、输出门、遗忘门和候选记忆。(   )

6. 生成对抗网络基于决策边界划分的判别式模型。(   )

7. 生成对抗网络中判别器的目标是使生成器生成的样本 $G(z)$ 尽可能小,即对应求解式中的 $E_{z\sim p_z}[\log(1-D\circ G(z))]$ 尽可能大。(   )

8. TensorFlow 用张量流图作为器符号数学系统,其中节点代表数学操作以及输入输出,边代表方向流动,其中传递的数据结构一般是高维数组,即张量。(   )

9. TPU 张量处理器的应用有效地缓解了冯·诺依曼问题(读取、存储中间计算结果导致效率下降问题)。(   )

10. 分布式训练中数据并行和模型并行不能同时采用。(   )

三、问答题

1. 深度学习是由机器学习引申出来的一个新的研究方向。深度学习与传统机器学习的区别有哪些?

2. 1986 年,多层感知器的提出结束了机器学习历史上的第一次寒冬。为什么多层感知器可以解决异或问题?激活函数在其中的作用是什么?

3. Sigmoid 激活函数是神经网络研究早期被广泛使用的一种激活函数,它存在哪些问题?tanh 激活函数是否解决了这些问题?

4. 循环神经网络可以保存序列化数据中的上下文状态,这样的记忆功能是如何实现的?处理长序列时可能遇到什么问题?

5. 生成对抗网络是一种深度生成网络框架,请简述其训练原理。

6. 梯度爆炸和梯度消失是深度学习中常见的问题。它们的产生原因是什么?需要如何避免?

第8章

大数据

讲解视频

人物介绍

作为人工智能技术发展的“原料”和“基石”，大数据(Big Data)越来越受到人们的关注。图 8-1 展示了 2011 年 1 月 1 日—2021 年 1 月 1 日这 10 年间，“大数据”一词在百度搜索中的热度。从图中可以清晰地看到，自 2011 年“大数据”一词开始在网络中被大众了解、关注后，其热度一直保持稳定的增长，并伴随着间歇性的热度峰值。随着大数据技术的发展，其在金融、零售、生物医疗、农牧、交通、教育等行业都有着极其广泛的应用。

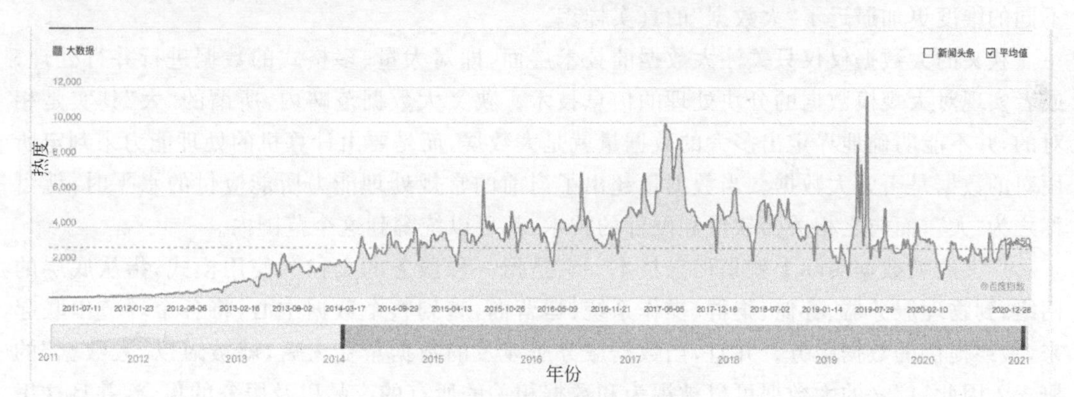

图 8-1　百度搜索指数之“大数据”

我们对“数据”一词并不陌生。其发展的核心动力来源于人类对客观世界的测量、记录及量化和分析，包含数字文字、声音、图像视频、网络日志等。随着信息技术的发展，数据的形式和载体将会呈现多元化，但是其对客观世界和事实的量化与描述这一本质是不变的。过去，人类一直聚焦于数据的收集保留，例如，数学物理模型刻画真实世界的运行规律、录音笔收集保存语音信息、照相机记录保留图像视频等。然而，随着电子技术工具的发展，人们对现实世界量化记录的能力越来越强，是时候将重点从信息的留存量化上转移到信息本身，即“数据”的内容规律上了。

那么，“大数据”到底可以有多“大”呢？早在 2011 年，世界上被复制和创建的数据量就达到了1.8ZB，远超过人类有史以来所有印刷材料的数据总量。1.8ZB的数据量到底有多大，很难有具象的感受。如果把这1.8ZB的数据存储在DVD光盘中，这些光盘累加起来的高度相当于地月距离的1.5倍。当然，得益于信息存储工具的发展，我们不再会用光盘去存储信息，但是我们还是可以感受到当今世界，可以被人类捕捉并记录下来的信息量之大。这样大的数据量，其意义已经不仅仅只被看作资料，甚至可以被当作非常有价值和意义的资源。充分挖掘这些资料可以产生新的知识，帮助提升社会生产建设效率，以及促进各学科领域的创新。这些数据对于国家的治理、科学的研究、社会的发展及企业的决策管理都会产生深远的意义。

8.1 大数据概述

关于"大数据"的定义，有几种比较权威的定义方式。全球最大的战略咨询公司麦肯锡给出了一个十分明确的定义："大数据"是指无法在一定时间范围内用常规软件工具进行捕捉、管理和处理的数据集合，而是需要新的处理模式才能具有更强的决策力、洞察发现力和流程优化能力的海量、高增长率和多样化的信息资产。在维克托·迈尔-舍恩伯格和肯尼斯·库克耶编写的《大数据时代》中，"大数据"是指不使用传统随机分析法（抽样调查）的数据统计分析方法，而直接采用所有数据进行分析处理的全量整体数据。全球著名的IT研究与咨询公司Gartner则指出："大数据"是海量、高速并且高度多元的信息资产，通过经济高效、创新的信息技术手段，可以帮助我们实现对未来走势的预测、日常的决策辅助，以及工作流程的自动化。这里每一种关于"大数据"的定义都正确，只是不同的定义方式，让我们从不同的维度更加逼近了"大数据"的真实样貌。

狭义的大数据仅仅只关注大数据的技术层面，即对大量、多格式的数据进行并行处理，或者实现对大规模数据的分块处理的信息技术。狭义大数据范畴内，所谓的"大"其实是相对的，并不能明确地界定出多大的数据量就是大数据，而是要由计算机的处理能力来判定所面对的数据是否为大数据。当数据量超出了当前的常规处理能力所能应付的水平时，就可称之为"大"，而与之相关的软件和硬件的技术，都可以统筹到这个范围内。

广义的大数据实际上就是信息技术。它是指一种服务的交付和使用模式，指从底层的网络，到物理服务器、存储、集群、操作系统、运营商，直到整个数据中心，将各个环节串联起来，最终提供的数据服务。并且，当数据服务所涉及的数据量变大后，就被冠以"大数据"的概念。因此，广义的大数据可以被视为和数据相关的所有的产品以及服务的集合，并且这里的数据服务通常需要数据分析引擎来做支撑。

8.1.1 "大数据"的三要素

Gartner公司对"大数据"的理解依照其定义拆分为三个模块：数据源本身的特征、海量数据处理的技术要求，以及应用海量数据的目的。目前，市面上比较多的解释仅仅基于数据源本身的特征来描述"大数据"的特征，这样的解读方式不够完备，失之偏颇，本节将对过往的描述方式予以修正，并依照定义全面展示"大数据"的特征。

图8-2所示为"大数据"数据源的5V特性，分别指：Volume（大量）、Velocity（高速）、

Variety(多样)、Value(低价值密度)和 Veracity(真实性)。

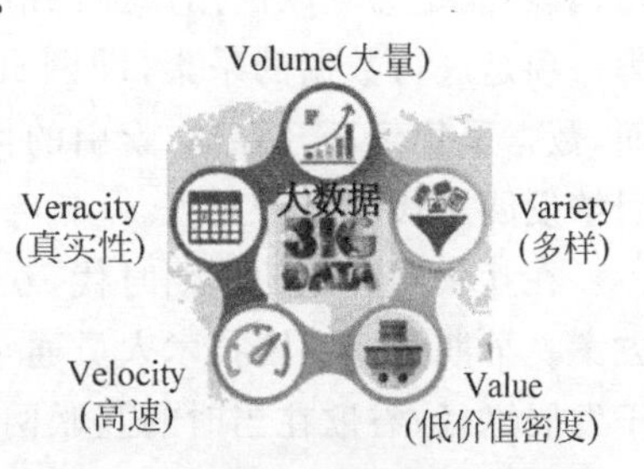

图 8-2　“大数据”数据源的 5V 特征

1. Volume(大量)

Volume(大量)指采集、存储、管理、分析的数据量很大,超出了传统数据库软件工具能力范围的海量数据集合。其计量单位一般是 PB(10^{15}B)、EB(10^{18}B)或 ZB(10^{21}B)。

2. Velocity(高速)

Velocity(高速)需要存储或者处理的数据增长速度快,并且要求数据处理的软件可以进行实时数据处理、数据清洗和数据分析,而非事后批处理。这是大数据区别于传统数据挖掘的地方。

3. Variety(多样)

多样(Variety)是指数据种类和来源的多样性。大数据可以包含不同种类和源头的数据,如图像数据、音频数据、视频数据、文本数据、地理位置数据等。另外,通常情况下,当信息能够用数据或统一的结构加以表示时,我们称之为“结构化数据”;当信息无法用数字或统一的结构表示,则称之为“非结构化数据”。据调查,目前企业在运营管理中所产生数据中的 80%为非结构化数据,这就意味着需要更高的数据处理能力。因此,集合以往的学科领域如数学、心理学、神经生理学、生物学等相关领域的知识,研究人员希望大数据技术在数据挖掘、自然语言处理、搜索引擎、医学图像诊断等方面产生新的突破。

4. Value(低价值密度)

在海量数据中,信息的价值密度会相对较低,冗余垃圾信息过多。因此,寻求在海量数据中筛选出有价值数据的方法,进行高效的数据分析预测,找到数据的意义和价值所在,是大数据领域研究和学习的关键。

5. Veracity(真实性)

Veracity(真实性)主要是指数据的质量。大数据的数据一定是来源于真实世界,这里面的“真实”并不一定代表准确,但必然不会是虚假数据。

结合上述对“大数据”特征的描述,我们可以简单推测出在实际数据处理应用大数据的过程中,大数据技术不仅需要实现连接、存储,以及处理不同类型、不同来源、不同变化频率的数据,进而实现全量数据的实时、准确的处理分析,还要在满足解决实际问题的前提下,兼顾经济效率。

此外,“大数据”技术应用的最终目标是提高对未来趋势的预测洞察的能力,并辅助最终决策,或者基于“大数据”来实现人类期待已久的“人工智能”的实现。然而,这一步骤往往是最难实现的。在实际的应用场景中,“大数据”技术的应用落地,通常背离最初远景,进而阻碍了其实现更高的商业价值。因此,将“大数据”和具体的业务场景紧密结合,并更好地落地,是非常有意义的课题。

8.1.2　大数据技术的发展历程

1. 谷歌的“三驾马车”

最早的大数据技术起源于谷歌的三篇论文。众所周知,谷歌是非常著名的搜索引擎公司，其功能是为互联网用户提供信息搜索的功能。总的来说，搜索引擎主要完成两项任务：第一项是进行数据的采集，即网页的爬取；第二项是数据的搜索，即完成索引的构建。然而，数据采集离不开存储，索引的构建也需要大量计算，所以存储能力和计算能力贯穿搜索引擎发展迭代的整个过程。

在互联网崛起的早期时代，互联网产品以及用户规模都很小，很少有人关注分布式解决方案。早期的互联网技术人员通常探索在单个服务器上为用户提供更好的服务。然而，由于发展迅猛，谷歌在当时的互联网技术应用领域用户规模和积累存储的数据远超其他互联网公司，因此其很早就开始探索并采用分布式集群的方式来进行数据的存储和运算。与此同时，谷歌也曾试图采用横向拓展的思路去研发系统。在这样的背景需求下，2004 年左右，谷歌发表了和分布式计算系统相关的非常重要的三篇论文，俗称“谷歌的三驾马车”，详情如图 8-3 所示。这三篇文章分别涉及了 GFS、MapReduce、Bigtable 大数据计算系统的设计和实现的原理。

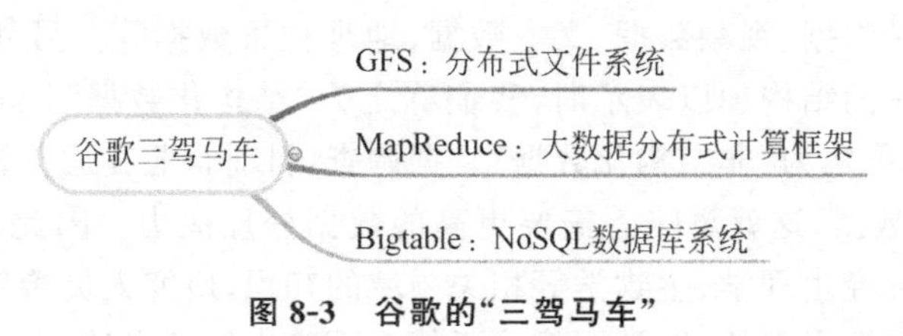

图 8-3 谷歌的“三驾马车”

2. Hadoop

Hadoop 由 Lucene 项目的创始人 Doug Cutting 实现。他看到谷歌的论文后，大受启发，很快就依据论文的原理实现了类似 GFS 和 MapReduce 的功能框架。到了 2006 年，Doug Cutting 开发的类似 MapReduce 功能的大数据技术被独立出来，单独开发运维。这个就是不久后被命名为 Hadoop 的产品的初期的模式。该体系里面包含了如今被广泛使用的分布式文件系统(HDFS)以及大数据计算引擎 MapReduce。

3. Pig

当 Hadoop 发布之后，业内另外的一家搜索引擎巨头 Yahoo 很快就使用了起来；2007 年，国内的百度也开始使用 Hadoop 进行大数据存储与计算；到了 2008 年，Hadoop 正式成为 Apache 公司最为重要的项目；自此以后，Hadoop 彻底火了起来，也被业内更多大大小小的公司逐步应用到各个生产运营的场景中。然而，任何系统都不会是零瑕疵的，也不可能是通用的。搜索引擎巨头 Yahoo 公司在使用 MapReduce 进行大数据计算时，认为其过于烦琐，于是便自己开发了一个新的名为 Pig 的系统。Pig 是一个基于 Hadoop 的类 SQL 语句的脚本语言，经过编译后，直接生成 MapReduce 程序在 Hadoop 系统上运行。

4. Hive

相较于直接编写 MapReduce 的程序，Yahoo 的 Pig 是一种类似于 SQL 语句的脚本语言，其使用更为友好便捷。但是美中不足的是，其又涉及一套计算机语言，需要使用者耗费时间和精力去学习。因此，另一家巨头公司 Facebook 为数据分析开发了一种新的分析工具——Hive 的组件。Hive 能直接使用 SQL 语句进行大数据计算，这样，只要是了解关系数据库语言的开发人员就能直接使用大数据平台。这又大大地降低了软件的使用门槛，将大数据技术推进了一步。至此,大数据主要的技术栈基本形成,包括 HDFS、MapReduce、Pig、Hive 等。

5. Yarn

在 Hadoop 早期,MapReduce 既是一个执行引擎,又是一个资源调度框架,服务器集群的资源调度管理由 MapReduce 自己完成。但是这样不利于资源复用,也使得 MapReduce 非常臃肿。于是,又一个新项目启动了,将 MapReduce 执行引擎和资源调度分离开来,这就是 Yarn。2012 年,Yarn 成为一个独立的项目开始运营,随后被各类大数据产品支持,成为大数据平台上最主流的资源调度系统。

6. Spark

在 2009 年,UC Berkeley 的 AMP(Algorithms、Machine 和 People 的缩写)实验室开发的 Spark 组件开始崭露头角。当时 AMP 实验室的马铁博士发现使用 MapReduce 去进行机器学习计算时性能非常差,因为机器学习算法通常需要进行很多次的迭代计算。具体来说,MapReduce 每执行一次程序,其中的 Map 和 Reduce 程序都需要重新启动一次作业,这带来了大量无谓的消耗。另外,MapReduce 程序主要使用磁盘作为存储介质,而 2012 年时,磁盘的内存已经突破容量和成本的限制成为数据运行过程中主要的存储介质。Spark 一经推出,立即受到了业界的追捧,并逐步取代了 MapReduce 在企业应用中的地位。

7. 批处理计算和流式计算

大数据计算根据分析数据的方式不同,分为两个类别。一种叫作批处理计算,如 MapReduce、Spark,主要针对的是某个时间段的数据进行计算(比如"天""小时"的单位)。这种计算由于数据量大,需要花费几十分钟甚至更长。同时,这种计算使用的数据是非在线实时获取的数据,即历史积累的数据,或者可以称之为"离线数据",因此这种数据的计算又被称为"离线计算"。

"离线计算"针对的是收集存储下来的历史数据,与之相应的就有针对实时数据进行计算的计算方式,这种计算被称为"流式计算"。另外,由于"流式计算"处理的数据是实时在线产生的,其又被称为"实时计算"。"流式计算"的理解很简单,即把批处理计算的时间单元缩小到数据产生的时间间隔。可以进行"流式计算"处理的代表性的框架目前有 Storm、Flink、Spark Streaming 等。其中 Flink 的功能比较强大,既支持流式计算又支持批处理计算。

8. 非关系数据库

2011 年开始,NoSQL 数据库被广泛应用,其中 HBase 是从 Hadoop 项目中分拆出去的,但本质上,其底层依旧遵循 HFDS 的技术。所以,在大数据环境下,NoSQL 系统可以提供海量数据的存储和访问功能,其也是大数据技术栈中的一个应用非常广泛的组件。

9. 数据分析和数据挖掘

Hadoop 大数据处理系统的应用使得海量数据有了更为广泛的落地。大数据平台提供了数据分析的基本功能,并在海量数据的基础上将更加复杂精细的数据挖掘和机器学习的算法进行实现和应用。其中,数据分析的工作主要是应用上面提到的 Hive、Spark SQL 等数据库脚本语言进行数据的提取和处理,一般不需要开发能力。

有了 Hadoop 组件提供的大数据存储和计算能力，可以帮助公司和各业务部门实现数据挖掘和机器学习的工作，挖掘数据中所隐含的深层价值。目前，在机器学习和数据挖掘领域也有封装完善的工具和组件，例如，Hadoop 中的 Mahout 组件、Google 开发的 TensorFlow 等框架。

当一个平台涵盖了上述提及的海量数据的存储能力、数据批处理能力、流式计算的能力，以及数据分析、挖掘和机器学习算法的功能时，一个大数据平台就构成了，大数据平台各个组件间的依赖和层级关系如图 8-4 所示。

图 8-4　大数据平台与系统集成

8.2　数据获取——网络爬虫

网络爬虫指通过计算机程序去代替人工手动在互联网上收集信息的过程。网络爬虫的起源可以追溯到万维网（互联网）诞生之初，那时的互联网还没有搜索引擎，互联网只是文件传输协议（FTP）站点的集合，用户可以在这些站点中导航以找到特定的共享文件。为了检索网络上分散到各个站点的数据，一个自动化程序被创建出来用于抓取互联网上的所有网页。因此，其又被称为“网络蜘蛛”或者“网络机器人”。“网络爬虫”所做的工作是将所有互联网页面上的内容复制到数据库中，并为其标注相应索引。

目前，最常见也是应用范围最广的网络爬虫就是为搜索引擎提供检索数据支持的网络爬虫。这些网络爬虫为了给用户提供最新且全面的检索数据，每时每刻都在运行。在搜索引擎技术中，用来获取和分析数据的模块被称为网络爬虫。现有的网络爬虫种类很多，功能不一，而且由于其程序自身的特点，也常被应用于黑客技术领域。

8.2.1　网络爬虫软件

网络爬虫软件在互联网中以类似于蜘蛛网的形式获取信息。所以爬虫程序又被称为网页蜘蛛，当然相较蜘蛛网而言，爬虫程序更具主动性。此外，由于不同人的不同理解，爬虫程序还有一些其他的名字，如，蚂蚁程序、模拟程序、蠕虫程序等。

爬虫程序最早主要被搜索引擎公司大量应用，其通过使用爬虫程序为用户提供信息。后来，随着互联网的普及，信息和应用的逐渐增多，咨询公司通过分析网上的数据为客户提供咨询服务,因此通过爬虫来收集互联网上数据的需求逐步增加。随着新浪微博等各大新闻网站,以及以腾讯为代表的社交娱乐型互联网应用的出现,网络上聚集的用户越来越多,舆情事件层出不穷。因此,针对网络舆情事件的即时收集又进一步加大了对爬虫的需求。这个阶段,爬虫的岗位技术门槛不高,采集的对象都是些新闻资讯站点。近几年,随着大数据技术的成熟以及数据挖掘的概念被更多人所了解,大部分公司意识到数据的重要性,一时间各大小公司都组建大数据部门。其中,显然爬虫技术是收集网络数据最好的工具,也是公司对自己数据库信息极好的补充。竞争公司互相采集对方数据,形成了最早的爬虫与反爬虫。渐渐地,爬虫程序也发展得更加智能且适用性更强,从原始的单机爬虫发展到队列分布式爬虫。

另外,爬虫也分善恶。像谷歌、百度这样的搜索引擎爬虫,每隔几天对全网的网页搜索一遍,供用户查阅,即帮助用户提高了获取信息的速度,也一定程度提高了相关网站的曝光量,这种行为就是善意的爬虫。然而,也有一些公司利用爬虫程序窃取电商网站用户的个人信息和电话号码,兜售个人隐私信息进行电话营销,对普通人的日常生活造成了极大的干扰和影响。又如,有些火车票或者飞机票的二级经销商,过分爬取官方源头的售票网站,对官方的服务器资源造成了极大的负担,同时对公平公正的售票环境和秩序造成了恶劣的影响。因此,很多网站添加了反爬虫的程序来防止爬虫程序的滥用,有关爬虫技术的法律法规也正在准备出台和完善。

8.2.2 爬虫的原理

爬虫的基本流程大致如图 8-5 所示。

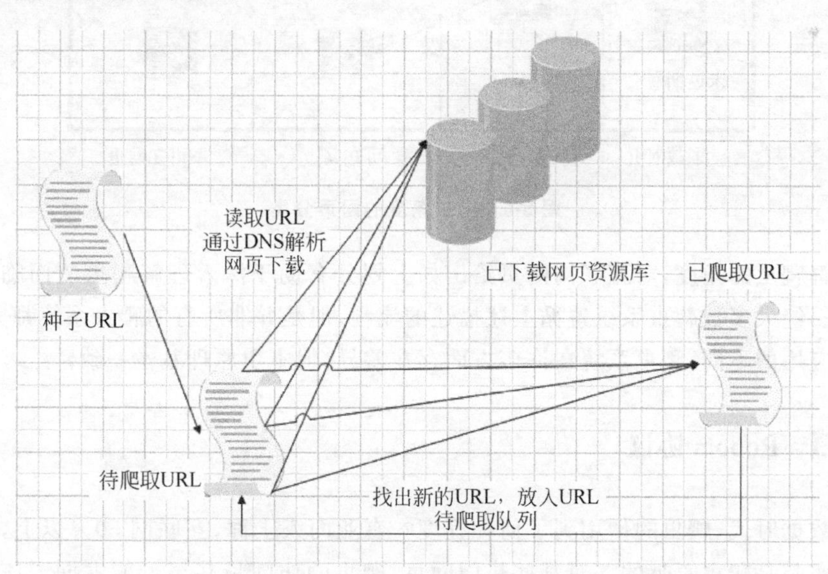

图 8-5　通用网络爬虫原理示意图

(1) 从互联网页面中选择一部分精心挑选的网页,以这些网页的链接地址作为种子 URL。

(2) 将这些 URL 放入待爬取队列中。

(3) 从待爬取URL队列中依次读取这些URL，并将URL通过DNS解析，把链接地址转换为网站服务器对应的IP地址。

(4) IP地址将其和网页相对路径名称交给网页下载器，网页下载器负责页面的下载；对于下载到本地的网页，将其存储到页面库中，建立索引等待后续处理使用。

(5) 将已经完成爬取的URL放入已抓取队列中，这个队列记录了爬虫系统已经下载过的网页URL，以避免系统的重复抓取。

(6) 对于刚下载的网页，从中抽取出包含的所有链接信息，并在已下载的URL队列中进行检查，如果发现链接还没有被爬取过，则放到待爬取URL队列的末尾。在之后的爬取调度中会下载这个URL对应的网页。如此这般，形成循环，直到待爬取URL队列为空，这代表着爬虫系统将能够爬取的网页已经悉数抓完，此时完成了一轮完整的爬取过程。

总的来说，爬取网页数据时，主要就是：打开网页→将具体的数据从网页中复制并导出到表格或资源库中。简单来说就是爬取和复制。

有时候也可以通过爬虫爬取网页数据的角度对互联网上所有的网页进行划分。可以划分为5个部分，分别为已下载未过期网页、已下载已过期网页、待下载网页、可知网页和不可知网页，如图8-6所示。

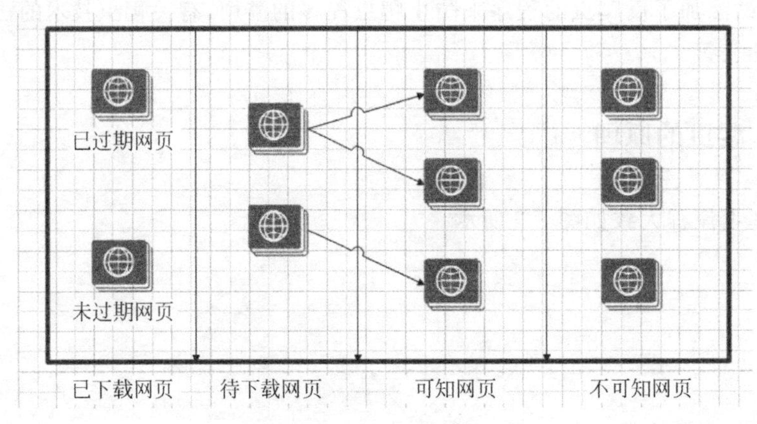

图8-6 爬虫角度的网页分类

从理解爬虫的角度，对互联网网页给出如上划分有助于深入理解爬虫所面临的主要任务和挑战。绝大多数爬虫系统遵循上述描述的流程，但是并非所有的爬虫系统都完全一致。根据具体应用的不同，爬虫系统在许多方面存在差异，但本质原理基本一致。

8.2.3 Robots协议

在大数据时代，爬虫的使用到了何种程度？有业内人士称，互联网50%以上，甚至更高的流量其实都是爬虫贡献的。对某些热门网页，爬虫的访问量甚至可能占据了该页面总访问量的90%以上。但是，目前通过爬虫手段获取数据信息的某些商业行为已经损失了公众利益，同时也一定程度地扰乱了社会秩序。

另外，在爬虫程序中其实有一个Robots协议，用于告诉爬虫程序哪些页面可以爬取，哪些页面不能爬取。该协议是国际互联网界通行的道德规范，虽然没有写入法律，但是每一个爬虫都应该遵守这项协议。Robots 协议也称作爬虫协议、机器人协议，它的全名叫作网络爬虫排除标准(Robots Exclusion Protocol)，用来告诉爬虫和搜索引擎哪些页面可以爬取，哪些不可以爬取。它通常是一个叫作 robots.txt 的文本文件，一般放在网站的根目录下。当搜索爬虫访问一个站点时，它首先会检查这个站点根目录下是否存在 robots.txt 文件，如果存在，搜索爬虫会根据其中定义的爬取范围来爬取。如果没有找到这个文件，搜索爬虫便会访问所有可直接访问的页面。尽管如此，还是有很多公司为了一己私利不遵守网络公约，肆意爬取网站信息进行牟利。

目前我国还没有专门针对爬虫技术的法律或者规范。一般而言，爬虫程序只是在更高效地收集信息，因此从技术中立的角度而言，爬虫技术本身并无违法违规之处。但是，随着数据产业的发展，数据爬取犹如资源争夺战一般愈发激烈。数据爬取带来的各种问题和顾虑日渐增加。而"爬"与"反爬"的技术对抗像军备竞赛一般永无休止，成为所有行业主体的痛。而爬与反爬之间的对抗赛，还存在无法避免的误伤率，导致正常用户的困扰。

8.3 数据分析

数据分析是指用适当的统计方法对收集来的大量第一手资料和第二手资料进行分析，以求最大化地开发数据资料的功能，发挥数据的作用。它是为了提取有用信息并形成结论，而对数据加以详细研究和概括总结的过程。无论是数据分析还是之后所提到的数据挖掘，目的都是帮助收集、分析数据，使之成为信息，并辅助做出最后判断决策。另外，数据分析所需要的数学知识在 20 世纪早期就已确立，并非高深莫测。但直到计算机的出现才使得实际操作成为可能，并使得数据分析得以推广。

在现代企业的经营管理过程中，数据分析是企业运营不容忽视的支撑点。企业需要有完整、真实、及时的数据对其日常管理运营进行支撑。记录分析企业历史的数据，能够对企业未来的运营发展进行有效预测，进而采取积极的应对措施，制定良好的战略。以往情况下，由于技术发展的不成熟，对于数据的收集、存储以及整理分析，都存在着一定的局限性。企业在处理相关信息问题时，只能依赖少量、不完整信息来辅助决策，这一定程度导致了企业管理的低效和决策的失误。在大数据时代来临之后，现代企业可以采用便捷、高效、完备的数据技术，对市场动态、客户信息，以及自身运营情况等动态信息进行全面的、量化的、宏观的了解和分析，进而减少了主观性判断的失误，为企业不断提升自身的生产效率、扩大规模提供了良好的信息基础。

大数据时代的到来，各种数据信息精准及时地记录留存，让我们遭遇了一次数据化带来的机遇和红利。借用《决战大数据》一书中作者的思路，数据分析在实际公司运营和落地实践，并最终深植业务形成体系的过程中，需要注意的问题和值得探索的环节如下：

(1) 定位问题：一切从定位问题入手，问题问好了，答案就在那里。这需要深入透彻地了解实际的业务流程和痛点，需要对业务逻辑体系进行梳理。

(2) 以"假设数据皆可得"为前提，去预先思考问题，预判解决问题的逻辑和答案。即便在数据技术的高度发展，数据的获取和存储能力都大大提高的前提下，存储数据仍旧需要企业耗费大量的人力、物力等成本。在进入实际业务场景时，精准地描述定位问题并梳理相关数据，可以帮助减少不必要的数据存储。

(3) 建立业务场景的评价指标体系：拆分出独立的业务场景，并将各个业务场景串联成逻辑链条，并依次构建出宏观和微观相应数据指标体系是最为基础也最为重要的工作。好的指标体系能够监控业务变化，当业务出现问题时，数据分析师通过指标体系进行问题回溯和下钻能够准确地定位到问题，反馈给业务让其解决相应的问题。

(4) 建立数据标准与规范：保障数据的完整性、一致性、规范性，为后续的数据管理提供标准依据。要清晰明确地定义各个数据指标的含义和计算方式并形成文档公示。

(5) 建立预测模型：通过分析历史序列数据构建预测模型，做到提前掌握未来的发展趋势，为业务决策提供依据，是决策科学化的前提。

8.3.1 数据分析项目的落地

在当前互联网大数据技术得以广泛存储应用的时代，数据分析在当下互联网业务中最具价值的落地是公司全方位的管理、运营、财务等业务场景的量化和指标体系的搭建落地。相比于传统 BI 数据分析系统，大数据时代的 BI 数据分析系统依托于大数据处理软件高效及时的数据处理和计算能力，使得业务指标更加全面精细，更新迭代更加及时（小时级、秒级，依据不同的业务需求）。当然，整个数据分析的思路相较于以往也有所改变。目前，在国内各大互联网公司中，数据分析项目最广泛的落地和应用是公司运营指标体系的搭建和 App 发布版本的 AB-Test 实验。

1. 搭建公司运营的指标体系

过去，企业中的数据分析工作，由于可获得数据源是单一或局部的，数据分析工作仅仅只能局限于某单一重要的业务场景。现在，依托于技术的突破，数据分析工作可以在企业的组织、日常运营、用户生命周期管理等各个环节展开，并形成有输入-输出、整体-局部、可链接的数据指标体系。

总的来说，数据指标体系的构建首先需要按照公司运营策略和业务流程或者用户使用应用程序的链路来拆分公司业务目标，使之结构化。然后，再依据用户的生命周期将公司运营的宏观目标进一步拆分。整个过程可以由图 8-7 所示的思路来拆分。

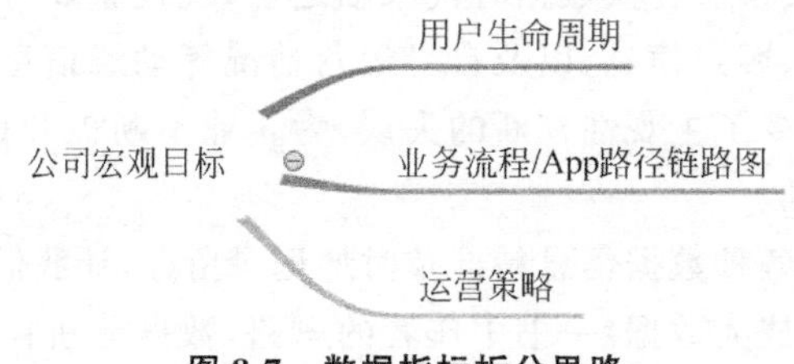

图 8-7 数据指标拆分思路

首先，拆分业务部门的业务目标，并将拆分出来的业务指标和与之相关的运营策略一一对应，用现存的公司历史数据具体量化出每个运营策略执行后的数值结果，进而可以清晰地反映执行策略的效果。以一个电商经典的目标拆分为例，将销售额（GMV）这个电商公司的运营核心评价指标拆分成为用户数×转化率×客单价。如此拆分业务目标点，可以发现提升业务的销售额依赖于用户数提升、转化率提升和客单价提升这三个方面。接着，再通过用户生命周期、运营策略手段以及实际的业务场景这三个维度继续对已有指标进行拆分，最终销售额指标就可以被拆分成树状图延展、层层依赖递进的指标树的形式，如图 8-8 所示。

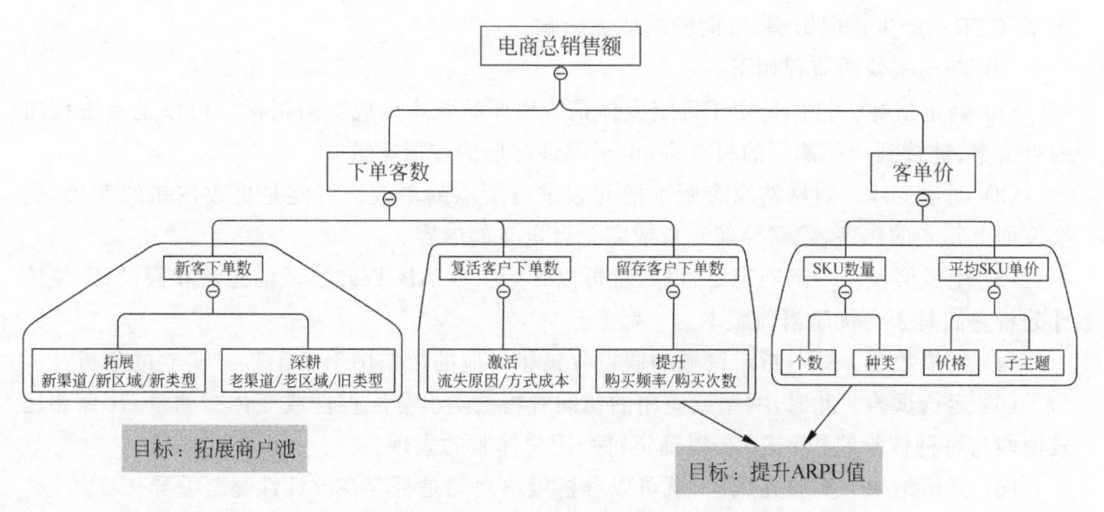

图 8-8　销售额指标拆分

此外，还通过梳理用户在平台的生命周期和 App 端的使用链路图来分析问题，拆解指标。同样，以电商为例，可以把用户产品使用过程分解为触达平台、浏览平台、付费购买、点赞转发分享、复购、流失这六种环节/状态。在整个用户的旅程中，用户会在 App 的各个页面中发生跳转，也即在上述状态中反复地切换。如在用户首次触达 App 阶段，首要目标就是用户留存。为了达到这一目标需要寻找用户在使用 App 时的接触点。了解到接触点后，就能找到每个环节的痛点和机会，反哺业务目标。

最后，有了上述两个指标拆分的框架体系后，我们需要借助细分场景将指标落地。还以上文提到的提升电商销售额为例，在提高这一指标时我们可以考虑"提升新客数"这一指标。然而，"提升新客数"这一指标又与"各个投放获客渠道"和"转发分享促拉新"等各个细分场景的数据指标正相关。因此，继续在这些细分场景中使用"提升新客数"这个维度去评价描述各个场景，进而最终实现指标的落地。

2. AB-Test 实验

AB-Test 实验（也称为分割测试或桶测试）是一种将网页或应用程序的两个版本相互比较以确定哪个版本的性能更好的方法。AB-Test 实验流程如图 8-9 所示，其本质上是一个实验，其中页面的两个或多个变体随机显示给用户，统计分析确定哪个变体对于给定的转换目标效果更好。在 AB-Test 实验中，可以设置访问网页或应用程序屏幕并对其进行修改以创建同一页面的第二个版本。这个更改可以像单个标题或按钮一样简单，也可以是完整的页面重新设计。然后，一半的流量显示页面的原始版本，另一半显示页面的修改

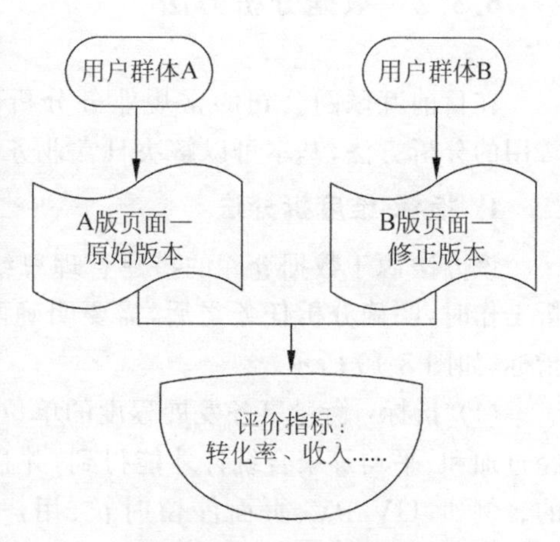

图 8-9　AB-Test 实验流程

版本。当用户访问页面时，触动不同页面的控件，利用埋点可以对用户的点击行为数据进行采集，并进行 AB-Test 实验。然后，就可以确定这种更改（变体）对于给定的指标[如用户点击率（CTR）]产生正向影响、负向影响或无影响。

AB-Test 实验的流程如下。

(1) 确定目标。目标是用于确定变体是否比原始版本更成功的指标。可以是点击按钮的点击率、链接到产品购买的打开率、电子邮件注册的注册率等。

(2) 创建变体。对网站原有版本的元素进行所需的更改。可能是更改按钮的颜色，交换页面上元素的顺序，隐藏导航元素或完全自定义的内容。

(3) 生成假设。一旦确定了目标，就可以开始生成 AB-Test 实验的想法和假设，以便统计分析它们是否会优于当前版本。

(4) 收集数据。针对指定区域的假设收集相对应的数据用于 AB-Test 实验的分析。

(5) 运行试验。此时，网站或应用的访问者将被随机分配控件或变体。测量、计算和比较他们与每种体验的相互作用，以确定每个用户体验的表现。

(6) 分析结果。实验完成后，就可以分析版本之间是否存在统计性显著差异。

在整个 AB-Test 实验中，还涉及很多问题，例如：

(1) AB-Test 实验中 A、B 组人群的划分准则，样本量选取多大合理。实验的样本是随机划分还是依照什么规则来确保人群划分的合理性；样本量过大或过小对实验结果有什么样的影响。

(2) 实验结果出来了，如何判断这个结果是否可信（AB-Test 实验里的显著性差异）。

(3) 实验结果出来了，实验组数据好，如何判断实验结果是否是真的好（AB-Test 实验里的第一类错误：P 值衡量）。

(4) 实验结果出来了，实验组数据差，如何判断实验结果是否是真的差（AB-Test 实验里的第二类错误：Power 值衡量）。

(5) 实验结果出来了，好多个维度数据，如何衡量实验结果（AB-Test 实验里的衡量指标）。

其中涉及很多统计学的知识，具体细节在此就不一一展开，有兴趣的读者可以自行查阅相关资料。

8.3.2 数据分析方法

在目前互联网公司的常规业务分析中，有如下几大类常用的分析方法，基本可以解决日常业务分析 90%的问题。

1. 指标-维度拆分法

该方法源于数据仓库的搭建管理思维。在展开数据分析工作时，明确分析任务之后，需要明确两个方向：维度和指标，如图 8-10 所示。

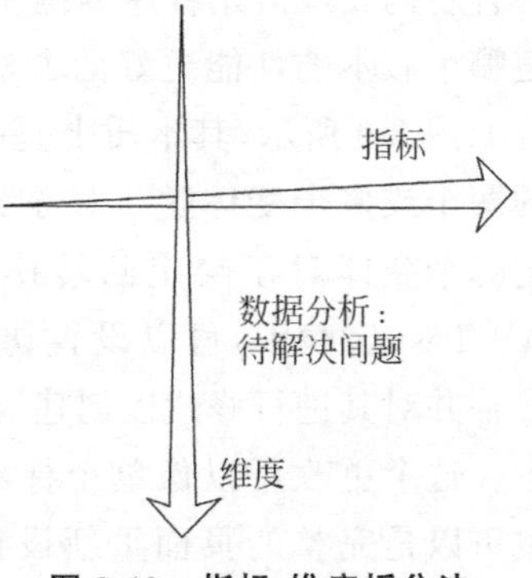

图 8-10 指标-维度拆分法

(1) 指标：衡量事务发展程度的单位和方法，通常需要经过加和、平均等聚合统计才能得到，并且是在一定条件下的。例如，UV/PV、页面停留时长、用户获取成本等就是指标。

(2) 维度：观察指标的角度，如时间（日、周、年，同比，环比）、来源渠道、地理位置、产品版本维度等。

指标-维度拆分法就是指多个维度拆解，观察对比维度细分下的指标，实现将一个综合指标细分，从而发现更多问题。

2. 公式拆分法

所谓公式拆分法，主要用于对于宏观全局指标的拆解，是从宏观到局部的过程。需要对目标变量用已知计算统计公式进行拆分，从而快速找到直接显著影响目标变量的因素。上文在介绍数据指标体系落地的过程就主要用到了公式拆分法。例如：

销售额＝下单用户量×客单价

＝（新用户＋留存用户＋召回用户）×客单价

＝（广告触达量×转化率＋老用户×留存率＋召回触达用户量×召回率）×（商品量×商品单价）

这里的公式拆解法没有固定的标准，一个目标变量在不同的场景下或者为解决不同问题，拆解的方式以及需要利用公式拆解的细致程度也不一样。

3. 漏斗分析法

漏斗分析是一套流程式分析方法，它可以科学地反映用户行为状态以及从某个行为起点到终点各阶段用户转化率情况。目前，几乎各个业务场景的数据分析工作都离不开漏斗分析。常见的漏斗分析有注册转化漏斗、电商加车下单漏斗，另外目前较火的AARRR黑客增长模型，其本质上都是漏斗分析。通过漏洞模型，业务方可以快速找出转化过程中出现的问题并加以解决。图8-11所示就是电商业务中比较重视的加车下单漏斗，用户从加车到中间下单，这五个环节中每个环节的用户体验都相当重要，每个环节都配有相应的产品运营人员做相应的流程优化。

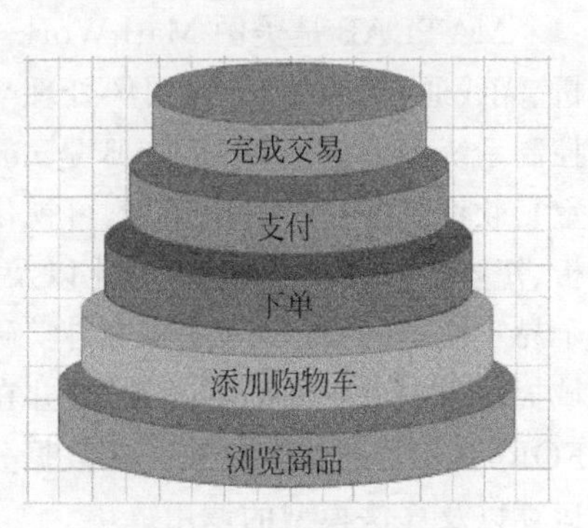

图8-11 加车下单漏斗

4. 异常数据检测

在风控业务中，经常需要通过数据来识别异常用户、异常访问、异常订单、异常支付等问题以规避公司产品在互联网线上运营的风险。在异常数据检测中，可以通过简单地对比历史运营数据、标准差计算（符合正态分布，异常值与样本均值的偏差超过3倍的标准差）、Box-cox转化（非正态分布）、箱线图、孤立森林算法等方法来检测、筛选和处理异常。

5. 预测：时间序列分析法

时间序列也称动态序列，是指将某种现象的指标数值按照时间顺序排列而成的数值序列用于预测的统计技术。它由两个要素构成：第一个要素是时间要素；第二个要素是数值要素。根据时间和数值性质的不同，还可以分为时期时间序列和时点时间序列。在时间序列的研究方面，一般会有两种做法：分解预测和模型解析。其在互联网金融领域，尤其是在股票证券的交易价格预测方面有比较广泛的应用。

8.3.3 数据分析工具

目前数据分析常用的工具有Excel、XMind思维导图等。另外,Hive提供的SQL语句取数界面,Python、R语言、MATLAB等提供的封装完备的模型算法也常用于当下的数据分析工作中。下面将对其中比较重要的软件展开详细介绍。

1. SQL语句

结构化查询语言(Structured Query Language,SQL)是一种数据库查询和程序设计语言,用于存取数据以及查询、更新和管理关系数据库系统。结构化查询语言是高级的非过程化编程语言,允许用户在高层数据结构上工作。它不要求用户指定对数据的存放方法,也不需要用户了解具体的数据存放方式,所以具有完全不同底层结构的不同数据库系统,可以使用相同的结构化查询语言作为数据输入与管理的接口。结构化查询语言语句可以嵌套,这使它具有极大的灵活性和强大的功能。在数据分析的工作中,主要需要结构化查询语言来帮助数据的提取。

2. MATLAB

MATLAB是美国MathWorks公司出品的商业数学软件,如图8-12所示,用于数据分析、无线通信、深度学习、图像处理与计算机视觉、信号处理、量化金融与风险管理、机器人,控制系统等领域。MATLAB是matrix、laboratory两个词的组合,意为矩阵工厂(矩阵实验室),软件主要面对科学计算、可视化以及交互式程序设计的高科技计算环境。它将数值分析、矩阵计算、科学数据可视化以及非线性动态系统的建模和仿真等诸多强大功能集成在一个易于使用的视窗环境中,为科学研究、工程设计以及必须进行有效数值计算的众多科学领域提供了一种全面的解决方案,并在很大程度上摆脱了传统非交互式程序设计语言(如C、FORTRAN)的编辑模式。在数据分析的工作中,经常会使用MATLAB做一些基本的矩阵运算以及算法模型的调用。

3. R语言

R语言是用于统计分析图形表示和报告的编程语言和软件环境,如图8-13所示。由Ross Ihaka和Robert Gentleman在新西兰奥克兰大学创建,目前由R语言开发核心团队完善开发。R语言在GNU通用公共许可证下免费提供,并为各种操作系统(如Linux、Windows和Mac)提供预编译的二进制版本。R语言封装了很多统计学方面的算法和程序,对于有大量此方向应用的数据分析工作非常友好。

图8-12 MATLAB

图8-13 R语言

8.3.4 现状与未来

如今大数据和高级分析(advanced analytics)在世界范围内引起了越来越多的关注,原因不仅是所处理的数据量的“庞大”，更是其潜在影响力的“巨大”。据麦肯锡全球研究院(McKinsey Global Institute，MGI)几年前发表的曾引起广泛关注的研究预计，在全公司范围内大规模使用数据分析的零售商可以使自身的营业利润率增长六成多。另外，通过提高数据分析的效率和质量，美国医疗保健部门能够减少8%的成本。可惜，事实证明达到MGI所预计的效果是很困难的。当然，也有一些成功公司的例子，尤其是国内外著名的大型互联网公司，如亚马逊、谷歌、阿里、京东等，数据分析是这些企业业务增长的关键。然而对于大部分的传统企业(legacy company)，数据分析的成果仅限于小部分测试或者业务里很窄的部分，只有很少一部分公司达到了所说的“大数据带来大影响”，或者大规模的增长。数据分析本身的工具使用和方法论并不困难，经过一定时间的积累和练习是可以熟练掌握的。难点是将数据本身的“客观性”让习惯性“主观”且背景履历各异的一线业务人员信服并习惯性地使用和依赖。

因此，将大数据分析项目在传统行业中切实落地，并且切实地发挥功效是目前国内市场上的热点和难点，力争将数据化运营管理的思路在各行各业中的优先级从小范围试验转向关键业务，推动数据分析在各个行业中的应用。这需要很多公司重新定义工作岗位和职责来顺应数字化和自动化的进步。因此，这也面临诸多难题和挑战。

8.4 数据挖掘

数据挖掘(data mining)又称数据库中的知识发现(Knowledge Discover in Database，KDD)，是目前人工智能领域和数据库领域中研究的重点问题。数据挖掘作为一个学术领域，横跨多个学科，需要统计学、数学、机器学习和数据库等领域的知识做支撑，此外其还涉及在各个具体学科领域中的实践应用，如电力、海洋生物、历史文本、电子通信等。

在目前的实际业务应用中，数据挖掘主要是面向决策，从存储着海量数据的数据库中，利用统计学模型或者机器学习的模型，挖掘不为人知、无法直观得出的结论，例如内容推荐、相关度计算等。此工作更注重数据之间的内在联系，内容涵盖数据仓库组建、分析系统开发、挖掘算法设计，甚至很多时候要尽力而为地从ETL开始处理原始数据，因此对数据仓库知识和实际应用需要有基本的了解。

8.4.1 数据挖掘的流程

根据上述对数据挖掘的定义，在实际应用中，数据挖掘的施行中主要分为以下三个部分：数据清洗、建模预测，以及指标评价。

1. 数据清洗

数据清洗又称为数据预处理或者特征工程。用于训练模型的数据质量的高低决定着训练出模型质量的上下限。原始数据仓库清洗聚合好的数据集通常存在一些问题，不能直接用于模型的训练，或者说即便使用其进行训练，训练结果也不会很好。所以，这里引入特征工程，其目的是使得数据的各个维度更能突出其各自独有的特征，所有维度的集合即数据集更能贴近事物的原貌，进而设计出更高效的特征，以求描述出待求解的问题与预测模型之间的关系。训练出的预测模型的性能很大程度上取决于用于训练该模型的数据集的数据质量。而通过前期数据清洗得到的未经处理的数据集通常可能有以下问题：

(1) 单位不统一：即属于同一属性类型的数据其在原始数据库中记录的单位不同。

(2) 维度数据的简化：对于某些维度的属性，数据分类过多。

(3) 定性特征的处理：数据在进行模型训练时，大部分的模型算法都要求输入的训练数据是数值型的，所以这里必须将定性的维度属性转换为定量的维度属性。哑编码可以很好地解决这一问题。假设有 N 种定性值，则将这一个特征扩展为 N 种特征，当原始特征值为第 i 种定性值时，第 i 个扩展特征赋值为 1，其他扩展特征赋值为 0。

(4) 数据集缺失：缺失的数据需要结合该维度数据的特性进行补充，例如，填充为中位数或众数等。

基于上述提及的问题，在实际数据集处理的过程中，数据清洗时主要需要完成以下工作。

(1) 标准化：基于特征矩阵的列，将特征值转换至服从标准正态分布。这需要计算特征的均值和标准差。

(2) 区间缩放：基于最大最小值，将输入数据的各维度数值转换到指定的区间范围上。这里，基于最大最小值，将特征值转换到[0, 1]上。

(3) 归一化：依照特征矩阵的行处理数据，其目的在于样本向量在点乘运算或其他核函数计算相似性时，拥有统一的标准，也就是说都转化为“单位向量”。

(4) 对定性特征进行 one-hot 编码：在数据集中，例如性别属性、地理位置属性皆为定性变量，故需要对其进行编码，即将定性的属性数据变成数值型数据，使之可以输入到数学模型中进行计算。处理这样维度属性数据的思路是：若某单一的维度属性 K 含有 N 个类别，则将这一个维度属性拓展成 N 个维度属性 $K_1, K_2, \cdots, K_N$。输入样本属于某个属性则其在这个属性下面的值赋为 1，其他属性赋为 0。这样就把类别型的维度属性变换成了一个类似于二进制式的表现形式。

(5) 缺失值填补：在清洗出来用于训练模型的数据集中，有很大一部分数据有缺失值，有一些填补策略，例如，平均值填补、邻近值填补、中位数填补、众数填补等。

2. 建模预测

在清洗好数据后，就可以用现有的统计学模型或机器学习模型来构建数据模型，进而帮助找到需要挖掘的规律或者需要预测的问题。目前，最为常见的三大类模型有回归分析模型、分类模型以及聚类模型。

(1) 回归分析模型指的是一种预测性的建模技术，它研究的是因变量(目标)和自变量(预测器)之间的关系。这种技术通常用于预测分析，进而发现变量之间的因果关系。

(2) 分类模型是通过对已知类别训练集的分析，从中发现分类规则，进而以此预测新数据的类别。目前，分类算法的应用非常广泛，如银行风险评估、客户类别分类、文本检索和搜索引擎分类、安全领域的入侵检测以及软件项目中的应用等。

(3) 聚类模型旨在发现数据中各元素之间的关系，组内相似性越大，组间差距越大，聚类效果越好。在目前大数据应用的实际业务场景中，把针对特定运营目的和商业目的的指标变量进行聚类分析，把目标群体划分成几个具有明显特征区别的细分群体，从而可以在运营活动中为这些细分群体采取精细化、个性化的运营和服务，最终提升运营效率和商业效果。此外，聚类分析还可以应用于异常数据点的筛选检测，如反欺诈场景、异常交易场景、违规刷好评场景等。

3. 指标评价

基于已有数据集训练出来的模型,对于构建的模型的性能的好坏,即模型的泛化能力,需要进行评价。评价的过程可以使用模型泛化能力的评价指标,也可以使用测试数据集来计算训练出来的模型的这些评价指标,进而考量当前训练出的模型是否可以投入实际的使用。

分类模型常用的模型评价指标有精准率(precision)、准确率(accuracy)和召回率(recall),以及交叉熵损失(log_loss)、Roc 曲线面积(Auc)等。

聚类模型常用的模型评价指标有精准率(precision)、准确率(accuracy)和召回率(recall),以及均一性(homogeneity)、完整性(completeness)、杰卡德相似系数(Jaccard similarity coefficient)、皮尔逊相关系数(Pearson correlation coefficient)等。

8.4.2 数据挖掘工具

随着互联网大数据技术的快速发展,领域中所需工具也在不断推陈出新。目前,在各大互联网公司常用的数据挖掘工具已经从最早的 R 语言、MATLAB,更迭到直接使用封装了完整数据挖掘算法的 Java、Python 等编程语言。相关从业人员通常只需要编写程序语言,就可以快速实现算法模型的调用,同时又可以很好地和线上业务的程序和数据连通。另外,帮助实现海量数据的存储、清洗以及计算的 Hadoop 等分布式大数据处理组件,也是目前大数据工程实践中必不可少的软件。

当然,为了方便一些不具备大数据技术人员和开发能力的传统公司,国内外的软件公司也提供了满足这类公司需求的商业软件。例如,2001 年在美国马萨诸塞州剑桥开发出的预测性分析和数据挖掘软件 RapidMiner,只需拖曳即可建模,自带 1500 多个函数,简单易用无须编程,极大地便利了没有数据挖掘建模相关知识和编程技能的以业务为主的商业团队的需求。类似的建模相关的商业软件还有 SPSS Modeler 和 Oracle Data Mining。另外,还有提供企业级数据仓库管理软件和解决方案的 Teradata(天睿公司),提供前端可视化展示的 Tableau 等。这些成熟的商业软件极大地提高了传统行业数据化的进程,也满足了其数据化发展的需要。

8.5 大数据技术的重要组件

大数据技术的广泛应用离不开大数据开源软件的发展和迭代。从大数据技术发展的历史可以看到,得益于一些国际领先厂商,尤其是 Facebook、阿里巴巴等互联网公司对 Hadoop 等大数据组件的广泛应用,Hadoop 被看成大数据分析的"神器"。国际数据公司早在 2010 年对中国未来几年的预测中就提到大数据,其认为未来几年,会有越来越多的企业级用户试水大数据平台和应用,这一预测也成为现实。而在近些年来的应用中,最为广泛的也非 Hadoop 大数据处理平台莫属。

Hadoop 被公认是一套行业大数据标准开源软件,在分布式环境下提供了海量数据的处理能力。到目前为止,几乎所有主流厂商都围绕 Hadoop 开发工具、开源软件、商业化工具和技术服务。近年来,大型 IT 公司,如 EMC、Microsoft、Intel、Teradata、Cisco 都明显增加了 Hadoop 方面的投入。

但 Hadoop 项目最早的思路起源于前文介绍的谷歌的三篇论文。2008 年,Hadoop 正式成为 Apache 的顶级项目,主要由 HDFS、MapReduce 和 HBase 组成。自此以后,Hadoop 项目彻底火了起来,也被更多的人熟知。同时,于 2009 年,为了解决 Hadoop 在进行 MapReduce 计算过程多次迭代的计算问题,减轻无谓消耗,加州大学伯克利分校的 AMPLab 开发了 Spark,并于 2010 年成为 Apache 的开源项目之一。官方资料介绍,Spark 可以将 Hadoop 集群中的应用在内存中的运行速度提升 100 倍,甚至能够将应用在磁盘上的运行速度提升 10 倍。自此以后,Spark 在大数据组件的应用领域也得到了广泛的关注和发展。

8.5.1 HDFS 分布式文件系统

HDFS(Hadoop Distributed File System)作为 Hadoop 项目的核心子项目,是分布式计算中数据存储管理的基础。它的设计实现都是围绕着一个关键目标来进行,那就是如何存储超大容量的文件,为生态环境中的其他组件提供基础支持。HDFS 系统具有高容错、高可靠性、高可扩展性、高获得性、高吞吐率等特征,实现了海量数据的高容错率的存储,为超大数据集的应用处理带来了很多便利。

基于上述描述,HDFS 在处理存储大数据文件时有如下特点:能检测和快速恢复硬件故障、支持流式的数据访问、支持超大规模数据集、简化一致性模型、移动计算逻辑代价比移动数据代价低、具备良好的异构软硬件平台间的可移植性。

HDFS 由四部分组成:HDFS Client、NameNode、DataNode 和 Secondary NameNode。HDFS 是一个主/从(Mater/Slave)体系结构,HDFS 集群拥有一个 NameNode 和一些 DataNode。NameNode 负责管理文件系统的元数据,DataNode 则主要负责存储实际的数据。

1. 数据块 Block

这里可以理解为一个存储单元。Hadoop 2.2 版本之前每个数据块大小默认为 64MB,现在是 128MB。当一个超大的文件被 HDFS 系统存储时,这个超大的文件会按照 HDFS 的存储规则,被切割成一个个小的不同的数据块,每个数据块尽可能地存储在不同的 DataNode 中,原理如图 8-14 所示。

2. NameNode[Master]

整个 Hadoop 集群中只有一个 NameNode。它是整个系统的“总管”,负责管理 HDFS 的目录树和相关的文件元数据信息。这些信息是以“fsimage”(HDFS 元数据镜像文件)和“editlog”(HDFS 文件改动日志)两种文件形式存放在本地磁盘。NameNode 会记录存储在 HDFS 上内容的元数据,而且还会记录哪些节点是集群的哪一部分,某个文件有几份副本等。此外,NameNode 还负责监控各个 DataNode 的健康状态,一旦发现某个 DataNode 宕掉,则将该 DataNode 移出 HDFS 并重新备份其上面的数据。

3. DataNode[Slave]

NameNode 向 DataNode 下达命令,DataNode 执行实际的操作。其主要完成两部分内容,即进行实际的数据块的存储,及执行数据块的读/写操作。

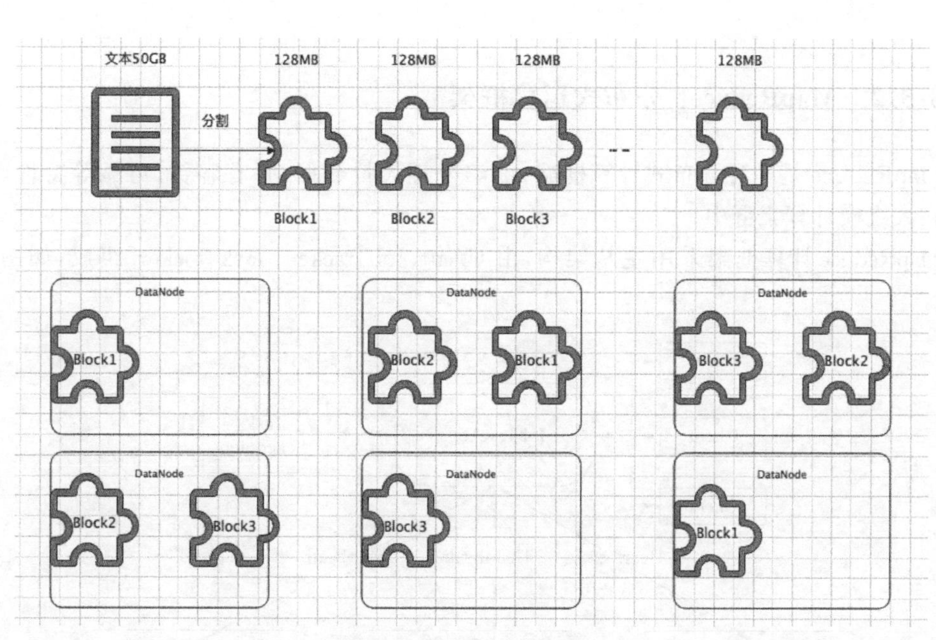

图 8-14 HDFS 中的 Block

4. Secondary NameNode

Secondary NameNode 辅助 NameNode 完成工作，辅助元数据节点的作用是周期性地将元数据节点的镜像文件 fsimage 和日志 edits 合并，以防日志文件过大，然后将合并后的日志传输给 NameNode。

5. Client

Client 代表客户端，通过一些命令语句来和 NameNode 和 DataNode 交互访问 HDFS 中的文件。

在 HDFS 系统中，上述五个部分的交互过程如图 8-15 所示。首先，HDFS 系统会把大的数据文件切分成若干个小的数据文件，然后再将这些数据文件分别写入到不同节点中。当用户需要访问文件时，为了保证能够读取每一个数据块，HDFS 使用集群中的 NameNode 专门保存文件的属性信息，包括文件名、所在目录以及每一个数据块的存储位置等，这样，客户端通过 NameNode 节点就可获得数据块的位置，直接访问 DataNode 即可获得数据。就好像去一个医院探望病患，但不知道病患的具体病房。那么，就可以去护士的病患信息登记处去查询病患的相关信息等，这样就不用一个房间一个房间地去寻找，提高了工作效率。

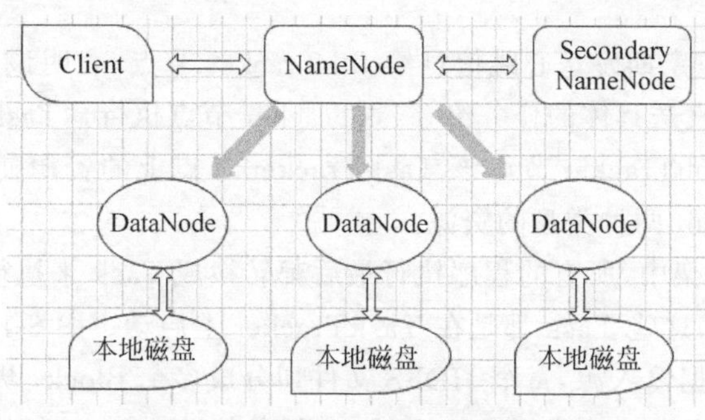

图 8-15 HDFS 系统中元素之间的协作

8.5.2 MapReduce：分布式运算框架

MapReduce 是一种分布式计算框架，能够处理大量数据，并有容错、可靠等特性，运行部署在大规模计算集群中。

MapReduce 计算框架采用主从架构，由 Client、JobTracker、TaskTracker 组成，如图 8-16 所示。

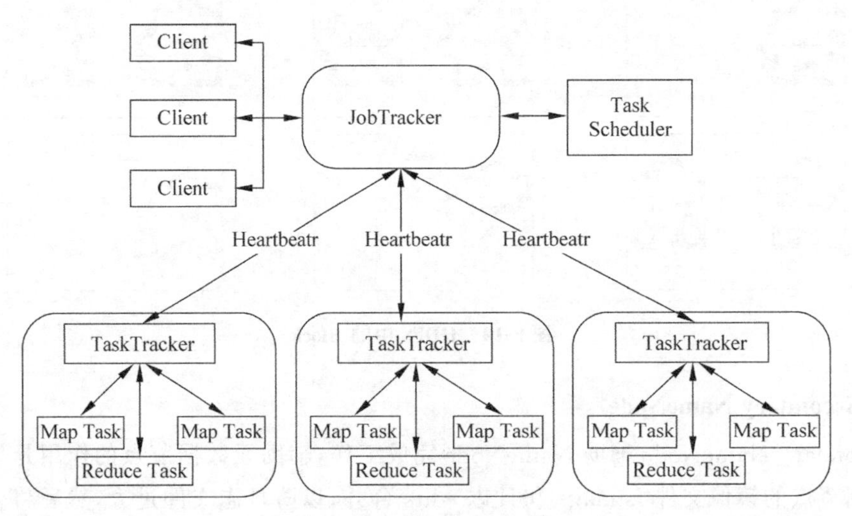

图 8-16 MapReduce 架构

1. Client

用户编写 MapReduce 程序，通过 Client 提交到 JobTracker，由 JobTracker 执行具体的任务分发。Client 可以在 Job 执行过程中查看具体的任务执行状态以及进度。在 MapReduce 中，每个 Job 对应一个具体的 MapReduce 程序。

2. JobTracker

JobTracker 负责管理运行的 TaskTracker 节点，包括 TaskTracker 节点的加入和退出；负责 Job 的调度与分发，每一个提交的 MapReduce Job 由 JobTracker 安排到多个 TaskTracker 节点上执行；负责资源管理，在当前 MapReduce 框架中每个资源抽象成一个 slot，利用 slot 资源管理执行任务分发。

3. TaskTracker

TaskTracker 节点定期发送心跳信息给 JobTracker 节点，表明该 TaskTracker 节点运行正常。JobTracker 发送具体的任务给 TaskTracker 节点执行。TaskTracker 通过 slot 资源抽象模型，汇报给 JobTracker 节点该 TaskTracker 节点上的资源使用情况，具体分成了 Map slot 和 Reduce slot 两种类型的资源。

在 MapReduce 框架中，所有的程序执行最后都转换成 Task 来执行。Task 分成了 Map Task 和 Reduce Task，这些 Task 都是在 TaskTracker 上启动。图 8-17 显示了 HDFS 作为 MapReduce 任务的数据输入源，每个 HDFS 文件切分成多个 Block，以每个 Block 为单位同时兼顾 Block 的位置信息，将其作为 MapReduce 任务的数据输入源，执行计算任务。

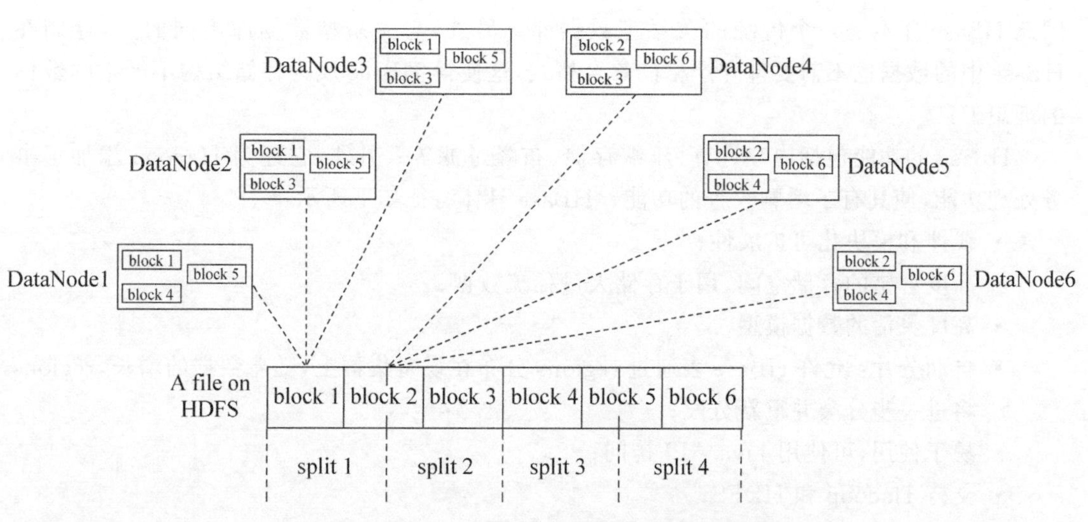

图 8-17　HDFS 作为 MapReduce 任务数据输入源

MapReduce 计算模式的工作原理是把计算任务拆解成 Map 和 Reduce 两个过程来执行,具体如图 8-18 所示。

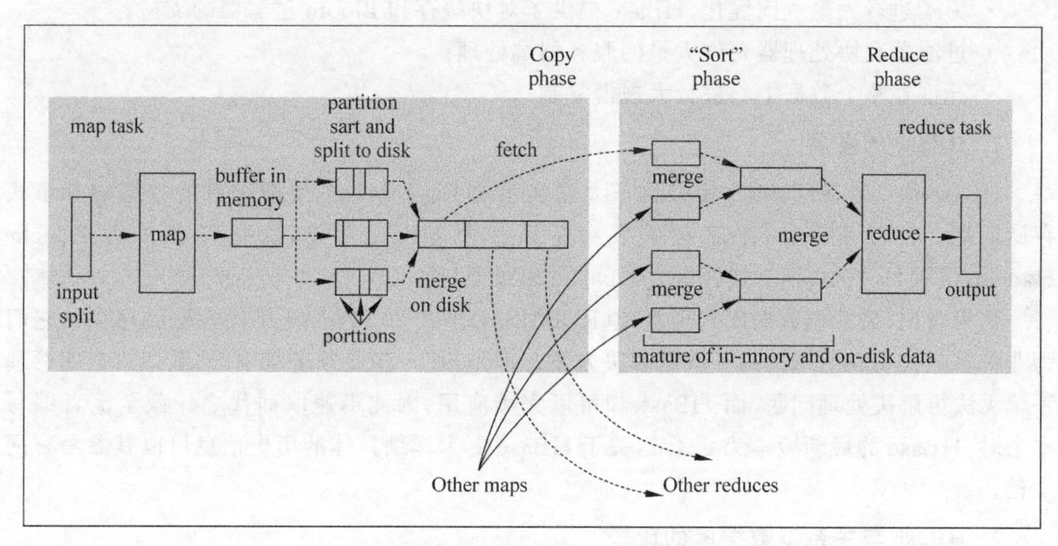

图 8-18　MapReduce 工作机制

整体而言,一个 MapReduce 程序运行一般分成 Map 和 Reduce 两个阶段,中间可能会执行 Combine 程序。在数据被分割后通过 Map 函数的程序将数据映射成不同的区块,分配给计算机集群处理达到分布式运算的效果,再通过 Reduce 函数的程序将结果汇整,最后输出运行计算结果。

8.5.3　HBase:可拓展的数据库系统

Apache HBase 是运行在 Hadoop 集群上的数据库。为了更好地实现可扩展性(scalability),HBase 放松了对 ACID(数据库的原子性、一致性、隔离性和持久性)的要求。

因此 HBase 并不是一个传统的关系型数据库。另外,与关系型数据库不同的是,存储在 HBase 中的数据也不需要遵守严格的集合格式,这使得 HBase 成为存储结构不严格的数据的理想工具。

HBase 的功能包括内存计算、压缩存储、布隆过滤等;另外,它还为 Hadoop 添加了事务处理功能,使其有了增删改查的功能。HBase 具体特征如下所示:

- 线性和模块化可扩展性;
- 高度容错的存储空间,用于存储大量稀疏数据;
- 高度灵活的数据模型;
- 自动分片:允许 HBase 表通过 regions 分布在设备集群上,随着数据的增长,regions 将进一步分裂并重新分配;
- 易于使用,可使用 Java API 访问;
- 支持 Hadoop 和 HDFS;
- 支持通过 MapReduce 进行并行处理;
- 几乎实时地查询;
- 自动故障转移,可实现高可用性;
- 为了进行大量查询优化,HBase 提供了对块缓存和 Bloom 过滤器的支持;
- 过滤器和协处理器允许大量的服务器端处理;
- 允许在整个数据中心进行大规模复制;

1. HBase 的发展

HBase 最初起源于 2006 年谷歌三大论文中的 BigTable,主要解决海量数据的分布式存储问题。2007 年,Powerset 公司发布了第一个 HBase 版本,2008 年其成为 Apache Hadoop 子项目,2010 年单独升级为 Apache 顶级项目。

作为对比,关系型数据库管理系统(RDBMSes)早在 20 世纪 70 年代就已经存在。它们为非常多的公司和组织提供了数据解决方案。但是,在一些业务场景中,关系型数据库管理系统无法再解决处理问题,而 HBase 却可以完美应用,因此迅速取而代之。截至笔者编写本书时,HBase 的最新版本为 2.4.1,关于 HBase 更为详细具体的历史信息可以其参考官网文档。

2. HBase 与关系型数据库的比较

HBase 和关系型数据库(RDBMS)的差别主要体现在到底是采用分布式系统还是采用单机系统去处理数据的问题上。单机系统在高并发上是有瓶颈的,而分布式系统是可扩展的,一般关系型数据库处理的数据量最大在 TB 级,而 HBase 可以处理 PB 级数据,在读/写吞吐上 HBase 可以支持每秒上百万的查询,而关系型数据库一般每秒只能查询数千次左右。另外,关系型和 HBase 还有以下区别:关系型数据库物理存储为行式存储,而 HBase 为列式存储;关系型数据库支持多行事务,而 HBase 只支持单行事务性;关系型数据库支持 SQL,而 HBase 不支持 SQL,只支持 get、put、scan 等原子性操作(这让 HBase 在数据分析能力上表现较弱,为了弥补这一不足,Apache 又开源了 Phonix,让 HBase 具有标准 SQL 语义下的 SQL 查询能力)。总的来说,如果要存储的数据量大,而且对高并发有要求,常用的关系型数据库满足不了,这时候就可以考虑使用 HBase 了。具体比较如表 8-1 所示。

表 8-1　HBase 和 RDBMS 数据库比较

特　　性	RDBMS	HBase
数据组织形式	行式存储	列式存储
事务性	多行事务	单行事务
查询语音	SQL	get、put、scan 等
安全性	强授权	无特定安全机制
索引	特定的属性列	仅行键
最大数据量	TB 级	PB 级
读写吞吐	1000	100 万

3. HBase 的组件和功能

图 8-19 是 HBase 的系统架构图。

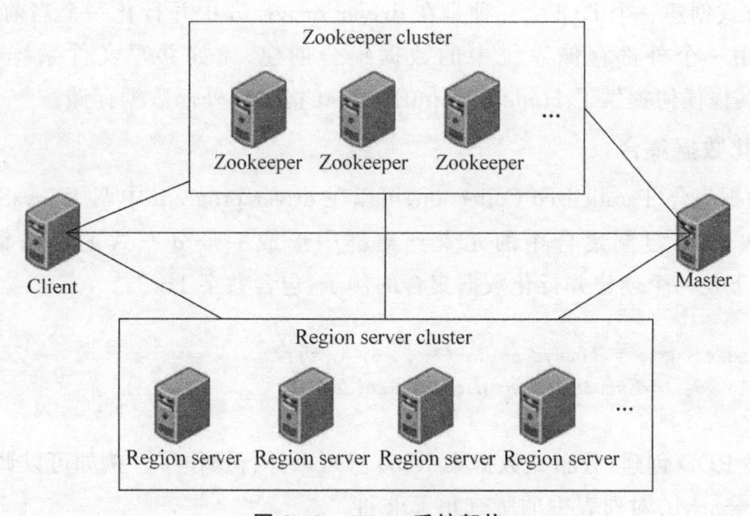

图 8-19　HBase 系统架构

(1) Client：包含访问 HBase 的接口，Client 维护着一些 cache 来加快对 HBase 的访问，比如 region 的位置信息。

(2) Zookeeper：保证任何时候，集群中只有一个 master；存储所有 Region 的寻址入口；实时监控 Region Server 的状态，将 Region Server 的上线和下线信息实时通知给 Master；存储 HBase 的 schema，包括有哪些 table，每个 table 有哪些 column family。

(3) Master：为 Region Server 分配 region；负责 Region Server 的负载均衡；发现失效的 Region Server 并重新分配其上的 region；HDFS 上的垃圾文件回收；处理 schema 更新请求。

(4) RegionServer：RegionServer 维护 Master 分配给它的 region，处理对这些 region 的 I/O 请求。

RegionServer 负责切分在运行过程中变得过大的 region。

8.5.4 Spark RDD

Spark 是一个高性能的内存分布式计算框架，具备可扩展、任务容错等特性。每个 Spark 应用都由一个 driver program 构成，该程序运行用户的 main 函数，同时在一个集群中的节点上运行多个并行操作。Spark 提供的一个主要抽象就是 RDD（Resilient Distributed Datasets），这是一个分布在集群中多节点上的数据集合，利用内存和磁盘作为存储介质，其中内存为主要数据存储对象，支持对该数据集合的并发操作。用户可以使用 HDFS 中的一个文件来创建一个 RDD，可以控制 RDD 存放于内存中还是存储于磁盘等永久性存储介质中。

RDD 的设计目标是针对迭代式机器学习。由于迭代式机器学习本身的特点，每个 RDD 是只读的、不可更改的。根据记录的操作信息，丢失的 RDD 数据信息可以从上游的 RDD 或者其他数据集 Datasets 创建，因此 RDD 提供容错功能。

有两种方式创建一个 RDD：一种是在 driver program 中并行化一个当前的数据集合；另一种是利用一个外部存储系统中的数据集合创建，比如共享文件系统 HDFS，或者 HBase，或者其他任何提供了 Hadoop InputFormat 格式的外部数据存储。

1. 并行化数据集合

并行化数据集合（Parallelized Collection）可以在 driver program 中调用 JavaSparkContext's parallelize 方法创建，复制集合中的元素到集群中形成一个分布式的数据集 Distributed Datasets。以下是一个创建并行化数据集合的例子，包含数字 1～5：

```
List < Integer > data = Arrays.asList(1, 2, 3, 4, 5);
JavaRDD < Integer > distData = sc.parallelize(data);
```

一旦上述 RDD 创建，分布式数据集 RDD 就可以并行操作了。例如可以调用 distData.reduce((a,b)－a＋b)对列表中的所有元素求和。

2. 外部数据集

Spark 可以从任何 Hadoop 支持的外部数据集创建 RDD，包括本地文件系统、HDFS、Cassandra、HBase、Amazon S3 等。以下是从一个文本文件中创建 RDD 的例子：

```
JavaRDD < String > distFile = sc.textFile("data.txt");
```

一旦创建，distFile 就可以执行所有的数据集操作。

RDD 支持多种操作，分为下面两种类型：

(1) transformation。其用于从以前的数据集中创建一个新的数据集。

(2) action。其返回一个计算结果给 driver program。

在 Spark 中所有的 transformation 都是懒惰的，因为 Spark 并不会立即计算结果，Spark 仅仅记录所有对 file 文件的 transformation。以下是一个简单的 transformation 的例子：

```
JavaRDD<String> lines = sc.textFile("data.txt");
JavaRDD<Integer> lineLengths = lines.map(s -> s.length());
int totalLength = lineLengths.reduce((a, b) -> a + b);
```

利用文本文件 data.txt 创建一个 RDD,然后利用 lines 执行 Map 操作,这里 lines 其实是一个指针,Map 操作计算每个 string 的长度,最后执行 reduce action,这时返回整个文件的长度给 driver program。

8.6 数据可视化

大数据时代,人们不仅以事实说话,更以数据说话;在数据的获取、存储、共享和分析中,数据可视化尤为重要。技术的进步使用户可以采集到更多的信息,而随着数据规模增长,数据的形式、内容、种类也比以往更加多样。这改变了人们看待和分析世界的思路和方法,进而推动了数据可视化领域的发展。特别是在 2020 年的新冠疫情防控战役中,可视化大屏得到了广泛应用,让管理者能够第一时间对疫情的发展情况有所了解。

简单来说,数据可视化的本质就是通过颜色、面积、长度等手段,将数字直观地表现出来。大众接触最早的电子软件可视化是 Excel 表格,它是最常用、最基本、最灵活且最应该掌握的图表制作工具。随着大数据技术的发展,可视化的应用软件也开始纷繁多样,百家争鸣,下面介绍几种。

(1) ECharts:国内使用率非常高的开源图表工具,可以流畅地运行在 PC 和移动设备上,兼容当前绝大部分浏览器,提供直观、生动、可交互、可高度个性化定制的数据可视化图表。

(2) Tableau:一款企业级的大数据可视化工具,Tableau 可以让用户轻松创建图形、表格和地图。它不仅提供 PC 桌面版,还提供服务器解决方案,可以在线生成可视化报告。此外,服务器端的解决方案主要提供的是云托管服务。

(3) BDP 个人版:类似于 Tableau 的在线免费的数据可视化分析工具,不需要破解、不需要下载安装,在线注册后就能一直使用,操作简单。支持几十种图表类型,也支持制作数据地图(自带坐标纠偏)。除可视化之外,BDP 还有数据整合、数据处理、数据分析等功能。

(4) 百度图说:基于 ECharts 的在线图表制作工具,采用 Excel 式的操作方式制作样式丰富的图表。其图表自定义的选项很丰富,使数据呈现的方式更加美观个性、易于分享传播。

对于掌握程序语言的个人来说,部分编程语言也提供图表的绘制功能,如 Python 和 R 语言等。

8.7 案例:使用机器学习算法实现基于用户行为数据的用户分类器

经过前面的介绍,我们看到在大数据时代背景下大数据技术的广泛应用,以及通用的数据软件的普及为人们的生产生活带来的深远影响。本节中将介绍一个实际的大数据项目在互联网数据运营工作中的应用案例，进一步感受大数据技术的在实际生产生活中的应用价值。

本节以一家线上主营业务为大病医疗、筹款、商保的公司为对象，详细描述大数据技术在公司组织运营中的应用。目前，为了提高用户黏性，公司主要通过平台公众号触达用户，提醒用户购买商保、加入互助、保单充值升级，进而实现商业变现。然而，大量频繁的消息提醒，造成用户取关流失严重。其中最为重大的一次事件是：公示消息触达用户后，造成一周内用户取关高达10万余人，引起业务方的高度重视。因此，如何提取、记录、存储并利用用户在平台沉淀的各种信息，形成科学合理的办法筛选出有充值购买意向的用户，进行公示消息的提醒，即提升目标用户充值消费，同时又规避对无意向用户的过多消息干扰而造成的取关流失，即是本次大数据项目的最终目标。

数据的选取为2017年12月5日公示事件触达的400万(4212338)用户，及其各维度特征的属性。这批用户在收到公示信息后的接下来4天(2017年12月5日至8日)中，充值用户为87386人、充值单量为141919单、充值金额为1959897元。对于这群收到公示信息的用户，在接下来的4天内，充值标签打为1，没有充值标签打为0。同时，收集这批用户8大模块，近70个维度的用户信息，总共20GB的数据量。

整个项目的完成主要依赖如下几个环节。

1. 数据整合的逻辑流程

在实际工程中，原始数据存储在线上MySQL业务库中。如果想要方便后续使用这些数据，需要将业务库的数据通过Sqoop同步到基于Hadoop的Hive数据仓库中。基于Hive的数据仓库会对同步过来的数据进行清洗聚合，进而实现信息的分层存储：ODS层、DW层、App层，以方便后面数据的存储、使用和溯源。

数据的同步清洗任务通过批量工作流任务调度器Azkaban完成，进而实现每天数据的自动同步、清洗和存储，并最终将训练模型所需要的数据自动存储在App层中。图8-20为整个数据同步、整合清洗、分层的逻辑流程图。

图8-20 数据整合的逻辑流程

线上业务数据同步到Hive数据仓库后，在Hive的数据仓库将数据自下而上清洗成三层：ODS层、DW层、App层。清洗到最后一层App层的数据就成为最终训练模型所需的数据。

2. 数据集各维度信息

这一部分主要描述展示的是被选取用户的8大模块、近70个维度属性的意义，即最终存储在App层业务库的数据维度的意义，所选取的各维度信息如图8-21所示。

3. 数据集的特征工程

用于训练模型的输入数据质量的高低，决定了训练出模型准确度的上下限。经过上文

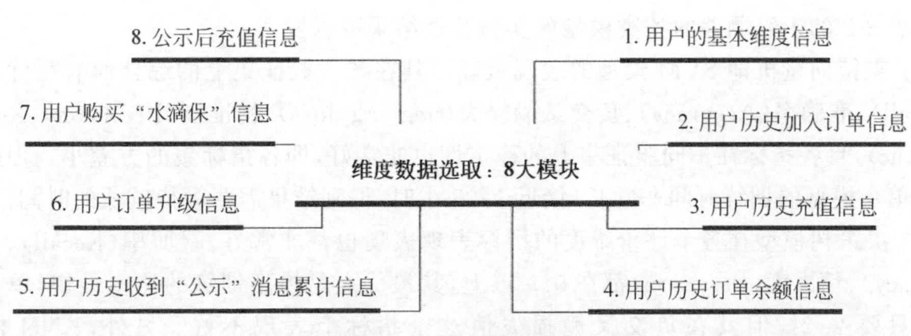

图 8-21　维度数据选取

的数据分析和数据展示的结果，我们发现现有的经过数据仓库清洗聚合好的数据集仍旧存在一些问题，不能直接用于模型的训练。为了使数据集便于模型的训练，我们对数据集进行标准化、区间缩放、归一化、对定性特征进行 one-hot 编码、对缺失值进行填补等策略。经过上述特征工程的处理，数据集变成如[4212338rows×68columns]的矩阵模式，即其中包含 68 个特征。

4. 模型训练和结果评价

在处理完上述相关过程，就可以开始构建分类模型了。在接下来的内容中将梳理这一过程，并用规整好的数据集进行模型的训练，最后引入相关评价指标对训练出的模型的效果进行评估。这里我们对清洗好的数据进行 4∶1 的划分，其中较大的数据集进行模型的训练，较小的数据集进行模型训练结果的验证。这里依次使用 Logistic Regression、KNN、LDA、Naïve Bayes、SVM、分类树模型对模型进行训练，并引用评价指标召回率(Recall)、准确率(Accuracy)、负交叉熵损失(neg_log_loss)、精准度(Precision)、Roc 曲线面积(Auc)作为模型分类的评价指标。这些评价指标越大，代表训练出的模型的效果越好。实验结果如表 8-2 所示。

表 8-2　各模型 k 折交叉验证的结果评价指标

项　目		fit_time(s)	score_time(s)	val_accuracy	val_neg_log_loss	val_precision	val_recall	val_roc_auc
KNN	mean	89.8536	871.6648	0.8892	−0.8416	0.8991	0.8765	0.9517
	std	43.8798	152.1054	0.0010	0.0090	0.0023	0.0024	0.0007
Logistic Regression	mean	357.6807	0.0885	0.9250	−0.2915	0.9471	0.8999	0.9536
	std	103.079	0.0013	0.0015	0.0026	0.0023	0.0009	0.0006
LDA	mean	1.6549	0.0968	0.8338	−0.4516	0.8975	0.7532	0.9157
	std	0.2318	0.0025	0.0020	0.0011	0.0036	0.0033	0.0022
NB	mean	0.2624	0.2776	0.6156	−1.8307	0.5845	0.8085	0.6985
	std	0.0211	0.0100	0.0271	0.0896	0.0257	0.0179	0.0040
SVM	mean	4522.2989	286.205	0.9480	−0.1735	0.9644	0.9303	0.9778
	std	92.2788	23.4617	0.0013	0.0046	0.0017	0.0014	0.0010
DTree	mean	2.2147	0.1199	0.9205	−2.5804	0.9174	0.9240	0.9220
	std	0.0400	0.0009	0.0005	0.0124	0.0012	0.0017	0.0003

注：表 8-2 中的 val 指的是在 5 折交叉验证中用于验证数据结果。

从表 8-2 的未经调参的各类模型的实验数据结果可以发现：

(1) 支持向量机即 SVM 模型的表现最好。其在各个验证集上的综合面有最优的召回率(Recall)、准确率(Accuracy)、负交叉熵损失(neg_log_loss)、精准度(Precision)、Roc 曲线面积(Auc)，且各指标在不同验证集上的稳定性也非常好，即各指标集的方差小。但是支持向量机单个模型的训练时间非常长，接近 1.25 小时，得到结果需要等待较长的时间。

(2) 决策树模型在各个评价维度的指标表现表现也都非常好，召回率(Recall)、准确率(Accuracy)、精准度(Precision)都在 0.9 以上，其最优点是模型训练的速度最快，单个模型训练处只要 2.2s，但其在负交叉熵损失值这个指标上表现不好。另外，KNN 模型和 Logistic Regression 模型的各个指标表现也比较好，但是训练时间要远远长于决策树模型，尤其 Logistic Regression 其单个模型的训练时间达到 10min，KNN 模型需要验证。

(3) 朴素贝叶斯模型效果最差，模型正确率不到 0.6，相对其他分类模型，对业务没有特别重要的参考价值。此外，LDA 线性判别模型在这 6 个分类模型中有最低的召回率。基于业务背景，希望尽可能且全面地找到有充值意向的用户，即牺牲一定的模型的准确性，进而提高召回率，所以其相对其他 5 个模型参考意义也不大。

这 5 个单个分类器的 5 折交叉验证中的各评价指标的分布的箱线图，清晰直观地展示了表 8-2 的数据结果，如图 8-22 所示。

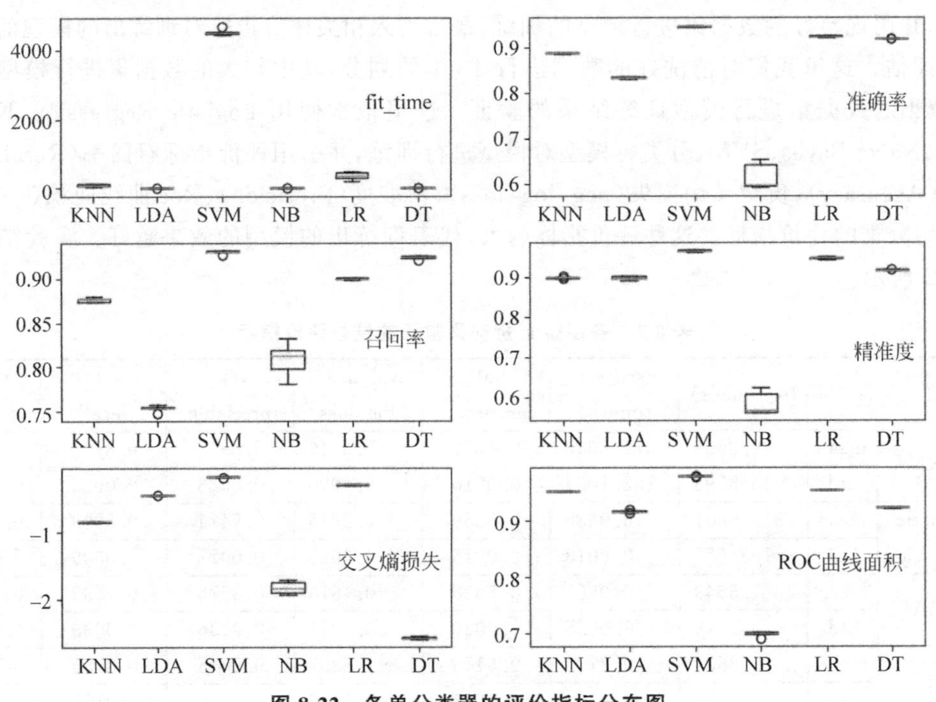

图 8-22 各单分类器的评价指标分布图

如图 8-22 所示，可以进一步验证之前论述的数据结论。其中支持向量机模型结果相对其他模型更好，各个评价指标结果都非常高，数据结果非常好，k 折交叉验证的每一次的验证结果分布也非常紧凑，在合理范围内波动变化；而朴素贝叶斯模型预测效果相较其他模型表现最差。

综上所述，在本次大数据落地的实践项目中，最终应用落地的模型可以选择支持向量机模型。应用相关大数据组件进行初步数据清洗,并运用训练出的 LDA 模型对新产生的线上用户业务数据进行预判,可以辅助业务人员筛选有相关充值意向的用户。

8.7.1 数据的特征工程

数据在进行模型训练之前需要进行基本的特征工程。在本书中,有很大一部分数据有缺失值,原因是很多维度的数据没能采集到,如用户的地理信息属性、年龄属性、性别属性。在数据进行模型训练前,需要对这部分空缺值进行处理,否则不能作为输入数据输入模型进行预测。年龄属性用众数填补,性别的空缺值变成单独的一类。上述数据特征工程的详细处理过程,Python 代码如代码清单 8-1 所示。

代码清单 8-1 特征工程的详细处理过程

```
#encoding:utf-8
import sys
import pandas as pd
import numpy as np
pd.option_context('display.float_format', lambda x: '%.3f' % x)
if __name__ == '__main__':
    #数据的读取
    data_label_info = pd.read_csv('../z_data/origin_data.csv', header = 0,index_col = False)
#(4212338, 71)
    data_label_info.info()

    #1、年龄的处理;众数填充成 30
    data_label_info['basic_id_age'] = data_label_info['basic_id_age'].fillna(30)

    #2、全部空缺值填成 0
    data_label_info = data_label_info.fillna(0)
    #data_label_info.to_csv('../z_data/3.csv', encoding = 'utf_8_sig')

    #3、sex 性别: 0,男,女 ---- 独热编码
    dummies_gender = pd.get_dummies(data_label_info['basic_id_gender'], prefix = 'gender')
    outcome_data = pd.concat([data_label_info,dummies_gender],axis = 1)

    #4、地图信息: 有信息变成 1; 否则为 0
    outcome_data['basic_id_province'] = outcome_data['basic_id_province'].map(map_locate)

    outcome_data.drop(['Unnamed: 0','user_id','basic_id_gender','notice_charge_order_num','
notice_charge_amount'],axis = 1,inplace = True)
    print len(outcome_data)
    outcome_data.to_csv('../z_data/deal_nan1_data.csv', encoding = 'utf_8_sig')
```

8.7.2 模型的训练及评价指标的计算

接下来将使用规整好的数据集进行模型的训练,然后引入相关评价指标对训练出的模

型的效果进行评估。这里的模型训练主要是采用训练集的数据来依次训练 Logistic Regression、Knn、LDA、Naïve Bayes、SVM、分类树模型的分类模型，并用测试集来验证评价训练出的模型的效果。此外，模型训练后采用的主要评价指标有混淆矩阵，以及基于混淆矩阵的衍生出的一系列评价指标，如准确率、精准率、召回率，此外还包括 Roc 曲线的面积值，以及交叉熵损失。这一部分的实现代码如代码清单 8-2 所示。

代码清单 8-2　实现代码

```
#encoding:utf-8
import sys
reload(sys)
sys.setdefaultencoding('utf8')
import datetime
import pandas as pd
import numpy as np
from matplotlib import pyplot
from sklearn.model_selection import train_test_split
from sklearn.model_selection import KFold, cross_val_score
from sklearn.model_selection import cross_validate
from imblearn.under_sampling import RandomUnderSampler
from sklearn.model_selection import GridSearchCV
from sklearn.linear_model import LogisticRegression
from sklearn.discriminant_analysis import LinearDiscriminantAnalysis
from sklearn.naive_bayes import GaussianNB
from sklearn.tree import DecisionTreeClassifier
from sklearn.neighbors import KNeighborsClassifier
from sklearn.svm import SVC

def draw_pic(data,name):
    fig = pyplot.figure()
    fig.suptitle(name)
    ax = fig.add_subplot(111)
    pyplot.boxplot(data)
    ax.set_xticklabels(models.keys())
    path = '''./{}.jpg'''.format(name)
    pyplot.savefig(path)
if __name__ == '__main__':
    #_mini
    x_data = pd.read_csv('../z_data/x_reSampler.csv', header=0)
    y_data = pd.read_csv('../z_data/y_reSampler.csv', header=0)

    print x_data.shape[0] #[174772 rows x 68 columns] ; mini [1000 rows x 68 columns]
    print y_data.shape[0] #[174772 rows x 1 columns] ;

    validation_size = 0.2
    seed = 7
    X_train, X_test, Y_train, Y_test = train_test_split(x_data, y_data, test_size =
validation_size, random_state=seed)
```

```
    #Y_train = Y_train.astype(int)

    #对原始数据不做任何处理,对算法进行一个评估,形成一个算法的评估基准。这个基准值是
对后续算法改善优劣比较的基准值。
    # 评估算法 - baseline
    models = {}
    models['LR'] = LogisticRegression(C=1.0, penalty='l1', tol=1e-6)
    models['LDA'] = LinearDiscriminantAnalysis()
    models['NB'] = GaussianNB()
    models['KNN'] = KNeighborsClassifier()#默认为5
    models['DT'] = DecisionTreeClassifier()
    models['SVM'] = SVC(probability=True)
    print(models)

    #交叉验证
    num_folds = 5
    seed = 7
    scores = ['accuracy','precision','recall','neg_log_loss','roc_auc']
    # 评估算法 - baseline
    results = []
    for key in models:
        print(datetime.datetime.now())
        print(key)
        kfold = KFold(n_splits=num_folds, random_state=seed)
        cv_results = cross_validate(models[key], X_train, Y_train, cv=num_folds, scoring=
scores)

        '''各维度的均值,方差,和95%置信区间'''
        #1\
        fit_time = cv_results['fit_time']
        print("fit_time : %0.4f (+/-  %0.4f) | mean : %0.4f | std : %0.4f " % (
            fit_time.mean(), fit_time.std() * 2, fit_time.mean(), fit_time.std() ))
        #2\
        score_time = cv_results['score_time']
        print("score_time : %0.4f (+/-  %0.4f) | mean : %0.4f | std : %0.4f " % (
            score_time.mean(), score_time.std() * 2, score_time.mean(), score_time.std()))
        #3\
        test_accuracy = cv_results['test_accuracy']
        print("test_accuracy : %0.4f (+/-  %0.4f) | mean : %0.4f | std : %0.4f " % (
            test_accuracy.mean(), test_accuracy.std() * 2, test_accuracy.mean(), test_
accuracy.std()))

        #4\
        test_neg_log_loss = cv_results['test_neg_log_loss']
        print("test_neg_log_loss : %0.4f (+/-  %0.4f) | mean : %0.4f | std : %0.4f " % (
            test_neg_log_loss.mean(), test_neg_log_loss.std() * 2, test_neg_log_loss.mean(),
test_neg_log_loss.std()))
        #5\
        test_precision = cv_results['test_precision']
```

```
        print("test_precision : %0.4f (+/- %0.4f) | mean : %0.4f | std : %0.4f " % (
            test_precision.mean(), test_precision.std() * 2, test_precision.mean(), test_
precision.std()))
        #6\
        test_recall = cv_results['test_recall']
        print("test_recall : %0.4f (+/- %0.4f) | mean : %0.4f | std : %0.4f " % (
            test_recall.mean(), test_recall.std() * 2, test_recall.mean(), test_recall.std()))
        #7\
        test_roc_auc = cv_results['test_roc_auc']
        print("test_roc_auc : %0.4f (+/- %0.4f) | mean : %0.4f | std : %0.4f " % (
            test_roc_auc.mean(), test_roc_auc.std() * 2, test_roc_auc.mean(), test_roc_
auc.std()))

        train_accuracy = cv_results['train_accuracy']
        train_neg_log_loss = cv_results['train_neg_log_loss']
        train_precision = cv_results['train_precision']
        train_recall = cv_results['train_recall']
        train_roc_auc = cv_results['train_roc_auc']
        print("train_accuracy : %0.4f | std : %0.4f" % (train_accuracy.mean(), train_
accuracy.std()))
        print("train_neg_log_loss : %0.4f | std : %0.4f" % (train_neg_log_loss.mean(),
train_neg_log_loss.std()))
        print("train_precision : %0.4f | std : %0.4f" % (train_precision.mean(), train_
precision.std()))
        print("train_recall : %0.4f | std : %0.4f" % (train_recall.mean(), train_recall.
std()))
        print("train_roc_auc : %0.4f | std : %0.4f" % (train_roc_auc.mean(), train_roc_
auc.std()))
        results.append(cv_results) # 每次添加一个 dict
        print(datetime.datetime.now())
```

8.7.3 模型的调参

这里以 Logistics Regression 模型的优化为例，来进行单分类器的优化调参。首先需要进行模型的初始化，并列举出模型需要调整的参数。之后，使用网格搜索法即穷举搜索训练，训练所有参数组合下的模型，进而训练出最优的模型。本部分实现代码如代码清单 8-3 所示。

代码清单 8-3 模型的调参代码

```
#encoding:utf-8
import sys
reload(sys)
sys.setdefaultencoding('utf8')
import pandas as pd
import datetime
import numpy as np
```

```
import matplotlib.pyplot as plt
import seaborn as sns

from sklearn import metrics
from sklearn.model_selection import GridSearchCV
from sklearn.linear_model import LogisticRegression
from sklearn.model_selection import train_test_split
from sklearn.metrics import accuracy_score

if __name__ == '__main__':
    #_mini
    x_data = pd.read_csv('../z_data/x_reSampler.csv', header = 0) #[174772 rows x 68
columns]
    y_data = pd.read_csv('../z_data/y_reSampler.csv', header = 0) #[174772 rows x 1 columns];
    y_data['label'] = y_data['label'].astype('int')

    validation_size = 0.2
    seed = 7
    X_train, X_test, Y_train, Y_test = train_test_split(x_data, y_data, test_size =
validation_size, random_state = seed)

    penaltys = ['l1','l2']
    Cs = [0.001, 0.01, 0.1, 1, 10, 100, 1000]
    param_grid = dict(penalty = penaltys, C = Cs)
    base_estimator = LogisticRegression()
    lr_grid = GridSearchCV(base_estimator, param_grid, cv = 5, scoring = 'recall')

    #score = ['Accuracy','precision','recall','neg_log_loss']
    #要 Recall 高的,因为想要把全部有意向的用户招回来
    cur = datetime.datetime.now()
    print(cur)
    lr_grid.fit(X_train, Y_train)
    cur = datetime.datetime.now()
    print(cur)

    y_pred = lr_grid.predict(X_test)
    y_prob = lr_grid.predict_proba(X_test)
    '''混淆矩阵'''
    cnf_matrix = metrics.confusion_matrix(Y_test, y_pred)

    '''混淆矩阵图'''
    class_names = [0, 1]
    fig, ax = plt.subplots()
    tick_marks = np.arange(len(class_names))
    plt.xticks(tick_marks, class_names)
    plt.yticks(tick_marks, class_names)
    sns.heatmap(pd.DataFrame(cnf_matrix), annot = True, cmap = "YlGnBu", fmt = 'g')
    ax.xaxis.set_label_position("top")
    plt.tight_layout()
```

```
plt.title('Confusion matrix', y = 1.1)
plt.ylabel('Actual label')
plt.xlabel('Predicted label')

'''混淆矩阵相关参数'''
print "Accuracy:", metrics.accuracy_score(Y_test, y_pred)
print "Precision:", metrics.precision_score(Y_test, y_pred)
print "Recall:", metrics.recall_score(Y_test, y_pred)
print "Log_loss",metrics.log_loss(Y_test, y_prob)

'''Roc/Auc'''
y_pred_proba = lr_grid.predict_proba(X_test)[::, 1]
fpr, tpr, _ = metrics.roc_curve(Y_test, y_pred_proba)
auc = metrics.roc_auc_score(Y_test, y_pred_proba)
plt.plot(fpr, tpr, label = "data 1, auc = " + str(auc))
plt.legend(loc = 4)
plt.show()

print(lr_grid.cv_results_)  #k折交叉验证中每个数据集上的评价指标及模型训练的时间
print(-lr_grid.best_score) #评价指标最佳结果
print(lr_grid.best_params_) #模型最佳的调参结果
```

习题

一、选择题

1. 下列(　　)不是R语言的主要功能。

   A. 统计分析　B. 图形表示　C. 报告　D. 信号处理

2. 数据挖掘不包含以下(　　)流程。

   A. 图像处理　B. 数据清洗　C. 建模预测　D. 指标评价

3. 下列(　　)不是数据挖掘中常见的模型。

   A. 回归分析模型　B. 统计模型　C. 分类模型　D. 聚类模型

4. 下列(　　)不是HDFS的组成部分。

   A. HDFS Client　B. NameNode　C. JobTracker　D. DataNode

5. 下列(　　)不是HBase的特性。

   A. 行式存储　B. 自动故障转移
   C. 自动分片　D. 用于存储大量稀疏数据

6. 下列(　　)不是“大数据”数据源的5V特性。

   A. Volume　B. Velocity　C. Vividness　D. Value

7. 下列关于舍恩伯格对大数据特点的说法中,错误的是(　　)。

   A. 数据规模大　B. 数据类型多样
   C. 数据处理速度快　D. 数据价值密度高

8. 大数据时代,数据使用的关键是(　　)。

   A. 数据收集　B. 数据存储

C. 数据分析　　　　　　　　　　D. 数据再利用

9. 下列关于大数据的分析理念的说法中,错误的是(　　)。

A. 在数据基础上倾向于全体数据而不是抽样数据

B. 在分析方法上更注重相关分析而不是因果分析

C. 在分析效果上更追究效率而不是绝对精确

D. 在数据规模上强调相对数据而不是绝对数据

10. 大数据的起源是(　　)。

A. 金融　　　B. 电信　　　C. 互联网　　　D. 公共管理

二、判断题

1. HDFS(Hadoop Distributed File System)是谷歌 Google File System(GFS)论文的实现。(　　)

2. HDFS 由 HDFS Client、NameNode 和 DataNode 三部分组成。(　　)

3. MapReduce 计算模式的工作原理是把计算任务拆解成 Map 和 Reduce 两个过程来执行。(　　)

4. 数据挖掘中缺失值填补最好的策略是自己随便编一个数据。(　　)

5. HBase 为列式存储,且只支持单行事务性。(　　)

6. 大数据实际上是指一种思维方式、一种抽象的概念。(　　)

7. 美国海军军官莫里通过对前人航海日志的分析,绘制了新的航海路线图,标明了大风与洋流可能发生的地点。这体现了大数据分析理念中的相关分析方法。(　　)

8. 在目前的实际业务应用中,数据挖掘主要是面向决策。(　　)

9. 单纯依据大数据预测做出决策需要遵循"确保个人动因能防范数据独裁的危害"原则。(　　)

10. 随着信息技术的发展,数据的形式和载体将会呈现多样多元化,它对客观世界和事实的量化和描述也会改变。(　　)

三、问答题

1. 大数据的"5V"特性分别是指什么?

2. 简述大数据技术栈的发展史。

3. 爬虫的基本流程是什么,爬虫的网页抓取策略是什么?

4. 简述 Robot 协议。

5. 数据分析目前在业界中最为广泛的两个应用是什么?

6. 简述 AB-Test 需要注意的事项。

7. 简述常用的数据分析的方法。

8. 在数据分析的公式拆分法中,以销售额为例,对这个指标进行拆分。

9. 数据分析的常用工具类软件或者语言有哪些?

10. 谈谈你对数据挖掘的理解。

11. 为什么要进行数据清洗,在数据清洗的过程中主要解决数据不规范的哪些问题?

12. 数据清洗时主要需要完成哪些具体的工作?

13. 建立好的数据挖掘模型,主要有哪些指标可以作为模型的评价指标?

14. 人工智能的发展过程可以划分为哪几个流程?

15. 常用的大数据技术组件有哪些?
16. 简述 HDFS 的存储的逻辑流程,并阐明 HDFS 存储过程中主要的组成部分。
17. 简述 MapReduce 的工作机制。
18. HBase 是什么? 它有什么特性?
19. 谈谈你对 Spark 的理解。
20. 常用的数据可视化软件有哪些?
21. 利用大数据技术解决日常生活学习中的问题。

第9章

实　验

本章通过四个案例介绍人工智能技术的实现方式,分别针对目前人工智能的热门研究领域:计算机视觉、自然语言处理、强化学习及可视化技术。文中代码主要使用百度飞桨 2.0 实现,可视化技术中会涉及 TensorFlow 和 PyTorch 框架的代码。大部分代码可在百度 AI Studio 运行,读者可以使用 AI Studio 提供的免费 GPU 算力加速代码运行。其他代码对算力的要求不高,读者可以在本地运行。

9.1 计算机视觉

本节通过图像分类、目标检测、人像处理、图像生成四个任务介绍计算机视觉的基本实现方式。此外,9.1.4 节以旷视 Face＋＋为例介绍如何调用远程服务。

9.1.1 一个通用的图像分类模型

讲解视频

本节基于 VGG16 和 ResNet18 进行图像分类。导入依赖,如代码清单 9-1 所示。

代码清单 9-1　导入依赖

```
import paddle
from paddle import vision
from paddle.vision import transforms
```

下载 CIFAR10 数据集,并将其放在 work 目录下。CIFAR10 是由辛顿团队构建的一个通用图片分类数据集,其中包含 60000 张 32×32 的 RGB 图片。这些图片来自 10 个类别,每个类别包含 6000 张图片。图 9-1 展示了这些类别及其对应的图片。数据集被分为 50000 张训练图片和 10000 张测试图片,测试图片中包含了来自每个类别的 1000 张随机图片,剩余图片作为训练图片。数据集包含 pickle 格式文件 data_batch_1、data_batch_2、data _batch_3、data_batch_4、data_batch_5 及 test_batch，其中每个 data_batch 文件存储了 10000 张训练图片，test_batch 存储了 10000 张测试图片。每个 data_batch 文件所包含的图片都是随机的，因此不能保证每个类别恰好出现 1000 次。需要注意的是，这里的批次划分只是数据集的存储方式，并不意味着训练时需要将批次大小设置为 10000。

图 9-1　CIFAR10 示例

代码清单 9-2 展示了加载 CIFAR10 数据集的方法。train_dataset 和 val_dataset 是两个 cifar10 对象，后面将使用这两个对象来读取 CIFAR10 数据集中的图片和标签。cifar10 的构造函数可以接收 data_file、mode 和 transform 等参数。data_file 指定了数据集文件的地址，这里使用相对路径 work/cifar-10-python. tar. gz。mode 制定了数据集的划分，可选 train 或 test，分别表示训练集和测试集。transform 表示数据预处理流程，包括 transforms. ColorJitter、transforms. RandomHorizontalFlip 和 transforms. ToTensor。ColorJitter 可以随机调整图像的亮度、对比度、饱和度和色调，RandomHorizontalFlip 可以按一定概率对图片进行水平翻转，ToTensor 可以将 PIL 或 NumPy 类型的图片转为 paddlepaddle 类型的张量。这些预处理类通过 transforms. Compose 包装在一起，每次从 train_dataset 或 val_dataset 读取的数据都会经过它们的处理。

代码清单 9-2　加载 CIFAR10 数据集

```
transform = transforms.Compose([
    transforms.ColorJitter(),
    transforms.RandomHorizontalFlip(),
    transforms.ToTensor()
])
train_dataset = vision.datasets.Cifar10(
    data_file = 'work/cifar - 10 - python.tar.gz',
    mode = 'train', transform = transform,
```

```
)
val_dataset = vision.datasets.Cifar10(
    data_file = 'work/cifar - 10 - python.tar.gz',
    mode = 'test', transform = transform,
)
```

代码清单 9-3 定义了用于训练的主函数 main。main 函数接收 4 个参数，trial_name 表示训练名称，model 是待训练模型，epochs 表示训练的轮次，batch_size 表示批次大小。训练名称可以任取，仅用于区分不同的训练人物。轮次和批次大小决定了遍历数据集的方式，例如当轮次为 10、批次大小为 128 时，数据集每次返回 128 张图片，每个轮次返回 470 次，一共遍历 10 次。

代码清单 9-3 训练的主函数

```
def main(trial_name, model, epochs, batch_size):
    model = paddle.Model(model)
    model.summary((batch_size, 3, 32, 32))
    model.prepare(
        paddle.optimizer.Adam(parameters = model.parameters()),
        paddle.nn.CrossEntropyLoss(),
        paddle.metric.Accuracy(),
    )
    model.fit(
        train_data = train_dataset,
        eval_data = val_dataset,
        epochs = epochs,
        batch_size = batch_size,
        callbacks = [
            paddle.callbacks.VisualDL(log_dir = 'visualdl_log_dir'),
            paddle.callbacks.ModelCheckpoint(save_dir = 'ckpts'),
        ],
        verbose = 1,
    )
    model.save('inference/' + trial_name, False)
```

paddle.Model 是一个具备训练、测试、推理功能的神经网络，该对象同时支持静态图和动态图模式，默认为动态图模式。main 函数中用到了 Model 对象的 summary、prepare、fit 及 save 方法。summary 用于打印网络的基础结构和参数信息，参数(batch_size,3,32,32)表示模型输入维度。由于模型每次输入一个批次的数据，所以输入数据是 batch_size 张 32×32 的 RGB 图像。summary 方法的输出如代码清单 9-4 所示。

代码清单 9-4 模型摘要信息

```
-------------------------------------------------------------------------------
 Layer (type)        Input Shape             Output Shape          Param #
===============================================================================
Conv2D - 1           [[128, 3, 32, 32]]      [128, 64, 32, 32]     1,792
BatchNorm2D - 1      [[128, 64, 32, 32]]     [128, 64, 32, 32]     256
```

```
ReLU-1                     [[128, 64, 32, 32]]      [128, 64, 32, 32]       0
Conv2D-2                   [[128, 64, 32, 32]]      [128, 64, 32, 32]       36,928
BatchNorm2D-2              [[128, 64, 32, 32]]      [128, 64, 32, 32]       256
ReLU-2                     [[128, 64, 32, 32]]      [128, 64, 32, 32]       0
                                             ...
Conv2D-13                  [[128, 512, 2, 2]]       [128, 512, 2, 2]        2,359,808
BatchNorm2D-13             [[128, 512, 2, 2]]       [128, 512, 2, 2]        2,048
ReLU-13                    [[128, 512, 2, 2]]       [128, 512, 2, 2]        0
MaxPool2D-5                [[128, 512, 2, 2]]       [128, 512, 1, 1]        0
AdaptiveAvgPool2D-1        [[128, 512, 1, 1]]       [128, 512, 7, 7]        0
Linear-1                   [[128, 25088]]           [128, 4096]             102,764,544
ReLU-14                    [[128, 4096]]            [128, 4096]             0
Dropout-1                  [[128, 4096]]            [128, 4096]             0
Linear-2                   [[128, 4096]]            [128, 4096]             16,781,312
ReLU-15                    [[128, 4096]]            [128, 4096]             0
Dropout-2                  [[128, 4096]]            [128, 4096]             0
Linear-3                   [[128, 4096]]            [128, 10]               40,970
===============================================================================
Total params: 134,318,410
Trainable params: 134,301,514
Non-trainable params: 16,896
-------------------------------------------------------------------------------
Input size (MB): 1.50
Forward/backward pass size (MB): 889.01
Params size (MB): 512.38
Estimated Total Size (MB): 1402.89
-------------------------------------------------------------------------------
```

prepare 用于配置模型所需的部件，比如优化器、损失函数和评价指标，这里使用 Adam 优化器、交叉熵损失以及准确率评价指标。fit 用于训练模型，可以使用其中的 callbacks 参数挂载一系列 Callback 对象。这里挂载了 VisualDL 和 ModelCheckpoint 两个 Callback 对象，分别用于将可视化信息写入 visualdl_log_dir 目录以及将检查点模型保存到 ckpts 目录。save 用于保存模型。

代码清单 9-5 展示了使用 main 函数训练 VGG16 模型的方法。VGG16 由牛津大学视觉几何组(visual geometry group)提出，在 ILSVRC2014 的图像分类赛道获得了第二名，其网络结构如图 9-2 所示。

代码清单 9-5　VGG16 模型训练

```
model = vision.models.vgg16(batch_norm=True, num_classes=10)
main('vgg16', model, 100, 128)
```

飞桨已经实现了 VGG16 模型，可以直接通过 vision.models.vgg16 构造。batch_norm 参数表示在每个卷积层后添加批归一化层，num_classes 表示数据集中的类别数量。由于 VGG16 模型最初是在 ImageNet 上训练的，所以 num_classes 默认为 1000。但是 CIFAR10 只有 10 个类别，所以必须将 num_classes 设置为 10。训练日志显示，模型在训练集上的准确率可以达到 97.56%，在测试集上的准确率可以达到 86.83%。

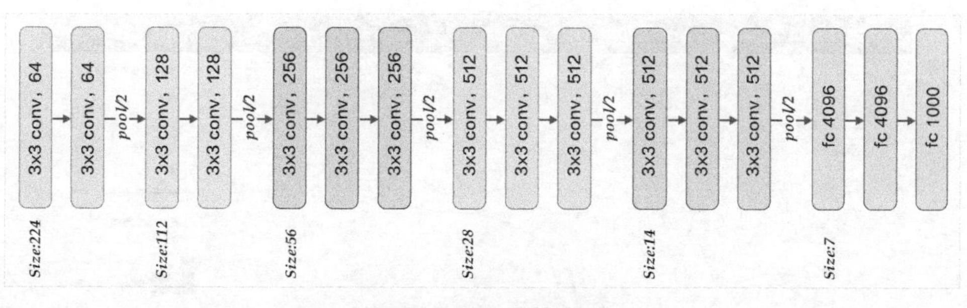

图 9-2　VGG16 网络结构

ResNet18 是另一个用于图像分类的神经网络，其结构如图 9-3 所示。粗略来看，ResNet18 与 VGG16 具有相同的结构，只是在不同的网络层之间增加了跳跃连接。

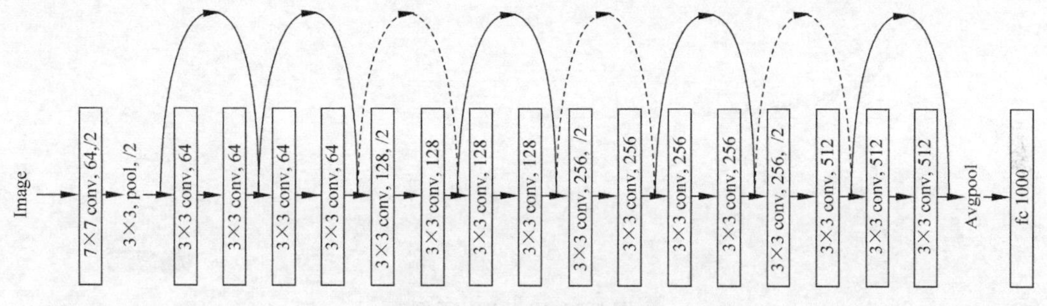

图 9-3　ResNet18 网络结构

放大来看，跳跃连接的结构如图 9-4 所示。输入张量一方面经过卷积层处理，另一方面与处理后的张量相加。为了理解跳跃连接的功能，我们需要思考这样一个问题：神经网络是不是越深越好？理论上，向神经网络中加入更多层至少不会变得更差，因为新加入的层至少可以把输入张量原封不动地输出来。但是实际上，深层神经网络会受到梯度消失的影响，精度往往低于浅层神经网络。跳跃连接的目的是提供一条信息通路，使得张量可以被原封不动地从浅层传递到深层。另一方面，梯度也可以沿着跳跃连接从深层回传到浅层，从而解决了梯度消失问题。

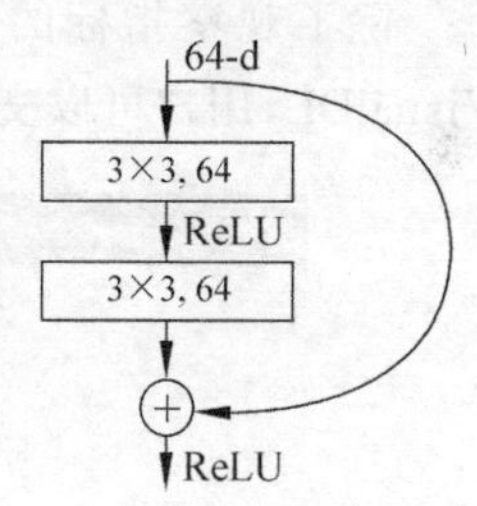

图 9-4　跳跃连接

和 VGG16 类似，代码清单 9-6 展示了使用 main 函数训练 ResNet18 模型的方法。为了节省时间，训练只进行了 15 个轮次。训练日志显示，模型在训练集上的准确率可以达到 90.61%，在测试集上的准确率可以达到 77.27%。

代码清单 9-6　ResNet18 模型训练

```
model = vision.models.resnet18(num_classes = 10)
main('resnet18', model, 15, 128)
```

使用 VisualDL 可以查看训练过程中的误差变化情况，从而大致分析出模型的拟合状态。图 9-5 中，eval 和 train 分别表示测试和训练阶段的相关指标。训练集上，损失函数值稳定下降，准确率总体呈上升趋势，说明模型的训练过程一切正常。测试集上，准确率也呈

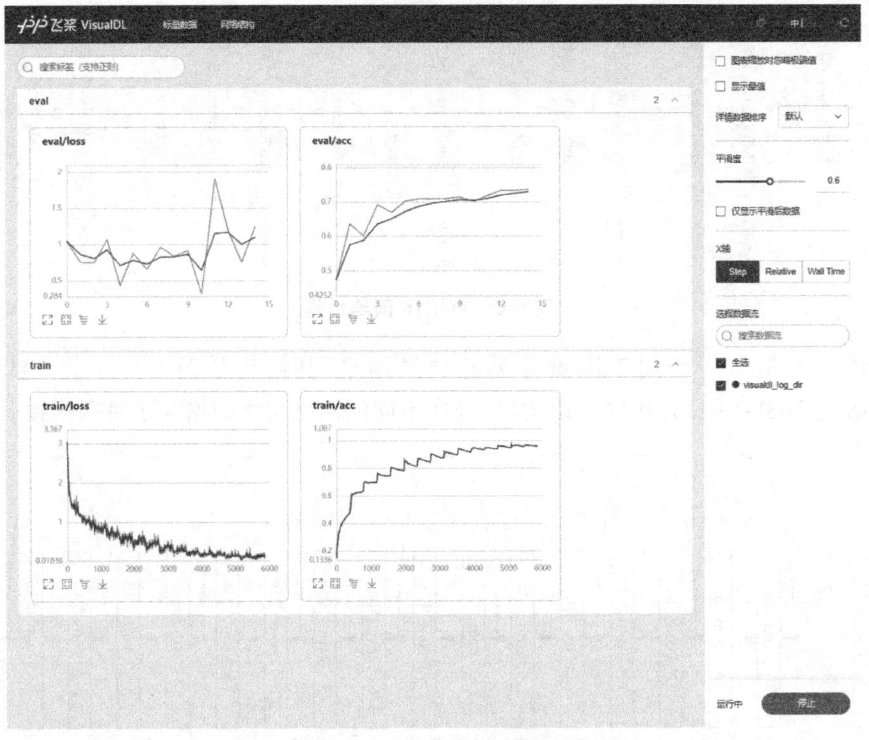

图 9-5　VisualDL 示例

上升趋势，说明训练并没有饱和，模型处于欠拟合状态。

除了观察指标的变化情况，VisualDL 还支持模型结构可视化，如图 9-6 所示。通过 VisualDL，用户可以交互式地查看网络结构以及各层参数。

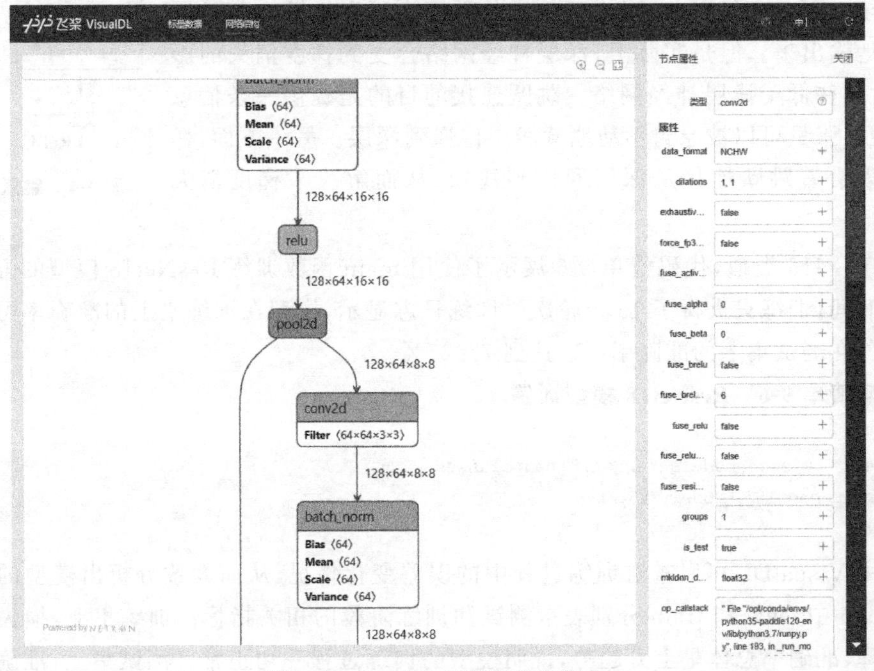

图 9-6　VisualDL 模型结构可视化

9.1.2 两阶段目标检测和语义分割

本节基于 Faster RCNN 和 Mask RCNN 进行目标检测。在 Linux 环境下，执行代码清单 9-7 所示的命令以搭建环境。具体来说，代码清单 9-7 首先下载了 Faster RCNN 和 Mask RCNN 的预训练模型，然后安装了 PaddleX。

代码清单 9-7 环境搭建

```
mkdir work
wget https://bj.bcebos.com/paddlex/models/faster_r50_fpn_coco.tar.gz -P work/
tar -zxf work/faster_*.tar.gz
wget https://bj.bcebos.com/paddlex/models/mask_r50_fpn_coco.tar.gz -P work/
tar -zxf work/mask_*.tar.gz
pip install paddlex -i https://mirror.baidu.com/pypi/simple
```

PaddleX 是飞桨全流程开发工具，包含核心框架、模型库及工具等组件，打通了深度学习开发全流程。PaddleX 内核主要由 PaddleCV、PaddleHub、VisualDL 及 PaddleSlim 组成。PaddleCV 包括 PaddleDetection、PaddleSeg 等端到端开发套件组成，覆盖图像分类、目标检测、语义分割、实例分割等应用场景。PaddleHub 集成了大量预训练模型，允许开发者通过少量样本训练模型。VisualDL 是一个深度学习开发可视化工具，可以实时查看模型参数和指标的变化趋势，大幅优化开发体验。PaddleSlim 用于模型压缩，包含模型裁剪、定点量化、知识蒸馏等策略，可以适配工业生产环境和移动端场景的高性能推理需求。

代码清单 9-8 使用 PaddleX 定义了用于可视化的主函数 main。main 函数接收两个参数，trial_name 表示训练名称，img_path 是目标图片的路径。main 函数首先根据 trial_name 加载模型，然后使用 predict 方法处理 img_path 对应的图片。处理结果 result 是一个列表，其中每个元素对应一个目标，以字典的形式记录了目标的类别、边界框坐标以及置信度等信息。pdx.det.visualize 用于将 result 绘制到 img_path 对应的图片上，然后保存到 trial_name 目录下。threshold 参数用于过滤置信度低于 0.7 的目标。

代码清单 9-8 可视化主函数

```python
import paddlex as pdx
def main(trial_name, img_path='work/test.jpg'):
    model = pdx.load_model(trial_name)
    result = model.predict(img_path)
    pdx.det.visualize(img_path, result, threshold=0.7, save_dir=trial_name)
```

代码清单 9-9 列出了 main 函数的调用方法。faster_r50_fpn_coco 对应 Faster RCNN，mask_r50_fpn_coco 对应 Mask RCNN。r50 表示模型使用的骨干网络是 ResNet50，fpn 表示骨干网络中使用了 FPN 进行多层特征融合，coco 表示使用 COCO 数据集训练。

代码清单 9-9 可视化脚本

```python
main('faster_r50_fpn_coco')
main('mask_r50_fpn_coco')
```

图 9-7 展示了 Faster RCNN 的检测结果。图片中所有主要目标的边界框都被绘制在上面，边界框的一角标注了物体类别及其置信度。不难看出，目标在图片中所占区域越大，边界框越精确，置信度越高。

图 9-7 Faster RCNN 预测结果

与 Faster RCNN 相比，Mask RCNN 增加了一个小型神经网络，用于预测每个目标的二元掩码。在图 9-7 的基础上，图 9-8 加入了二元掩码的可视化。所谓二元掩码，是一个与图像大小相同的二维矩阵，矩阵的每个元素只有 True 和 False 两种取值。如果矩阵的某个元素为 True，表示图像对应位置上的像素属于前景，否则属于背景。图 9-9 单独绘制了图 9-8 中花瓶的二元掩码，其中白色部分表示前景，黑色部分表示背景。

图 9-8 Mask RCNN 预测结果

通过二元掩码，我们可以找到组成目标的所有像素，从而实现抠图功能。图 9-10 是使用图 9-9 所示的二元掩码在原图上进行抠图得到的结果。可以看到，只有属于花瓶的像素出现在图 9-10 中，其余像素都被置为黑色。

图 9-9 二元掩码

图 9-10 抠图效果

9.1.3 人物图像处理

讲解视频

本节基于 PaddleHub 进行一系列人像处理。PaddleHub 汇总了 PaddlePaddle 生态下的预训练模型，提供了统一的模型管理和预测接口。配合微调 API，用户可以快速实现大规模预训练模型的迁移学习，使模型更好地服务于特定场景的应用。

导入 PaddleHub，如代码清单 9-10 所示。为了正常运行所有模型，PaddleHub 的版本需要在 1.8.0 以上。最基础的人像处理包括人脸检测、人脸关键点定位、人像分割等，本节将在图 9-11 上进行这些操作，文件路径为 work/test.jpg。

代码清单 9-10 导入依赖

```
import paddlehub as hub
```

人脸检测(face detection)是目标检测的一个子类。早期的人脸识别研究通常针对简单人像，由于人脸在图像中所占面积较大，所以不需要人脸检测。但是随着生物身份验证技术的发展，人们开始尝试在复杂图像上应用人脸识别技术。最简单的思路是将复杂图像中的人脸裁剪出来，然后应用现有的人脸识别算法进行分类。因此，人脸检测是现代人脸识别系统中的关键环节。

代码清单 9-11 使用 ultra_light_fast_generic_face_detector_1mb_640 模型实现了人脸检测，效果如图 9-12 所示。Ultra-Light-Fast-Generic-Face-Detector 是针对边缘计算设备或低算力设备设计的超轻量级实时通用人脸检测模型。模型大小约为 1MB，在预测时会将图片输入缩放为 640×480。

代码清单 9-11 人脸检测

```
img_path = 'work/test.jpg'
module = hub.Module(name = 'ultra_light_fast_generic_face_detector_1mb_640')
module.face_detection(paths = [img_path], visualization = True)
```

图 9-11　示例图片

图 9-12　人脸检测结果

人脸关键点定位(face landmark localization)用于标定人脸五官和轮廓位置。相比人脸检测，人脸关键点提供了更加丰富的信息，可以支持人脸三维重塑、表情分析等应用场景。常见的人脸关键点模型可以检测 5 点或 68 点。5 点模型可以检测内外眼角以及鼻尖位置；68 点模型如图 9-13 所示，包括人脸轮廓(17 点)、眉毛(左右各 5 点)、眼睛(左右各 6 点)、鼻子(9 点)、嘴部(20 点)。

代码清单 9-12 使用 face_landmark_localization 模型实现了 68 关键点定位，效果如图 9-14 所示。

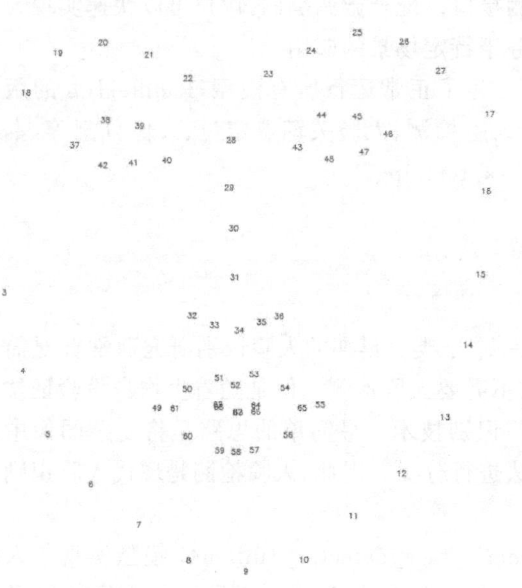

图 9-13　68 关键点位置

图 9-14　人脸关键点定位结果

代码清单 9-12　人脸关键点定位

```
module = hub.Module(name = 'face_landmark_localization')
module.keypoint_detection(paths = [img_path],visualization = True)
```

尽管关键点定位看起来比人脸检测复杂很多，但本质上二者并没有区别。人脸检测的目标是边界框，也就是输出边界框的左上角坐标和右下角坐标。而关键点定位则需要输出68个点的坐标。虽然输出的数据量更大，但是从神经网络结构的角度来看，二者是几乎等价的问题。

人像分割(human segmentation)是一类特殊的前背景分割技术。许多在线会议软件使用的虚拟背景技术，就是先使用人像分割得到人像掩码，然后将人像叠加到虚拟背景上实现的。

代码清单9-13使用U2Netp模型实现了人像分割，人像掩码如图9-15所示，分割结果如图9-16所示。为了保证分割效果，人像掩码并没有使用二元掩码，而是使用了灰度掩码。图9-15中的灰色部分表示模型不确定是否属于人像，因此在图9-16中看起来有些模糊。

代码清单9-13　人像分割

```
module = hub.Module(name = 'U2Netp')
module.Segmentation(paths = [img_path], visualization = True)
```

总的来说，人像相关应用都是由其他应用场景特化而来。例如，人脸检测是目标检测的特化，人像分割是前背景分割的特化。因此，人像相关应用的精度、速度以及模型大小都普遍优于通用应用场景。但是由于人像相关应用的使用频率较高，针对人物图像的优化也有巨大的商业价值。

图9-15　人像掩码

图9-16　分割结果

9.1.4 调用远程服务

讲解视频

深度学习模型的部署方式通常分为两种：本地化部署和远程服务部署。本地化部署将模型存储在本地，可以支持多种应用场景，但是对硬件设备的要求较高。远程服务部署将模型存储在远程服务器上，用户需要联网才能调用模型，因此服务的响应速度会受到网速影响，但是远程服务器的运行速度通常较快。之前的实验都是离线进行的，类似本地化部署的模型使用方式。本节以Face++为例，介绍远程服务的调用方法。

Face++是旷视科技推出的人工智能开放平台(https://www.faceplusplus.com.cn/)，主要为开发者和客户提供基于深度学习的计算机视觉技术。为了使用Face++提供的远程服务，需要进行网页注册，如图 9-17 所示。

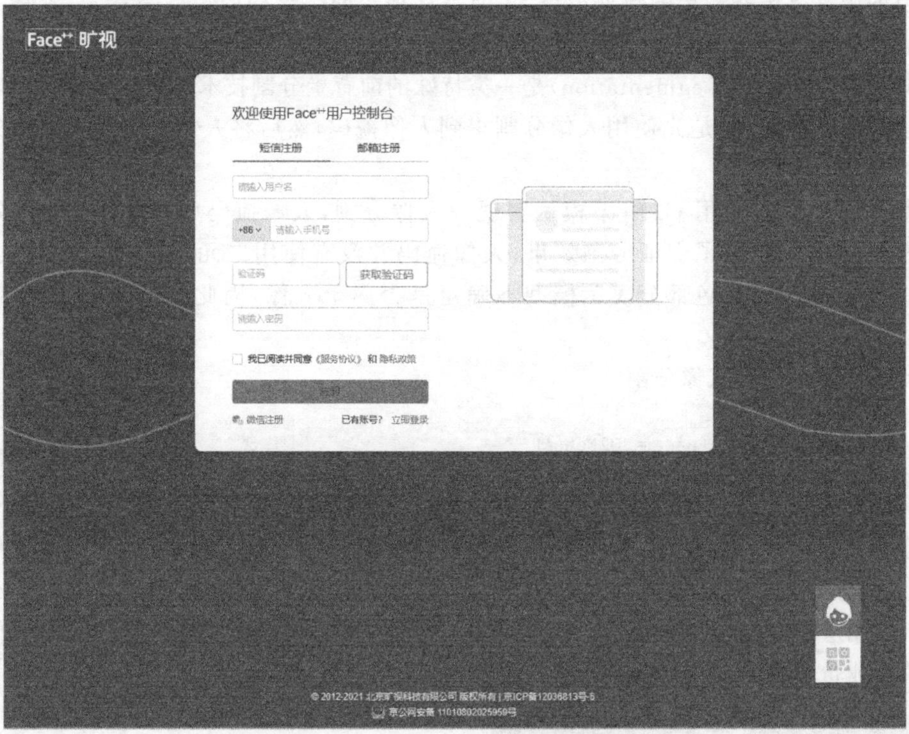

图 9-17 注册 Face++用户控制台

注册完成后可以单击“创建我的第一个应用”，如图 9-18 所示。

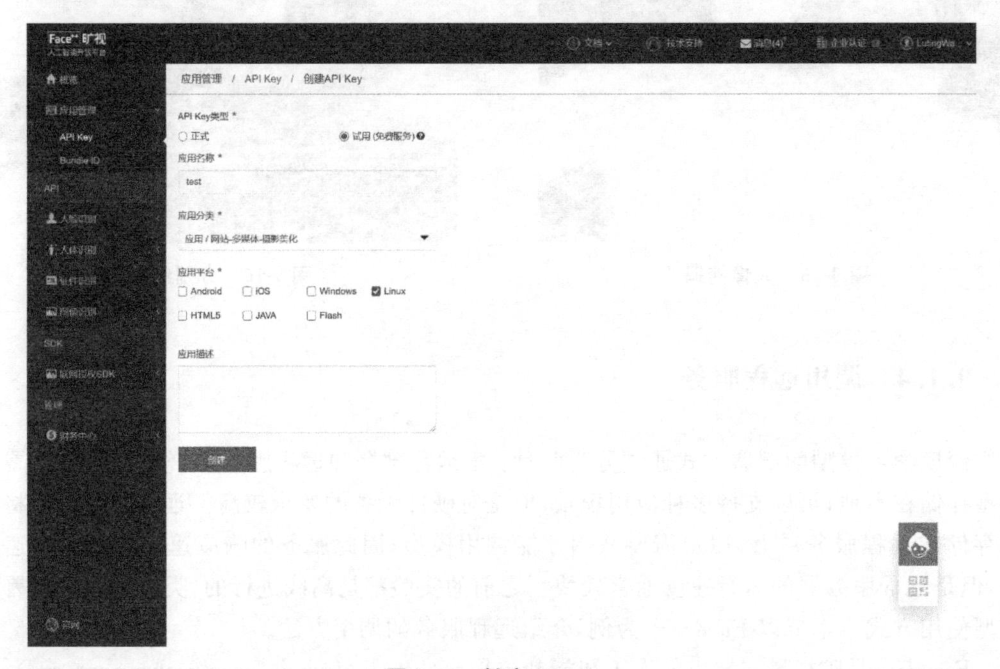

图 9-18 创建 API Key

创建后可以访问网页,查看 API Key 和 API Secret,如图 9-19 所示。

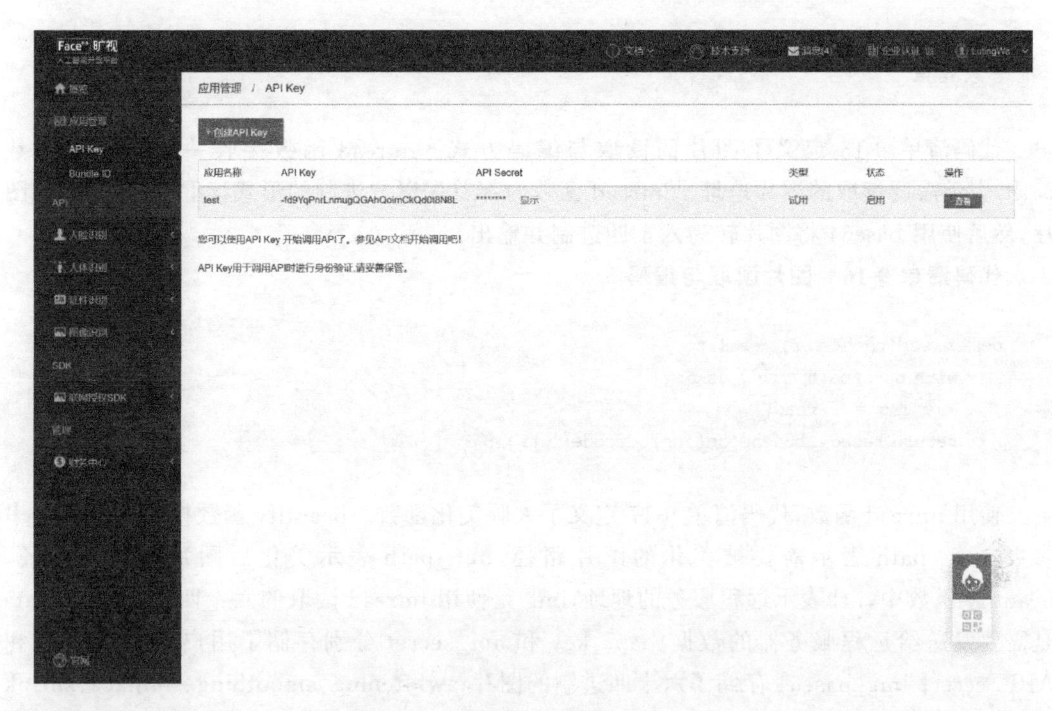

图 9-19 查看 API Key 和 API Secret

刚刚创建的 API Key 是调用远程服务的通行证,相当于一个用户名,而 API Secret 则相当于密码。只有在请求远程服务时输入正确的 API Key 和 API Secret,远程服务器才会返回结果。所谓 API,实际上是应用程序接口(Application Programming Interface, API),也就是用户请求的格式规定。以人脸美化为例,API 规定用户需要向 https://api-cn.faceplusplus.com/facepp/v2/beautify 发起 POST 请求,请求数据包括 API Key、API Secret、base64 编码的图片、美白程度等,返回值包括美化后的图片、所用时间等。

下面基于 Face++提供的远程服务,对蒙娜丽莎进行美化。导入依赖,如代码清单 9-14 所示。

代码清单 9-14 导入依赖

```
import base64
import json
import os
from typing import Dict

import cv2
import requests
```

定义 API Key 和 API Secret,如代码清单 9-15 所示。需要注意,引号里需要填入读者自己申请的 API Key 和 API Secret。

代码清单 9-15 定义 API Key 和 API Secret

```
key = '...'
secret = '...'
```

代码清单 9-16 定义了图片的读取与编码方式。imread 函数接收一个字符串参数 path,表示需要读取的图片地址。imread 函数内部首先以二进制的形式读取 path 对应的图片,然后使用 base64 将图片转为六十四进制并输出。

代码清单 9-16 图片读取与编码

```
def imread(path: str) -> str:
    with open(path, 'rb') as f:
        img = f.read()
    return base64.b64encode(img).decode('utf-8')
```

使用 imread 函数,代码清单 9-17 定义了人脸美化函数。beautify 函数接收两个字符串参数,img_path 表示需要被美化的图片路径,out_path 表示美化后图片的保存路径。beautify 函数中,url 表示远程服务的地址,img 是使用 imread 读取的六十四进制图片,data 是需要发送给远程服务器的数据。api_key 和 api_secret 分别存储了用户的 API Key 和 API Secret;img_base64 存储了六十四进制的图片;whitening、smoothing、thinface、shrink_face、enlarge_eye、remove_eyebrow 是一系列美化操作,分别表示美白、磨皮、瘦脸、小脸、大眼、去眉毛,取值范围[0,100],这里都设置为最高程度 100;filter_type 表示滤镜,这里选择 ice_lady 冰美人。requests.post 可以用来发送 POST 请求,接收远程服务器响应并返回。由于 API 规定了返回值为 JSON 格式,所以使用 json 方法解析,解析结果是一个字典,存储在 resp 变量中。

代码清单 9-17 人脸美化函数

```
def beautify(img_path: str, out_path: str):
    url = 'https://api-cn.faceplusplus.com/facepp/v2/beautify'
    img = imread(img_path)
    data = {
        'api_key': key,
        'api_secret': secret,
        'image_base64': img,
        'whitening': 100,
        'smoothing': 100,
        'thinface': 100,
        'shrink_face': 100,
        'enlarge_eye': 100,
        'remove_eyebrow': 100,
        'filter_type': 'ice_lady',
        }
    resp = requests.post(url, data=data).json()

    img = base64.b64decode(resp['result'])
```

```
    with open(out_path, 'wb') as f:
        f.write(img)
```

至此，我们已经成功调用了远程服务，只需要将结果保存下来即可。通过查阅 API 可以知道，美化后的图片以六十四进制的形式保存在 result 字段中，所以我们需要使用 Base64 解码 resp['result']，以得到二进制编码的图片，并写入 out_path。

代码清单 9-18 调用了 beautify 函数，对 test.jpg 进行美化，并将结果保存到 beautify.jpg，如图 9-20 所示。美化后的图片色调偏白，这是滤镜和美白的共同效果。另外，瘦脸和磨皮效果也比较明显。

(a) test.jpg (b) beautify.jpg

图 9-20 美化前后对比

代码清单 9-18 调用 beautify 函数

```
beautify('test.jpg', 'beautify.jpg')
```

人脸分析是 Face++提供的另一个远程服务，如代码清单 9-19 所示。和 beautify 函数类似，detect 函数首先调用了远程服务并将返回值以字典的形式存储在 resp 变量中，区别仅在于 url 和 data 的部分字段不同。

代码清单 9-19 人脸分析函数

```
def detect(img_path: str, out_path: str) -> Dict[str, Dict]:
    url = 'https://api-cn.faceplusplus.com/facepp/v3/detect'
    img = imread(img_path)
    data = {
        'api_key': key,
        'api_secret': secret,
        'image_base64': img,
        'return_landmark': 2,
        'return_attributes': ','.join([
            'gender', 'age', 'smiling', 'headpose', 'facequality', 'blur',
            'eyestatus', 'emotion', 'beauty', 'mouthstatus', 'eyegaze', 'skinstatus',
        ]),
    }
    resp = requests.post(url, data=data).json()
```

```
    faces = resp['faces']
    bboxes = [face['face_rectangle'] for face in faces]
    lms = [face['landmark'] for face in faces]
    attrs = [face['attributes'] for face in faces]

    img = cv2.imread(img_path)
    for bbox, lm in zip(bboxes, lms):
        x1, y1 = bbox['left'], bbox['top']
        x2, y2 = x1 + bbox['width'], y1 + bbox['height']
        cv2.rectangle(img, (x1, y1), (x2, y2), (255, 255, 0), 2)
        for point in lm.values():
            cv2.circle(img, (point['x'], point['y']), 1, (0, 0, 255), 2)
    cv2.imwrite(out_path, img)

    return attrs
```

通过查阅 API 可以知道，人脸分析远程服务会将检测到的所有人脸组成一个数组，存储在 faces 字段中。对于其中的每张人脸，face_rectangle 字段记录了边界框坐标，landmark 字段记录了关键点坐标，attributes 字段记录了人脸属性。因此，人脸分析 API 包含了人脸检测和人脸关键点定位的功能。而且，人脸分析 API 可以返回 106 个人脸关键点坐标，目前开源的人脸关键点定位模型很难做到。这就意味着，如果我们希望使用本地化部署的方式实现人脸分析 API 的功能，就必须从 Face＋＋购买模型。但是通过远程服务，我们可以免费使用模型，这也是远程服务相比本地化部署的优势之一。

最后，detect 函数使用 OpenCV 将人脸边界框和关键点绘制在 img_path 对应的图片上，并返回人脸属性。代码清单 9-20 通过调用 detect 函数，分析了蒙娜丽莎美化前后的人脸属性。

代码清单 9-20　调用 detect 函数

```
detect('test.jpg', 'work/test.jpg')
detect('beautify.jpg', 'work/beautify.jpg')
```

美化前的分析结果如代码清单 9-21 所示，美化后的分析结果如代码清单 9-22 所示。由于空间有限，这里并没有展示全部分析结果。通过对比可以看出，美化后的蒙娜丽莎看起来年轻了十多岁，皮肤状态和颜值也有了很大提升。

代码清单 9-21　test.jpg 分析结果

```
{
    'gender': { 'value': 'Female' }, 'age': { 'value': 35 },
    'facequality': { 'value': 70.766, 'threshold': 70.1 },
    'beauty': { 'male_score': 65.078, 'female_score': 65.638 },
    'skinstatus': {
        'health': 1.552, 'stain': 79.661, 'dark_circle': 1.794, 'acne': 35.456
    }
}
```

代码清单 9-22 beautify.jpg 分析结果

```
{
    'gender': { 'value': 'Female' }, 'age': { 'value': 22 },
    'facequality': { 'value': 7.263, 'threshold': 70.1 },
    'beauty': { 'male_score': 78.013, 'female_score': 79.779 },
    'skinstatus': {
        'health': 2.183, 'stain': 7.648, 'dark_circle': 9.05, 'acne': 21.218
    }
}
```

最后,图 9-21 展示了 Face++的人脸检测与人脸关键点定位结果。相比开源模型,远程服务的预测精度会稍高一些。

图 9-21 人脸检测与人脸关键点定位结果

9.1.5 动漫图像生成

讲解视频

本节基于 PaddleGAN 实现图片的动漫风格化。PaddleGAN 是飞桨框架下的生成对抗网络开发套件,目的是为开发者提供经典及前沿的生成对抗网络高性能实现,并支持开发者快速构建、训练及部署生成对抗网络。下面安装 PaddleGAN,如代码清单 9-23 所示。

代码清单 9-23 安装 PaddleGAN

```
git clone https://hub.fastgit.org/PaddlePaddle/PaddleGAN.git
cd PaddleGAN/
pip install -v -e .
```

PaddleGAN 实现了 pix2pix、CycleGAN 等经典模型,支持视频插针、超分、老照片/视频上色、视频动作生成等应用。本节使用的模型是 AnimeGAN,这是一个将现实世界场景照片进行动漫风格化的模型。

代码清单 9-24 使用 AnimeGAN 对 test.jpg 进行处理，结果保存在 output/anime.png。图 9-22 展示了动漫风格化前后的对比。

代码清单 9-24 AnimeGAN 预测

```
from ppgan.apps import AnimeGANPredictor
predictor = AnimeGANPredictor()
result = predictor.run('test.jpg')
```

(a) test.jpg

(b) anime.png

图 9-22 动漫风格化前后对比

9.2 自然语言处理

讲解视频

互联网每天都会产生大量文本数据，如何让计算机理解这些数据成为人工智能研究者的难题。在深度学习诞生以前，人们使用词频等信息来编码文本，并将自然语言处理技术成功应用于垃圾邮件分类领域。随着深度学习的发展，词嵌入技术开始流行。在此基础上，文本生成、多轮对话、语音识别等应用也开始蓬勃发展，甚至在日常生活中得到了应用。

9.2.1 垃圾邮件分类

本节基于随机森林对垃圾邮件进行分类。首先导入依赖，如代码清单 9-25 所示。其中，Pandas 是专门处理表格和复杂数据的 Python 库，Plotly 是一个交互式绘图库，Scikit-learn 主要用于机器学习。

代码清单 9-25 导入依赖

```
import pandas as pd
from plotly import express as px
```

```
from sklearn.ensemble import RandomForestClassifier
from sklearn.metrics import auc, roc_curve
from sklearn.model_selection import GridSearchCV, train_test_split
```

spambase数据集是1999年创建的垃圾邮件数据集。数据集包含三个文件：spambase.DOCUMENTATION、spambase.names及spambase.data。spambase.DOCUMENTATION记录了数据集的基本信息，包括来源、使用情况、统计数据等。从中我们可以得知，数据集一共包含4601封邮件，其中1813封为垃圾邮件(Spam)，剩余2788封为正常邮件(ham)，垃圾邮件约占39.4%。邮件原文没有提供，而是使用58个属性进行描述，包括make等48个单词的出现频率、分号等6个字符的出现频率、连续大写字母的平均长度、连续大写字母的最长长度、大写字母总数、是否为垃圾邮件。本节目标就是根据前57个属性预测最后一个属性。

spambase.names记录了每个属性的名称，spambase.data以逗号分隔值(Comma-Separated Values，CSV)文件格式记录了每封邮件的属性值。逗号分隔值，是一种以纯文本形式存储表格数据的方法。代码清单9-26展示了spambase.data的前两行，每行包含逗号分割的58个值。

代码清单9-26 spambase.data示例

```
0,0.64,0.64,0,0.32,0,0,0,0,0,0,0.64,0,0,0,0.32,0,1.29,1.93,0,0.96,0,0,0,0,0,0,0,0,0,0,
0,0,0,0,0,0,0,0,0,0,0,0,0,0,0,0,0,0,0,0.778,0,0,3.756,61,278,1

0.21,0.28,0.5,0,0.14,0.28,0.21,0.07,0,0.94,0.21,0.79,0.65,0.21,0.14,0.14,0.07,0.28,
3.47,0,1.59,0,0.43,0.43,0,0,0,0,0,0,0,0,0,0,0,0,0,0.07,0,0,0,0,0,0,0,0,0,0,0,0,0.132,0,
0.372,0.18,0.048,5.114,101,1028,1
```

将数据集的所有文件下载到data/data71010目录下，使用代码清单9-27读取数据集。代码清单9-27首先从data/data71010/spambase.names读取所有属性的名称，然后使用pd.read_csv读取data/data71010/spambase.data。使用data.head()可以查看前5封邮件的具体信息。

代码清单9-27 读取数据集

```
data_prefix = 'data/data71010/spambase.'
label = 'label'
with open(data_prefix + 'names') as f:
    lines = f.readlines()
names = [line[:line.index(':')] for line in lines[33:]]
names.append(label)
data = pd.read_csv(data_prefix + 'data', names = names)
```

代码清单9-28用于将数据集划分为训练集和测试集。首先，将数据集的最后一列作为标签赋值给y，然后将剩余列作为特征赋值给X。train_test_split是Scikit-learn提供的数据集划分函数，传入参数test_size=0.25表示测试集大小占总数据集的1/4。函数的四个返回值分别是训练集特征、测试集特征、训练集标签以及测试集标签。

代码清单 9-28 划分数据集

```
y = data.pop(label).values
X = data.values
X_train, X_test, y_train, y_test = train_test_split(X, y, test_size=0.25)
```

代码清单 9-29 展示了训练随机森林模型的方法。RandomForestClassifier 是 Scikit-learn 提供的随机森林模型,但是我们并不希望使用默认的随机森林模型来训练。这是因为随机森林模型有许多超参数,如果选择不慎可能对精度影响很大。因此我们使用网格搜索来查找最佳的超参数配置。在代码清单 9-29 中定义了一个 GridSearchCV 对象用于网格搜索,搜索参数是 criterion 和 n_estimators。criterion 的可选值有基尼系数和熵,n_estimators 的可选值在 70~80。网格搜索会自动尝试这些可选值的所有组合,选择精度最高的随机森林模型输出。

代码清单 9-29 训练模型

```
clf = GridSearchCV(RandomForestClassifier(), [{
    'criterion': ['gini', 'entropy'],
    'n_estimators': [x for x in range(70, 80, 2)],
    }], n_jobs=16, verbose=2)
clf.fit(X_train, y_train)
print("best params is", clf.best_params_)
```

代码清单 9-29 的输出如代码清单 9-30 所示。这表示,随机森林模型的划分准则应该选择熵,子分类器的数量应该设置为 74。

代码清单 9-30 训练结果

```
best params is {'criterion': 'entropy', 'n_estimators': 74}
```

对于训练好的随机森林模型,代码清单 9-31 绘制了 ROC 曲线。首先计算测试集样本属于每个类别的概率 prob。prob 是一个 1151×2 的矩阵,每行对应一个测试样例,第一列表示每个测试样例为正常邮件的概率,第二列表示每个测试样例为垃圾邮件的概率。

代码清单 9-31 绘制 ROC 曲线

```
prob = clf.predict_proba(X_test)
fpr, tpr, _ = roc_curve(y_test, prob[:, 1])
roc_auc = auc(fpr, tpr)
fig = px.line(
    x=fpr, y=tpr, title=f"ROC (AUC = {roc_auc: 0.2f})",
    labels={'x': "False Positive Rate", 'y': "True Positive Rate"},
)
fig.show()
```

代码清单 9-31 随后使用 roc_curve 计算了不同置信度对应的假阳率(False Positive Rate, FPR)和真阳率(True Positive Rate, TPR)。将假阳率作为横轴,真阳率作为纵轴,就得到了受试者工作特征曲线(Receiver Operating Characteristic curve, ROC curve),如图 9-23 所示。

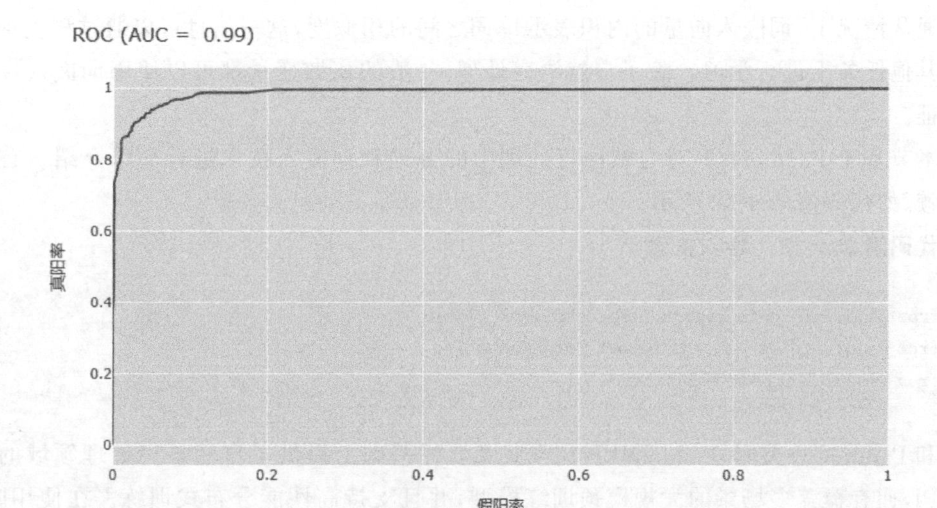

图 9-23 ROC 曲线

ROC 曲线可以直观展示分类器的性能。经过计算，ROC 曲线和横轴包围的面积约为 0.99。对于一般的分类器，这一结果已经很好了。但是对于垃圾邮件分类器，如果将正常邮件预测为垃圾邮件可能造成重大损失，所以需要尽可能降低假阳率。当我们要求假阳率为 0 时，真阳率最高可以达到 36.82%，也就是说有 63.18%的垃圾邮件会被预测为正常邮件。这样看来，我们的随机森林模型还有很大改进空间。不过，如果我们可以接受 1%的假阳率，那么真阳率就可以达到 84.3%，分类精度得到了明显提升。

9.2.2 词嵌入技术

词嵌入(word embedding)是用实数向量表示自然语言的方法之一。词嵌入的前身是独热(one-hot)编码，假设词典中一共有 5 个单词$\{A,B,C,D,E\}$，则对 A 的独热编码为$(1,0,0,0,0)^{\mathrm{T}}$，B 的独热编码为$(0,1,0,0,0)^{\mathrm{T}}$，依此类推。编码后的单词用矩阵表示为

讲解视频

$$\boldsymbol{X}=\begin{array}{c} \begin{matrix} A & B & C & D & E \end{matrix} \\ \begin{pmatrix} 1 & 0 & 0 & 0 & 0 \\ 0 & 1 & 0 & 0 & 0 \\ 0 & 0 & 1 & 0 & 0 \\ 0 & 0 & 0 & 1 & 0 \\ 0 & 0 & 0 & 0 & 1 \end{pmatrix} \end{array} \tag{9-1}$$

与独热编码不同，词嵌入技术使用 d 维实数向量表示每个单词，这里的 d 是一个超参数。将每个单词的词嵌入向量拼接起来，就得到了词嵌入矩阵

$$\boldsymbol{M}_{d\times 5}=\begin{array}{c} \begin{matrix} A & B & C & D & E \end{matrix} \\ \begin{pmatrix} x_{11} & x_{12} & x_{13} & x_{14} & x_{15} \\ x_{21} & x_{22} & x_{23} & x_{24} & x_{25} \\ \vdots & \vdots & \vdots & \vdots & \vdots \\ x_{d1} & x_{d2} & x_{d3} & x_{d4} & x_{d5} \end{pmatrix} \end{array} \tag{9-2}$$

通常情况下，词嵌入向量的内积表示单词之间的相似度，这一信息可以通过深度神经网络在其他任务上进行学习。除了自然语言处理，一般的离散变量都可以使用词嵌入技术进行表征。

本节基于PaddleNLP对自然语言处理中的分词和词嵌入技术进行简单介绍。首先导入依赖，如代码清单9-32所示。

代码清单 9-32　导入依赖

```
from paddlenlp.data import JiebaTokenizer, Vocab
from paddlenlp.embeddings import TokenEmbedding
from visualdl import LogWriter
```

和PaddleCV类似，PaddleNLP在飞桨2.0的基础上提供了自然语言处理领域的全流程API，拥有覆盖多场景的大规模预训练模型，并且支持高性能分布式训练。在使用时，首先下载PaddleNLP提供的词表文件(https://paddlenlp.bj.bcebos.com/data/senta_word_dict.txt)，然后如代码清单9-33所示加载词表。

代码清单 9-33　加载词表

```
vocab = Vocab.load_vocabulary(
    'senta_word_dict.txt',
    unk_token='[UNK]', pad_token='[PAD]'
    )
```

词表的功能是记录每个词语的编号。如代码清单9-34所示，词表可以用于查找词语对应的编号，或者将编号映射为词语。

代码清单 9-34　词表的使用方法

```
>>> vocab.to_indices(['语言', '是', '人类', '区别', '其他', '动物', '的', '本质', '特性'])
[509080, 1057229, 263666, 392921, 497327, 52670, 173188, 1175427, 289000]
>>> vocab.to_tokens([509080, 1057229, 263666, 392921, 497327, 52670, 173188, 1175427,
289000])
['语言', '是', '人类', '区别', '其他', '动物', '的', '本质', '特性']
```

基于词表，代码清单9-35构造了一个结巴分词器。在英语等拉丁语系语言中，单词之间通过空格分隔，因此对分词技术没有过高的要求。而在处理中文时，情况就要复杂一些了。中文的词语由单字、双字甚至多字组成，词语之间没有明显的分割，而且不同的分词方式可能对句子的整体语义产生极大影响。结巴分词是目前最常用的中文分词工具之一，基于用户定义的词典，将所有字的可能成词情况构建成有向无环图(Directed Acyclic Graph, DAG)，然后使用动态规划(Dynamic Programming, DP)算法找到最有可能的分词方式。

代码清单 9-35　构造分词器

```
tokenizer = JiebaTokenizer(vocab)
```

分词器的核心方法包括cut和encode。顾名思义，cut的功能是对一段文本进行分词，并将句子中的所有词语以列表形式输出。encode 在 cut 的基础上，使用词表将每个词语映射到编号。cut 和 encode 的使用方法如代码清单 9-36 所示。

代码清单 9-36 分词器的使用方法

```
>>> tokenizer.cut('语言是人类区别其他动物的本质特性')
['语言', '是', '人类', '区别', '其他', '动物', '的', '本质', '特性']
>>> tokenizer.encode('语言是人类区别其他动物的本质特性')
[509080, 1057229, 263666, 392921, 497327, 52670, 173188, 1175427, 289000]
```

代码清单 9-37 构造了词嵌入类。从参数 embedding_name 中可以看出，该类的词嵌入矩阵使用百度百科训练，每个单词的词嵌入向量长度为 300。

代码清单 9-37 构造词嵌入类

```
token_embedding = TokenEmbedding(embedding_name = 'w2v.baidu_encyclopedia.target.word-
word.dim300')
```

词嵌入类最核心的方法是 search，其功能是查找某个词语的词嵌入向量。以"语言"为例，其词嵌入向量是一个由 300 个浮点数组成的列表。通过词语的词嵌入向量，可以计算两个词语的相似性，这一功能可以通过 cosine_sim 完成。从代码清单 9-38 可以看出，"语言"和"人类"的相似性约为 0.2，而"人类"和"人们"的相似性约为 0.6，这一结果与直觉基本一致。

代码清单 9-38 词嵌入类的使用方法

```
>>> print(token_embedding.search('语言'))
[[ 0.238597 -0.296711 0.014523 0.210687 -0.07727 -0.005373 0.194825
   ...
   0.27928 0.298859 -0.146766 0.364295 0.926042 0.072059]]
>>> print("<语言, 人类> = ", token_embedding.cosine_sim('语言', '人类'))
<语言, 人类> = 0.20291841
>>> print("<人类, 人们> = ", token_embedding.cosine_sim('人类', '人们'))
<人类, 人们> = 0.58045715
```

最后，我们希望使用 VisualDL 观察词嵌入向量。首先在 sent.txt 中写入一段中文，这里以百度百科关于自然语言处理的介绍为例。如代码清单 9-39 所示，取结巴分词得到的前 200 个词语赋值给 labels。词嵌入类负责检索这些词语对应的词嵌入向量，然后通过 LogWriter 写入 VisualDL 日志。

代码清单 9-39 写入 VisualDL 日志

```
with open('sent.txt') as f:
    labels = tokenizer.cut(f.read())[:200]
embedding = token_embedding.search(list(set(labels)))
with LogWriter(logdir = './hidi') as writer:
    writer.add_embeddings(tag = 'test', mat = list(embedding), metadata = labels)
```

可视化结果如图 9-24 所示，图中每个灰色的点代表一个词语对应的词向量映射到三维空间的位置。图中相距相近的点，具有类似的语义。读者可以尝试将鼠标悬停在某个点上，观察该点对应的词语，以检查词嵌入向量的合理性。

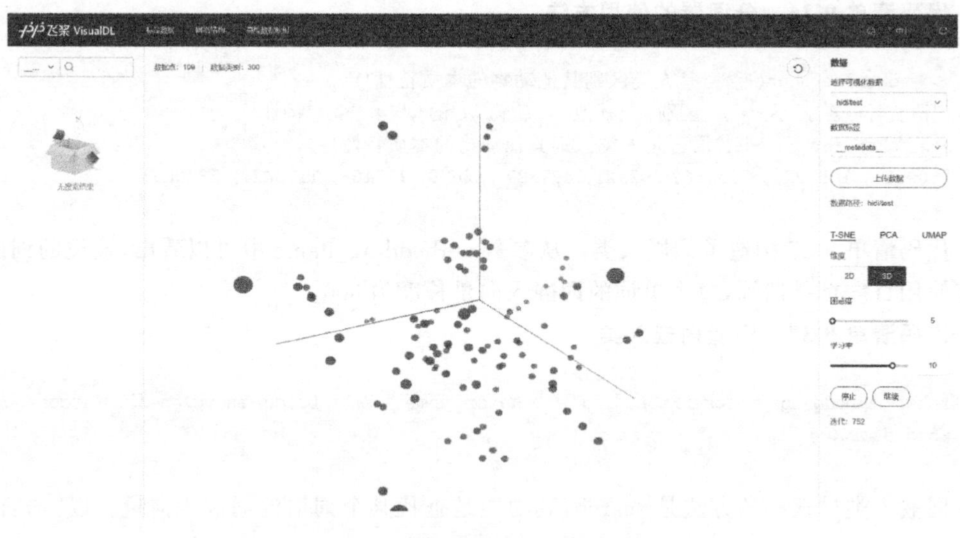

图 9-24 词嵌入向量可视化结果

9.2.3 文本生成与多轮对话

本节基于 PLATO-2 实现文本生成与多轮对话。首先导入依赖，如代码清单 9-40 所示。由于兼容性问题，本节使用 Paddle 1.8.4 和 PaddleHub 1.8.0 进行展示。

讲解视频

代码清单 9-40 导入依赖

```
import os

import paddle
import paddlehub as hub
```

PLATO-2 是一个基于 Transformer 的聊天机器人模型，其网络结构如图 9-25 所示。可以看出，Transformer 由左侧的编码器(encoder)和右侧的解码器(decoder)构成。编码器和解码器分别由 N 层组成，每层包含多头注意力、归一化、全连接网络、跳跃连接等算子。

与循环神经网络不同，Transformer 几乎不会受到长时依赖问题的干扰，最根本的原因在于多头注意力(multi-head attention)机制。简单来说，注意力机制可以根据当前时间步对其他时间步的依赖程度，有选择地更新当前时间步的特征。对于这样一句话："深度学习是机器学习领域中一个新的研究方向，它被引入机器学习使其更接近于最初的目标——人工智能。"人类可以轻松读懂其中的指代关系，例如"它"指代"深度学习"，"其"指代"机器学习"，"目标"指代"人工智能"，因此我们会使用上下文信息来理解"它"的含义，这就是注意力机制的一种直观解释。

谷歌在 2017 年首次提出 Transformer 结构，当时的主要应用场景是机器翻译。2020 年，百度基于课程式学习，构建了基于 Transformer 的高质量开放领域聊天机器人模型。该

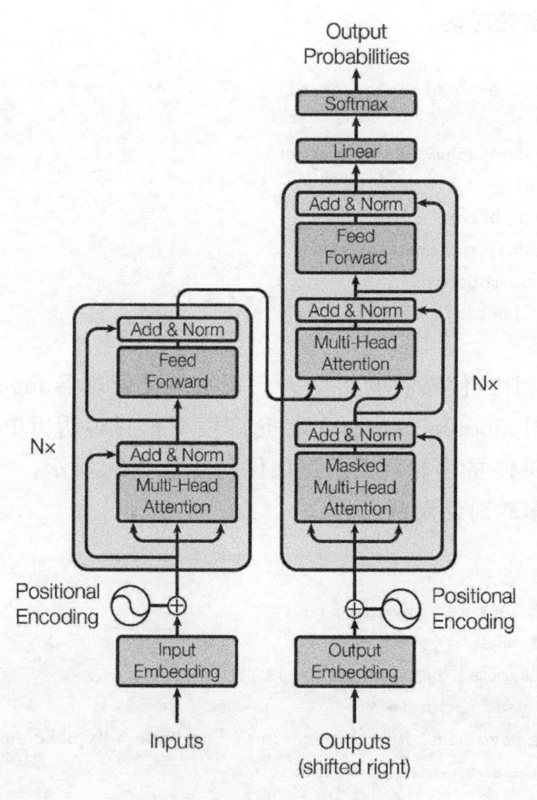

图 9-25 Transformer 结构

模型可以通过 PaddleHub 调用,如代码清单 9-41 所示。

代码清单 9-41 构造 PLATO-2

```
os.environ['CUDA_VISIBLE_DEVICES'] = '0'
module = hub.Module('plato2_en_base')
```

代码清单 9-42 使用 PLATO-2 实现了单轮对话。向模型输入“hello”,模型也会返回“hello !”。由于模型的随机性,即使每次输入的文本都是“hello”,模型输出也可能不同,这一特性与人类对话的多样性是一致的。

代码清单 9-42 单轮对话

```
>>> results = module.generate(texts = ['hello'])
>>> for result in results:
>>>     print(result)
hello !
```

单轮对话在一定程度上已经实现了聊天机器人的基本功能,但是模型无法从以往的对话历史中挖掘信息,因此对于复杂信息的理解能力不强。通过多轮对话,我们可以逐步向机器人传递信息,就像和真人聊天一样。使用 PLATO-2 进行多轮对话的方法如代码清单 9-43 所示。

代码清单 9-43 多轮对话

```
with module.interactive_mode(max_turn = 6):
    while True:
        human = input("[Human]: ").strip()
        print(human)
        if not human: break
        robot = module.generate(human)
        for result in robot:
            print("[Bot]:", result)
```

与代码清单 9-42 相比,代码清单 9-43 开启了上下文管理器 module.interactive_mode。在交互模式下多次调用 module.generate,将允许模型查阅对话历史,进而给出更加准确的回复。使用代码清单 9-43 的多轮对话示例如代码清单 9-44 所示。

代码清单 9-44 多轮对话示例

```
[Human]: hello
[Bot]: Hi . Sorry it took me so long to reply
[Human]: Never mind, what's your name
[Bot]: Ohh it's the same as my nickname
[Human]: so what is your nickname
[Bot]: Ohh . I don't have one . My nickname is my username . My name is Jessica
[Human]: All right Jessica, nice to meet u
[Bot]: Thank u . Nice to meet you too .
```

除了 PLATO-2 以外,PaddleHub 还提供了许多文本生成模型。图 9-26 展示了 PaddleHub 生成“深度学习”藏头诗的效果(https://www.paddlepaddle.org.cn/hub/scene/aiwriting)。

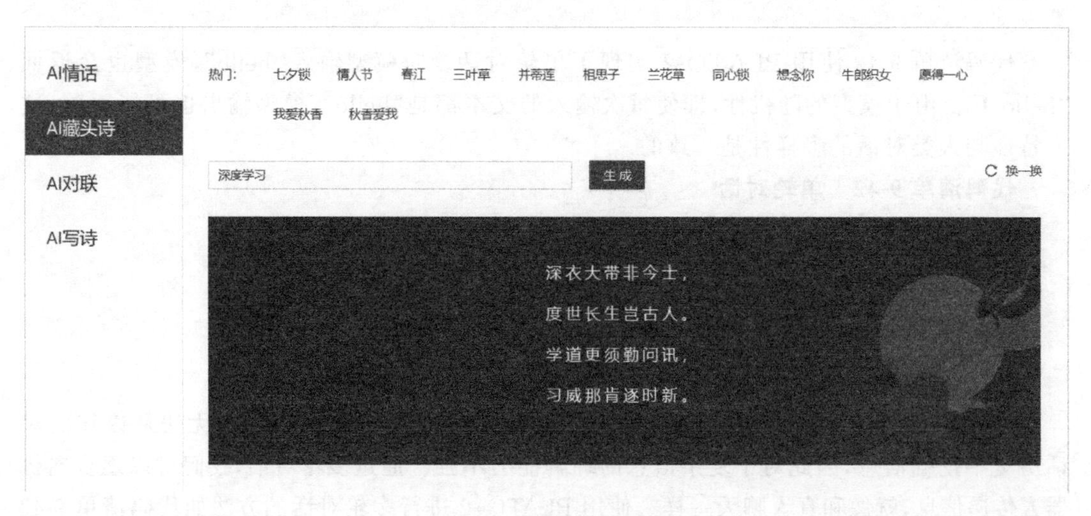

图 9-26 生成藏头诗

9.2.4 语音识别

自动语音识别(Automatic Speech Recognition, ASR)是日常生活中使用频率最高的人工智能技术之一,其目标是将音频中的语言信息转换为文本。语音识别的应用包括听写录入(如讯飞输入法、微信聊天语音转文字等)、语音助手(如 Siri、Cortana 等)以及智能设备控制(如天猫精灵、小爱音箱等)。通过与其他自然语言处理技术的结合,语音识别还能应用在更加复杂的场景中,如同声传译、会议纪要等。

讲解视频

一个完整的语音识别系统通常分为前端(front-end)和后端(back-end)两部分。前端由端点检测、降噪、特征提取等模块组成,后端的功能是根据声学模型和语言模型对特征向量进行模式识别。为了进一步提高语音识别的准确率,后端通常还包含一个自适应模块,将用户的语音特点反馈给声学模型和语言模型,从而实现必要的矫正。

本节基于腾讯远程服务实现语音识别。首先注册腾讯云账号,如图 9-27 所示。注册完毕后,还需要进入控制台开通语音识别服务(https://console.cloud.tencent.com/asr),创建 API 密钥,如图 9-28 所示。

图 9-27 注册腾讯云账号(https://cloud.tencent.com/register?)

为了减轻用户使用成本,腾讯云提供了 API Explorer 工具,用于自动生成 Java、Python、Node.js、PHP、Go 以及.NET 语言的接口调用代码并发送真实请求。使用 API Explorer 工具构造录音文件识别请求的界面如图 9-29 所示。除了录音文件识别,腾讯云还具备一句话识别、语音流异步识别、热词定义、自学习等功能。

SecretId 和 SecretKey 需要分别填入用户的 API 编号和 API 密钥。出于安全考虑,图 9-29 中没有展示 SecretKey 的内容,但这并不意味着用户可以省略 API 密钥进行实验。EngineModelType 表示需要使用的引擎模型类型,这里使用的 16k_en 代表 16k 赫兹下的英语识别模型。ChannelNum 表示音频的声道数,1 表示单声道,2 表示双声道,这里填入 1。ResTextFormat 表示识别结果的详细程度,实验中设置为 2,也就是返回包含标点的识

图 9-28　创建 API 密钥(https://console.cloud.tencent.com/cam/capi)

图 9-29　API Explorer 录音文件识别请求

别结果、说话人语速、每个词的持续时间等信息。SourceType 表示语音文件的形式，0 表示通过 Url 域读取语音文件，1 表示通过 Data 域解析语音文件，这是选择 0 并在 Url 域填入测试文件地址(https://paddlespeech.bj.bcebos.com/Parakeet/transformer_tts_ljspeech_waveflow_samples_0.2/sentence_1.wav)。读者可以下载测试文件，也可以选用其他测试文件。

API Explorer 自动生成的完整 Python 代码如代码清单 9-45 所示。TencentCloud 是腾讯云 API 3.0 配套的开发工具集(Software Development Kit，SDK)。代码首先使用 API 编号和 API 密钥创建了证书 cred，然后通过 cred 和远程服务地址构建了客户端对象 client。client 的功能是根据请求参数结构体 req 的成员，向远程服务发起请求并返回结果。录音文件识别请求的响应结果如图 9-30 所示。

代码清单 9-45　录音文件识别请求

```
import json
from tencentcloud.common import credential
```

```python
from tencentcloud.common.profile.client_profile import ClientProfile
from tencentcloud.common.profile.http_profile import HttpProfile
from tencentcloud.common.exception.tencent_cloud_sdk_exception import TencentCloudSDKException
from tencentcloud.asr.v20190614 import asr_client, models
try:
    cred = credential.Credential("AKIDxg9LaEZI18G82gdXZqthFxQcZFep0IdU", "")
    httpProfile = HttpProfile()
    httpProfile.endpoint = "asr.tencentcloudapi.com"

    clientProfile = ClientProfile()
    clientProfile.httpProfile = httpProfile
    client = asr_client.AsrClient(cred, "", clientProfile)

    req = models.CreateRecTaskRequest()
    params = {
        "EngineModelType": "16k_en",
        "ChannelNum": 1,
        "ResTextFormat": 2,
        "SourceType": 0,
        "Url": "https://paddlespeech.bj.bcebos.com/Parakeet/transformer_tts_ljspeech_
waveflow_samples_0.2/sentence_1.wav"
    }
    req.from_json_string(json.dumps(params))

    resp = client.CreateRecTask(req)
    print(resp.to_json_string())

except TencentCloudSDKException as err:
    print(err)
```

图 9-30 API Explorer 录音文件识别请求响应结果

响应结果里并没有出现语音识别结果，而是给出了 TaskId。为了查看 TaskId 对应的识别结果，我们还需要发起录音文件识别结果查询请求，如图 9-31 所示。

与录音文件识别请求类似，API Explorer 也为录音文件识别结果查询请求自动生成了

图 9-31　API Explorer 录音文件识别结果查询

Python 代码,如代码清单 9-46 所示。结构上,代码清单 9-46 与代码清单 9-45 十分相似,读者可以自行对照。

代码清单 9-46　录音文件识别结果查询

```
import json
from tencentcloud.common import credential
from tencentcloud.common.profile.client_profile import ClientProfile
from tencentcloud.common.profile.http_profile import HttpProfile
from tencentcloud.common.exception.tencent_cloud_sdk_exception import TencentCloudSDKException
from tencentcloud.asr.v20190614 import asr_client, models
try:
    cred = credential.Credential("AKIDxg9LaEZIl8G82gdXZqthFxQcZFepOIdU", "")
    httpProfile = HttpProfile()
    httpProfile.endpoint = "asr.tencentcloudapi.com"

    clientProfile = ClientProfile()
    clientProfile.httpProfile = httpProfile
    client = asr_client.AsrClient(cred, "", clientProfile)

    req = models.DescribeTaskStatusRequest()
    params = {
        "TaskId": 1146022917
    }
    req.from_json_string(json.dumps(params))

    resp = client.DescribeTaskStatus(req)
    print(resp.to_json_string())

except TencentCloudSDKException as err:
    print(err)
```

录音文件识别结果查询的响应结果如图 9-32 所示。从图中可以看出,音频内容是"Life was like a box of chocolates, you never know what you were gonna get.",持续时间 4.236

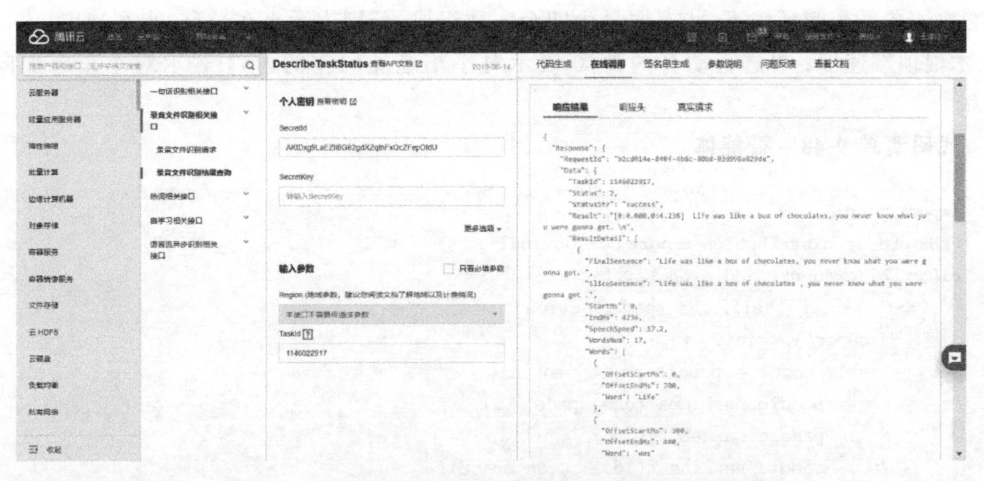

图 9-32　API Explorer 录音文件识别结果查询响应结果

秒，语速每秒 17.2 字，单词 Life 的持续时间为 0～300ms。

除了腾讯云语音识别，百度、科大讯飞等企业也推出了各自的语音识别远程服务，读者可以登录讯飞开放平台(https://www.xfyun.cn)尝试科大讯飞提供的语音识别功能。从技术和产业发展来看，虽然语音识别技术还不能做到全场景通用，但是已经在多种真实场景中得到了普遍应用与大规模验证。同时，技术和产业之间形成了较好的正向迭代效应，落地场景越多，得到的真实数据就越多，用户需求也更准确，进一步推动了语音识别技术的发展。

9.3　强化学习

本节基于策略梯度(policy gradient)算法训练一个会玩平衡摆的智能体。如图 9-33 所示，平衡摆由一个小车和一根木棍组成。木棍的一端连接在小车上，另一端可以自由转动。初始状态下，小车位于屏幕中心，木棍垂直于地面。模型可以向小车施加向左或向右的力，使小车在黑色轨道上滑动。一旦木棍倾斜超过 15°或者小车移出屏幕，游戏宣告结束。模型的目标是使游戏时间尽可能长。

在训练模型之前，我们需要使用 OpenAI Gym 搭建平衡摆环境。Gym(http://gym.openai.com/)是一个用于开发和比较强化学习算法的工具箱，包含平衡摆、Atari 等一系列标准环境。代码清单 9-47 展示了创建平衡摆环境的方法。gym.make 是创建环境的统一接口，CartPole-v1 是平衡摆环境的代号。

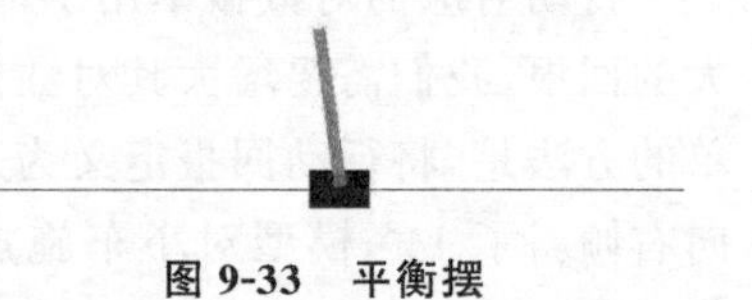

图 9-33　平衡摆

代码清单 9-47　创建平衡摆环境

```
import gym
env = gym.make('CartPole-v1')
```

代码清单 9-48 定义了智能体类 PolicyAgent。智能体的核心是一个单隐层全连接神经网络，隐向量维度为 16。obs_space 表示环境状态向量的维数，action_space 表示可选行动的维数。在平衡摆环境下，状态向量由四个实数组成，分别表示小车位移、小车速度、木棍角度、木棍顶端速度；可选行动有两种，0 表示对小车施加向左的力，1 表示对小车施加向右的力。

代码清单 9-48　智能体

```
import paddle
from paddle.distribution import Categorical
class PolicyAgent(paddle.nn.Layer):
    def __init__(self, obs_space, action_space):
        super().__init__()
        self.model = paddle.nn.Sequential(
            paddle.nn.Linear(obs_space, 16),
            paddle.nn.ReLU(),
            paddle.nn.Linear(16, action_space),
            paddle.nn.Softmax(axis = -1),
        )

    def forward(self, x):
        x = paddle.to_tensor(x, dtype = "float32")
        action_probs = self.model(x)
        action_distribution = Categorical(action_probs)
        action = action_distribution.sample([1])
        return action.numpy().item(), action_distribution.log_prob(action)
```

代码清单 9-48 中的 forward 函数定义了智能体的决策过程。首先，环境状态向量经过神经网络的处理，得到概率分布 probs。action_probs 是一个二维向量，表示两个可选动作的相对优劣。如果 action_probs[0]大于 action_probs[1]，则说明模型应该对小车施加向左的力，反之亦然。接下来，代码清单 9-48 使用 action_probs 构造了 Categorical 对象。Categorical 对象用于操控类别分布，提供了采样、KL 散度、信息熵等计算方法。代码清单 9-48 通过采样得到了预期行动和该行动对应的对数概率。接下来，控制器将在平衡摆环境中执行智能体输出的预期行动，并得到下一时间步对应的环境状态向量。

行动对应的对数概率用于训练智能体的神经网络。直观上，如果一个行动可以带来更大的回报，我们需要增大其对数概率，反之亦然。问题在于如何定义单个行动的回报？最简单的方法是，将行动回报定义为采取行动后的直接回报。以平衡摆环境为例，假设木棍已经向右倾斜了 14°，模型对小车施加向右的力将有助于木棍回正，从而使游戏的持续时间延长；反之，如果模型对小车施加向左的力，木棍可能会直接倒下，游戏结束。对比这两种情况可以看出，游戏持续时间的延长部分归功于模型的正确决策。如果训练正常进行，模型将会学习如何“救场”，从而最大程度延长游戏的持续时间。

然而这种定义方式没有考虑到行动的长期效果。在上面的例子中，木棍并不是一开始就倾斜了 14°，而是因为之前的一系列错误决策，例如连续对小车施加向左的力。消除这些历史错误才是延长游戏时间的根本途径。因此，单个行动的回报应该定义为当前回报和未来回报的加权和。如代码清单 9-49 所示，某时刻的总回报为 $\sum_{t=0}^{T}\gamma^t$，其中 T 表示该时刻到游戏结束的剩余时间，$\gamma \in [0,1]$ 表示未来回报相对当前回报的重要性。

代码清单 9-49　损失函数

```
class Loss(paddle.nn.Layer):
    def __init__(self, gamma = 0.9):
        super().__init__()
        self.gamma = gamma

    def forward(self, rewards, log_probs):
        dis_rewards = [0]
        for reward in rewards[::-1]:
            dis_rewards.insert(0, dis_rewards[0] * self.gamma + reward)
        dis_rewards.pop()

        dis_rewards = paddle.to_tensor(dis_rewards)
        dis_rewards = (dis_rewards - dis_rewards.mean()) / (dis_rewards.std())
        loss = sum(-log_prob * dis_reward for log_prob, dis_reward in
                   zip(log_probs, dis_rewards))
        return loss
```

代码清单 9-50　运行器

```
import numpy as np
class Runner:
    def __init__(self, env, model, max_iter = 500):
        self.env = env
        self.model = model
        self.max_iter = max_iter

    def reset(self):
        self.rewards = []
        self.log_probs = []

    def record(self, reward, log_prob):
        self.rewards.append(reward)
        self.log_probs.append(log_prob)

    def run(self, render = False):
        self.reset()
        state: np.ndarray = self.env.reset()
        for t in range(self.max_iter):
            action, log_prob = self.model(state)
            state, reward, done, info = self.env.step(action)
            self.record(reward, log_prob)
            if render: self.env.render()
            if done: break
        return t
```

代码清单 9-50 所示的运行器负责控制智能体与环境的交互，以保证平衡摆游戏的顺利进行。为了便于计算损失函数，运行器定义了 rewards 和 log_probs 两个成员，分别记录每个时刻智能体所选行动的对数概率，以及环境给出的回报。需要注意，在平衡摆这个游戏中，即使不记录每个时刻的回报也可以实现后续操作，但是为了使代码的适用面更广，代码清单 9-50 中还是定义了一个数组来记录回报。运行器的核心是 run 方法，其功能是完成一轮平衡摆游戏。

如代码清单 9-51 所示，训练器是运行器的子类，使用训练器的 train 方法可以连续进行若干轮平衡摆游戏。如果游戏过早终止，就需要智能体反思游戏过程，并从失败中吸取经验。

代码清单 9-51 训练器

```
class Trainer(Runner):
    def __init__(self, *args, **kwargs):
        gamma = kwargs.pop('gamma', 0.99)
        lr = kwargs.pop('lr', 0.02)
        super().__init__(*args, **kwargs)

        self.criteria = Loss(gamma=gamma)
        self.optimizer = paddle.optimizer.Adam(learning_rate=lr, parameters=self.model.
parameters())

    def train(self, episodes=150):
        with LogWriter('visualdl') as writer:
            for i in trange(episodes):
                t = self.run()
                writer.add_scalar('duration', t, i)

                if t < self.max_iter:
                    self.optimizer.clear_grad()
                    self.criteria(self.rewards, self.log_probs).backward()
                    self.optimizer.step()

                if i % 250 == 0:
                    paddle.save(self.model.state_dict(), f'./cartpole/{i}.pdparams')
```

代码清单 9-52 构造了智能体及其训练器。在使用训练器进行训练之前，可以使用代码清单 9-53 设置随机种子。设置随机种子有助于读者复现实验结果，但这一步并不是必要的。

代码清单 9-52 智能体及其训练器的构造

```
model = PolicyAgent(env.observation_space.shape[0], env.action_space.n)
trainer = Trainer(env, model)
```

代码清单 9-53 设置随机种子

```
SEED = 1
env.seed(SEED)
paddle.seed(SEED)
```

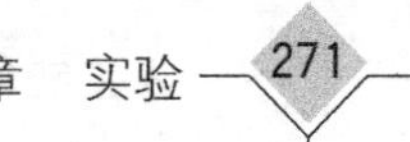

最后,使用代码清单 9-54 开始训练智能体。经过 200 轮平衡摆游戏,训练好的智能体会被存储在 cartpole 目录下,每轮游戏的时长会被存储在 visualdl 目录下。

代码清单 9-54 开始训练

```
trainer.train(episodes = 200)
```

使用 VisualDL 可以查看游戏时长的变化过程,如图 9-34 所示。可以看出,在第 105～175 轮游戏中,游戏时长几乎全为 500,说明智能体很好地学习了平衡摆游戏的玩法。

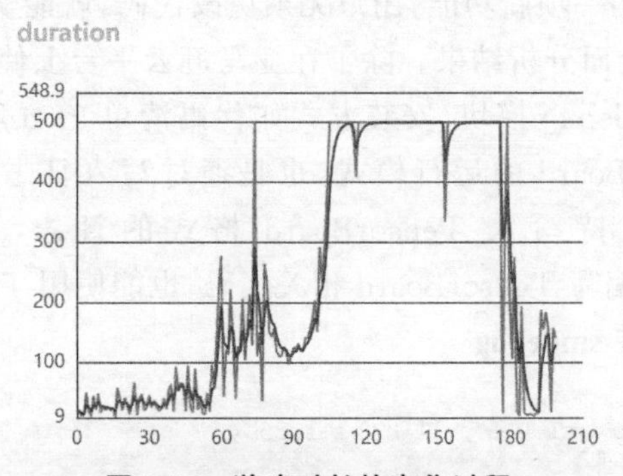

图 9-34 游戏时长的变化过程

读者还可以使用代码清单 9-55 查看每轮游戏的过程。

代码清单 9-55 游戏过程可视化

```
runner = Runner()
while input("使用 Q 退出,按任意键继续") != 'Q':
    runner.run(env, model, render = True)
```

通过平衡摆问题,读者已经看到了使用强化学习算法训练智能体的过程。与监督学习、非监督学习等算法不同,强化学习不会为智能体提供训练集和测试集。智能体需要通过探索环境来学习如何取得更大回报。随着强化学习算法的发展,智能体的能力边界也被不断突破。也许在未来的某一天,科幻电影中的人工智能机器人将会成为现实。

9.4 可视化技术

计算机擅长处理数据,而人类则更擅长处理图像。因此,为了理解计算机的运算过程,往往需要将数据绘制为图像,这就是可视化技术。本节首先介绍深度学习中最常用的工具——TensorBoard,然后以卷积核和注意力机制为例,介绍深度神经网络常用的可视化技术。

9.4.1 使用 TensorBoard 可视化训练过程

TensorBoard 是针对 TensorFlow 开发的可视化应用。一般来说,开发者会首先使用 TensorFlow 编写训练和测试代码,然后向其中的关键位置插入 TensorBoard 命令,以便在程序运行过程中记录变量。所有被 TensorBoard 记录的变量会以日志文件的形式存储在本地,因此使用 TensorBoard 时并不需要访问互联网。同时,TensorBoard 是一个与训练程序相独立的进程,所以开发者可以实时监视训练过程,及时发现问题并进行调整。对于梯度爆炸等致命问题,不必等到训练结束才发现。

本节使用 SageMaker Debugger 记录 TensorBoard 日志,并简单介绍 TensorBoard 面板的使用方法。SageMaker 是亚马逊(Amazon)在 2017 年开放的机器学习平台,旨在帮助机器学习开发者和数据科学家快速构建、训练和部署模型。SageMaker Debugger 是 2019 年添加到 SageMaker 服务的一项新功能,用户无须更改代码,就能实时捕获训练数据,得到机器学习模型训练过程的全面分析结果。除了在亚马逊云平台上使用 SageMaker Debugger,用户还可以离线使用 smdebug 模块,安装方式如代码清单 9-56 所示。设计上,SageMaker Debugger 参考了 TensorBoard 的运行模式,也是通过写入日志的方式存储变量。同时,SageMaker Debugger 支持写入 TensorBoard 格式的日志,因此在使用 SageMaker Debugger 时用户不需要编写 TensorBoard 相关代码,也能使用 TensorBoard 进行分析。

代码清单 9-56 安装 smdebug

```
pip install -U smdebug==1.0.5 urllib3==1.25.4
```

安装完成以后如代码清单 9-57 所示导入依赖。

代码清单 9-57 导入依赖

```
import numpy as np
import tensorflow.compat.v2 as tf
from tensorflow.keras.applications.resnet50 import ResNet50
from tensorflow.keras.datasets import cifar10
from tensorflow.keras.utils import to_categorical
import smdebug.tensorflow as smd
```

代码清单 9-58 定义了训练函数 train。参数 batch_size、epochs、model 与以往含义相同,这里不深入讨论。hook 的中文翻译是“钩子”,相当于 C 语言中的回调函数(Callback)。当 hook 作为参数传入 model.fit 方法时,该方法就会在特定时刻运行 hook 所指定的操作。举例来说,model.fit 的运行过程由若干个轮次(epoch)组成,每个轮次被分为训练阶段和测试阶段,每个阶段包含若干个批次(batch)。每当 model.fit 执行完一个训练批次以后,就会调用 hook 中的 on_train_batch_end 方法;每当 model.fit 执行完一个测试阶段以后,就会调用 hook 中的 on_test_end 方法;每当 model.fit 执行完一个轮次以后,就会调用 hook 中的 on_epoch_end 方法。通过设置这些方法,我们就能在 model.fit 函数中插入任意代码,从而实现变量存储。除了作为回调,hook 还支持 save_scalar 等方法,便于用户手动存储特定变量。

代码清单 9-58 训练函数

```
def train(batch_size, epochs, model, hook):
    (X_train, y_train), (X_valid, y_valid) = cifar10.load_data()
    Y_train = to_categorical(y_train, 10)
```

```
    Y_valid = to_categorical(y_valid, 10)
    X_train = X_train.astype("float32")
    X_valid = X_valid.astype("float32")

    mean_image = np.mean(X_train, axis = 0)
    X_train -= mean_image
    X_valid -= mean_image
    X_train /= 128.0
    X_valid /= 128.0

    hook.save_scalar("epoch", epochs)
    hook.save_scalar("batch_size", batch_size)

    model.fit(
        X_train, Y_train, batch_size = batch_size, epochs = epochs,
        validation_data = (X_valid, Y_valid), shuffle = True,
        callbacks = [hook],
        )
```

代码清单 9-59 设置了一些常量，其中 batch_size 和 epochs 将影响训练时间，out_dir 和 save_interval 将影响 SageMaker Debugger 的日志存储位置和大小。

代码清单 9-59 常量设置

```
batch_size = 32
epochs = 2
out_dir = 'smdebug'
save_interval = 200
```

代码清单 9-60 构造了模型和 hook，并且调用了训练函数。从 hook 的构造方法中可以看出，SageMaker Debugger 日志将被存储 out_dir 指向的位置，也就是 smdebug 目录；任何名字中包含 conv1_conv 的张量都将被存储；存储过程每隔 save_interval 个时间步运行一次；TensorBoard 日志将被写入 tb 目录。

代码清单 9-60 模型构造与训练

```
model = ResNet50(weights = None, input_shape = (32, 32, 3), classes = 10)
hook = smd.KerasHook(
    out_dir = out_dir, include_regex = ['conv1_conv'],
    save_config = smd.SaveConfig(save_interval = save_interval),
    export_tensorboard = True, tensorboard_dir = 'tb',
    )

optimizer = tf.keras.optimizers.Adam()
model.compile(loss = "categorical_crossentropy", optimizer = hook.wrap_optimizer(optimizer),
metrics = ["accuracy"])
train(batch_size, epochs, model, hook)
```

启动代码清单 9-60 所示的训练过程以后，就能使用 TensorBoard 进行监控了。在

Google Colab 平台上，用户可以使用代码清单 9-61 所示的魔法命令（magic command）打开 TensorBoard。

代码清单 9-61　Colab 启动 TensorBoard

```
%load_ext tensorboard
%tensorboard --logdir tb
```

其他平台上，用户可以在终端运行代码清单 9-62，然后使用浏览器打开 http://localhost:6006 以查看 TensorBoard。

代码清单 9-62　其他平台启动 TensorBoard

```
tensorboard --logdir=tb
```

TensorBoard 界面如图 9-35 所示。用户可以在界面顶端的导航栏切换数据的展现形式，界面左侧的面板可以设置曲线的平滑程度、数据来源等。

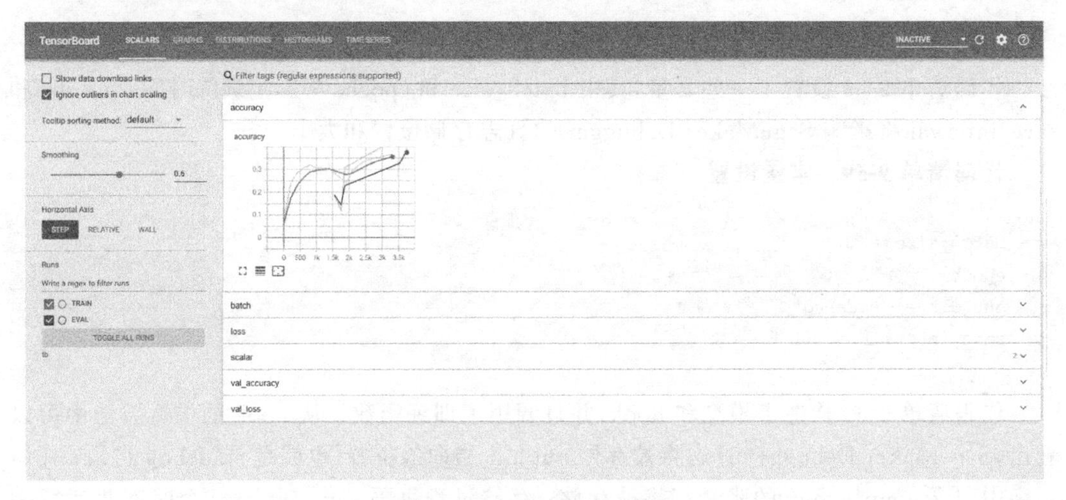

图 9-35　TensorBoard 界面

除了图 9-35 所示的折线图，TensorBoard 还支持直方图可视化，如图 9-36 所示。直方图展示了张量各个元素的分布情况，横轴表示数值，纵轴表示张量中有多少元素为该数值。对于不同时间步，TensorBoard 将这些直方图前后放置。越靠后的直方图颜色越深，生成时间更早；越靠前的直方图颜色越浅，生成时间越晚。

分布图与直方图类似，是另一种展示元素分布的表现形式，如图 9-37 所示。横轴对应直方图的前后关系，表示时间步；纵轴对应直方图的横轴，表示数值；颜色对应直方图的纵轴，表示数量。

TensorBoard 还支持网络结构、图片、高维向量嵌入等多种展现形式，有兴趣的读者可以自行尝试。

9.4.2　卷积核可视化

使用 9.4.1 节存储的 SageMaker Debugger 日志，可以实现卷积核可视化。首先导入依

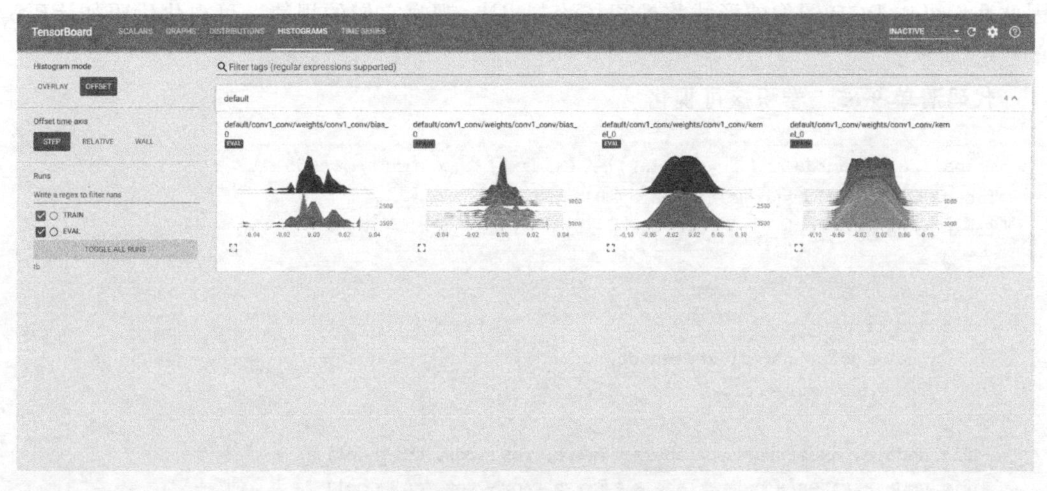

图 9-36　TensorBoard 直方图

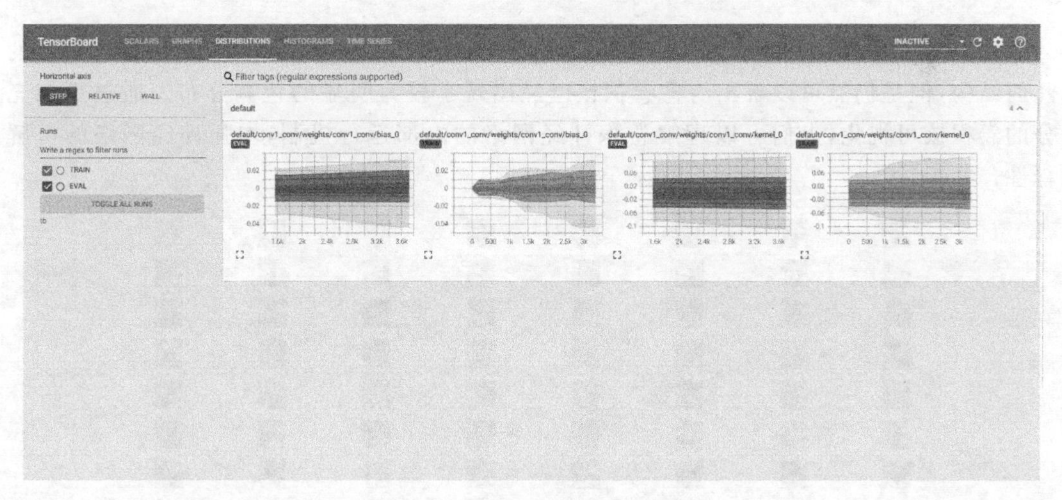

图 9-37　TensorBoard 分布图

赖，如代码清单 9-63 所示。

代码清单 9-63　导入依赖

```
from plotly import graph_objects as go
from plotly.subplots import make_subplots
```

使用代码清单 9-64 以读取 SageMaker Debugger 日志。读取的 tensor 是一个 7×7×3×64 的 NumPy 数组，表示 64 个大小为 7×7 的 3 通道卷积核。

代码清单 9-64　读取 SageMaker Debugger 日志

```
trial = smd.create_trial('smdebug')
tensor = trial.tensor('conv1_conv/weights/conv1_conv/kernel:0').value(3726)
```

回忆卷积的运算过程就会发现，卷积核的三个通道恰好对应着 RGB 图像的三个通道，因此我们可以RGB图像的形式将卷积核绘制出来，观察它们的规律。可视化代码如代码清单9-65所示。

代码清单9-65 卷积核可视化

```
normalize = lambda x: (x - x.min()) / (x.max() - x.min()) * 255
fig = make_subplots(rows = 8, cols = 8)
for i in range(64):
  row = i % 8 + 1
  col = i // 8 + 1
  fig.add_trace(
      go.Image(z = normalize(tensor[:,:,:,i])),
      row = row, col = col,
  )
  fig.update_yaxes(showticklabels = False, row = row, col = col)
  fig.update_xaxes(showticklabels = False, row = row, col = col)
fig
```

可视化结果如图9-38所示。由于只训练了两个轮次，可视化结果并没有展现出明显的几何结构，但是仍然可以看出有些卷积核已经出现了较为明显的色调分布。通过更加充分的卷积核可视化，人们可以理解卷积神经网络的内部运行机制，增强神经网络的可解释性。

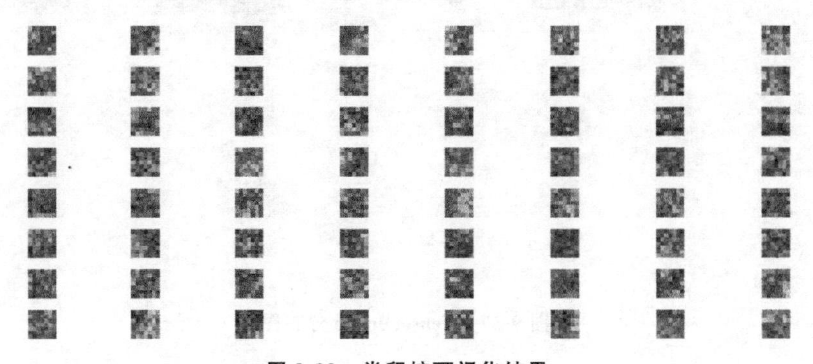

图9-38 卷积核可视化结果

9.4.3 注意力机制可视化

回忆9.2.3节有关Transformer的介绍，注意力机制通过计算不同时间步之间的依赖程度，来解决长时依赖问题。与卷积神经网络或循环神经网络相比，Transformer的可解释性更强，因为注意力机制的输出可以被人类直观理解。本节基于情感分类这一任务介绍注意力机制的可视化过程。首先导入依赖，如代码清单9-66所示。

代码清单9-66 导入依赖

```
from plotly import graph_objects as go
from transformers import pipeline
```

Transformers是由Hugging Face公司开发的预训练模型库，支持通过PyTorch或

TensorFlow 调用。Transformers 模型库收录了上千个预训练模型,可以实现文本分类、信息提取、智能问答、机器翻译等任务。图 9-39 展示了 Transformers 模型用于完形填空的效果,输入文本“Deep Learning is part of [MASK] intelligence. ”,模型将会返回[MASK]处最有可能的单词(https://huggingface. co/distilbert-base-uncased? text=Deep+Learning+is+part+of+%5BMASK%5D+intelligence)。

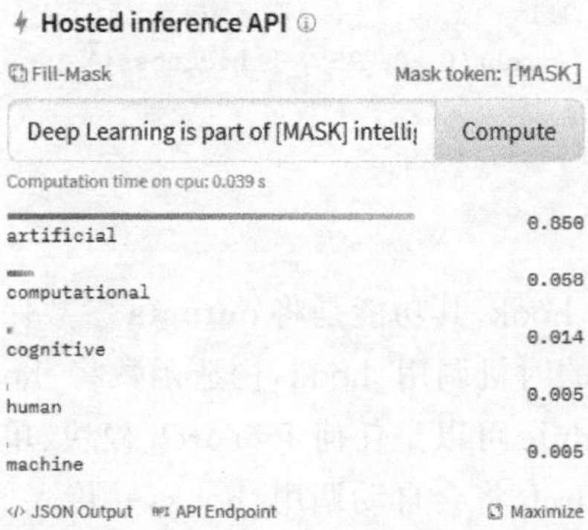

图 9-39 Transformers 完形填空示例

模拟 SageMaker Debugger 的行为,代码清单 9-67 定义了一个钩子类。值得注意的是,SageMaker Debugger 同时支持 TensorFlow、PyTorch、MXNet 等主流框架。但是由于 SageMaker Debugger 与 Transformers 的某些版本不兼容,所以本节选择自定义钩子,以便读者复现。有兴趣的读者也可以尝试使用 SageMaker Debugger 存储 Transformers 张量。

代码清单 9-67 钩子定义

```
class Hook:
  def __init__(self, module):
    module.register_forward_hook(self._hook)

  def _hook(self, module, inputs, outputs):
    self.outputs = outputs[0]

  def visualize(self, tokens, head = 0):
    n_tokens = len(tokens)
    attn = self.outputs[head].numpy()
    assert attn.shape == (n_tokens, n_tokens)
    fig = go.Figure(layout = {
      'xaxis': {'showgrid': False, 'showticklabels': False},
      'yaxis': {'showgrid': False, 'showticklabels': False},
      'showlegend': False, 'plot_bgcolor': 'rgba(0, 0, 0, 0)',
    })
    for i in range(n_tokens):
      fig.add_annotation(
        text = tokens[i], x = 2, xanchor = 'right', y = 0.1 * i,
        yanchor = 'middle', showarrow = False,
      )
      fig.add_annotation(
```

```
            text = tokens[i], x = 6, xanchor = 'left', y = 0.1 * i,
            yanchor = 'middle', showarrow = False,
        )
        for j in range(n_tokens):
            thickness = round(attn[i, j], 3)
            if thickness < 0.1: continue
            fig.add_trace(go.Scatter(
                x = [2, 6], y = [0.1 * i, 0.1 * j], mode = 'lines',
                line = {'color': f'rgba(0, 0, 255, {thickness})'},
                hoverinfo = 'skip',
            ))
    return fig
```

钩子类最核心的方法是_hook，其功能是将 outputs 参数保存为钩子类的 outputs 成员，以便后续读取。为了在正确的时机调用_hook，构造函数将_hook 作为参数传入了 module.register_forward_hook。module 可以是任何 PyTorch 模块、单个网络层或者整个网络。每当 module 被调用一次，PyTorch 将会自动调用_hook，并传入 module 的输入和输出作为参数。假设我们可以定位到 Transformers 中实现注意力机制的网络层，就可以使用钩子来记录相关张量了。为了简化可视化操作，钩子还提供了 visualize 方法，读者将会在后文中看到 visualize 的效果。

代码清单 9-68 首先定义了文本情感分类器 classifier，然后定位到注意力机制的实现位置 classifier.model.distilbert.transformer.layer.attention.dropout，并构造了若干个钩子。由于 Transformers 中的注意力机制不止使用了一次，所以钩子也构造了多个。

代码清单 9-68　分类器及钩子构造

```
classifier = pipeline('sentiment-analysis')
layers = classifier.model.distilbert.transformer.layer
hooks = [Hook(layer.attention.dropout) for layer in layers]
```

代码清单 9-69 使用分类器实现了文本情感分类。与其他预训练模型库不同，Transformers 将文本的分词、编码、分类等操作封装在一个流水线(pipeline)中，大大降低了使用成本。从结果可以看出，“We are very happy to include pipeline into the transformers repository.”有 99.7%的概率具有正向情感。

代码清单 9-69　调用分类器

```
>>> sent = 'We are very happy to include pipeline into the transformers repository.'
>>> classifier(sent)
[{'label': 'POSITIVE', 'score': 0.9978193640708923}]
```

除了执行预先定义的任务，分类器还能轻松实现文本分词，如代码清单 9-70 所示。分词结果不仅包含文本的每个单词，还包括标点、特殊符号(如掩码[MASK])，这些单词或符号统称令牌(token)。根据 tokens，可以调用钩子的 visualize 函数实现可视化，如代码清单 9-71 所示。

代码清单 9-70　文本分词

```
ids = classifier.tokenizer(sent)
tokens = classifier.tokenizer.convert_ids_to_tokens(ids['input_ids'])
```

代码清单 9-71　调用可视化函数

```
hooks[0].visualize(tokens, head = 0)
```

多头注意力并行地实现了多个注意力机制，head 参数用于区分。类比代码清单 9-71，读者可以轻易实现 head＝2、head＝10 等情况下的可视化操作。此外，读者还可以对 hooks 数组的其他元素进行可视化。

图 9-40 展示了注意力机制的可视化结果。可以看出，某些注意力矩阵的规律并不明显（如 head ＝ 0 的情况），有些注意力矩阵倾向于强调上个时间步（如 head ＝ 2 的情况），有些注意力矩阵倾向于强调下个时间步（如 head ＝ 10 的情况）。有兴趣的读者可以观察更多可视化矩阵，总结有关注意力矩阵的更多规律。

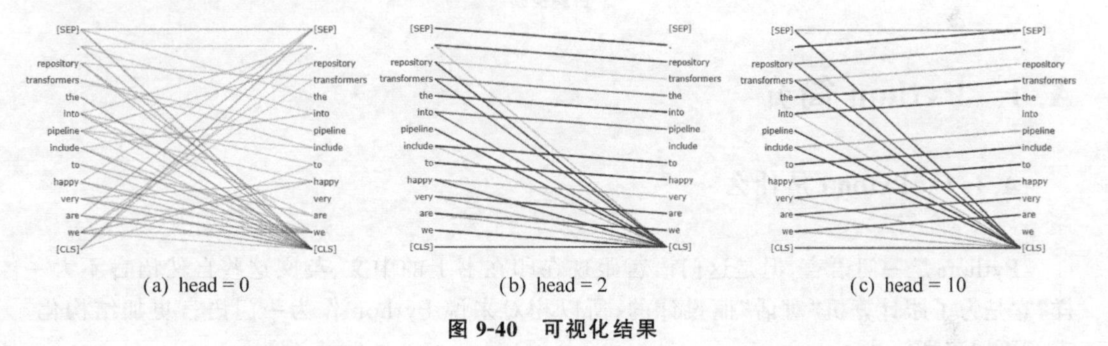

(a) head = 0　　(b) head = 2　　(c) head = 10

图 9-40　可视化结果

附录A

Python编程基础

A.1 Python 简介

A.1.1 Python 是什么

Python 是一门语言，但是这门语言跟现在印在书上的中文、英文这些自然语言不太一样，它是为了跟计算机“对话”而设计的，所以相对来说 Python 作为一门语言更加结构化，表意更加清晰简洁。

Python 是一个工具，它可以帮助我们完成计算机日常操作中繁杂重复的工作，比如把文件批量按照特定需求重命名，再比如去掉手机通讯录中重复的联系人，或者把工作中的数据统一计算一下等，Python 都可以把我们从无聊重复的操作中解放出来。

Python 是一瓶胶水，比如现在有数据在一个文件 A 中，但是需要上传到服务器 B 处理，最后存到数据库 C，这个过程就可以用 Python 轻松完成（别忘了 Python 是一个工具!），而且我们并不需要关注这些过程背后系统做了多少工作，有什么指令被 CPU 执行——这一切都被放在了一个黑盒子中，只要把想实现的逻辑告诉 Python 就够了。

A.1.2 Python 的安装

最常用的 Python 安装包来自 Anaconda（https://www.anaconda.com/download/，如图 A-1 所示）。除了 Python 外，Anaconda 还囊括了诸多常用的 Python 模块。

安装 Python 时勾选上 Add Anaconda to my PATH environment variable 以便随后的运行，如图 A-2 所示。安装完成后，启动控制台或命令提示符（在 Windows 下可以直接按下组合键 Win+R 调出运行，然后输入 cmd 来启动），之后输入 python（或者 python3，视安装版本而定）回车即可运行。

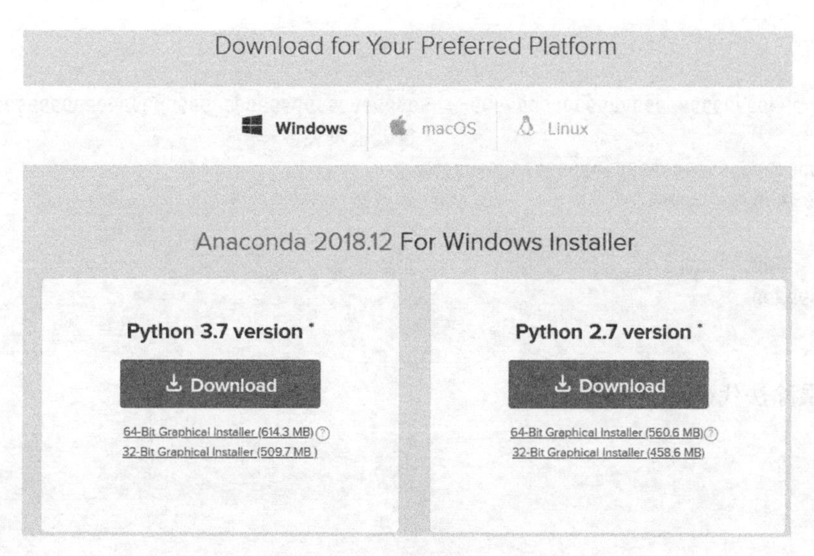

图 A-1 Anaconda Python

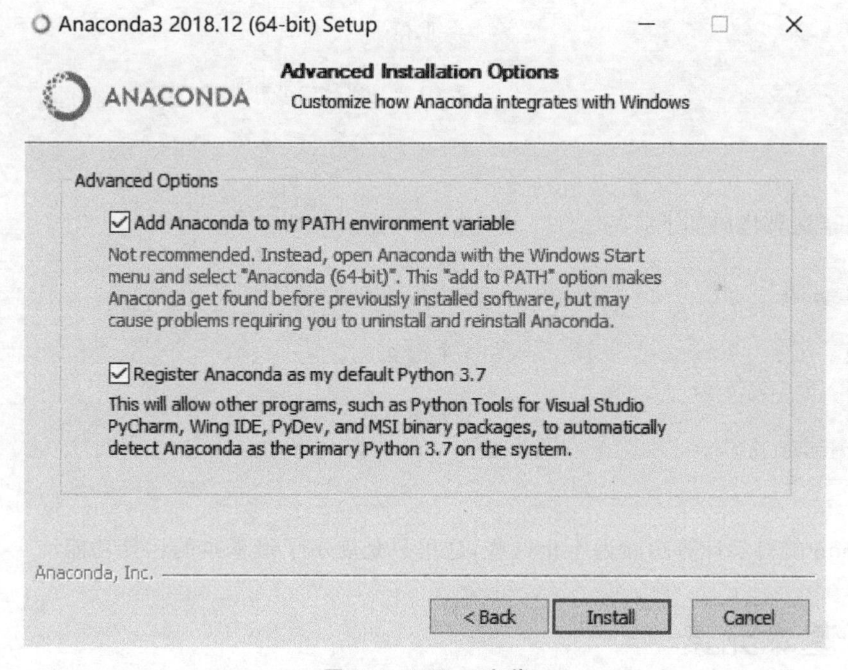

图 A-2 Python 安装

A.1.3 初试 Python

在 Python 中可以很轻易地实现计算器的功能。注意＃以后的内容(包括＃本身)是代码的注释部分,对代码的执行没有影响,仅仅是为了方便说明,不输入不会对代码的执行造成任何影响。

实现基本的加减法代码如下：

```
>>> 1 + 1                                # 整数
2
>>> 99999999999999999999999999999999 + 9999999999999999999999999999999999999999
                                         # 很大也没关系
10000000999999999999999999999999999999998
>>> 1.0 + 9.5                            # 浮点数
10.5
>>> 1 - 900000000.5                      # 实数运算
-899999999.5
>>>
```

实现乘除法代码如下:

```
>>> 5 * 9                                # 乘法
45
>>> 9 / 5                                # 除法
1.8
>>> 9 // 5                               # 两个斜杠表示整除
1
>>> 9 % 5                                # 取模
4
>>> 5 * 9.5                              # 只要是实数就可以
47.5
>>>
```

实现幂运算代码如下:

```
>>> 2 ** 10                              # 2 的 10 次方
1024
>>> 2 ** 0.5                             # 根号 2
1.4142135623730951
>>> 2 ** -0.5                            # 根号 2 分之一
0.7071067811865476
>>>
```

Python 的科学计算功能远不止这些,这里只是展示了最基本的运算功能。

A.2 基本元素

A.2.1 四则运算

除了 Python 命令外,还可以使用 ipython 指令来启动 IPython 解释器,IPython 是在 Python 原生交互式解释器的基础上,提供了诸如代码高亮、代码提示等功能,完美弥补了交互式解释器的不足,如果不是用来做项目只是写一些小型的脚本的话,IPython 应该是首选。

打开终端，输入 ipython 指令启动一个 IPython 交互式解释器，随意输入一些表达式：

```
In [1]: 1 + 2
Out[1]: 3

In [2]: 5 * 4
Out[2]: 20

In [3]: 3 / 5
Out[3]: 0.6

In [4]: 123 - 321
Out[4]: -198
```

可以看到 IPython 的 Out 就是表达式的结果，这跟第 1 章的内容一致，接下来看看这个过程背后的知识有哪些。

A.2.2　数值类型

Python 实际上有三种内置的数值类型，分别是整型(integer，即整数)、浮点数(float，即小数)和复数(complex)。此外还有一种特殊的类型叫布尔类型(bool，用来判断真假)。这些数据类型都是 Python 的基本数据类型。

A.2.3　变量

在程序中，需要保存一些值或者状态之后再使用，这种情况就需要用一个变量来存储它，这个概念跟数学中的“变量”非常类似，例如

```
In [38]: a = 1                    # 声明了一个变量为 a 并赋值为 1

In [39]: b = a                    # 声明了一个变量为 b 并且用 a 的值赋值

In [40]: c = b                    # 声明了一个变量为 c 并且用 b 的值赋值
```

在 Python 中，变量类型是可以不断变化的，即动态类型，例如

```
In [41]: a = 1                    # 声明一个变量 a 并且赋值为整型 1

In [42]: a = 1.5                  # 赋值为浮点数 1.5

In [43]: a = 1 + 5j               # 赋值为虚数 1 + 5j

In [44]: a = True                 # 赋值为布尔型 True
```

A.2.4 运算符

除了简单的加减乘除外，Python 还有诸多其他的运算符，如赋值、比较、逻辑、位运算等，如表 A-1 所示。

表 A-1 算术运算符

运 算 符	作 用
**	乘方
～,＋,－	按位取反、数字的正负
*,/,%,//	乘、除、取模、取整除
＋,－	二元加减法
<<,>>	移位运算符
&	按位与
^	按位异或
|	按位或
>=,>,<=,<,==,!=,is,is not,in,not in	大于或等于、大于、小于或等于、小于、is、is not、in、not in
= += -= *= /= **= …	复合赋值运算符
not	逻辑非运算
and	逻辑且运算
or	逻辑或运算

A.2.5 字符串

字符串的几种表示方式如下：

```
str1 = "I'm using double quotation marks"
str2 = 'I use "single quotation marks"'
str3 = """I am a
multi - line
double quotation marks string.
"""
str4 = '''I am a
multi - line
single quotation marks string.
'''
```

这里使用了 4 种字符串的表示方式，依次认识一下吧。

str1 和 str2 使用了一对双引号或单引号来表示一个单行字符串。而 str3 和 str4 使用了三个双引号或单引号来表示一个多行字符串。

那么使用单引号和双引号的区别是什么？仔细观察一下 str1 和 str2，在 str1 中，字符串内容包含单引号；在 str2 中，字符串内容包括双引号。

如果在单引号字符串中使用单引号会怎么样呢？会出现如下报错：

```
In [1]: str1 = 'I'm a single quotation marks string'
  File "< ipython - input - 1 - e9eb8bee0cd7 >", line 1
    str1 = 'I'm a single quotation marks string'
              ^
SyntaxError: invalid syntax
```

其实在输入时就可以看到字符串的后半段完全没有正常的高亮，而且回车执行后还报了 SyntaxError 的错误。这是因为单引号在单引号字符串内不能直接出现，Python 不知道单引号是字符串内本身的内容还是要作为字符串的结束符来处理。所以两种字符串最大的差别就是可以直接输出双引号或单引号，这是 Python 特有的一种方便的写法。

A. 2. 6 tuple、list 与 dict

tuple 又叫元组，是一个线性结构，它的表达形式如下：

```
tuple = (1, 2, 3)
```

即用一个圆括号括起来的一串对象就可以创建一个 tuple，之所以说它是一个线性结构是因为在元组中元素是有序的，比如我们可以这样去访问它的内容。

```
tuple1 = (1, 3, 5, 7, 9)
print(f'the second element is {tuple1[1]}')
```

这段代码输出如下：

```
the second element is 3
```

这里可以看到，我们通过 "[]" 运算符直接访问了 tuple 的内容。

list 又叫列表，也是一个线性结构，它的表达形式如下：

```
list1 = [1, 2, 3, 4, 5]
```

list 的性质和 tuple 是非常类似的，上述 tuple 的操作都可以用在 list 上，但是 list 有一个最重要的特点就是元素可以修改，所以 list 的功能要比 tuple 更加丰富。

dict 中文名为“字典”，与上面的 tuple 和 list 不同，是一种集合结构，因为它满足集合的三个性质，即无序性、确定性和互异性。创建一个字典的语法如下：

```
zergling = {'attack': 5, 'speed': 4.13, 'price': 50}
```

这段代码定义了 zergling，它拥有 5 点攻击力，具有 4.13 的移动速度，消耗 50 元钱。

dict 使用花括号，里面的每一个对象都需要有一个键，称为 Key，也就是冒号前面的字符串，当然它也可以是 int、float 等基础类型。冒号后面的是值，称为 value，同样可以是任何基础类型。所以 dict 除了被叫作字典以外还经常被称为键值对、映射等。

dict 的互异性体现在它的键是唯一的，如果我们重复定义一个 key，后面的定义会覆盖前面的，例如：

```
# 请不要这么做
zergling = {'attack': 5, 'speed': 4.13, 'price': 50, 'attack': 6}
print(zergling['attack'])
```

这段代码会输出如下：

```
6
```

A.3 控制语句

A.3.1 执行结构

对于一个结构化的程序来说，一共只有三种执行结构，如果用圆角矩形表示程序的开始和结束，直角矩形表示执行过程，菱形表示条件判断，那么三种执行结构可以分别用下面三张图表示。

顺序结构：就是做完一件事后紧接着做另一件事，如图 A-3 所示。

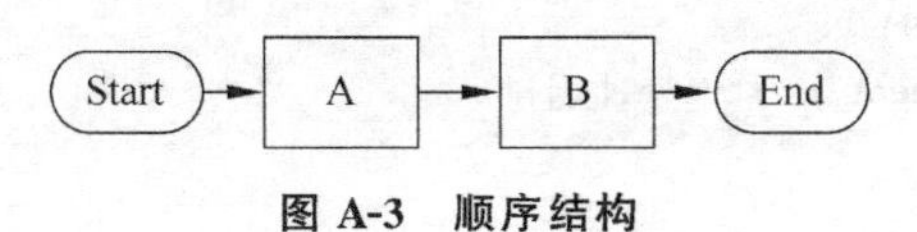

图 A-3 顺序结构

选择结构：在某种条件成立的情况下做某件事，反之做另一件事，如图 A-4 所示。

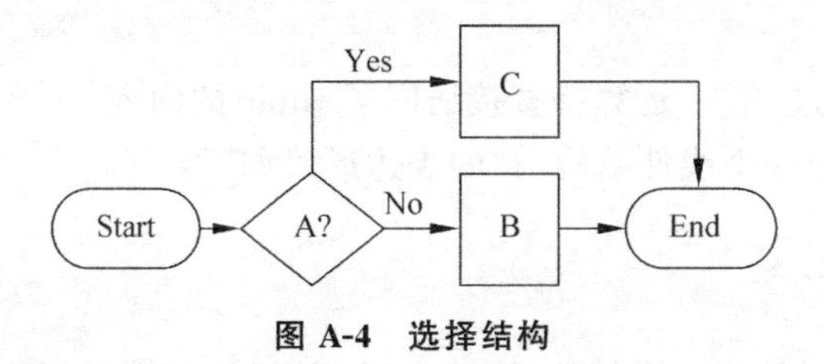

图 A-4 选择结构

循环结构：反复做某件事，直到满足某个条件为止，如图 A-5 所示。

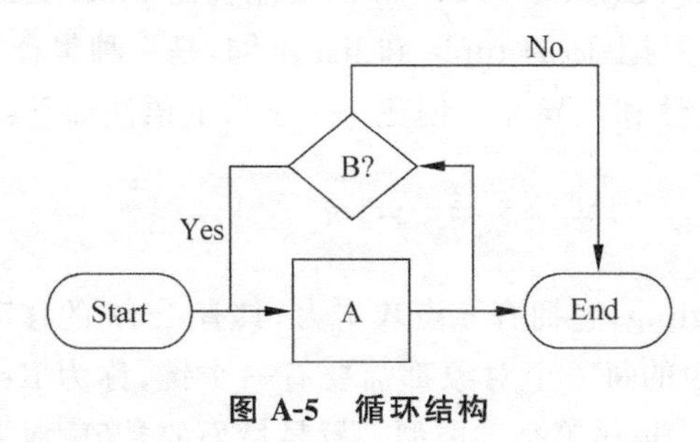

图 A-5 循环结构

程序语句的执行默认就是顺序结构，而条件结构和循环结构分别对应条件语句和循环语句，它们都是控制语句的一部分。

A.3.2 控制语句的类型和程序

什么是控制语句呢？这个词出自C语言，对应的英文是Control Statements。它的作用是控制程序的流程，以实现各种复杂逻辑。

1. 顺序结构

顺序结构在Python中就是代码一句一句地执行。举个简单的例子，我们可以连续执行几个print函数：

```
print('Here's to the crazy ones.')
print('The misfits. The rebels. The troublemakers.')
print('The round pegs in the square holes.')
print('The ones who see things differently.')
```

这是一段来自Apple的广告Think Different的文字，我们可以通过多个print语句来输出多行，Python会顺序执行这些语句，结果就是我们会按照阅读顺序输出这段话。

```
Here's to the crazy ones.
The misfits. The rebels. The troublemakers.
The round pegs in the square holes.
The ones who see things differently.
```

但是，如果我们希望对不同情况能够有不同的执行结果，就要用到选择结构了。

2. 选择结构

在Python中，选择结构的实现是通过if语句，if语句的常见语法如下：

```
if 条件 1:
    代码块 1
elif 条件 2:
    代码块 2
    …
    …
elif 条件 n-1:
    代码块 n-1
else
    代码块 n
```

这表示的是，如果条件1成立就执行代码块1，接着如果条件1不成立而条件2成立就执行代码块2，如果条件1到条件$n-1$都不满足，那么就执行代码块n。

另外，其中的elif和else以及相应的代码块是可以省略的，也就是说最简单的if语句格式如下：

```
if 条件:
    代码段
```

需要注意的是,这里所有代码块前应该是 4 个空格,原因稍后会提到,我们这里先看一段具体的 if 语句。

```
a = 4
if a < 5:
    print('a is smaller than 5.')
elif a < 6:
    print('a is smaller than 6.')
else:
    print('a is larger than 5.')
```

很容易得到结果:

```
a is smaller than 5.
```

这段代码表示的含义就是,如果 a 小于 5 则输出'a is smaller than 5.',如果 a 不小于 5 而小于 6 则输出'a is smaller than 6.',否则就输出'a is larger than 5.'。这里值得注意的一点是虽然 a 同时满足 a<5 和 a<6 两个条件,但是由于 a<5 在前面,所以最终输出的为'a is smaller than 5.'。

if 语句的语义非常直观易懂,但是这里还有一个问题没有解决,那就是为什么要在代码块之前空 4 格?

我们依旧先看一个例子:

```
if 1 > 2:
    print('Impossible!')
print('done')
```

运行这段代码可以得到:

```
done
```

但是如果稍加改动,在 print('done')前也加四个空格:

```
if 1 > 2:
    print('Impossible!')
    print('done')
```

再运行的话什么也不会输出。

它们的区别是什么呢?对于第一段代码,print('done')和 if 语句是在同一个代码块中的,也就是说无论 if 语句的结果如何 print('done')一定会被执行。而在第二段代码中 print('done') 和 print('Impossible!') 在同一个代码块中的,也就是说如果 if 语句中的条件不成立,那么 print('Impossible!')和 print('done')都不会被执行。

我们称第二个例子中这种拥有相同的缩进的代码为一个代码块。虽然 Python 解释器支持使用任意多但是数量相同的空格或者制表符来对齐代码块，但是一般约定用 4 个空格作为对齐的基本单位。

另外值得注意的是，在代码块中是可以再嵌套另一个代码块的，以 if 语句的嵌套为例：

```
a = 1
b = 2
c = 3
if a > b:  # 第 4 行
    if a > c:
        print('a is maximum.')
    elif c > a:
        print('c is maximum.')
    else:
        print('a and c are maximum.')
elif a < b:  # 第 11 行
    if b > c:
        print('b is maximum.')
    elif c > b:
        print('c is maximum.')
    else:
        print('b and c are maximum.')
else:  # 第 19 行
    if a > c:
        print('a and b are maximum')
    elif a < c:
        print('c is maximum')
    else:
        print('a, b, and c are equal')
```

首先最外层的代码块是所有的代码，它的缩进是 0，接着它根据 if 语句分成了三个代码块，分别是第 5 行～第 10 行，第 12 行～第 18 行，第 20 行～27 行，它们的缩进是 4，接着在这三个代码块内又根据 if 语句分成了三个代码块，其中每个 print 语句是一个代码块，它们的缩进是 8。

从这个例子中我们可以看到代码块是有层级的，是嵌套的，所以即使这个例子中所有的 print 语句拥有相同的空格缩进，仍然不是同一个代码块。

但是单有顺序结构和选择结构是不够的，有时候某些逻辑执行的次数本身就是不确定的或者说逻辑本身具有重复性，那么这时候就需要循环结构了。

3. 循环结构

Python 的循环结构有两个关键字可以实现，分别是 while 和 for。

1）while 循环

while 循环的常见语法是：

```
while 条件:
    代码块
```

这个代码块表达的含义是,如果条件满足就执行代码块,直到条件不满足为止,如果条件一开始不满足那么代码块一次都不会被执行。

我们看一个例子:

```
a = 0
while a < 5:
    print(a)
    a += 1
```

运行这段代码可以得到输出如下:

```
0
1
2
3
4
```

对于 while 循环,其实和 if 语句的执行结构非常接近,区别就是从单次执行变成了反复执行,以及条件除了用来判断是否进入代码块以外还被用来作为是否终止循环的判断。

对于上面这段代码,结合输出我们不难看出,前五次循环时 a<5 为真因此循环继续,而第六次经过的时候,a 已经变成了 5,条件就为假,自然也就跳出了 while 循环。

2) for 循环

for 循环的常见语法是:

```
for 循环变量 in 可迭代对象:
    代码段
```

Python 的 for 循环比较特殊,它并不是 C 系语言中常见的 for 语句,而是一种 foreach 的语法,也就是说本质上是遍历一个可迭代的对象,这听起来实在是太抽象了,我们看一个例子:

```
for i in range(5):
    print(i)
```

运行后这段代码输出如下:

```
0
1
2
3
4
```

for 循环实际上用到了迭代器的知识,但是在这里展开还为时尚早,我们只要知道用 range 配合 for 可以写出一个循环即可,比如计算 0~100 整数的和:

```
sum = 0
for i in range(101):  # 别忘了 range(n)的范围是[0, n-1)
    sum += i
print(sum)
```

那如果我们想计算 50～100 整数的和呢？实际上 range 产生区间的左边界也是可以设置的，只要多传入一个参数：

```
sum = 0
for i in range(50, 101):  # range(50 ,101) 产生的循环区间是 [50, 101)
    sum += i
print(sum)
```

有时候我们希望循环是倒序的，比如从 10 循环到 1，那该怎么写呢？只要再多传入一个参数作为步长即可：

```
for i in range(10, 0, -1): # 这里循环区间是 (1, 10],但是步长是 -1
    print(i)
```

也就是说 range 的完整用法应该是 range(start,end,step)，循环变量 i 从 start 开始，每次循环后 i 增加 step 直到超过 end 跳出循环。

3）两种循环的转换

其实无论是 while 循环还是 for 循环，本质上都是反复执行一段代码，这就意味着二者是可以相互转换的，比如之前计算整数 0～100 的代码，我们也可以用 while 循环完成，如下所示：

```
sum = 0
i = 0
while i<=100:
    sum += i
    i ++
print(sum)
```

但是这样写之后至少存在三个问题：

- while 写法中的条件为 i<=100，而 for 写法是通过 range()来迭代，相比来说后者显然更具可读性。
- while 写法中需要在外面创建一个临时的变量 i，这个变量在循环结束依旧可以访问，但是 for 写法中 i 只有在循环体中可见，明显 while 写法增添了不必要的变量。
- 代码量增加了两行。

当然这个问题是辩证性的，有时候 while 写法可能是更优解，但是对于 Python 来说，大多时候推荐使用 for 这种可读性强也更优美的代码。

4. break、continue 和 pass

学习了三种基本结构，我们已经可以写出一些有趣的程序了，但是 Python 还有一些控制语句可以让我们的代码更加优美简洁。

1）break、continue

Break 和 Continue 只能用在循环体中，我们通过一个例子来认识一下作用：

```
i = 0
while i <= 50:
    i += 1
    if i == 2:
        continue
    elif i == 4:
        break
    print(i)
print('done')
```

这段代码会输出：

```
1
3
done
```

这段循环中如果没有 continue 和 break 的话应该是输出 1～51 的，但是这里输出只有 1 和 3，为什么呢？

首先考虑当 i 为 2 的那次循环，它进入了 if i==2 的代码块中，执行了 continue，这次循环就被直接跳过了，也就是说后面的代码包括 print(i)都不会再被执行，而是直接进入了下一次 i=3 的循环。

接着考虑当 i 为 4 的那次循环，它进入了 elif i == 4 的代码块中，执行了 break，直接跳出了循环到最外层，然后接着执行循环后面的代码输出了 done。

所以总结一下，continue 的作用是跳过剩下的代码进入下一次循环，break 的作用是跳出当前循环然后执行循环后面的代码。

这里有一点需要强调，break 和 continue 只能对当前循环起作用，也就是说如果在循环嵌套的情况下想对外层循环起控制作用，需要多个 break 或者 continue 联合使用。

2）pass

pass 很有意思，它的功能就是没有功能。看一个例子：

```
a = 0
if a >= 10:
    pass
else:
    print('a is smaller than 10')
```

要想在 a>10 时什么都不执行，但是如果什么不写的话又不符合 Python 的缩进要求，为了使得语法上正确，我们这里使用了 pass 来作为一个代码块，但是 pass 本身不会有任何效果。

A.4　面向对象编程

A.4.1　面向对象简介

在编程领域，对象是对现实生活中各种实体和行为的抽象。比如现实中一辆小轿车就可以看成一个对象，它有四个轮子、一个发动机、五个座位，同时可以加速也减速，于是就可以用一个类来表示拥有这些特性的所有的小轿车，这就是面向对象编程的基本思想。

面向对象编程的两个核心概念是类和对象。

A.4.2　类

在介绍类之前，先简单了解一下 Python 的函数。

```
def add_one(number):
    return number + 1
```

这是一个基本的函数定义，函数会执行将输入值+1 并返回，定义函数后，执行例如 y=add_one(3)后，y 会被赋值 4。

类在 Python 中对应的关键字是 class，我们先看一段类定义的代码：

```
class Vehicle:
    def __init__(self):
        self.movable = True
        self.passengers = list()
        self.is_running = False

    def load_person(self, person: str):
        self.passengers.append(person)

    def run(self):
        self.is_running = True

    def stop(self):
        self.is_running = False
```

这里定义了一个交通工具类，我们先看关键的部分。

(1) 第 1 行：包含了类的关键词 class 和一个类名 Vehicle，结尾有冒号，同时类里所有的代码为一个新的代码块。

(2) 第 2、7、10、13 行：这些都是类方法的定义，它们定义的语法跟正常函数是完全一样的，但是它们都有一个特殊的 self 参数。

(3) 其他的非空行：类方法的实现代码。

这段代码实际上定义了一个属性为所有乘客和相关状态，方法为载人、开车、停车的交通工具类，但是这个类到目前为止还只是一个抽象，也就是说我们仅仅知道有这么一类交通工具，还没有创建相应的对象。

A.4.3 对象

按照一个抽象的、描述性的类创建对象的过程，叫作实例化。比如对于刚刚定义的交通工具类，我们可以创建两个对象，分别表示自行车和小轿车，代码如下：

```
car = Vehicle()
bike = Vehicle()
car.load_person('old driver')   # 对象加一个点再加上方法名可以调用相应的方法
car.run()
print(car.passengers)
print(car.is_running)
print(bike.is_running)
```

我们一句一句地看这几行代码。

(1) 第1行：通过Vehicle()即类名加括号来构造Vehicle的一个实例，并赋值给car。要注意的是每个对象在被实例化时都会先调用类的__init__方法，更详细的用法会在后面看到。

(2) 第2行：类似地，构造Vehicle实例，赋值给bike。

(3) 第3行：调用car的load_people方法，并装载了一个老司机作为乘客。注意方法的调用方式是一个点加上方法名，这里的点就是。

(4) 第4行：调用car的run方法。

(5) 第5行：输出car的passengers属性。注意属性的访问方式是一个点加上属性名。

(6) 第6行：输出car的is_running属性。

(7) 第7行：输出bike的is_running属性。

同时这段代码会输出如下：

```
['old driver']
True
False
```

可以看到自行车和小轿车是从同一个类实例化得到的，但是却有着不同的状态，这是因为自行车和小轿车是两个不同的对象。

A.4.4 类和对象的关系

如果之前从未接触过面向对象的编程思想，那么有人可能会产生一个问题：类和对象有什么区别？

类将相似的实体抽象成相同的概念，也就是说类本身只关注实体的共性而忽略特性，比如对于自行车、小轿车甚至是公交汽车，我们只关注它们能载人并且可以正常运动、停止，所以抽象成了一个交通工具类。而对象是类的一个实例，有跟其他对象独立的属性和方法，比如通过交通工具类我们还可以实例化出一个摩托车，它跟之前的自行车小轿车又是互相独立的对象。

如果用一个形象的例子来说明类和对象的关系，我们不妨把类看作设计汽车的蓝图，上面有一辆汽车的各种基本参数和功能，而对象就是用这张蓝图制造的所有汽车，虽然它们的基本构造和参数是一样的，但是颜色可能不一样，比如有的是蓝色的而有的是白色的。

A.4.5 面向过程还是对象

对于交通工具载人运动这件事，难道用我们之前学过的函数不能抽象吗？当然可以，例如

```
def get_car():
    return { 'movable': True, 'passengers': [], 'is_running': False}


def load_passenger(car, passenger):
    car['passengers'].append(passenger)


def run(car):
    car['is_running'] = True


car = get_car()
load_passenger(car, 'old driver')
run(car)
print(car)
```

这段代码是“面向过程”的——就是说对于同一件事，我们抽象的方式是按照事情的发展过程进行的。所以这件事就变成了获得交通工具、乘客登上交通工具、交通工具动起来这三个过程。但是反观面向对象的方法，我们一开始就是针对交通工具这个类设计的，也就是说我们从这件事情中抽象出了交通工具这个类，然后思考它有什么属性，能完成什么事情。

虽然面向过程一般是更加符合人类思维方式的，但是随着学习的深入，我们会逐渐意识到面向对象是程序设计的一个利器，因为它把一个对象的属性和相关方法都封装到了一起，在设计复杂逻辑时可以有效降低思维负担。

但是面向过程和面向对象不是冲突的，有时候面向对象也会用到面向过程的思想，反之亦然，二者没有优劣性可言，也不是对立的，都是为了解决问题而存在。

参考文献

[1] 蔡自兴,蒙祖强.人工智能基础[M].北京：高等教育出版社,2005.

[2] 刘凤岐.人工智能[M].北京：机械工业出版社,2011.

[3] 王万良.人工智能导论[M].4版.北京：高等教育出版社,2017.

[4] 王万森.人工智能原理及其应用[M].3版.北京：电子工业出版社,2012.

[5] 朱福喜,汤怡群,傅建明.人工智能原理[M].武汉：武汉大学出版社,2002.

[6] 刘峡壁.人工智能导论：方法与系统[M].北京：国防工业出版社,2008.

[7] 卢奇,科佩克.人工智能[M].2版.林赐,译.北京：人民邮电出版社,2018.

[8] 周志华.机器学习[M].北京：清华大学出版社,2016.

[9] 李德毅,于剑,中国人工智能学会.人工智能导论[M].北京：中国科学技术出版社,2018.

[10] Cover T,Hart P. Nearest neighbor pattern classification[J/OL]. IEEE Transactions on Information Theory,1967,13(1)：21-27. http://ieeexplore.ieee.org/document/1053964/. DOI：10.1109/TIT.1967.1053964.

[11] Galton F. Presidential address,section H,anthropology[J/OL]. Report of the British Association for the Advancement of Science,1885,55(November)：1206-1214. https://galton.org/essays/1880-1889/galton-1885-rba-address.pdf.

[12] Dua D,Graff C. {UCI} Machine Learning Repository[Z/OL](2017). http://archive.ics.uci.edu/ml.

[13] Quinlan J R. Induction of decision trees[J/OL]. Machine Learning,1986,1(1)：81-106. http://link.springer.com/10.1007/BF00116251. DOI：10.1007/BF00116251.

[14] Quinlan J R. C4.5：programs for machine learning[M/OL]. Elsevier,2014. https://books.google.com.hk/books?hl=en&lr=&id=b3ujBQAAQBAJ&oi=fnd&pg=PP1&dq=C4.5：+Programs+for+Machine+Learning&ots=sR2sZMJqE7&sig=kJcUGa1lLa1qstryXzMEJkT43iM&redir_esc=y#v=onepage&q=C4.5%3A Programs for Machine Learning&f=false.

[15] Breiman L,Friedman J,Stone C J,et al. Classification and regression trees[M]. CRC press,1984.

[16] Pearson K. Liii. On lines and planes of closest fit to systems of points in space[J]. The London,Edinburgh,and Dublin Philosophical Magazine and Journal of Science,1901,2(11)：559-572.

[17] Rosenblatt F. The Perceptron-A Perceiving and Recognizing Automaton[Z]. Cornell Aeronautical Laboratory,1957(1957).

[18] Rumelhart D E,Hinton G E,Williams R J. Learning representations by back-propagating errors[J/OL]. Nature,1986,323(6088)：533-536. http://www.nature.com/articles/323533a0. DOI：10.1038/323533a0.

[19] Lecun Y,Boser B,Denker J S,et al. Backpropagation applied to handwritten zip code recognition[Z/OL]. MIT Press,1989：541-551(1989). https://www.ics.uci.edu/~welling/teaching/273ASpring09/lecun-89e.pdf.

[20] Lecun Y,Bottou L,Bengio Y,et al. Gradient-based learning applied to document recognition[J/OL]. Proceedings of the IEEE,1998,86(11)：2278-2324. http://ieeexplore.ieee.org/document/726791/. DOI：10.1109/5.726791.

[21] Fukushima K. Neocognitron：a self organizing neural network model for a mechanism of pattern recognition unaffected by shift in position.[J/OL]. Biological cybernetics,1980,36(4)：193-202. http://link.springer.com/10.1007/BF00344251. DOI：10.1007/BF00344251.

[22] Weng J,Ahuja N,Huang T S. Cresceptron：a self-organizing neural network which grows adaptively[C/OL]//[Proceedings 1992] IJCNN International Joint Conference on Neural Networks. IEEE,

2003: 576-581. http://ieeexplore. ieee. org/document/287150/. DOI: 10. 1109/IJCNN. 1992. 287150.

[23] Deng J,Dong W,Socher R,et al. ImageNet: A large-scale image database[C/OL]//2009 IEEE Conference on Computer Vision and Pattern Recognition. IEEE, 2009: 248-255. https://ieeexplore. ieee. org/document/5206848/. DOI: 10. 1109/CVPR. 2009. 5206848.

[24] Krizhevsky A, Sutskever I, Hinton G E. ImageNet Classification with Deep Convolutional Neural Networks[C/OL]//Advances in Neural Information Processing Systems. Curran Associates, Inc. , 2012: 1097-1105. https://proceedings. neurips. cc/paper/2012/file/c399862d3b9d6b76c8436e924a68c45b-Paper. pdf.

[25] He K,Zhang X, Ren S, et al. Deep Residual Learning for Image Recognition[J/OL]. 2016 IEEE Conference on Computer Vision and Pattern Recognition (CVPR), 2015, 2016-Decem: 770-778. http://ieeexplore. ieee. org/document/7780459/. DOI: 10. 1109/CVPR. 2016. 90.

[26] Zou Z,Shi Z, Guo Y, et al. Object Detection in 20 Years: A Survey[J/OL]. arXiv, 2019: 1-39. http://arxiv. org/abs/1905. 05055.

[27] Garcia-Garcia A,Orts-Escolano S,Oprea S,et al. A Review on Deep Learning Techniques Applied to Semantic Segmentation[J/OL]. arXiv,2017: 1-23. http://arxiv. org/abs/1704. 06857.

[28] Girshick R, Donahue J, Darrell T, et al. Rich feature hierarchies for accurate object detection and semantic segmentation[J/OL]. 2014 IEEE Conference on Computer Vision and Pattern Recognition, 2013: 580-587. http://ieeexplore. ieee. org/document/6909475/. DOI: 10. 1109/CVPR. 2014. 81.

[29] Girshick R. Fast R-CNN [C/OL]//2015 IEEE International Conference on Computer Vision (ICCV). IEEE, 2015: 1440-1448. http://arxiv. org/abs/1504. 08083. DOI: 10. 1109/ICCV. 2015. 169.

[30] He K,Gkioxari G,Dollar p,et al. Mask R-CNN. [J/OL]. IEEE transactions on pattern analysis and machine intelligence, 2020, 42(2): 386-397. http://arxiv. org/abs/1703. 06870. DOI: 10. 1109/TPAMI. 2018. 2844175.

[31] Redmon J,Divvala S,Girshick R,et al. You Only Look Once: Unified,Real-Time Object Detection [J/OL]. 2016 IEEE Conference on Computer Vision and Pattern Recognition (CVPR),2015,2016-Decem: 779-788. http://ieeexplore. ieee. org/document/7780460/. DOI: 10. 1109/CVPR. 2016. 91.

[32] Redmon J, Farhadi A. YOLO9000: Better, Faster, Stronger[J/OL]. 2017 IEEE Conference on Computer Vision and Pattern Recognition (CVPR), 2016, 2017-Janua: 6517-6525. http://ieeexplore. ieee. org/document/8100173/. DOI: 10. 1109/CVPR. 2017. 690.

[33] Redmon J, Farhadi A. YOLOv3: An incremental improvement[J/OL]. arXiv, 2018. http://arxiv. org/abs/1804. 02767.

[34] Bochkovskiy A,Wang C-Y,Liao H-Y M. YOLOv4: Optimal Speed and Accuracy of Object Detection [J/OL]. arXiv,2020. http://arxiv. org/abs/2004. 10934.

[35] Elman J. Finding structure in time[J/OL]. Cognitive Science, 1990, 14(2): 179-211. http://doi. wiley. com/10. 1016/0364-0213(90)90002-E. DOI: 10. 1016/0364-0213(90)90002-E.

[36] Hochreiter S,Schmidhuber J. Long Short-Term Memory[J/OL]. Neural Computation, 1997, 9(8): 1735-1780. https://direct. mit. edu/neco/article/9/8/1735-1780/6109. DOI: 10. 1162/neco. 1997. 9. 8. 1735.

[37] Verenich I,Dumas M,La rosa M,et al. Survey and cross-benchmark comparison of remaining time prediction methods in business process monitoring[J]. arXiv,2018(May).

[38] Goodfellow I J,Pouget-Abadie J,Mirza M,et al. Generative Adversarial Nets[C/OL]//Proceedings of the 27th International Conference on Neural Information Processing Systems. Montreal,Canada: MIT Press,2014: 2672-2680. https://www. jstage. jst. go. jp/article/jsoft/29/5/29_177_2/_article/-

char/ja/.

[39] Mirza M,Osindero S. Conditional Generative Adversarial Nets[J/OL]. 2014：1-7.. http://arxiv.org/abs/1411.1784.

[40] Zhu J-Y, Park T, Isola P, et al. Unpaired Image-to-Image Translation using Cycle-Consistent Adversarial Networks[J/OL]. 2017 IEEE International Conference on Computer Vision（ICCV）,2017,2017-Octob：2242-2251. http://ieeexplore.ieee.org/document/8237506/. DOI：10.1109/ICCV.2017.244.

[41] 车品觉.决战大数据：大数据的关键思考[M].杭州：浙江人民出版社,2016.

[42] Viktor Mayer-Schönberge.大数据时代[M].杭州：浙江人民出版社,2015.

[43] McKinsey & Company.麦肯锡大数据指南[M].北京：机械工业出版社,2016.

[44] 刘振华.电商数据分析与数据化运营[M].北京：机械工业出版社,2018.

[45] 张小墨.数据中台产品经理：从数据体系到数据平台实践[M].北京：电子工业出版社,2021.

[46] Alistair Croll,Benjamin Yoskovitz.精益数据分析[M].北京：人民邮电出版社,2015.

[47] 董西成.大数据技术体系详解：原理、架构与实践[M].北京：机械工业出版社,2018.

[48] 董西成.Hadoop技术内幕：深入解析MapReduce架构设计与实现原理[M].北京：机械工业出版社,2013.

[49] 尼克.人工智能简史[M].北京：人民邮电出版社,2017.

[50] 腾讯研究院.人工智能[M].北京：中国人民大学出版社,2017.

[51] Ron Kohavi,Diane Tang,Ya Xu. Trusworthy Online Controlled Experiments[M]. United Kingdom：Cambridge University Press,2020.

[52] Alexander M Mood,Franklin A Graybill,Duane C Boes. Introduction to the Theory of Statistics,3rd Edition[M]. McGraw Hil,1973.

[53] 个人图书馆.Python& 机器学习之项目实践[EB/OL]. http://www.360doc.com/content/17/1228/07/27972427_717015432.shtml. 2017.

[54] jingsupo.机器学习中的特征工程[EB/OL]. https://www.cnblogs.com/jingsupo/p/feature-engineering-in-machine-learning.html. 2018.

图书资源支持

感谢您一直以来对清华版图书的支持和爱护。为了配合本书的使用，本书提供配套的资源，有需求的读者请扫描下方的"书圈"微信公众号二维码，在图书专区下载，也可以拨打电话或发送电子邮件咨询。

如果您在使用本书的过程中遇到了什么问题，或者有相关图书出版计划，也请您发邮件告诉我们，以便我们更好地为您服务。

我们的联系方式：

地　　址：北京市海淀区双清路学研大厦 A 座 714

邮　　编：100084

电　　话：010-83470236　010-83470237

客服邮箱：2301891038@qq.com

QQ：2301891038（请写明您的单位和姓名）

资源下载：关注公众号"书圈"下载配套资源。

书圈

图书案例

清华计算机学堂

观看课程直播